高等职业教育食品类专业教材

食品生物化学

张 峰 蔡云飞 主编

中国轻工业出版社

图书在版编目（CIP）数据

食品生物化学/张峰，蔡云飞主编.—北京：中国轻工业出版社，2025.1
高等职业教育"十三五"规划教材
ISBN 978-7-5019-8519-7

Ⅰ.①食… Ⅱ.①张…②蔡… Ⅲ.①食品化学：生物化学－高等职业教育－教材 Ⅳ.①TS201.2

中国版本图书馆 CIP 数据核字（2011）第 226205 号

责任编辑：张　靓　　　责任终审：张乃柬　　　封面设计：锋尚设计
版式设计：锋尚设计　　　责任校对：燕　洁　　　责任监印：张　可

出版发行：中国轻工业出版社（北京鲁谷东街5号，邮编：100040）
印　　刷：三河市万龙印装有限公司
经　　销：各地新华书店
版　　次：2025年1月第1版第10次印刷
开　　本：720×1000　1/16　印张：22
字　　数：473千字
书　　号：ISBN 978-7-5019-8519-7　定价：44.00元
邮购电话：010-85119873
发行电话：010-85119832　010-85119912
网　　址：http://www.chlip.com.cn
Email：club@chlip.com.cn
版权所有　侵权必究
如发现图书残缺请与我社邮购联系调换
242496J2C110ZBW

本系列教材编委会
（按姓氏笔画排列）

主 任 丁立孝

副主任 王宗湖　方　丽　冯　蕾　李公斌　李志香

委 员 王方坤　吕祝章　刘丹赤　衣建龙　孙清荣
　　　　 李　扬　李京东　李慧东　宋传升　张　峰
　　　　 张玉华　张玉清　张瑞菊　张家国　陈红霞
　　　　 胡会萍　倪雪朋　黄　莉　黄贤刚　臧剑甬

顾 问 王树庆　亓俊忠　孙连富

《食品生物化学》编写人员

主　　编　张　峰（齐鲁师范学院）
　　　　　　蔡云飞（齐鲁师范学院）

副 主 编　刘治刚（滨州职业学院）
　　　　　　于克学（山东省农业管理干部学院）
　　　　　　张庆娜（日照职业技术学院）

参编人员　（按姓氏笔画排列）
　　　　　　刘　颖（烟台职业学院）
　　　　　　孙洪兆（齐鲁师范学院）
　　　　　　张才波（齐鲁师范学院）
　　　　　　杨艳芬（山东经贸职业学院）
　　　　　　郭美丽（烟台职业学院）
　　　　　　裴爱田（淄博职业学院）
　　　　　　缪金伟（东营职业学院）

前言

食品生物化学是食品类相关专业的一门重要专业基础课程。随着化学分析手段、生物化学理论及技术的迅猛发展，食品生物化学也取得了长足进步，但目前国内出版的相关著作却寥寥无几，尤其是适用于高职、专科相关教育的教材极为匮乏。为改善这一状况，为高职及专科层次食品相关专业的学科建设尽绵薄之力，我们组建了优秀编写团队，综合大家多年来在食品相关专业的教学研究成果，借鉴同行专家的经验，通过积累、总结、整理资料，编写而成了本书。

本书以人与食物的关系为中心，以食品中的主要营养成分为切入点，详细介绍了水分与矿物质、维生素、糖类、脂类、蛋白质、酶、核酸等物质的组成、结构、性质及其在体内的代谢过程，并对这些成分在食品加工过程中的变化及其对食品品质的影响进行了阐述。本书适用于作为高职、高专食品类相关专业的教科书，也可作为专业科技工作者的参考书。

全书共分 15 章。本书纲目、绪论、第十章及大部分实验由齐鲁师范学院张峰、蔡云飞编写，第一章、第七章由烟台职业学院刘颖、郭美丽编写，第二章、第八章及该部分实验由东营职业学院缪金伟编写，第三章、第十三章由齐鲁师范学院张才波、孙洪兆编写，第五章由淄博职业学院裴爱田编写，第六章由山东经贸职业学院杨艳芬编写，第九章、第十二章由滨州职业学院刘治刚编写，第四章、第十一章由山东省农业管理干部学院于克学编写，第十四章、第十五章由日照职业技术学院张庆娜编写。张峰、蔡云飞、刘治刚、于克学和张庆娜负责本书的校稿，由张峰、蔡云飞统稿。

在本书编写过程中，参考了众多资料，得到了兄弟院校同行、出版社的支持和鼓励，在此向参考资料作者、同行、出版社等所有关心、帮助本书编写的人士和单位表示由衷的感谢。

由于编者水平所限，书中难免有不当之处，希望读者批评指正。

编者

目录

1 **绪论**
1 　一、食品生物化学的概念
1 　二、食品生物化学的研究范畴
2 　三、食品生物化学课程的知识框架与学习要点

4 **第一章 | 生物体的基本特征**

4 　第一节　生物体的组成
4 　　一、生物体的元素组成
5 　　二、生物体的分子组成

8 　第二节　新陈代谢
8 　　一、新陈代谢的概念
11 　　二、物质代谢
12 　　三、能量代谢
14 　　四、高能键与高能化合物
16 　　五、ATP的特殊作用

19 **第二章 | 水分与矿物质**

19 　第一节　水的功用与代谢
19 　　一、水的功用
20 　　二、水分代谢

20 　第二节　水分与食品
20 　　一、食品中水分存在方式

21	二、水分活度
23	三、水分与食品加工

23	**第三节　矿物质概述**
23	一、矿物质
24	二、重要的矿物质及功用

28	**第四节　食品加工对于矿物质有效性的影响**
28	一、食品中矿物质的存在
30	二、食品中矿物质的有效性
31	三、食品加工对食物中矿物质的有效性的影响

32	**实验一　食品中水分活度的测定**

34	**实验二　食品中铁的测定**

37 第三章 糖类

37	**第一节　概述**
37	一、糖类的元素组成和化学本质
38	二、糖类的命名与分类

38	**第二节　单糖**
38	一、单糖的结构
40	二、单糖的构型
42	三、单糖的理化性质与鉴定
45	四、重要的单糖及单糖的衍生物

46	**第三节　寡糖及多糖代表物**
46	一、寡糖的结构与性质
46	二、常见的寡糖
48	三、多糖的代表物

50	**第四节　糖类的膳食利用**
51	一、主食与淀粉
52	二、膳食纤维
53	三、食品甜味剂

55	**实验三　糖的呈色反应和定性鉴定**

| 59 | 实验四　蒽酮法测定植物材料中总糖及还原糖 |

63　第四章｜脂类

63	第一节　概述
63	一、脂类的分类
63	二、脂类的生物学作用
64	第二节　单纯脂
65	一、脂肪酸
66	二、甘油三酯
68	三、蜡
69	第三节　复合脂
69	一、磷脂
70	二、糖脂
71	三、衍生脂质
73	第四节　油脂与食品保藏、加工
73	一、酸败
74	二、油脂的热劣变
75	三、油脂在贮存过程中的变化
77	四、脂类氧化对食品营养价值的影响
77	实验五　粗脂肪的提取和测定
79	实验六　卵磷脂的提取和鉴定
80	实验七　脂肪碘价的测定

83　第五章｜蛋白质

83	第一节　蛋白质的生物学意义
84	第二节　蛋白质的分子组成
84	一、蛋白质的元素组成与相对分子质量
85	二、蛋白质的氨基酸组成
88	三、氨基酸的理化性质

第三节 肽

- 91 一、肽键与肽
- 91 二、生物活性肽

第四节 蛋白质的结构

- 93 一、蛋白质的一级结构
- 94 二、蛋白质的二级结构
- 98 三、蛋白质的三级结构
- 99 四、蛋白质的四级结构

第五节 蛋白质结构与功能的关系

- 100 一、一级结构与功能的关系
- 101 二、空间构象与功能的关系

第六节 蛋白质的变性、沉淀与分析方法

- 102 一、蛋白质的变性与沉淀
- 103 二、蛋白质的分离及相对分子质量的测定

第七节 蛋白质在食品加工中的性质及功能

- 104 一、蛋白质的水化性和持水性
- 106 二、蛋白质的膨润、乳化性、发泡性
- 109 三、蛋白质与风味物质结合

- 110 实验八　蛋白质与氨基酸的显色反应
- 114 实验九　蛋白质的沉淀及变性
- 116 实验十　纸层析法分离氨基酸
- 118 实验十一　蛋白质的定量测定——福林—酚法
- 121 实验十二　醋酸纤维薄膜电泳分离血清蛋白
- 124 实验十三　牛乳中酪蛋白的制备

第六章 核酸

第一节 概述

- 126 一、核酸的发现
- 126 二、核酸的种类与分布

127	三、	核酸的生物学功能

127　第二节　核酸的结构

127	一、	核苷酸
130	二、	核酸的共价结构
130	三、	核酸的高级结构

135　第三节　核酸的理化性质

135	一、	核酸的水解
136	二、	核酸的酸碱性质
136	三、	核酸的紫外吸收
137	四、	核酸的变性、复性及杂交

138　第四节　核酸的分离提取与营养价值

138	一、	核酸的分离提取
139	二、	聚合酶链式反应（PCR）
139	三、	核酸的营养价值及其与健康的关系

140	实验十四	核酸的提取与鉴定
142	实验十五	猪脾脏 DNA 的制备（浓盐法）

144　第七章｜酶

144　第一节　概述

144	一、	酶的化学本质及组成
145	二、	酶催化作用的特点
147	三、	酶的命名与分类

149　第二节　酶作用的机制

149	一、	活性部位与必需基团
151	二、	酶原的激活
152	三、	酶的催化机理

153　第三节　酶促反应动力学

153	一、	酶促反应速率及测定
154	二、	酶浓度对酶促反应速率的影响
154	三、	底物浓度对酶促反应速率的影响

156	四、温度对酶活力的影响
157	五、pH 对酶活力的影响
157	六、激活剂对酶促反应速率的影响
158	七、抑制剂对酶促反应速率的影响

160	**第四节　酶在食品工业中的应用**
160	一、酶在食品加工中的应用
163	二、酶在食品贮藏中的应用
163	三、酶工程

| 164 | **实验十六　酶的特性——底物专一性** |

| 167 | **实验十七　酶活力的影响因素** |

第八章 │ 维生素

171

171	**第一节　概述**
171	一、维生素的概念
172	二、维生素的分类

172	**第二节　脂溶性维生素**
172	一、维生素 A
173	二、维生素 D
174	三、维生素 E
175	四、维生素 K

176	**第三节　水溶性维生素**
176	一、维生素 C
177	二、B 族维生素与辅酶

183	**第四节　食品加工与贮藏过程中维生素的损失**
183	一、食品加工过程中维生素的损失
187	二、食品贮藏过程中维生素的损失
187	三、中国居民膳食中各类维生素的推荐摄入量

| 189 | **实验十八　维生素 C 的性质实验** |

191　第九章　生物氧化

191　第一节　能量代谢与生物氧化概述

191　一、生物氧化的特点
192　二、生物氧化中 CO_2 的生成
192　三、生物氧化中水的生成
193　四、生物氧化的场所

193　第二节　线粒体氧化体系

193　一、呼吸链概念
193　二、呼吸链的组成
196　三、呼吸链中传递体的顺序

198　第三节　生物氧化中能量的转移和生成

198　一、ATP 的生成
199　二、胞液中 NADH 的氧化磷酸化
200　三、氧化磷酸化作用机制

202　第十章　糖代谢

202　第一节　糖的消化与吸收

202　一、糖的消化过程
202　二、糖的吸收

203　第二节　糖的分解代谢

203　一、糖酵解
212　二、糖的有氧氧化
218　三、戊糖磷酸途径

222　第三节　糖的合成代谢

222　一、糖原的合成代谢
224　二、淀粉及蔗糖的合成

225　第四节　糖异生作用

225　一、糖异生的过程
228　二、糖异生反应总览

230　　实验十九　发酵过程中无机磷的利用

第十一章　脂类代谢

233　　第一节　脂质的消化、吸收与转运
　　233　　一、脂质的消化
　　234　　二、脂质的吸收
　　234　　三、载脂蛋白与脂类的转运
235　　第二节　甘油三酯的分解代谢
　　235　　一、脂肪的动员
　　236　　二、甘油的氧化
　　236　　三、饱和脂肪酸的 β - 氧化
　　241　　四、脂肪酸的其它氧化代谢途径
　　242　　五、酮体代谢
244　　第三节　脂类的合成代谢
　　244　　一、甘油的来源
　　244　　二、脂肪酸的合成
　　248　　三、三脂酰甘油（脂肪）的合成
249　　第四节　磷脂代谢
　　249　　一、甘油磷脂的降解
　　250　　二、甘油磷脂的合成

252　　实验二十　酮体的生成

第十二章　氨基酸代谢

254　　第一节　蛋白质的营养作用
　　254　　一、蛋白质需要量
　　256　　二、蛋白质的营养价值
　　257　　三、蛋白质的肠中腐败作用
258　　第二节　蛋白质的酶促降解
　　258　　一、内源蛋白质的降解

258	二、	外源蛋白质的消化吸收
259	**第三节**	**氨基酸的分解代谢**
260	一、	氨基酸的脱氨基作用
265	二、	氨基酸的脱羧基作用
266	三、	氨的代谢去路
269	四、	α-酮酸的氧化代谢
271	五、	一碳单位
274	**实验二十一**	**氨基移换反应——血液中转氨酶活力的测定（分光光度法）**

278 第十三章 核苷酸代谢

278	**第一节**	**核酸的分解代谢**
278	一、	核酸的酶促降解
279	二、	核苷酸的降解
279	三、	嘌呤碱的分解
281	四、	嘧啶碱的分解
282	**第二节**	**核苷酸的生物合成**
282	一、	嘌呤核糖核苷酸的合成
286	二、	嘧啶核糖核苷酸的合成
289	三、	脱氧核糖核苷酸的合成
289	四、	核苷酸生物合成的抗代谢物

292 第十四章 遗传信息的传递与表达——中心法则

293	**第一节**	**DNA 的复制**
293	一、	DNA 的半保留复制
295	二、	DNA 的复制起点和复制方式
296	三、	原核生物 DNA 的复制
301	四、	DNA 的损伤修复
303	**第二节**	**RNA 的生物合成**

303	一、	RNA 的合成反应
304	二、	RNA 聚合酶
305	三、	RNA 的转录过程
306	四、	RNA 的转录后加工
308	五、	转录与复制的比较

309	第三节 蛋白质的生物合成

309	一、	三种 RNA 在蛋白质合成过程中的作用
312	二、	遗传密码
314	三、	蛋白质合成的分子机制
318	四、	翻译后加工
318	五、	真核生物与原核生物蛋白质合成的差异

319	实验二十二　质粒DNA 的提取

323　第十五章　物质代谢的联系与代谢调节

323	第一节　代谢途径的相互联系

323	一、	糖代谢与脂类代谢的相互联系
324	二、	糖代谢与蛋白质代谢的相互联系
324	三、	脂类代谢与蛋白质代谢的相互联系
325	四、	核酸代谢与糖、脂类和蛋白质代谢的相互联系

326	第二节　代谢的调节

327	一、	酶结构的调节
329	二、	酶含量的调节
332	三、	细胞间的激素调节

334　参考文献

绪 论

一、食品生物化学的概念

一般而言，人类为维持正常生理功能而摄取的含有各类营养素的物质统称为食品。《中华人民共和国食品安全法》第九十九条对"食品"的定义为：指各种供人食用或者饮用的成品和原料以及按照传统既是食品又是药品的物品，但是不包括以治疗为目的的物品。而 GB/T 15091—1994《食品工业基本术语》对食品的定义为：可供人类食用或饮用的物质，包括加工食品、半成品和未加工食品，不包括烟草或只作药品用的物质。从实际情况看，绝大多数食品都是由相应的原料加工而成的，因此从食品卫生立法和管理的角度，广义的食品概念还应涉及所有生产食品的原料，食品原料种植、养殖过程中接触的物质和环境，食品的添加物质，所有直接或间接接触食品的包装材料、设施以及影响食品原有品质的环境。

广义来讲，应用基础科学及工程知识来研究食品的物理、化学、生化性质及食品加工原理的学科就称为食品科学（Food Science）。而食品生物化学是食品科学中的一个重要分支，是研究食品成分的组成、结构、性质、功能及其在人体内的代谢规律，在贮藏、加工过程中化学变化规律的一门学科。它研究的不仅仅是食品本身，还要考察食品在加工、贮运、代谢过程中的变化规律。

二、食品生物化学的研究范畴

食品生物化学研究的主要内容包括：

（1）食品的化学组成、结构、性质及生理功能。食品的化学组成是指食品中含有的能用化学方法分析的元素或物质，主要包括水分、矿物质、糖类、蛋白质、脂类、核酸、维生素等，此外还有激素、色素、食品添加剂及污染物等。本书则主要论述了食品中的六大营养成分——水、矿物质、糖类、蛋白质、脂类、维生素，以及核酸的结构与功能。

（2）食品在加工、贮运过程中上述成分的变化及其对食品营养价值的影响。

（3）食品的动态生物化学过程。它是以代谢途径为中心，研究食品在人体内的变化规律及伴随其中的能量变化。

综上所述，食品生物化学与研究生物体的细胞组成、生命物质的结构和功能、生命过程中的代谢规律的普通生物化学有所不同，它是在普通生物化学的基础上，结合食品的组成、结构、特性及化学变化的一门交叉学科。

三、食品生物化学课程的知识框架与学习要点

（1）食品中的主要营养素是相同的，即水分、矿物质、蛋白质、糖类、脂类、维生素。此外食品中还多含有核酸。其中蛋白质、糖类、核酸是生物体特有的生物大分子，具有复杂的结构层次，而这复杂的结构层次正是这些生物大分子具有纷繁复杂的性质、功能的基础。掌握生物大分子的结构特点，对于我们了解这些成分的结构与功能具有重要的意义，同时也为我们了解它们在食品加工、贮存中的变化提供了基本的切入点。

（2）食品中的一些化学成分对人体具有不同的生理功能，而这些生理功能要通过这些成分在人体中的新陈代谢体现出来，因此，掌握新陈代谢的基本过程及其中的基本规律，才能更好地了解食品中的各种成分是如何影响食品质量的。在物质代谢中，三羧酸循环是糖类、脂类、氨基酸、核酸代谢的枢纽，它不仅是生物大分子彻底氧化分解的必经之路，同时也为各种生物大分子的合成提供了碳骨架。因此，熟练掌握三羧酸循环的反应过程及各类物质的关联环节，可以极大地帮助初学者掌握、了解代谢的一般过程。在能量代谢中，各种生理活动均使用通用的能量"货币"分子——ATP，而ATP主要是通过两种方式形成的，即底物水平磷酸化和电子传递磷酸化，其中电子传递磷酸化是ATP合成的主要方式，掌握ATP的合成消耗就掌握了食品对于人体的能量价值。

（3）食品在加工、贮运过程中发生的结构及化学变化是食品生物化学课程中所独有的内容。掌握这些变化，为我们进一步应用食品生物化学理论知识指导实际的食品在生产、加工、储藏过程中发生的生物化学变化奠定了理论基础。因此，应当着重关注这些变化，并注意理论联系实际，从而加深对所学理论知识的理解和应用，提高分析问题、解决问题的能力。

思考与练习

一、名词解释

食品　食品生物化学

二、简答题

食品生物化学的研究内容有哪些?

第一章
生物体的基本特征

1. 掌握物质代谢与能量代谢在生物体内的特点，以及二者之间的关系。掌握自由能与平衡常数之间的关系。
2. 熟悉新陈代谢的特点及研究方法。
3. 了解生物体的元素组成及分子组成。

第一节
生物体的组成

生物体区别于非生物世界的基本特征是生物具有新陈代谢，而这一特征之所以能够得以表现，是与生物体的结构组成密切相关的。生物体大都是由细胞构成的，单细胞生物仅由一个细胞构成，多细胞生物一般由数以万计的细胞组成。细胞是构成生物体的基本单位，也是生命活动的基本单位（病毒虽无细胞结构，但也要寄居在活细胞中）。生物体的生长发育过程就是细胞的生长发育过程，生物体的衰老、死亡也是由细胞的衰老、死亡引起的。生物体的一切代谢活动都是在细胞内完整有序地进行的。所以，研究生物体的组成就是研究细胞的组成。尽管不同的生物体具有各自不同的细胞形态、结构特点，但是在基本组成结构、细胞组成成分的层次上却是高度一致的。

一、生物体的元素组成

通过分析各种生物体的原生质化学成分，我们得知，它们的物质组成元素包括碳、氢、氧、氮、磷、硫、钙、钾、钠、镁等（表1-1）。其中以碳、氢、氧和氮四种元素含量最多，约占细胞总重的96%，它们是构成各种有机化合物的主要成分；其它必需元素，如磷、硫、钙、钾、钠、镁等在细胞内含量甚微，占细胞总重的3%~4%。还有其它一些以痕量分布在细胞中的元素，如锰、铜、锌、硒等，但它们在生命活动中起着重要作用，也是必不可少的。此外，还有一些元素只是偶然存在于细胞中，其作用还不完全清楚。

表 1-1　　　　　　　　细胞内的元素组成及其相对含量

含量较高的必需元素	相对含量/%	其它必需元素	相对含量/%	痕量元素	相对含量/%
碳	18	磷	1.1	锰	痕量
氢	10	硫	0.25	钴	痕量
氮	3	钙	2	铜	痕量
氧	65	钾	0.35	锌	痕量
		钠	0.15	硒	痕量
		氯	0.15	镍	痕量
		镁	0.05	钒	痕量
		铁	0.004	钼	痕量
		碘	0.0004	锂	痕量
				氟	痕量
				溴	痕量
				硅	痕量
				砷	痕量
				钡	痕量

二、生物体的分子组成

生物体中的元素通过化合作用以化合物的形态存在于生物体内（表1-2）。化合物包括两种，即无机化合物和有机化合物。无机化合物包括水和无机盐；有机化合物包括碳水化合物（糖类）、蛋白质（包括各种酶）、脂类、维生素以及核酸等。有机化合物构成了生物体的基本成分，其中某些化合物的相对分子质量很大，被称作生物大分子，例如蛋白质、核酸等。

表 1-2　　　　　　　　动物细胞内的分子组成及其含量

物质	含量/%	物质	含量/%
水	85	脂类	2
无机盐	1.5	蛋白质	10
糖类及其它有机物	0.4	核酸	1.1

(一) 水和无机盐

水是细胞中不可缺少的物质，在所有活细胞中，水是含量最高的化合物，一般占细胞质量的65%~90%。不同生物细胞中的含水量不同（表1-3），即使是在同一种生物体内的不同器官中含水量也不相同（表1-4）。

表1-3　不同生物细胞中的含水量

生物	含水量/%	生物	含水量/%
水母	97	哺乳动物	70
鱼类	80~85	藻类	90
蛙	78	高等植物	60~80

表1-4　人体不同组织器官中的含水量

组织器官	含水量/%	组织器官	含水量/%
牙齿	10	心肌	79
骨骼	22	血液	83
骨骼肌	76	脑	86

水在生命活动中起着不可替代的作用。细胞中的水，大部分是以游离形式存在的，作为细胞中的无机离子和其它物质的溶剂而参与代谢物质的运输；少量的水直接参与蛋白质等物质的分子结合，成为细胞结构的一部分，称为结构水。随着代谢活动的进行，游离水和结构水可以相互转变。水的比热容大，在温度升高时能吸收较多热量，使细胞的温度和代谢率保持稳定。此外，水的蒸发热也比较高，有利于生物保持体温。

无机盐在细胞中主要是以离子状态存在的，如 K^+、Na^+、Ca^{2+}、Cl^-、PO_4^{3-} 等。它们在生物体内具有重要意义：①参与机体内重要化合物的组成，如 Ca^{2+} 构成牙齿和骨骼，Fe^{2+} 参与血红蛋白的合成；②参与生物体的代谢活动；③通过对细胞pH和渗透压的调节来调节机体内环境的稳定。生物体每天都要摄取一定量的无机盐，同时也要排出无机盐。一般而言，人体摄入和排出的无机盐是保持平衡的。

(二) 糖类

人们把葡萄糖、淀粉、纤维素等物质习惯上称为碳水化合物（carbohydrate），又称糖类。它是生物界中分布最广、含量最多的一类有机物，几乎存在于所有的生物有机体中。其中以植物中含量最多，约占干重的80%；人和动物的脏器、组织中含糖量不超过干重的2%；微生物体内的含糖量占菌体干重的10%~30%。它们以多糖或与蛋白质、脂类结合成复合糖的形式存在。

糖类是一切生物维持生命活动所需能量的主要来源，它还可以作为细胞膜上受体分子的重要组分参与细胞识别和信息传递等过程。植物中最重要的糖类是淀粉和纤维素；动物细胞中最重要的多糖是糖原。

（三）脂类

脂类（lipids）是由脂肪酸和醇脱水生成以酯为主的一类物质，它们广泛存在于自然界中，尽管其化学组成、结构、性质及生物功能存在很大差异，但都具备下列共性：不溶于水而溶于有机溶剂；能被生物体所利用，作为构造、修补组织或供给能量之用。

脂类物质可以作为能量贮存在生物体内，并构成生物体的保护层，防止机械损伤和热量、水分的散失。同时，脂类也是构成生物膜的重要物质，与细胞的表面物质、细胞识别和物种特异性、组织免疫等密切相关。有些脂类物质，如维生素A、睾丸酮、前列腺素等具有强烈的生物活性，参与机体代谢过程。

（四）蛋白质

蛋白质（protein）是原生质的主要成分，任何生物都含有蛋白质。蛋白质是生命的载体，没有蛋白质也就没有生命。蛋白质在生物体内分布广泛，所有的组织、器官都含有蛋白质，细胞的每个部分也都含有蛋白质；蛋白质在生物体内含量高，是细胞内最丰富的有机分子，占人体干重的45%，某些组织含量更高，如脾、肺及横纹肌等高达80%。

自然界中的生物多种多样，因而蛋白质的种类和功能也是非常繁多的。概括地说，主要有以下几种功能：机体新陈代谢的催化剂——酶，通常是由蛋白质构成的，没有酶，生物体内的各种化学反应就无法正常进行；蛋白质可以作为生物体的结构成分，如在高等动物体内，胶原蛋白是主要的细胞外的结构蛋白，参与结缔组织和骨骼的形成，它可作为身体的支架，占蛋白总量的1/4；脊椎动物红细胞中的血红蛋白和无脊椎动物体内的血蓝蛋白在呼吸过程中起着运输氧气的作用；肝脏中的铁蛋白能将血液中多余的铁贮存起来，供机体缺铁时使用；肌肉中的肌动蛋白和肌球蛋白的构象改变能引起肌肉的收缩，带动机体的运动；抗体是一种具有高度特异性的蛋白质，当一些外源物质进入机体，抗体便会与之结合，使外源物质失去活性，从而起到免疫防护作用；某些激素、一切激素的受体和许多其它调节因子都是蛋白质，具有调节机体的功能；眼视网膜的杆状细胞中的视紫红质，也是一种蛋白质，它在光线作用下能刺激神经，激发和传导神经冲动通过神经反射机制而产生视觉。此外，生物体的生长、繁殖、遗传和变异等，均与核蛋白密切相关。

（五）核酸

核酸（nucleic acid）占细胞干重的5%~15%，是由许多核苷酸聚合而成的生物大分子。它广泛存在于所有的动植物细胞、微生物体内，在生物体内核酸通常与蛋白质结合形成核蛋白。不同的核酸，其化学组成、核苷酸的排列顺序不同。根据化学组成的不同，可将核酸分为核糖核酸（RNA）和脱氧核糖核酸（DNA）。

DNA 主要存在于细胞核染色质中，线粒体和叶绿体中也有，是贮存、复制和传递遗传信息的主要物质基础。RNA 是在细胞核内产生，然后进入细胞质中，在蛋白质合成过程中起着重要作用的核酸分子，其中转运核糖核酸（tRNA），起着携带和转移活化氨基酸的作用；信使核糖核酸（mRNA），是指导蛋白质合成的模板；核糖体核糖核酸（rRNA），是细胞合成蛋白质的主要场所。总而言之，核酸在生物体的遗传、变异和蛋白质的生物合成中具有极其重要的作用。

第二节 新陈代谢

一、新陈代谢的概念

新陈代谢（metabolism），或称代谢，是营养物质在生物体内所经历的一切化学变化以及与之相伴随的能量变化的总称，是生物体表现其生命活动的重要特征之一，是生命存在的前提。

新陈代谢是生物与外界环境进行物质交换与能量交换的全过程。生物体一方面不断地从周围环境中摄取营养物质，将其转化为自身需要的结构元件，再将结构元件装配成自身的大分子物质；另一方面又将原有的组成成分经过一系列的生化反应分解为小分子物质排出体外，从而不断地进行自我更新。也就是说，新陈代谢包括同化作用（assimilation）和异化作用（dissimilation）两方面的代谢过程。同化作用是指生物体将从环境中吸收的物质进行分解改造，然后变成机体本身的物质，异化作用则是指将生物体自身的物质进行氧化分解变成小分子物质，然后排到体外去的过程。

（一）分解代谢与合成代谢

新陈代谢包括在生物体内发生的一切合成作用和分解作用。生物体内由小分子物质转化成大分子物质的过程称为合成代谢（anabolism），属于同化作用的范畴。反之，在生物体内由大分子物质转变成小分子物质的过程称为分解代谢（catabolism），属于异化作用的范畴。在这个过程中，生物体把从外界摄取到的低能量的较简单的化合物，转化成高能的结构比较复杂的化合物；同时又把体内自身的高能量化合物分解为低能量的化合物排出体外。这也就是说，在新陈代谢中合成代谢是一个吸收能量、消耗能量的过程，而分解代谢则是一个释放能量的过程（图 1-1）。

生物体内的分解代谢和合成代谢之间是相互联系、相互依存又相互制约的

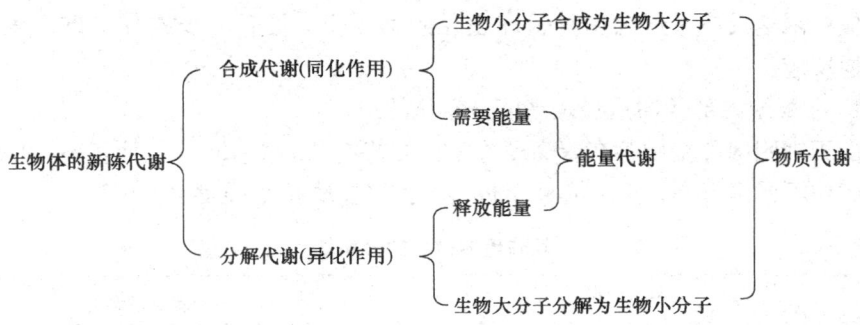

图 1-1　新陈代谢中各类代谢的关系

关系。一个分解代谢过程，往往包含许多合成反应；一个合成代谢过程也包含着许多分解反应，二者是相互联系、相互依存的。但是，从能量的释放与吸收角度来看，二者之间在相互联系的基础上又是相互制约的。如腺苷三磷酸（ATP）能够为生化反应提供能量，而它本身在合成的时候又需要消耗能量，因此它的合成又受能量供应的制约。由此可见，合成为分解准备了物质前提，将外源物质转化为内源物质；分解又为合成提供必需的能量，将内源物质转变为外源物质。三羧酸循环（TCA）是分解代谢和合成代谢交汇的枢纽，既是各种燃料分子最终氧化的共同途径，又可以为合成代谢提供原料，具有双重性功能。

分解代谢与合成代谢不是简单的逆反应过程，二者通过不同的中间反应，或不同的酶，又或者是不同的反应场所来实现。例如脂肪酸的合成是在细胞质中进行的，而脂肪酸分解却是在线粒体中进行的。在生物个体发育的不同阶段，分解代谢与合成代谢的主次关系也是相互转化的，它们彼此相互作用，提供生物体成长所必需的生命物质和能量，从而促进生物物种的世代繁衍。

（二）新陈代谢的特点

1. 反应条件温和

各类代谢反应通常都是在机体内进行的，需要酶的催化，酶是推动全部代谢活动的工具。所以说代谢反应均是在比较温和的条件下（37℃，101kPa，pH 7）进行的。

2. 高度可调控性

新陈代谢途径受控于细胞内复杂多变的调控机制。在基本代谢途径上，各种生物基本上都是高度保守的。

3. 代谢途径是单向不可逆的，具有严格的顺序性

尽管每个代谢途径中的大多数反应是可逆的，但总有一两个反应是不可逆的，这主要是由代谢中的限速步骤来决定的。一个代谢途径至少存在着一个限

速反应。限速反应一般为新陈代谢途径的第一步、最后一步或分支点,通常是不可逆反应。

4. 在细胞内部代谢途径是高度分室化的

由于细胞内部结构存在着高度分室化的特点(表1-5),从而将不同代谢途径限制在不同区域内,进而有利于进行调控以及防止错误发生。

表1-5　　　　　　　　　新陈代谢途径的分室化

代谢途径	发生区域
三羧酸循环、氧化磷酸化、脂肪酸氧化、氨基酸分解	线粒体
糖酵解、脂肪酸合成、磷酸戊糖途径	细胞液
DNA复制、转录、转录后加工	细胞核、线粒体、叶绿体
膜蛋白和分泌蛋白的合成	粗面内质网
脂和胆固醇的合成	光面内质网
翻译后加工(糖基化)	高尔基体
尿素循环	肝细胞线粒体和细胞液

5. 不同的生物利用不同的途径获取能量和碳源

不同的生物获取能量和碳源的途径不同,如表1-6所示。

表1-6　　　　　　　　　不同生物获取能量和碳源的途径

物种	碳源	能源	电子供体
光能自养生物	CO_2	光	H_2O、S、H_2S或其它无机物
化能自养生物	CO_2	氧化还原反应	无机化合物,如H_2、H_2S、NH_4^+、Fe^{2+}
光能异养生物	有机化合物	光	有机物(葡萄糖)
化能异养生物	有机化合物	氧化还原反应	有机物(葡萄糖)

(三)新陈代谢的功能

(1)能够从周围环境中获取营养物质。
(2)能将外界引入的营养物质转变为自身需要的结构元件。
(3)将结构元件装配成自身的大分子。
(4)形成或分解生物体特殊功能所需的生物分子。
(5)提供机体生命活动所需的一切能量。

(四)新陈代谢的研究方法

进行新陈代谢的主体是生物体内的活细胞,这里所指的活细胞包括的范围很广,它既包括单细胞生物,也包括来自于多细胞生物的细胞,甚至是介于生物和非生物之间的病毒和噬菌体。

生物体内的蛋白质、糖类、脂类等物质的代谢过程中的生化反应在这些细胞中构成了错综复杂的关系网。针对这些代谢过程的研究方法也是多种多样的，下面简单地介绍一下常用的研究方法。

1. 研究材料

（1）活体研究　指在正常生理条件下，以生物整体、整体器官或微生物细胞群为对象进行的代谢研究，又称为体内研究。如脂类代谢的 β 氧化学说就是根据体内实验的数据提出来的。

（2）离体研究　指用从生物体分离出来的组织切片、匀浆或组织提取液为对象进行的代谢研究，又称为体外研究。如糖酵解、三羧酸循环、氧化磷酸化等反应过程均是从体外实验获得了证据。

2. 研究方法

（1）同位素示踪法　研究代谢过程最为有效的方法就是同位素示踪法（表1-7）。用同位素标记中间代谢物之后，跟踪代谢物在某一生物体内的去向，了解该代谢物在生物体内的代谢情况，属于活体研究。

表1-7　　　　　　　　生物化学研究中常用的同位素

元素	平均相对原子质量	示踪用同位素	类型	射线形式	半衰期
H	1.01	^2H	稳定	β	12.1a
		^3H	放射性		
C	12.01	^{13}C	稳定	β	5700a
		^{14}C	放射性		
N	14.01	^{15}N	稳定		
O	16.00	^{18}O	稳定		
Na	22.99	^{14}Na	放射性	γ	15h
P	30.97	^{32}P	放射性	β	14.3d
S	32.06	^{35}S	放射性	β	87.1d
I	126.90	^{31}I	放射性	β、γ	8d
		^{25}I	放射性	γ	

（2）代谢途径阻断法　利用抗代谢物或酶的抑制剂来阻抑中间代谢的某一环节，了解这些反应被抑制或改变以后的结果，从而推测其代谢情况，属于体外研究。

二、物质代谢

在自然界中，每一个有生命的生物体都与周围环境不断地进行物质交换，这种物质交换称为物质代谢。它包括生物体不断从外界环境中摄取营养物质，转化为机体内组织成分的合成代谢过程，也包括机体本身的物质不断分解成代谢产物排出体外的分解代谢过程，二者处于动态平衡的状态。物质代谢是生物体实现与外界环境的物质交换、自我更新以及机体内环境相对稳定、保证各种生命现象和生理功能的化学基础。物质代谢的正常进行是生命活动的保证，物质代谢的紊乱则往往会导致一些疾病的产生，而当物质代谢停止的时候，生命也就会随之终止。

生物体的物质代谢具有以下几个特点。

1. 整体性

体内各种物质（糖类、脂类、蛋白质、水、无机盐和维生素等）的代谢构成一个统一的整体，它们不是彼此孤立、彼此分离，而是同时进行、彼此相互联系、相互转变、相互依存的关系。

2. 代谢的可调节性

各种物质的代谢在生物体内能够有条不紊地进行，主要得益于机体内多层次的调节机制的作用。这些调节机制不断地调节各种物质代谢的强度、方向和速率，从而使其适应内外环境的不断变化。

3. 各组织、器官内的物质代谢各具特色

各组织器官的结构不同，所含酶系的种类和含量也各不相同，因而其内部物质代谢的途径各异，功能也不同。如：肝脏含有糖类、脂类、蛋白质代谢的各种酶系，是物质代谢的总枢纽；脂肪组织含有激素敏感脂肪酶，能进行脂肪的贮存与动员；而脑组织、红细胞中有糖代谢酶系，能利用糖的氧化来提供能量。

4. 各种代谢物均具有各自共同的代谢池

无论是从体外摄入的营养物，还是体内各组织细胞的代谢物，只要是同一化学结构的物质，在进行中间代谢的时候，不分彼此，进入到共同的代谢池中参与代谢过程。如：各种来源的血糖（消化吸收的糖、肝糖原分解产生的糖、糖异生途径产生的糖）均通过血糖代谢池参与各种组织的代谢。

三、能量代谢

（一）能量代谢概述

任何物质的变化都伴随着能量的变化，生物体内能量变化的过程称为能量代谢。能量代谢与物质代谢同时存在，不存在无物质代谢的能量代谢，也不存在无能量代谢的物质代谢。太阳能是所有生物最根本的能量来源。绿色生物通过光合作用将太阳能转化为化学能贮藏在营养物质中。当机体从外界摄取营养物，即从外界输入能量（营养物质所含的化学能）。这些物质在生物体内进行分解代谢的时候，又将所含的能量释放出来，以供生命活动的需要。这也就是说机体一切生命活动所需的能量，都是从物质所含的化学能转变而来的。物质分解所释放的能量可用于合成另一种物质，也可用于其它生命活动所需要的各种形式的能量，如肌肉收缩的机械能、神经递质传递的电能等。

存在于生物体内的能量转换关系同样服从热力学定律。热力学是研究热能和其它形式能量之间相互转换的科学。应用热力学的某些规律来阐明生物机体内化学能的释放、留存和利用的能量转换关系被称为生物能学。

热力学第一定律即能量守恒定律，指能量既不能创造也不能消失，只能从一种形式转变为另一种形式。物质的分解代谢提供了生命活动所需的一切能量，能量代谢有各种不同的形式（机械能、电能、辐射能、化学能、热能等），并能够从一种形式转变成另一种形式，但在转变的过程中能量的总值保持不变。不过，能量守恒定律不能预测某一反应能否自发进行。

热力学第二定律是指热能自发地由高温物体流向低温物体，直至二者温度相等，二者的逆向传导是不可能自发进行的。对于在生命机体内发生的生化反应来说，最重要的热力学函数是自由能。

（二）自由能

在热力学当中，自由能（记为 G）指的是在某一个热力学过程中，系统减少的内能中可以转化为对外做功的部分，它衡量的是在一个特定的热力学过程中，系统可对外输出的"有用能量"。在没有做功的时候，自由能将转变为热能散失。热力学中另一个与自由能关系密切的概念——熵（entropy，记为 S），是表示物质系统状态的一个物理量，它表示该状态可能出现的程度。在热力学中，是用以说明热力学过程不可逆性的一个比较抽象的物理量。

1. 自由能与化学反应

恒温、恒压的条件下，ΔG 表示自由能的变化，ΔS 表示总体熵的变化，ΔH 表示总热能的变化，那么三者之间的关系可以用下列公式表示：

$$\Delta G = \Delta H - T\Delta S$$

$\Delta G < 0$ 时，体系的反应能自发进行，为放能反应；

$\Delta G > 0$ 时，反应不能自发进行，当给体系补充自由能时，才能推动反应进行，为吸能反应；

$\Delta G = 0$ 时，体系处于平衡状态。

2. 自由能与平衡常数

平衡常数是指在特定物理条件下（如温度、压力、溶剂性质、离子强度等），可逆化学反应达到平衡状态时反应产物与反应物的浓度比或反应物与反应产物的浓度比，用符号"K"表示。化学反应总是从自由能高的地方向自由能低的地方反应，自由能降低的方向也就是化学反应发生的方向，这个就好比水由高处往低处流——水位的降低是水流动的方向，那么在温度压力一定的条件下自由能的降低就是化学反应发生的方向。所以从这个角度来说，自由能，是物质的化学反应能力的一种体现。由此可见，自由能与化学反应中的平衡常数有着密切的关系。

标准自由能变化（$\Delta G°$），指在25℃，1atm，各反应物浓度为1mol/L时，反应体系的自由能变化，单位为kJ/mol、J/mol。ΔG是指某一化学反应随参加反应物质的浓度、pH、温度而改变的自由能变化。对于任何一个化学反应：

$$A + B \rightleftharpoons C + D \tag{1}$$

$$\Delta G = \Delta G° + RT\ln\frac{[C][D]}{[A][B]} \tag{2}$$

当反应达到平衡时，$\Delta G = 0$，

$$\Delta G° = -RT\ln\frac{[C][D]}{[A][B]} \tag{3}$$

因为$K = \frac{[C][D]}{[A][B]}$，所以

$$\Delta G° = -RT\ln K = -2.303RT\lg K \tag{4}$$

在公式中，R表示气体常数（$R = 8.315$J/mol），T表示绝对温度，$\ln K$表示平衡常数的自然对数。根据反应到达平衡时反应物与产物的浓度就可以计算出$\Delta G°$。由此可见，在生化反应中可以通过已知平衡常数来计算反应自由能的变化，这在生物化学中具有非常大的实际意义。二者之间的关系可以表示如下：

$$K > 1, \Delta G° < 0$$
$$K = 1, \Delta G° = 0$$
$$K < 1, \Delta G° > 0$$

在生物体内，pH$\approx$7，在此环境下测得的标准自由能变化用$\Delta G°'$表示：

$$\Delta G°' = -2.303RT\lg K$$

在偶联的生化反应中，总标准自由能变化等于各步反应自由能变化的总和。

例如，（1）A↔B + C， $\Delta G°' = +6$kcal/mol
（2）B↔D， $\Delta G°' = -9$kcal/mol
则 A↔C + D， $\Delta G°' = -3$kcal/mol

四、高能键与高能化合物

在生化反应中，某些化合物含自由能特别多者，即随水解反应或基团转移反应可放出大量自由能的称高能化合物。高能化合物一般对酸、碱和热不稳定。机体内存在着各种磷酸化合物，它们所含的自由能多少不等，含自由能特别多的磷酸化合物称为高能磷酸化合物。含自由能高的磷酸化合物水解时，每摩尔

化合物放出的自由能高达 30~67kJ，含自由能少的磷酸化合物如葡糖-6-磷酸、甘油磷酸等水解时，每摩尔仅释放出 8~20kJ 自由能。高能磷酸化合物常用 ~P 来表示。

生物体中常见的高能化合物，根据结构的特点，可以分成几种类型。

（一）磷氧键型（-O~P）

属于这种键型的化合物很多，又可分为如下几类。

1. 酰基磷酸化合物

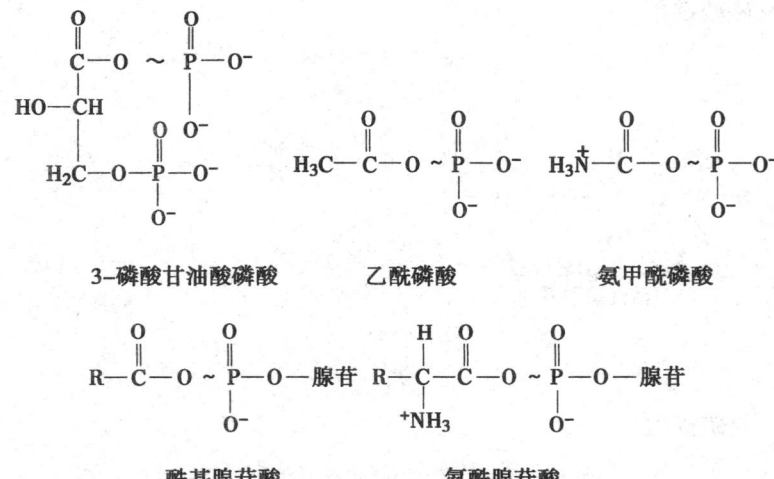

2. 焦磷酸化合物

3. 烯醇式磷酸化合物

磷酸烯醇式丙酮酸

(二)氮氧键型

胍基化合物即属于此类。

$$HOOC-CH_2-N-C-N\sim P-O^-$$
$$\underset{CH_3}{}\;\underset{NH}{}\;\underset{H}{}\;\underset{O^-}{}$$

磷酸肌酸

$$HOOC-CH-(CH_2)_3-N-C-N\sim P-O^-$$
$$\underset{NH_2}{}\;\underset{H}{}\;\underset{NH}{}\;\underset{H}{}\;\underset{O^-}{}$$

磷酸精氨酸

(三)硫酯键型

3′-磷酸腺苷-5′-磷酰硫酸
(活性硫酸基)

$R-C\sim SCoA$

酰基辅酶A

(四)甲硫键型

$$H_3C\sim S^+-CH_2-CH_2-CH-COOH$$
$$\underset{\text{腺苷}}{}\;\underset{}{}\;\underset{}{}\;\underset{NH_2}{}$$

S-腺苷甲硫氨酸

以上高能化合物中含有磷酸基团的占绝大多数,但并不是所有的含有磷酸基团的化合物都属于高能磷酸键,如葡萄糖-6-磷酸、甘油磷脂等化合物中的磷酯键就属于低能磷酸键。

五、ATP 的特殊作用

在不同的磷酸化合物之间,ΔG 的大小并没有明显的高能和低能的界限。有一些磷酸化合物释放的 ΔG 值高于 ATP 释放的自由能,有一些磷酸化合物释放的 ΔG 值低于 ATP 释放的自由能,ATP 在表中处于中间位置(表1-8)。

在上述高能化合物中,ATP 的作用最重要。从低等的单细胞生物到高等的人类,能量的释放、贮存和利用都是以 ATP 为中心的。

ATP 是生物细胞内能量代谢的偶联剂。由于 ATP + H_2O → ADP + Pi,其 $\Delta G^{\circ\prime}$ = -30.5kJ/mol;当 ADP + Pi → ATP 时,也需吸收 30.5kJ/mol 的自由能。ATP 可以把分解代谢的放能反应与合成代谢的吸能反应偶联在一起。利用 ATP 水解释放的自由能可以驱动各种需能的生命活动。例如原生质的流动、肌肉的运动、电鳗放出的电能、萤火虫放出的光能，以及动植物分泌、吸收的渗透能，都靠 ATP 供给（图 1-2）。

表 1-8　　　　某些磷酸化合物水解的标准自由能变化

化合物	标准自由能变化值 $\Delta G/(kJ/mol)$	磷酸基团转移势能 $\Delta G/(kJ/mol)$
磷酸烯醇式丙酮酸	-61.9	61.9
3-磷酸甘油酸磷酸	-49.3	49.3
磷酸肌酸	-43.1	43.1
乙酰磷酸	-42.3	42.3
磷酸精氨酸	-32.2	32.2
ATP（→ADP+Pi）	-30.5	30.5
葡萄糖-1-磷酸	-20.9	20.9
果糖-6-磷酸	-13.8	13.8
甘油-1-磷酸	-9.2	9.2

注：表中所用的磷酸基团转移势能表示提供磷酸基团能力的大小。

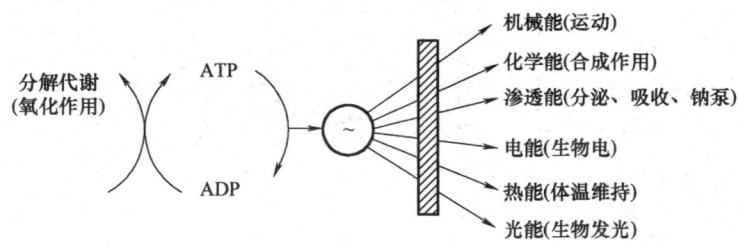

图 1-2　ATP 的生理功能

并不是所有的合成反应都直接利用 ATP 供能，部分反应可以使用其它核苷三磷酸。例如 UTP 用于糖合成、CTP 用于磷脂合成、GTP 用于蛋白质合成等。但物质氧化时释放的能量大多是先合成 ATP，然后 ATP 可使 UDP、CDP 或 GDP 生成相应的 UTP、CTP 或 GTP。

思考与练习

一、名词解释

新陈代谢　物质代谢　能量代谢　自由能

二、简答题

1. 构成生物体的要素有哪些？
2. 生物体生命活动的物质基础是指什么？

3. 组成生物体的化学元素，为什么在无机自然界中都可以找到？这个事实说明了什么？
4. 什么是新陈代谢？研究代谢有哪些方法？
5. 生物体的物质代谢有哪些特点？

第二章
水分与矿物质

1. 掌握水的功用及其在食品中的存在形式，掌握水分活度的概念。
2. 掌握主要矿物质的种类及其功能。
3. 了解组成生物体的元素。

第一节
水的功用与代谢

一、水的功用

水是人体的主要成分，是维持生命活动、调节代谢过程不可缺少的重要物质。①水能稳定生物大分子构象，使其表现特异的生物活性；②水能调节体温恒定。因为水的比热容大，一旦人体内热量增多或减少也不至于引起体温出现大的波动。人体通常由水分蒸发、出汗来调节体温的恒定；③水是体内化学介质，能作为生物化学反应的反应物和反应介质，使生物化学反应顺利进行；④水能促进营养素的消化、吸收、代谢和排泄。水是一种溶剂，能够作为体内营养素运输、吸收和废弃物排泄的载体；⑤水是一种天然的润滑剂，可以减少关节和体内脏器的摩擦，减少机体损伤，并使器官运动灵活。

水也是大多数食品的主要组成成分。食品中水的含量、分布、状态和取向对食品的结构、外观、质地、风味、色泽、流动性、新鲜程度和腐败变质的敏感性产生极大的影响。①植物细胞的含水量可直接影响植物类食品如蔬菜的质感，含水量多则细胞结构松脆，质感鲜嫩，反之则细胞枯萎、皱缩，质感老旧；②水与蛋白质、多糖和脂类通过物理相互作用而影响食品新鲜度、硬度、流动性等，蛋白质、淀粉等生物大分子通常与水作用，形成凝胶状态，从而使肉类具有弹性，使肉的酮体柔软、色泽鲜亮；③食品的含水量可影响食品的贮藏，因为水是微生物生长繁殖的重要因素；④水还能影响食品的加工性，发挥膨润、浸湿的作用。因此，在许多法定的食品质量标准中，水分是一个主要的质量指标。

二、水分代谢

正常人每天水的摄入和排出处于动态平衡之中。水的来源有饮水、食物水、代谢水。通常，水分的摄入在温带平均每人每日1000~2200mL，其中来自食物的水为1000~2000mL，来自代谢过程的水为200~400mL。人体对于水的需要量随个体年龄、体重、气候及劳动条件等而异。机体排出水分的途径有四个，即消化道（粪）、皮肤（显性汗和非显性蒸发）、肺（呼吸蒸发）和肾（尿）。在轻体力活动情况下，成人每日水的代谢大致是平衡的（表2-1）。

表2-1　　　　　　　　　　成人水的摄入与排泄

摄入途径	摄入量/mL	排出途径	排出量/mL
固体食物中的水	1000	尿液	1500
液体食物及饮料	1200	粪便	100
代谢水	300	肺、皮肤蒸发	900

当机体摄入水分减少，或因疾病、大面积烧伤、大量出汗、过度呼吸等使水分排出增多时，可导致机体不同程度的缺水。严重时，细胞外液处于高渗状态，细胞内液水分外移导致细胞脱水。

第二节　水分与食品

一、食品中水分存在方式

食品有固体状的、半固体状的，还有液体状的，它们不论是原料，还是半成品以及成品，都含有一定量的水，食品中的水分总是以两种状态存在。

（一）自由水（游离水）

游离水主要存在于组织细胞中，具有水的一切特性，也就是说100℃时水要沸腾，0℃以下要结冰，并且易汽化。游离水是食品的主要分散剂，可以溶解糖、酸、无机盐等，可用简单的热力方法除掉。

（二）结合水（束缚水）

（1）束缚水是与食品中脂肪、蛋白质、碳水化合物等以结合状态存在。

它是以氢键的形式与有机物的活性基团结合在一起，故称束缚水。束缚水不具有水的特性，其特点是：①不易结冰（冰点为 -40℃）；②不能作为溶质的溶剂。

（2）结合水是以配价键的形式存在，它们之间结合的很牢固，难以用普通方法除去这一部分水。

在烘干食品时，自由水就容易汽化，而结合水就难于汽化。冷冻食品时，自由水冻结，而结合水在 -30℃仍然不冻。结合水和食品的构成成分结合，稳定食品的活性基，自由水促使腐蚀食品的微生物繁殖和酶起作用，并加速非酶褐变或脂肪氧化等化学劣变。

二、水分活度

（一）概念

水分活度是指一个样品中溶剂水的逸度 f 与纯水逸度 f_0 之比，即一个物质所含有的自由状态的水分子数与纯水在此同等条件下的自由状态的水分子数的比值。在室温低压下，它和水蒸气分压 P 与同一温度下纯水的蒸汽分压 P_0 之比很接近。水分活度的数值在 0~1，纯水的水分活度 $A_w = 1$，因溶液的蒸气压降低，所以溶液的 $A_w < 1$。

水分活度计算公式：

$$A_w = P/P_0$$

式中　A_w——水分活度

P—— 一定温度下食品中水蒸气分压

P_0——同温度下纯水的饱和蒸汽分压

水分活度的测试意义：A_w 值对食品保藏具有重要的意义。含有水分的食物由于其水分活度不同，其贮藏期的稳定性也不同。利用水分活度的测试，反映物质的保质期，已逐渐成为食品、医药、生物制品等行业中检验的重要指标。

（二）水分活度与食品的稳定性

水分活度与食品的稳定性是紧密相关的，这表现在水分活度的变化不仅可影响微生物的生命活动，还可影响食品中组分的化学变化，从而影响食品的耐藏性以及食品的品质。

1. 水分活度与微生物生命活动的关系

不同的微生物在食品中生长繁殖时，对水分活度的要求不同。正常的生理活动需要一定的水分。食品中涉及的微生物主要有细菌、酵母菌和霉菌，其中一些微生物在食品中的应用有其有益的一面，这主要体现在发酵食品的生产中，但很多情况下，这些微生物的生命活动会直接引起食品的腐败变质。不同微生物的生长繁殖都要求有一定的最低限度的水分活度值。如果食品的水分活度值低于这一数值，微生物的生长繁殖就会受到抑制（表2-2）。

表2-2　　　　　　　　食品的水分活度与微生物的生长

A_w 范围	在此范围内的最低水分活度所能抑制的微生物	在此水分活度内的食品
1.00~0.95	假单胞菌、大肠杆菌、变形杆菌、志贺氏菌属、克霍伯氏菌属、芽孢杆菌、产气荚膜梭状芽孢杆菌、一些酵母	极易腐败变质（新鲜）食品、罐头、水果、蔬菜、肉、鱼以及牛乳；熟香肠和面包；含有约40%（质量分数）蔗糖或7%氯化钠的食品
0.95~0.91	沙门氏杆菌属、溶副血红蛋白弧菌、肉毒梭状芽孢杆菌、沙雷氏杆菌、乳酸杆菌属、足球菌、一些霉菌、酵母（红酵母、毕赤氏酵母）	一些干酪（英国切达，瑞士、法国明斯达，意大利波萝伏洛）、腌制肉（火腿）、一些水果汁浓缩物；含有55%（质量分数）蔗糖（饱和）或12%氯化钠的食品
0.91~0.87	许多酵母（假丝酵母、球拟酵母、汉逊酵母）、小球菌	发酵香肠（萨拉米）、松蛋糕、干的干酪、人造奶油、含65%（质量分数）蔗糖（饱和）或15%氯化钠的食品
0.87~0.80	大多数霉菌（产生毒素的青霉菌）、金黄色葡萄球菌、大多数酵母菌属（拜耳酵母）、德巴利氏酵母菌	大多数浓缩水果汁、甜炼乳、巧克力糖浆、糖浆和水果糖浆、面粉、米、含有15%~17%水分的豆类食品、水果蛋糕、家庭自制火腿、微晶糖膏、重油蛋糕
0.80~0.75	大多数嗜盐细菌、产真菌毒素的曲霉	果酱、加柑橘皮丝的果冻、杏仁酥糖、糖渍水果、一些棉花糖
0.75~0.65	嗜旱霉菌（谢瓦曲霉、白曲霉）、二孢酵母	含约10%水分的燕麦片、颗粒牛轧糖、砂性软糖、棉花糖、果冻、糖蜜、粗蔗糖、一些果干、坚果
0.65~0.60	耐渗透压酵母（鲁酵母）、少数霉菌（刺孢曲霉、二孢红曲霉）	含15%~20%水分的果干，一些太妃糖与焦糖、蜂蜜
0.50	微生物不增殖	含约12%水分的酱、含约10%水分的调味料
0.40	微生物不增殖	含约5%水分的全蛋粉
0.30	微生物不增殖	含3%~5%水分的曲奇脆饼干、面包硬皮等
0.20	微生物不增殖	含2%~3%水分的全脂乳粉，含约5%水分的脱水蔬菜，含约5%水分的玉米片、家庭自制的曲奇饼、脆饼干

在食品微生物中，细菌对水分活度最敏感，通常水分活度低于0.9时不能生长；酵母菌在水分活度低于0.87时受到抑制；霉菌在水分活度低于0.80时不能生长。如果水分活度值高于微生物生长所需的最低水分活度时，微生物易繁殖而使食品变质。微生物对水分的要求会受到其它一些因素的影响，控制食品

的水分活度时,应视具体情况而定。

2. 水分活度与食品中生物化学变化的关系

食品中发生的化学反应和酶促反应也是引起食品品质变化的一个因素。降低水分活度,也可以控制在食品中发生的化学变化,从而稳定食品的质量。

(1)很多化学反应都是离子反应,都必须在水溶液中进行,而且很多生物化学反应中,水是必需的反应物之一,降低水分活度,可减少食品中自由水的含量,从而控制化学变化的发生。

(2)在酶促反应中,水分活度还可影响酶的活性。当水分活度低于0.8时,大多数酶的活力受到抑制;水分活度在0.25~0.30时,食品中的淀粉酶、多酚氧化酶和过氧化物酶的活性会受到强烈的抑制甚至丧失。

降低食品的水分活度,可以延缓酶促褐变和非酶褐变的进行,减少食品中营养成分的破坏,防止水溶性色素的分解。但水分活度过低,则会加速脂肪的氧化酸败。

3. 水分活度与食品质构的关系

水分活度对于干燥和半干燥食品的质构有较大的影响。要保持干燥食品的理想性质,水分活度不能超过0.3~0.5。软质构食品保持较高的水分活度能避免不期望的变硬。

三、水分与食品加工

(一)水分变化对食品营养成分的影响

失去水分后,蛋白质和矿物质损失较小。高温加热碳水化合物含量较高的食品极易焦化;还原糖和氨基酸反应而产生褐变;维生素损失严重,特别是部分水溶性维生素被氧化掉。

(二)水分变化对食品颜色的影响

干燥会使天然色素,如类胡萝卜素、花青素、叶绿素等变化,食品反射、散射、吸收和传递可见光的能力发生变化,从而改变了食品的色泽。

(三)水分变化对食品风味的影响

水分变化后,食品失去挥发性风味成分。如:牛乳失去极微量的低级脂肪酸,特别是硫化甲基,虽然它的含量实际上仅亿分之一,但其制品却已失去鲜乳风味。一般处理牛乳时所用的温度即使不高,蛋白质仍然会分解并有挥发硫放出。

第三节
矿物质概述

一、矿物质

矿物质又称为无机盐。在食品内的各种元素中,除碳、氢、氧、氮4种元素主要以有机化合物的形式出现外,其余各种元素不论含量多少,都称为矿物质。这些矿物元素或者以无机态或有机盐类的形式存在,或者与有机物质结合而存在。

植物体内的矿物质来源于土壤,贮存于根、茎、叶中。动物矿物质来源于食物,通过吃食获得。人体内的矿物质一部分来源于食物中的动植物组织,一部分来源于饮水、食盐和食品添加剂。

食品中的矿物质元素按其在人体中的含量或摄入量可分为两类:一类是常量元素,指在人体内含量0.01%以上的矿物质元素,或日需量大于100mg的元素,如钾、钠、钙、镁、氯、硫、磷等;一类是微量元素,指在人体内含量小于0.01%,或日需量小于100mg的元素,如铁、锌、铜、碘、锰等。若按生理作用又可将矿物质元素分成三类:①必需营养元素,其中包括铁、碘、锌、硒、铜等;②非营养非毒性元素,如铝、硼、锡等;③非营养有毒元素,常见的有汞、镉、铅、砷等。

二、重要的矿物质及功用

(一) 常量元素

1. 钾、钠、氯

钾、钠在体内主要以离子态存在,与Cl^-共存。K^+以细胞内多,而Na^+在细胞外液(血浆、淋巴、消化液),是维持渗透压的重要阳离子;Cl^-是维持渗透压的重要阴离子,还是胃液的主要成分,对唾液淀粉酶起激活作用。K^+、Na^+有加强神经、肌肉应激性的作用,与Ca^{2+}相拮抗。

Na^+、Cl^-一般不缺乏,但大量出汗则应补充淡盐水,否则会出现腿部抽筋、虚脱、神智不清等症状。Na^+、Cl^-主要来自食盐,Na^+还可来自肉、鱼、花生等。Na^+长期过多摄入,可能导致高血压。

缺K^+可对心肌产生损害,出现肌肉无力、心跳减慢、低血压等症状;由于植物性食物中含量丰富,一般不缺乏。但K^+过量则导致血管收缩、心跳加快等。K^+主要来自水果、蔬菜等植物性食物。

K^+、Na^+的量要有一定比例,否则不能维持体内正常渗透压。如果摄入K^+多,则相应需要较多的食盐,以补充Na^+。一般植物性食品含K^+多,素食者宜补Na^+。

2. 钙

人体中的总钙量占体重的1.5%~2.0%。其中99%的钙存在于骨骼及牙齿内,维持一定的硬度,存在状态为沉积的骨盐;1%的钙以离子形式存在于血液中,以及与蛋白质结合存在于软组织等部位,统称为"混溶钙池",血浆钙高时有抑制神经组织及肌肉应激性(兴奋性)的作用(与K^+、Na^+相反),血钙低时则应激性加大，如抽搐。Ca^{2+}还参与多种酶的作用，如 ATP 酶，参与某些激素的分泌、血液凝固。骨钙与混溶钙池之间的钙含量保持动态平衡，血钙浓度通常稳定在 2.2~2.5mmol/L。

人体缺钙，如血浆中 Ca^{2+} 的浓度降低到一定程度即成低血 Ca^{2+}，就会发生一定的症状，引起神经肌肉兴奋性增强，从而产生手足抽搐。幼儿及青少年缺钙，会出现软骨症、生长停滞（骨骼畸形，如佝偻病）、机体抵抗力降低。中老年缺钙易出现骨质疏松、抽筋、受伤易流血不止等疾病。

人对钙的日需要量，推荐值为 0.8~1.0g。食物中钙的来源以乳与乳制品最好，乳中钙含量丰富，易于吸收，是理想的钙源。肉类、豆类和水产品（如虾皮）含钙也较多。很多植物性食品中的钙吸收率较低，原因是谷类含植酸较多，蔬菜含草酸较多，易在体内形成不溶性钙盐，会妨碍 Ca^{2+} 的吸收。脂肪过高、活动量少、年龄老化等均为不利于钙吸收的因素。

Ca^{2+} 在食品中具有重要的功能性质，主要作为胶凝剂，如果胶、褐藻胶果冻、豆腐凝固剂，还作为沉淀剂、硬化剂、稳定剂（酪蛋白胶体）。

3. 镁

在成人体内含量 20~28g，其中 40% 分布在肌肉及软组织中，约 1% 分布在细胞间液中，其余分布在骨骼中。除构成骨骼外，镁还参与生化反应，如作酶激活剂，参与核酸、碳水化合物、脂类和蛋白质的代谢。镁在人体内的主要作用是参与神经肌肉的传导，增强肌肉的灵敏度。

镁缺乏的主要症状为虚弱、恶心、震颤及心律失常等。镁还是心血管系统的保护因子，缺乏时可能导致心肌梗死。此外，镁盐具利尿和导泻作用，摄入过量时，如黑木耳掺假（浸泡 $MgSO_4$），会产生腹泻、昏迷。镁广泛分布于植物中（绿叶蔬菜、坚果、大豆、麦麸、芝麻、海产品等），肉和脏器中也富含镁，乳中则较少。

4. 磷

正常成人含磷 600~900g，80% 左右磷存在于骨骼牙齿中，与钙结合。其余部分的磷则存在于体液及细胞内，主要以磷酸盐及磷酸酯形式存在，如 6-磷酸葡萄糖、核酸中的磷酸二酯，以及 ATP、ADP 等。

磷主要的生理功能有：构成骨质、核酸的基本成分，代谢中重要的贮能物质，细胞内调节酸碱平衡。此外，磷酸盐可作为食品酸味剂、持水剂。缺磷会影响钙的吸收而得软骨病。

含磷丰富的食物主要是豆类、花生、肉类、核桃、蛋黄等。食物中的磷主要以有机磷酸酯及磷脂的形式存在，较易消化吸收，吸收率在 70% 以上。

5. 硫

硫是组成蛋白质、维生素 B_1、维生素 B_7 等的重要成分，相应辅酶参与氨基酸代谢、糖类代谢、脂肪酸合成等。以硫酸盐和有机物——氨基酸形式进入体内，一般食物中蛋白质丰富的，不会缺乏硫。主要来源：高蛋白食品——乳、肉等。

（二）微量元素

1. 铁

铁是血红蛋白、肌红蛋白和多种酶的组成成分。主要存在于血红蛋白（Hb）中，其次是肌红蛋白、含铁酶类及运铁蛋白中——这些称为功能性铁，占总铁70%左右；余下的为贮存铁，存在于铁蛋白及含铁血黄素中，分布于肝、骨髓等部位。几乎所有的铁均为结合态。铁参与 O_2、CO_2 的转运，及红细胞的形成与成熟，影响到人的造血功能和其它成分的合成。如果人从食物中摄入的铁的数量不足，严重缺铁时引起贫血，称缺铁性贫血。

含铁丰富的食物是动物肝脏，其它动物性食品如肉、蛋类、绿色蔬菜等也是铁的良好来源。动物性食品中的铁比植物性食品中的铁易于吸收，二价铁比三价铁易于吸收。但人体对铁的吸收利用率较低，成年人中缺铁现象也比较普遍，因此在食物中注意铁的吸收是很重要的。

2. 锌

锌是男人的"性元素"之一，对精子的数量与质量以及性勃起都有意义。锌对机体生长发育、促进食欲等起重要作用，还有助于维生素A的代谢，故与皮肤、视觉健康有关。锌存在于人的肝、骨骼、头发、皮肤中，是许多酶的组成成分或激活剂。含锌酶参与核酸、蛋白质合成和呼吸代谢。

缺锌会引起食欲不振、少年期性功能发育不良、味觉及嗅觉迟钝、创伤愈合率低等症状。由于锌与一种唾液中的味觉蛋白合成有关，缺乏时还出现异食癖。

锌的可靠来源是动物性食品，如牛肉、猪肉、羊肉含锌 $20\sim60\,mg/kg$，鱼类等海产品含锌 $15\sim20\,mg/kg$。其次为乳、谷类制品，绿叶蔬菜和水果中含锌量很少。

3. 碘

碘是人体必需的微量元素之一，成人体内仅含碘 $25\sim50\,mg$，约有 $15\,mg$ 集中在甲状腺中。碘是甲状腺激素的主要组成成分，它有促进新陈代谢和发育，提高神经系统的兴奋性，呼吸、心律加快，产热增加的作用。缺碘可引起甲状腺肿大、精神疲惫、四肢无力，而婴幼儿缺碘会发育迟缓、智力低下，引起呆小症。

碘一般以 I^- 或 IO_3^- 的形式存在。海产品（如海带、紫菜、海盐等）是碘的良好来源。膳食中补充碘的最简便方法是在食盐中添加碘化钾或碘酸钾，加碘食盐含碘酸钾 $(35\pm15)\,mg/kg$，相当于含碘 $70\,\mu g/g$。

4. 硒

硒是过氧化物歧化酶（SOD）的组分，也是构成谷胱甘肽过氧化物酶的成分，参与辅酶Q与辅酶A的合成。硒还与维生素E有协同清除自由基的作用。

缺硒可导致克山病的发生，硒还与人体免疫及多种疾病有关。补硒在预防肿瘤和心血管疾病、延缓衰老等方面都有重要的作用。

人体中硒主要靠摄食获得，一般动物的肝、肾、海产品、肉类及大豆是硒的良好来源。

5. 铬、锗

铬是维持肌肉力量所必需的矿物质之一，一个男子每天至少需要 50μg，爱好运动者则需增至 100～200μg。铬是机体内葡萄糖耐量因子的组成成分，可提高胰岛素的效能，并能降低血清胆固醇水平，对预防和治疗糖尿病以及冠心病有明显的功效。食品加工越精细，铬的含量就越少。

有机锗化合物具有抗肿瘤活性，其作用机制可能与增强机体免疫力、清除自由基以及抗突变有关。

常见矿物质的主要作用及来源见表 2-3。

表 2-3　　常见矿物质主要作用及来源

分类	元素	主要作用	重要来源
常量元素	Na	维持人体体内的渗透压，激活某些酶	食盐，并在食品中分布广泛
	K	调节细胞内渗透压、细胞膜的运输，激活酶	水果和蔬菜等
	Ca	骨骼构成和维持、血液凝固、肌肉收缩	乳与乳制品、豆与豆制品
	Mg	辅羧化酶和辅酶 A 的辅助因子	绿色植物，小麦胚及糠麸，某些海产品
	P	细胞中的成分	豆类、肉类、核桃、蛋黄
	S	一些氨基酸的成分	分布广泛
微量元素	Zn	酶的辅助因素，参与蛋白和核酸的合成	动物性食品，一些海产品
	Fe	血红素和某些酶的重要成分	动物性食品，动物肝脏
	Cu	多酚氧化酶、细胞色素氧化酶的组分	绿色蔬菜、鱼类、贝类和肝
	I	参与甲状腺合成并调节机体代谢	海产品
	Se	谷胱甘肽过氧化酶的组分，防治克山病	动物性食品
	Co	维生素 B_{12} 中的组成部分	动物食品
	Cr	葡萄糖耐量因子（GTF）的成分	啤酒酵母、肝、全麦面包

续表

分类	元素	主要作用	重要来源
微量元素	Mn	黄素氧化酶的组成部分	豆类、绿色蔬菜及动物器官
	As	有毒元素	环境污染
	Pb	有毒元素	环境污染
	Cd	有毒元素	环境污染
	Hg	有毒元素	环境污染

第四节
食品加工对于矿物质有效性的影响

一、食品中矿物质的存在

(一) 动物性食品中的矿物质

动物性食品包括畜禽肉类、乳类、蛋类、鱼贝类等。这一类食品为人类提供蛋白质、脂肪等多种营养成分，也是人类膳食中矿物质的良好来源。

肉类与其它食品相比富含多种矿物质，矿物质的总含量一般为 0.8% ~ 1.2%。肉类食品中钠、钾、磷、镁的含量较丰富，铁、铜、锰、锌、钴的含量也较多。整体而言，肉类中的铁、磷较多，铜量较少，钙的含量也相对较低。钠、钾等可溶性的矿物质主要存在于体液部分，在肉的冻融过程中容易随汁液流失。肉类中的矿物质主要存在于肌肉血液中，在脂肪组织中的含量很少。肉类中的铁、铜、锌等矿物质的存在形式以与蛋白质结合为主，所以在加工中不易损失。如肉类中的铁主要存在于血红蛋白和肌红蛋白中，与血红素结合，铁的化合态影响肌肉的色泽，并且与肉的食用品质有很大的关系。膳食中的其它成分不影响肉中铁的生物利用率。

乳类食品最常见的是牛乳。牛乳中矿物质的含量为 0.70% ~ 0.75%，含有多种矿物质（表2-4）。牛乳中钙、磷比例较高，其中的钙易被人体吸收，是各种食品中生物有效性最高的。

蛋类含人体所需的各种矿物质，但钙主要存在于蛋壳中。大部分的矿物质存在于蛋黄中，蛋清中矿物质含量较低。蛋黄中磷含量很高。铁在蛋黄中也较丰富，但其生物利用率很低。

鱼贝类食品中的矿物质含量与动物种类以及体内组织的不同而出现很大的差异。在骨、鳞、甲壳、贝壳等硬组织中矿物质含量高；肌肉组织中含量相对较低。各种鱼中钾含量均较高；钠的含量在软体动物、甲壳类中高于海水鱼，海水鱼中又高于淡水鱼。真鲷鱼、鲍鱼、牡蛎、梭子蟹、青蟹中的钙含量较高。

表2-4　　　　　　　　　　　牛乳中的矿物质

较高含量的元素	含量/(g/L)	较低含量的元素	含量/(mg/L)	痕量元素	含量/(mg/L)
钾	1.38	锌	3.803	铝	—
钙	1.25	铁	1.00	钡	—
氯	1.04	铜	0.30	铬	—
磷	0.96	碘	0.21	钴	0.0006
钠	0.58	溴	0.21	铅	—
硫	0.30	氟	0.159	锂	—
镁	0.14	硼	0.159	铷	—
		镍	0.066	硅	—
		锰	0.02	银	—
		钼	0.073	锶	—
				钛	—
				钒	—

各种鱼中含镁量差异不大，一般在20~80mg/100g。磷含量一般在130~250mg/100g。此外，贝类中微量元素较丰富，含较多的锌、硒、铁、锰等元素。

（二）植物性食品中的矿物质

植物性食品包括谷类、薯类、豆类、水果蔬菜类、食用菌及藻类等。植物性食品含钾、镁较丰富。植物中富含有机酸，矿物质大多以有机酸盐的形式存在，这是植物性食品中矿物元素的共同特点。

谷类食品中含磷较丰富，主要存在于所含的蛋白质中，镁和锰的含量也相对较高，但钙的含量不高。由于谷皮中含植酸，与钙、锌、铁等元素结合成不易吸收的复合物，使这些矿物元素的生物有效性降低，当谷类食物经发酵处理后，植酸水解，可提高相关矿物质元素的生物利用率。另外矿物质元素主要存在于谷类籽粒的外层，比如麸皮和谷糠中，胚乳部分含量较低。因此谷类的加工精度越高，矿物质元素的损失越大。

薯类如马铃薯、甘薯、魔芋等，其中马铃薯的营养价值较高。薯类中的矿物质元素以钾的含量较高，其它还有铁、钙、磷、镁等。

豆类食品中矿物质元素的含量在植物性食品中最为丰富，含有较多的钙，也是钾、磷等矿物质的优质来源，铁、镁、锌、锰、硒等矿物质的含量也很高。大豆中也存在植酸，因此也会影响钙、铁、磷等矿物元素的吸收利用率，使其中矿物质的生物利用率不如动物性食品，但被吸收的绝对量仍不少。

水果蔬菜中含有丰富的钙、磷、铁、钾、钠、镁、铜、锰等矿物质，其中钾含量高，钠含量相对较低。由于新鲜果蔬含水量可达80%~95%，所以矿物质的含量似乎不高，但如果以干物质计，它们的矿物质含量是相当丰富的，所以蔬菜和水果是日常膳食中矿物质的主要来源之一。蔬菜中矿物质的含量高于水果。蔬菜中雪里蕻、芹菜、油菜等不仅含钙量高,而且易被人体吸收利用;菠菜、苋菜、空心菜等由于含较多的草酸,影响其中钙、铁的吸收。

部分果蔬中矿物质的含量见表2-5。

表2-5　　　　　果蔬中(可食部分)主要矿物质含量　　　　单位:mg/100g

果实名称	钙	磷	铁	蔬菜名称	钙	磷	铁
苹果	11	9	0.3	番茄	8	37	0.4
梨	5	6	0.2	甘蓝	62	28	0.7
桃	8	20	1.0	大白菜	33	42	0.4
杏	26	24	0.8	豌豆	13	90	0.3
葡萄	4	15	0.6	马铃薯	14	59	0.9
甜橙	26	15	0.2	菠菜(茎)	71	34	2.5
枣	14	23	0.5	花菜	85	82	1.2
山楂	85	25	2.1	芹菜	151	61	8.5
草莓	32	41	1.1	芦笋	82	14	14
香蕉	10	35	0.8	蘑菇	8	86	1.3

食用菌含丰富的钙、磷、铁。

海藻类最主要的营养价值是富含矿物质,其含量可达干物质的10%~30%。海藻中钠、镁、钙、钾的含量都较高,海藻选择性积蓄海水中的钾、钙,因此是人体重要的钾、钙供给源。海藻中的碘是人体必需的微量矿物元素,以海带中含量最多。海藻中的硒、锌含量也较高。

二、食品中矿物质的有效性

评价一种食物的营养价值时,不仅要考虑其中营养素的含量及组成,而且还要考虑这些成分被生物体利用的实际可能性,即生物有效性。机体对食物矿物质的吸收利用,除与食品矿物质的化学组成形式、物理形态及总量有关外,还与机体的机能状态有关。在研究食品的营养以及食品加工中运用矿物质强化工艺时,对矿物质成分的生物有效性的考虑尤为重要。影响矿物质生物有效性的因素有以下几个。

1. 食品的可消化性

食物被人体消化后营养物质才能被人体吸收利用。如果食物不易消化,即使营养成分丰富也得不到利用。一般来说,食品营养的生物有效性与食品的可消化性成正比关系。如:麸皮、米糠中含很多铁、锌,但这些物质的可消化性很差,因而不能利用,生物有效性很低。

2. 矿物质的化学与物理形态

矿物质的化学形态对于矿物质的生物有效性影响很大，有的矿物质只在某一化学形态时才具有营养价值。许多矿物质成分在不同食物中，由于化学形态的差别，生物有效性相差很大。矿物质的物理形态对生物有效性也有大的影响。在消化道中呈溶解状态的矿物质才能被吸收，矿物质颗粒的大小会影响可消化性和溶解度，因而也是影响生物有效性的因素。

3. 与其它营养物质的相互作用

其它营养物质对矿物质生物有效性的影响视不同情况而定，有的能提高生物有效性，有的能降低生物有效性，相互影响很复杂。饮食中一种矿物质过量往往会干扰对另一种必需矿物质的利用，如 Ca^{2+}、Mg^{2+} 相互拮抗。此外，草酸、植酸等会与 Ca^{2+} 形成不溶物而减少 Ca^{2+} 的吸收，而 Ca^{2+} 与乳酸成盐，铁与氨基酸成盐，都使这些矿物质形成可溶态，有利于吸收。

4. 加工方法

加工方法也能改变矿物质营养的生物有效性。如磨碎、增加细度可提高难溶元素的生物有效性，发酵后的面团中锌的有效性可提高不少。

三、食品加工对食物中矿物质的有效性的影响

食品中的矿物质不仅具有营养和生理功能，而且能使食品具有风味，影响食品的质地。矿物元素在食品中的含量很大程度上受环境因素的影响。此外，加工过程中矿物元素也可直接或间接地进入食品中，因此食品中矿物质的含量变化很大。矿物质在食品加工与贮藏过程中不会因光、热、氧等因素分解，而是通过物理作用丢失或转变成一种不适宜于人和动物吸收利用的化学状态而损失。

（一）食品加工对食品中矿物质含量的影响

食品原料的烫漂、烹调、沥滤、碾磨、修整、丢弃等过程是食品中矿物质损失的主要途径，而强化与加工过程中的污染则是矿物质含量上升的主要原因。

烫漂和沥滤对食品中矿物元素含量的影响很大，这主要与其溶解度有关。烹调时矿物质主要是从汤汁中流失，由于很多矿物质能溶于水，在水中煮食物后将汤倒掉，大量的矿物质会流失，如菠菜热烫处理矿物元素出现损失（表2-6）。

表2-6　　　　热烫对菠菜中矿物质损失的影响　　　　单位：mg/100g

	未热烫	热烫	损失/%
镁	0.3	0.2	36
钾	6.9	3.0	56
钠	0.5	0.3	43
钙	2.2	2.3	0

谷物是矿物质的一个重要来源，导致谷物中矿物质损失的最重要因素是碾磨。矿物质主要集中在糊粉层、胚中，碾磨越精，损失越大。因此加工精白面时会导致矿物质的严重损失。通常要在谷物中添加一些微量元素来弥补加工中矿物质的损失。

有时在加工中矿物质的量反而增加，可能是由于水的加入而导致，或接触金属容器或包装材料而造成，如罐头中锡含量增加，牛乳中镍含量的增加。

不同加工工艺也会影响最后产品中矿物质的含量水平。如强化，它指人为地向食品中添加人体所需的营养物质；另外加工过程中容器中的金属元素也会进入食品中，形成矿物元素污染。罐装产品中的 Pb、Sn、Ni 等多来源于此。

（二）与其它成分相互作用

矿物质与食品中其它成分的相互作用而导致生物利用率的降低是矿物质营养质量下降的另一个重要原因。如草酸、植酸等阴离子与两价金属离子 Fe、Ca 等形成不溶性的盐，导致对矿物质吸收利用率降低。

总之，各种加工方法对食物中矿物质的含量和组成均有一定的影响。在加工过程中，会造成某些矿物质的含量下降。食品浓缩或矿物成分加工机械、包装材料的溶出，导致食品中某些矿物质含量增加。如果加工过程中产生矿物质盐类的沉淀或者溶解，会影响矿物质的生物有效性。

思考与练习

一、名词解释

水分活度　矿物质的生物有效性

二、简答题

1. 自由水和结合水的区别是什么？
2. 食品的水分活度与食品稳定性的关系如何？
3. 影响矿物质生物有效性的因素有哪些？
4. 人体容易缺乏的矿物质有哪些？

技能训练

实验一　食品中水分活度的测定

目的要求

（1）进一步了解水分活度的概念和扩散法测定水分活度的原理。

(2)学会扩散法测定食品中水分活度的操作技术。

实验原理

食品中的水分都随环境条件的变动而变化。当环境空气的相对湿度低于食品的水分活度时,食品中的水分向空气中蒸发,食品的质量减轻;相反,当环境空气的相对湿度高于食品的水分活度时,食品就会从空气中吸收水分,使质量增加。不管是蒸发水分还是吸收水分,最终是食品和环境的水分达平衡时为止。据此原理,我们采用标准水分活度的试剂,形成相应湿度的空气环境,在密封和恒温条件下,观察食品试样在此空气环境中因水分变化而引起的质量变化,通常使试样分别在 A_w 较高、中等和较低的标准饱和盐溶液中扩散平衡后,根据试样质量的增加(即在较高 A_w 标准饱和盐溶液达平衡)和减少(即在较低 A_w 标准饱和盐溶液达平衡)的量,计算试样的 A_w 值,食品试样放在以此为相对湿度的空气中时,既不吸湿也不解吸,即其质量保持不变。

试剂和器材

1. 试剂

标准饱和盐溶液的 A_w 值(25℃)见表1。

表1　　　　　　　　标准饱和盐溶液的 A_w 值(25℃)

试剂名称	A_w	试剂名称	A_w	试剂名称	A_w
硝酸钾(KNO$_3$)	0.924	硝酸钠(NaNO$_3$)	0.737	碳酸钾(K$_2$CO$_3$·2H$_2$O)	0.427
氯化钡(BaCl$_2$·2H$_2$O)	0.901	氯化锶(SrCl$_2$·6H$_2$O)	0.708	氯化镁(MgCl$_2$·6H$_2$O)	0.330
氯化钾(KCl)	0.842	溴化钠(NaBr·2H$_2$O)	0.577	醋酸钾(KAc·H$_2$O)	0.224
溴化钾(KBr)	0.807	硝酸镁[Mg(NO$_3$)$_2$·6H$_2$O]	0.528	氯化锂(LiCl·H$_2$O)	0.110
氯化钠(NaCl)	0.752	硝酸锂(LiNO$_3$·3H$_2$O)	0.476	氢氧化钠(NaOH)	0.070

2. 仪器

分析天平、恒温箱、康维氏微量扩散皿、坐标纸、小玻璃皿或小铝皿(直径25~28mm、深度7mm)。

3. 材料

各种水果、蔬菜、凡士林。

操作步骤

(1)在3个康维皿的外室分别加入 A_w 高、中、低的3种标准饱和盐溶液

5.0mL，并在磨口处涂一层凡士林。

（2）将3个小玻璃皿准确称重，然后分别称取约1g的试样于皿内（准确至毫克数，每皿试样质量应相近）。迅速依次放入上述3个康维皿的内室中，马上加盖密封，记录每个扩散皿中小玻璃皿和试样的总质量。

（3）在25℃的恒温箱中放置约2h后，取出小玻璃皿准确称重，以后每隔30min称重一次，至恒重为止。记录每个扩散皿中小玻璃皿和试样的总质量。

结果处理

（1）计算每个康维皿中试样的质量增减值。

（2）以各种标准饱和盐溶液在25℃时的A_w值为横坐标，被测试样的增减质量Δm为纵坐标作图，并将各点连结成一条直线，此线与横坐标的交点即为被测试样的A_w值。

注意事项

（1）称重要精确迅速。

（2）扩散皿密封性要好。

（3）对试样的A_w值范围预先有一估计，以便正确选择标准饱和盐溶液。

（4）测定时也可选择2种或4种标准饱和盐溶液（水分活度大于或小于试样的标准盐溶液各1种或2种）。

思考题

（1）扩散法测定水分活度的原理是什么？

（2）为什么试样中含有水溶性挥发性物质时会影响水分活度的准确测定？

实验二 食品中铁的测定

目的要求

（1）了解食品中铁含量测定的意义与原理。

（2）掌握分光光度计的使用方法及原理；掌握铁标准曲线的制作方法。

实验原理

邻二氮杂菲是测定微量铁较好的试剂。在pH为2~9的溶液中，邻二氮杂菲与Fe^{2+}生成稳定的橙红色配合物，比色后即可定量。显色反应如下：

$$Fe^{2+} + \underset{}{\text{(phen)}} \longrightarrow \left[\underset{}{\text{(phen)}_3 Fe} \right]^{2+}$$

试剂和器材

1. 试剂

(1) 盐酸羟胺溶液（100g/L） 称取100g盐酸羟胺，用水溶解并稀释至1000mL。

(2) 盐酸 1:1 和 1:9 溶液。

(3) 乙酸钠溶液（450g/L） 称取45g乙酸钠，加水溶解并稀释至100mL。

(4) 0.2%邻二氮杂菲 称取0.20g邻二氮杂菲于烧杯中，加60mL水，加热溶解（不超过80℃），移入100mL容量瓶中，用水稀释至刻度，摇匀。

(5) 铁标准贮备液（1mL溶液含有0.1mg铁） 准确称取0.8634g分析纯$NH_4Fe(SO_4)_2 \cdot 12H_2O$于200mL烧杯中，加入20mL 6mol/L HCl和少量水，溶解后转移至1L容量瓶中，稀释至刻度，摇匀。

(6) 铁标准使用液（1mL溶液含2μg铁） 吸取铁标准贮备液20.00mL于100mL容量瓶中，用水稀释至刻度，此溶液每毫升含0.02mg铁，吸取铁标准贮备液10.00mL于100mL容量瓶中，用水稀释至刻度，此溶液每毫升含2μg铁。

2. 器材

721分光光度计、1cm比色皿、50mL容量瓶10只、5mL吸液管一支、10mL吸液管一支、200mL烧杯2只、洗瓶一只。

操作步骤

1. 样品的处理

(1) 干法 吸取25.00mL试样（V）于蒸发皿中，在水浴上蒸干，置于电炉上小心炭化，然后移入（550±25）℃高温电炉中灼烧，灰化至残渣呈白色，取出，加入10mL 1:1盐酸溶解，在水浴上蒸至约2mL，再加入5mL水加热煮沸后，移入50mL容量瓶中，用水洗涤蒸发皿，洗液并入容量瓶，加水稀释至刻度（V_2），摇匀。同时做空白试验。

(2) 湿法 吸取25.00mL试样（V）于250mL定氮瓶中，小火加热除去酒精，放冷，加入10mL浓硝酸及5mL浓硫酸，瓶口盖上小三角漏斗，放置浸泡过夜。然后放入几颗玻璃珠加热消化（或直接加热消化），直至泡沫消失，液体成棕色后，再加大火力，同时沿瓶壁滴加浓硝酸，直至产生白烟，溶液澄清透明或微带黄色，静置放冷。再加 20mL 水煮沸，除掉残余的硝酸至产生白烟为止。如此处理两次，放冷。将冷后的溶液移入 50mL 容量瓶中，用水洗涤定氮瓶，洗液并入容量瓶中，加水至刻度（V_2），混匀。同时做空白试验。

2. 标准曲线的制作

吸取铁标准使用液 0.00、1.00、2.00、3.00、4.00、5.00mL（含 0.0、2.0、4.0、6.0、8.0、10.0μg 铁）分别于六支 50mL 比色管中，补加水至 25mL，加 1mL 1:9 盐酸溶液、1mL 盐酸羟胺溶液、5mL 乙酸钠溶液及 1mL 邻二氮杂菲溶液，然后补加水至 50mL，摇匀，以零管调零，在 510nm 波长下，分别测其吸光度。根据吸光度及相对应的铁浓度绘制标准曲线。

3. 测定

吸取样品处理液 5~10mL（V_1）及同量试剂空白液分别于 50mL 比色管中，补加水至 25mL，加入 1mL 1:9 盐酸溶液、1mL 盐酸羟胺溶液，用乙酸钠溶液调 pH 至 3~5（需做预试验），再加 1mL 邻二氮杂菲溶液，补加水至刻度。然后按标准测定同样操作，分别测其吸光度，从标准曲线上查出铁的含量（或用回归方程计算）。

结果计算

$$X = \frac{(c_1 - c_0) \times 1000}{V \times \frac{V_2}{V_1} \times 1000} = \frac{(c_1 - c_0) \times V_1}{V \times V_2}$$

式中　X——试样中铁的含量，mg/L

　　　c_1——测定用样品处理液中铁的含量，μg

　　　c_0——试剂空白液中铁的含量，μg

　　　V——取样体积，mL

　　　V_1——样品处理液的体积，mL

　　　V_2——测定样品处理液的总体积，mL

思考题

（1）邻二氮杂菲分光光度法测定铁的适宜条件是什么？

（2）如用配制已久的盐酸羟胺溶液，对分析结果将带来什么影响？

（3）使用分光光度计时应注意哪些问题？

第三章
糖 类

学习目标

1. 掌握糖类的定义及命名，掌握单糖的理化性质。
2. 掌握糖类的鉴定与定量分析方法。
3. 熟悉常见寡糖及多糖的结构与性质。
4. 了解各种糖复合物的结构特点及功能，了解日常生活中常见糖类食品及其功能。

第一节 概述

一、糖类的元素组成和化学本质

（一）糖类的元素组成

糖类化合物是自然界分布最广泛、数量最多的有机化合物。大多数的糖类物质是由碳、氢、氧三种元素组成的，可以用 $(CH_2O)_n$ 或 $C_n(H_2O)_m$ 通式来表示它们的结构。后来发现在有些糖类化合物中还含有 N、S、P 等元素，但通常 N、S、P 元素的含量较低。

（二）糖类的化学本质

最初发现的糖类物质中氢和氧的原子数比例都是 2∶1，与水分子中的 H 和 O 比例相同，因此过去这类化合物被称为碳水化合物。但后来发现鼠李糖（$C_6H_{12}O_5$）以及脱氧核糖（$C_5H_{10}O_4$）等糖不符合上述通式。而另一些物质如乳酸（$C_3H_6O_3$）、甲醛（CH_2O）符合这一通式但并不具有糖类的性质，因此碳水化合物这一名词并不恰当。但因其沿用已久，目前通常被用来表示狭义的糖类。

糖类从化学的角度看，它们是多羟基的醛或多羟基的酮及其衍生物和缩聚物的统称。

二、糖类的命名与分类

糖类的命名通常是根据糖的来源给予一个通俗的名称，如葡萄糖、果糖、鼠李糖、蔗糖、龙胆糖和壳多糖等。

糖可根据它们水解的情况分为：

单糖：不能被水解成更小分子的糖类，也称简单糖，如葡萄糖、果糖、半乳糖、核糖、鼠李糖等。

寡糖：水解后可以产生2~10个单糖分子的缩合糖。水解时产生2分子单糖的称为双糖或二糖，如蔗糖、麦芽糖等。产生3分子单糖的称为三糖等。

多糖：水解产生10个以上单糖分子的糖类。又可分为：同多糖，水解时只产生一种单糖或单糖衍生物，即由一种单糖缩合而成的多糖，如淀粉、纤维素等；杂多糖，水解时产生一种以上的单糖或/和单糖衍生物，即由不同的单糖及单糖衍生物缩聚而成的多糖，如果胶、糖胺聚糖等。

另外糖类可与蛋白质、脂质等共价连接形成糖蛋白、蛋白聚糖和糖脂、脂多糖等，总称为复合糖或糖复合物。

单糖则可以根据分子中含有醛基还是酮基而分为醛糖和酮糖。另外依据分子中所含的碳原子数目，单糖被分为丙糖（三碳糖）、丁糖（四碳糖）、戊糖（五碳糖）、己糖（六碳糖）、庚糖（七碳糖）等。碳原子数目可与羰基类型及糖的来源结合起来命名，如景天庚酮糖等。

第二节 单糖

一、单糖的结构

（一）单糖的链状结构

通过元素组成及相对分子质量测定，可以确定葡萄糖的分子式为$(CH_2O)_6$。葡萄糖与乙酸酐加热，形成五乙酸酯，说明其中含有5个羟基；葡萄糖可与氰化氢加成形成氰醇衍生物，经还原后得到正庚酸，从而证明葡萄糖是一个直链的己醛。而果糖进行同样的反应得到的是五乙酸酯和2-甲基己酸。因此葡萄糖与果糖分别为2,3,4,5,6-五羟基己醛和1,3,4,5,6-五羟基-2-己酮。它们的链状结构如下：

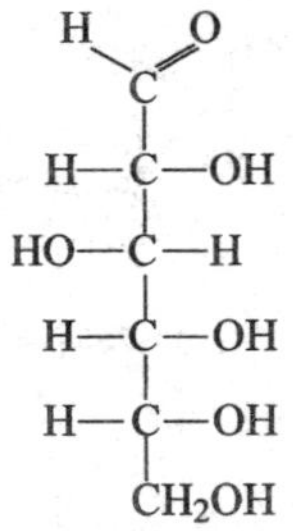

[葡萄糖和果糖开链结构图]

葡萄糖 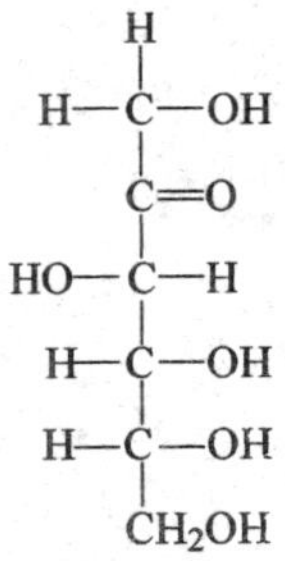　　　果糖

(二) 单糖的环状结构

尽管葡萄糖等醛糖中含有醛基,但它们不具有某些典型醛的特征,如缺少西佛化反应,即不能使被 H_2SO_3 漂白的品红呈现红色。另外糖中的醛基只能与一分子醇反应生成半缩醛。因此糖在水溶液中是以环状形式存在的,即糖中的醛基可与其它碳原子上的羟基形成半缩醛。如果 C_1 与 C_5 间缩合则形成六元环,称为吡喃糖;而 C_1 和 C_4 间缩合则形成五元环,称为呋喃环。其结构如下:

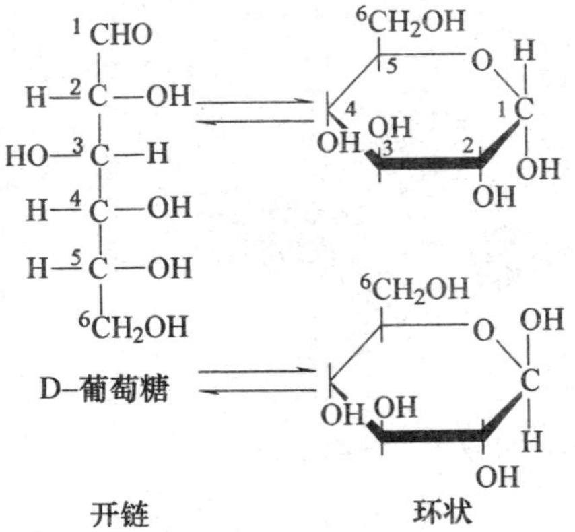

[D-葡萄糖开链与α-D-吡喃葡萄糖、β-D-吡喃葡萄糖环状结构图]

开链　　　　　　环状

吡喃糖和呋喃糖的名称分别来自简单的环型醚:吡喃和呋喃。D-葡萄糖主要以吡喃糖存在,呋喃糖次之。对葡萄糖来说,吡喃型比呋喃型稳定。D-果糖也以两种形式存在,但以呋喃型为主。其结构如下:

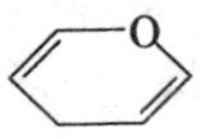

[吡喃、α-D-吡喃葡糖、α-D-呋喃葡糖、呋喃结构图]

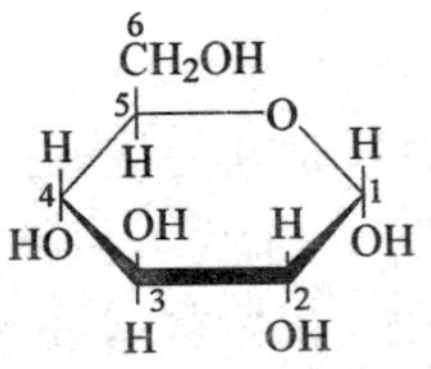

吡喃　　α-D-吡喃葡糖　　α-D-呋喃葡糖　　呋喃

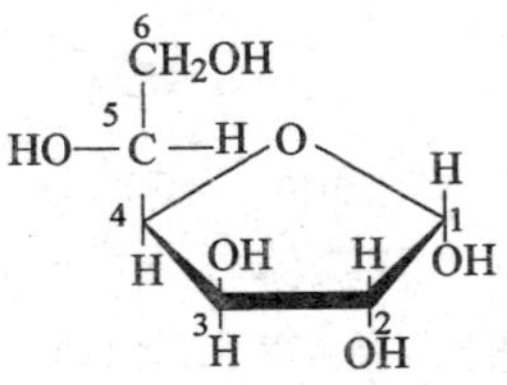

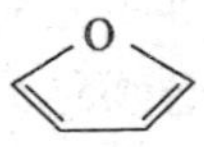

α-D-吡喃果糖　　　　　α-D-呋喃果糖

二、单糖的构型

构型是指一个分子由于其中各原子特有的固定的空间排列，而使该分子所具有的特定的立体化学形式。当某一物质由一种构型转变为另一种构型时，要求共价键的断裂和重新形成。

不对称碳原子指连接四个不同原子或基团的碳原子，也被称为手性碳原子。含有一个手性碳原子的分子可形成两种不同的构型。单糖的构型是以甘油醛为基准进行比较而确定的。其结构如下：

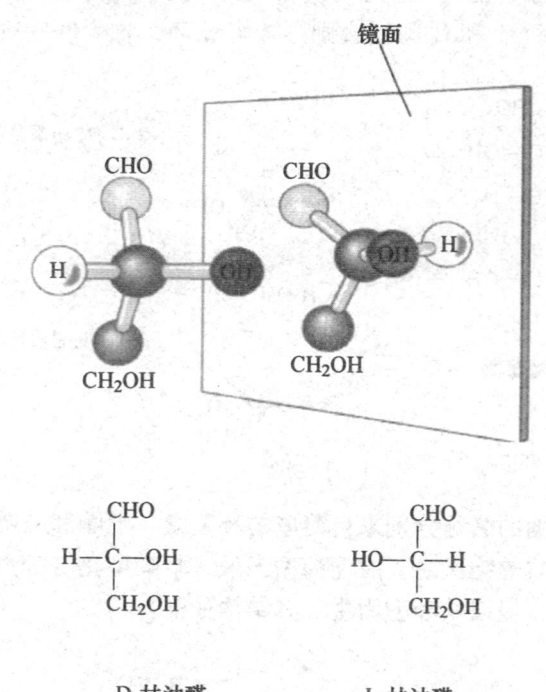

D-甘油醛　　　　　L-甘油醛

如上图所示，两种不同构型的甘油醛的关系是互为镜像，不能重叠。这两类化合物称为一对"对映体"，一个为 D-型，一个为 L-型。单糖的 D-型、L-型是人为规定的构型，是以甘油醛为参照物，以距羰基最远的不对称碳原子为准，在投影式中羟基写在左面的为 L 型，羟基写在右面的为 D 型。

旋光异构现象和旋光度：平面偏振光（光通过尼克棱镜时，只有沿某一平面振动的光波可以通过）通过具有旋光性质的异构物（如甘油醛、单糖）溶液时，偏振面发生旋转的现象称为旋光性。旋光度是旋光性物质的一种物理性质，在一定条件下是一个常数，用旋光率 $[\alpha]_D^t$ 表示，旋转角度的方向向左的称为左旋，向右的称为右旋，可用下列公式表示：

$$[\alpha]_D^t = \frac{\alpha_D^t}{c \times L} \times 100$$

式中　　L——旋光管的长度，cm
　　　　c——浓度，g/100mL
　　　　$[\alpha]_D^t$——以钠光灯为光源（D 线，λ：589.6 与 589.0nm），温度为 t 的
　　　　　　　条件下

旋转角度方向向右的用"＋"表示，向左的用"－"表示。

D、L 指构型，而"＋"、"－"指旋光方向，D 与"＋"、L 与"－"间没有必然联系。

像 D、L－甘油醛这样的旋光率数值相同，但旋光方向相反的互为镜像的一对旋光异构体称为一对对映体。甘油醛含有一个手性碳原子，故只能形成两个旋光异构体，组成一对对映体。含有 n 个手性碳的化合物，旋光异构的数目为 2^n，组成 2^{n-1} 对对映体。那么己醛糖共有 16 个旋光异构体。

其中 D－葡萄糖与 L－葡萄糖构成一对对映体，而像 D－葡萄糖与 D－甘露糖或者 D－葡萄糖与 D－半乳糖这样，除一个手性碳原子羟基位置不同外，其余结构完全相同的非对映异构体称为差向异构体。其结构如下：

D-甘露糖　　　　D-葡萄糖　　　　D-半乳糖

当形成环形结构时，C_1 位形成一个新的手性碳原子，因此有两种不同的构型，分别称为 α－D－葡萄糖和 β－D－葡萄糖。这两种分子在构型上仅头部不同，它们间互为异头物。糖的两种异头物的旋光率是不同的，如 α－D－葡萄糖的 $[\alpha]_D^{20} = +112°$，而 β－D－葡萄糖的 $[\alpha]_D^{20} = 18.7°$。但将两种糖溶于水后，其旋光率都逐渐转变为 +52.7°。这种现象称为变旋现象，反映的是单糖的异头体在水溶液中可以互相转变，并最终达到平衡。

三、单糖的理化性质与鉴定

(一) 单糖的物理性质

1. 溶解性

单糖分子中含有多个羟基,除甘油醛微溶于水外,其它单糖都易溶于水,尤其在热水中溶解度极大。如 β - D - 葡萄糖在15℃ 100mL 水中可溶解154g。单糖微溶于乙醇,不溶于乙醚、丙酮等非极性有机溶剂。

2. 旋光性

除二羟丙酮外,单糖分子内都有不对称碳原子,具有旋光性。旋光性是鉴定糖的一个重要指标。常见糖的旋光率见表 3-1。

表 3-1　　　　常见单糖、寡糖和多糖的旋光率

单糖	$[\alpha]_D^{20}$	单糖	$[\alpha]_D^{20}$
D - 葡萄糖	+52.6°	D - 甘油醛	+9.4°
D - 果糖	-92°	D - 核糖	-19.7°
D - 半乳糖	+80.2°	2 - 脱氧 - D - 核糖	-59°
D - 甘露糖	+14.5°	L - 阿拉伯糖	+104.5°
D - 木糖	+18.8°	L - 鼠李糖	+8.2°

3. 甜度

甜度是一种感觉,甜度的比较不是十分准确。它通常用蔗糖作为参考物,以它为100,在天然糖类中只有果糖甜度高于它,其它的均小于蔗糖。常见的糖、糖醇及一些非热源甜味剂的甜度见表 3-2。

表 3-2　　　　糖、糖醇及一些甜味剂的甜度

名称	甜度	名称	甜度
葡萄糖	70	木糖醇	125
果糖	175	甘露醇	50
半乳糖	30	蛇菊苷	30000
乳糖	16	天冬苯丙二肽	15000
麦芽糖	35	应乐果甜蛋白	20000
木糖	45	糖精	50000

(二) 单糖的化学性质

1. 异构化

单糖对于稀酸是相当稳定的,但在弱碱性溶液中则会借由烯醇式发生互相转化,在强碱溶液中很不稳定,分解成为各种不同的物质。例如用稀碱处理

D-葡萄糖时,就得到 D-葡萄糖、D-甘露糖和 D-果糖三种物质的平衡混合物。如果以果糖或甘露糖代替葡萄糖,也可得到相同的平衡混合物。这可能是在碱催化下通过烯醇式中间体来进行的。

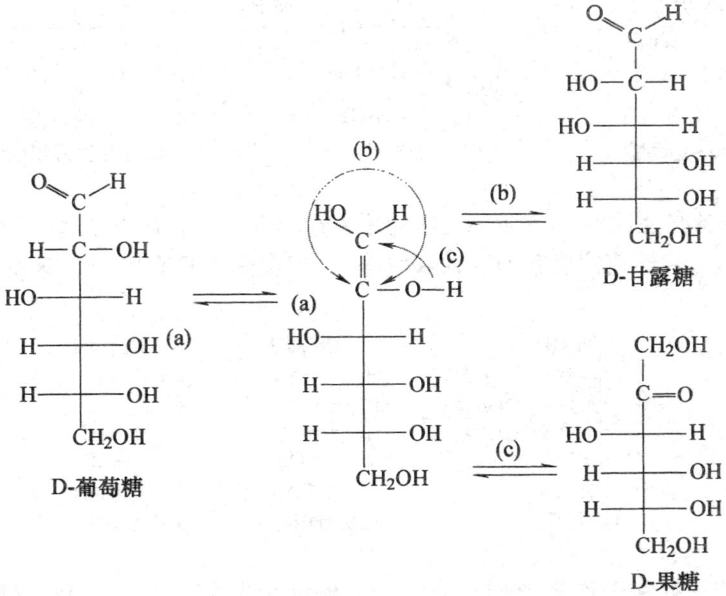

D-(+)-葡萄糖和 D-(+)-甘露糖仅在 C-2 位的构型不同,它们互为差向异构体,这种在碱催化下,醛糖或酮糖发生异构化而产生差向异构体的现象,称为差向异构化。

2. 单糖的脱水作用

单糖与强酸共热,则会发生脱水反应,戊糖生成糠醛,己糖则生成羟甲基糠醛。戊糖形成的糠醛可与间苯三酚(根皮酚)缩合生成朱红色物质,或与甲基间苯二酚(地衣酚)缩合生成蓝绿色或橄榄绿色物质。这两个实验被用于定性、定量检测戊糖。此外糠醛及羟甲基糠醛能与 α-萘酚反应生成红紫色缩合物(莫利氏反应),或与蒽酮缩合成蓝绿色复合物,可用于定量测定糖的含量。另外羟甲基糠醛与间苯二酚反应生成红色缩合物(西里瓦诺夫反应)。此反应可用于鉴定酮糖,酮糖较易形成羟甲基糠醛,反应速度快,颜色深,而醛糖则反应较慢,呈很浅的颜色。

3. 还原反应

醛糖和酮糖分子中的羰基均可被还原成羟基,生成相应的多元醇。例如葡萄糖用 $NaBH_4$ 还原或催化加氢,均可产生 D-葡萄糖醇,它又称山梨醇,是生产维生素 C 的原料。反应如下:

$$\text{D-葡萄糖} \rightleftharpoons \text{开链式} \xrightarrow{\text{NaBH}_4 \text{或} \atop \text{Ni/H}_2} \text{D-葡萄糖醇(山梨醇)}$$

D-果糖在还原时，增加一个新的手性碳（C-2），因此得到一对非对映异构体糖醇（D-葡萄糖醇和D-甘露糖醇），但实际上只有D-甘露糖醇占优势。反应如下：

$$\text{D-果糖} \xrightarrow[\text{OH}^- \text{溶液}]{\text{Na/Hg}} \text{D-葡萄糖醇} + \text{D-甘露糖醇}$$

糖醇广泛存在于许多植物和果实中，例如山梨醇在海藻、梨、樱桃中有丰富的含量，甘露糖醇则在青草、水果中普遍存在。

4. 氧化作用

单糖含有游离的羰基，因此具有还原性。如单糖的羰基可被二价铜离子氧化生成羧基，而二价铜离子则还原为氧化亚铜。实验室中常用的费林和本尼迪试剂就是硫酸铜的碱性溶液。

一般醛糖在弱氧化剂如溴水的作用下生成相应的糖酸；在强氧化剂如硝酸的作用下生成糖二酸；在生物体内酶的作用下则可氧化生成糖醛酸。

5. 成脎反应

单糖游离的羰基能与3个分子的苯肼作用生成糖脎。糖脎为黄色结晶，难溶于水。各种糖生成的糖脎结晶形状与熔点各不相同，因此，常用成脎反应来鉴定糖的种类。

$$\xrightarrow{\text{2H}_2\text{NNH—C}_6\text{H}_5} \quad +\text{NH}_3+\text{H}_2\text{O}$$

6. 形成糖苷

单糖的半缩醛羟基很容易与醇及酚的羟基反应，失水而形成缩醛式衍生物，统称为糖苷，其中非糖部分称为配糖体或苷元。糖苷属于缩醛，对碱溶液稳定，但易被酸水解。葡萄糖苷生成反应如下：

$$\text{α和β-D-吡喃葡萄糖的混合物} \xrightarrow[-H_2O]{\text{干燥HCl}} \text{α-D-甲基吡喃葡萄糖苷} + \text{β-D-甲基吡喃葡萄糖苷}$$

四、重要的单糖及单糖的衍生物

（一）单糖

（1）丙糖 主要包括 D-甘油醛和二羟丙酮，它们的磷酸酯是糖酵解的中间物。二羟丙酮是无光学活性的单糖。

（2）丁糖 常见的丁糖有 D-赤藓糖和 D-赤藓酮糖。赤藓糖的磷酸酯是戊糖磷酸途径和光合作用暗反应中的重要中间产物。

（3）戊糖 主要有 D-核糖及 2-脱氧-D-核糖、D-木糖、L-阿拉伯糖、D-核酮糖及 D-木酮糖等。核糖及脱氧核糖分别是 RNA 及 DNA 的重要组成成分。而 L-阿拉伯糖与 D-木糖则广泛存在于半纤维素、果胶及树胶中，酵母不能使之发酵。D-核酮糖及 D-木酮糖则均为糖代谢的中间产物。

（4）己糖 主要有 D-葡萄糖、D-半乳糖、D-甘露糖、D-果糖、D-山梨糖等。D-葡萄糖和 D-果糖分布最为广泛，是许多寡糖及多糖的组成成分；D-半乳糖是乳糖、棉子糖、半纤维素等的组成成分；D-甘露糖存在于植物黏质及半纤维素中；D-山梨糖是维生素 C 合成的中间产物。

（5）庚糖 D-景天庚酮糖的磷酸酯是糖代谢的重要中间产物。

（二）糖醇

溶于水及乙醇中，较稳定，有甜味，但不能还原费林试剂。常见的有木糖醇、甘露醇、山梨醇等。其中木糖醇甜度高，不被口腔中微生物利用，又不使口腔 pH 降低，所以不腐蚀牙齿，是防龋齿的良好甜味剂；山梨醇广泛分布于蔷薇科植物果实中，可由葡萄糖催化加氢获得，主要应用于维生素 C 的合成及食品添加等工业领域；甘露醇广泛分布于植物组织中，海带是其主要来源，甘露醇在临床上用来降低颅内压和治疗急性肾功能衰竭。

（三）糖醛酸

由单糖的伯醇基氧化而得，常见的有葡萄糖醛酸，它是肝脏中的一种解毒剂；

而半乳糖醛酸则存在于果胶中。

第三节
寡糖及多糖代表物

一、寡糖的结构与性质

寡糖是由少数单糖（2~10个）缩合形成的糖。与稀酸共煮，寡糖可水解成各种单糖。

有些寡糖如麦芽糖是由同一种单糖（葡萄糖残基）组成的，另一些寡糖是由两种或多种不同的单糖组成的，如蔗糖中含有葡萄糖和果糖两种残基。两个单糖残基之间的连接可以有多种方式，通常由其中的一个糖残基的半缩醛羟基与其它糖的任意羟基形成糖苷键。构型可以是 α 型，如麦芽糖、海藻糖和蔗糖；β 型如纤维二糖、龙胆二糖和乳糖。异头碳的构型对寡糖分子形状影响很大，而分子形状则涉及能否被酶识别，例如催化麦芽糖（含 α 糖苷键）和纤维二糖（含 β 糖苷键）水解需要不同的酶，虽然两者都是 D-葡萄糖通过 1, 4-连接的二聚体。

糖苷键在多数情况下只涉及一个单糖的异头碳，另一个单糖的异头碳是游离的。这样，分子的两个末端可以根据化学反应性的不同而区分开来，例如乳糖中葡萄糖残基有一个游离的异头碳，并因此具有一个潜在的游离醛基，能被费林溶液氧化、具有变旋现象。因此乳糖是一种还原糖，葡萄糖残基处于还原端，另一端称非还原端。但在蔗糖中任一残基都不具有潜在的游离醛基，因此蔗糖是一种非还原糖。

二、常见的寡糖

1. 麦芽糖

麦芽糖可看作是淀粉的重复结构单位，它大量存在于发芽的谷粒，特别是麦芽中。它是由两个 D 型葡萄糖分子缩合、失水形成的。其糖苷键型为 α-1, 4，其结构见下图：

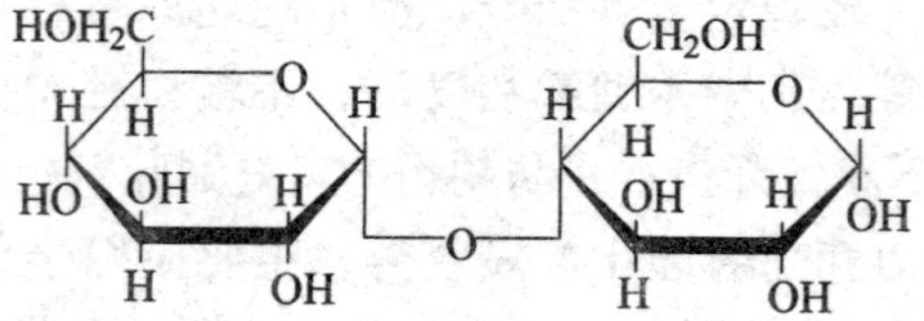

麦芽糖 [α-D-葡萄糖-1, 4-α-D-葡萄糖]

麦芽糖分子内有一个游离的半缩醛羟基，所以具有还原性。它在水溶液中有变旋现象，并且能成脎，极易被酵母水解。

如果两分子的 D-葡萄糖按 α-1，6-糖苷键型缩合、失水，则生成异麦芽糖（见下图），它存在于分支淀粉和糖原中。

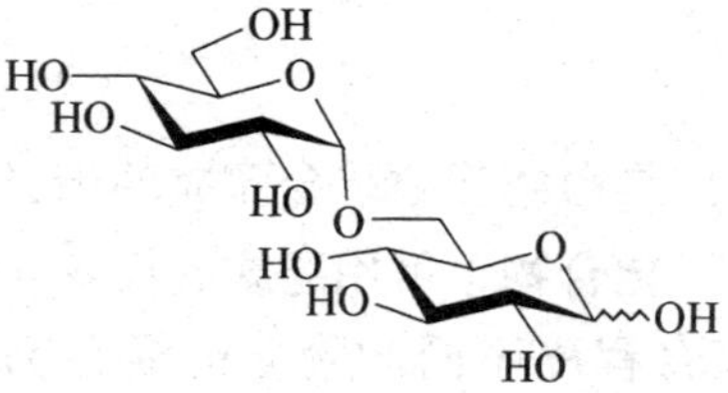

异麦芽糖

2. 蔗糖

蔗糖是日常主要的食用糖。甘蔗、甜菜、胡萝卜和有甜味的果实（如香蕉、菠萝等）里面都富含有蔗糖。甘蔗含蔗糖约 20%。蔗糖是由 α-D-葡萄糖和 β-D-果糖各一分子按 α、β-1，2-键型缩合、失水形成的。它是植物有机糖的运输形式。其结构如下：

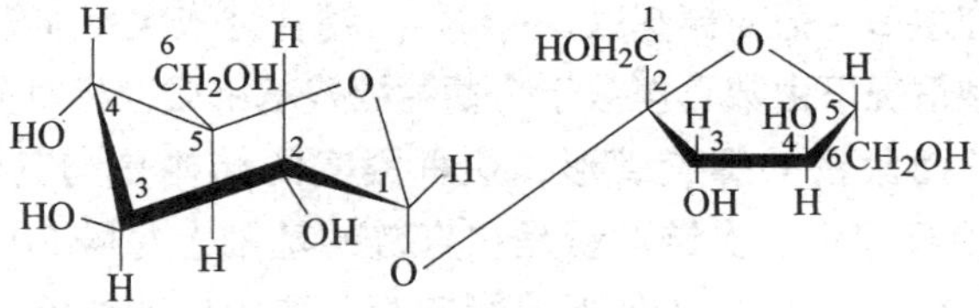

蔗糖构象式

蔗糖很甜，易结晶，易溶于水，但较难溶于乙醇。若加热至 160℃，便成为玻璃样的晶体，加热至 200℃便成棕褐色的焦糖。它没有游离醛基，无还原性。

3. 乳糖

它是哺乳动物乳汁中主要的糖。牛乳含乳糖 4%~6%，人乳中含乳糖 5%~8%，这是乳婴食物中唯一的糖。它是由 β-D-半乳糖和 D-葡萄糖以 β-1，4-键型缩合、失水形成的半乳糖苷。乳糖构象如下：

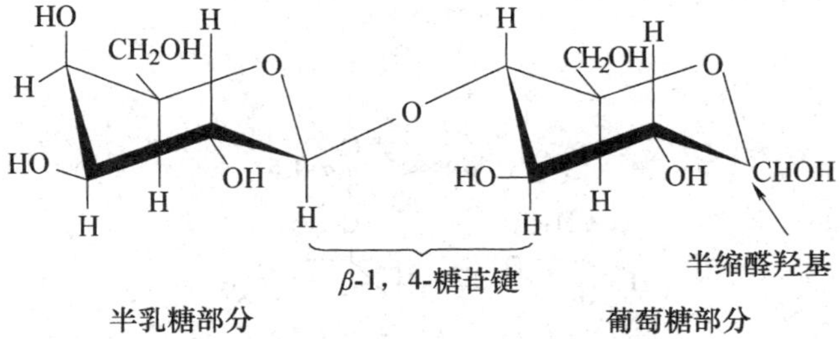

半乳糖部分　　β-1，4-糖苷键　　葡萄糖部分

乳糖构象式

乳糖不易溶解，味不甚甜，具有还原性，且能成脎，纯酵母不能使其发酵，能被酸水解。

三、多糖的代表物

多糖（polysaccharide）是由糖苷键结合而成的糖链，至少要超过 10 个以上的单糖组成的聚合糖高分子化合物，可用通式 $(C_6H_{10}O_5)_n$ 表示。多糖不是一种纯粹的化学物质，而是聚合程度不同的物质的混合物。多糖类一般不溶于水，无甜味，不能形成结晶，无还原性和变旋现象。多糖也是糖苷，所以可以水解，在水解过程中，往往产生一系列的中间产物，最终完全水解得到单糖。

（一）淀粉与糖原

1. 淀粉

淀粉是植物营养物质的一种贮存形式，也是植物性食物中重要的营养成分，分为直链淀粉和支链淀粉。直链淀粉含几百个葡萄糖单元，支链淀粉含几千个葡萄糖单元。在天然淀粉中直链淀粉的比例一般为 20%～26%，其余的则为支链淀粉。直链淀粉是许多 D-葡萄糖基以 $\alpha-1,4$-糖苷键依次相连成长而不分支的葡萄糖多聚物，典型情况下由数百至数千个葡萄糖残基组成，相对分子质量150000～600000，结构是长而紧密的螺旋管形，这种紧实的结构是与其贮藏功能相适应的，直链淀粉遇碘显蓝色。支链淀粉是在直链的基础上每隔 20～25 个葡萄糖残基就形成一个 $\alpha-1,6$ 支链，不能形成螺旋管，遇碘显紫红色。

天然淀粉多数是直链与支链淀粉的混合物，但植物品种不同，两者比例也不同。如糯米、糯玉米的淀粉几乎全部为支链淀粉，而豌豆中98%为直链淀粉。直链与支链淀粉的结构如下图：

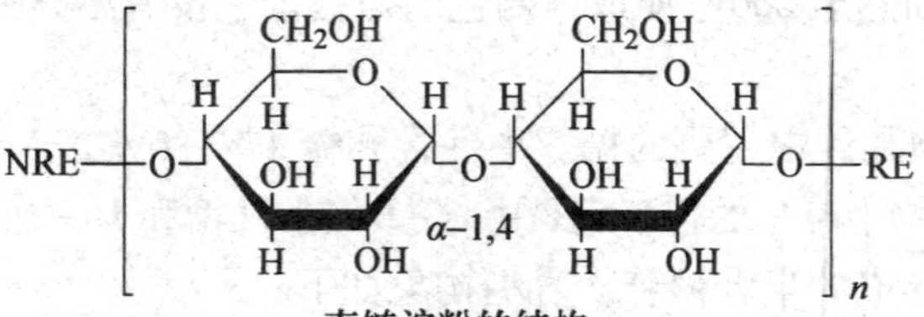

直链淀粉的结构

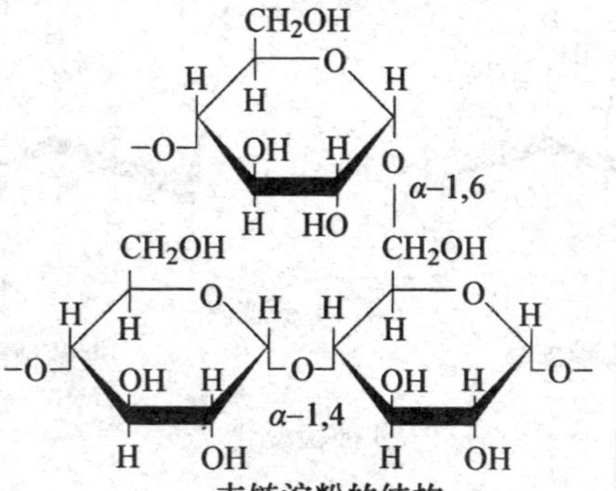

支链淀粉的结构

2. 糖原

糖原又称动物淀粉，贮存于动物的肝脏与肌肉中，在软体动物中也含量甚多。在细菌中也发现有糖原类似物。糖原与支链淀粉相似，分支较支链淀粉更多。糖原较易分散在水中，与碘反应呈红紫色。近年来研究证明糖原中含有少量蛋白质（1%），可能蛋白质是中心物质，在其蛋白质链上接上糖原的多糖链。

（二）纤维素与半纤维素

1. 纤维素

纤维素是自然界中最丰富的有机化合物，它占植物界碳含量的50%以上。最纯的纤维素来源是棉花，它含高于90%的纤维素。纤维素是植物细胞壁的主要结构成分（图3-1），是植物中的结构多糖，但也在某些被囊类动物中发现。

纤维素是一种线性的由许多β-D-葡萄糖分子以β-1，4-糖苷键相连而成的没有分支的同多糖。纤维素不溶于水，在酸的作用下发生水解，经过一系列的中间产物，最后形成葡萄糖，人和哺乳动物体内没有纤维素酶，因此不能将纤维素水解成葡萄糖。

纤维素分子呈伸展的构象，相邻、平行的纤维素分子间通过链内和链间的氢键网形成片层状结构。因此纤维素分子可集成紧密的晶格分子束，不溶于水及其它有机溶剂，但其分子表面具有大量羟基，可吸附水分子。

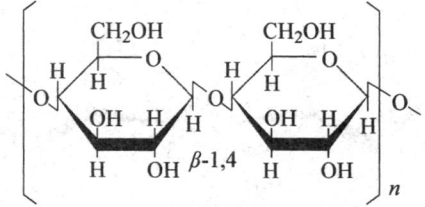

纤维素的一级结构

2. 半纤维素

大量存在于植物的木质化部分如秸秆、种皮、坚果壳、玉米穗轴等，其含量依植物种类、部位、老幼而异。半纤维素是一些与纤维素一同存在于植物细胞壁中多糖的总称，通常指除纤维素以外的全部糖类（果胶质与淀粉除外）。用稀酸水解则产生己糖和戊糖，所以它是多聚戊糖（如多聚阿拉伯糖、多聚木糖）和多聚己糖（如多聚半乳糖和多聚甘露糖）的混合物。

（三）壳多糖（几丁质）

壳多糖又名甲壳素，是由N-乙酰-D-氨基葡萄糖以β-1，4-糖苷键缩合成的同多糖。同纤维素伸展的链式结构类似，在链间以氢键交联集合成片；由于氢键比纤维素多，因而比较坚硬，是昆虫、甲壳动物外骨骼的主要组成成分，真菌的细胞壁中也多含有几丁质。

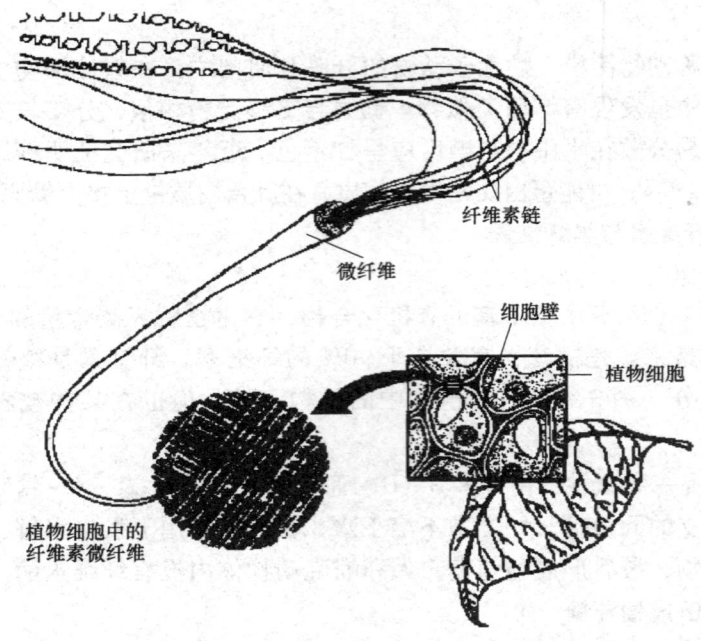

图 3-1 植物细胞壁与纤维素的结构

壳多糖

第四节
糖类的膳食利用

碳水化合物包括多糖、双糖和单糖。淀粉是多糖的一种，在谷类以及根茎类食品，如米、面、甜薯、马铃薯中含量最多。糖类食品属于双糖和单糖，如蔗糖（白糖、红糖）、乳糖、麦芽糖为双糖；葡萄糖、果糖等为单糖。淀粉和糖类食品进入体内，大部分成为结构简单的葡萄糖供机体吸收利用，其中一部分留在血液里保持一定的血糖浓度，另一部分在体内转成糖元贮存在肝脏内。

一、主食与淀粉

主食是指传统上餐桌上的主要食物，在我国主要包括稻米、小麦、玉米等谷物，以及马铃薯、甘薯等块茎类食物。主食的主要成分是淀粉，它为人们提供能量来源。在前一节内容中已经介绍了淀粉的结构，本节主要对它的性质及在食品加工过程中的利用进行简要介绍。

1. 淀粉的溶胀与糊化

（1）淀粉的水溶性　直链淀粉不溶于冷水，但能溶于热水，并在热水中形成溶胶。遇冷后则形成硬而黏性不大的凝胶。支链淀粉则不溶于水，但它可以分散在冷水中形成胶体，在热水中形成黏度很大的凝胶。

（2）溶胀和糊化　自然植物中的淀粉粒通常由直链淀粉和支链淀粉共同组成，因此淀粉颗粒不溶于冷水，却可以吸收40%～50%的水分，但其体积膨胀较少。当受热后，水分可渗入到淀粉颗粒内部，直链淀粉因吸收水分而体积增大，并由螺旋状结构伸展成直链状结构。当体积增大到极限程度时，淀粉颗粒发生破裂，此时直链淀粉分散入水中，而支链淀粉仍残留在淀粉粒中。

淀粉颗粒从吸水到体积增大，以致破裂的过程称为淀粉的溶胀。

淀粉粒在适当温度下（60～80℃），能在水中溶胀、分裂、形成半透明的胶体溶液，这种变化称为淀粉的糊化。淀粉发生糊化的温度称为糊化温度。通常颗粒大、结构疏松的淀粉粒比颗粒小、结构紧密的淀粉易于糊化。如马铃薯淀粉颗粒大，直链淀粉含量低，因此糊化温度为59～67℃。而玉米淀粉颗粒小，直链淀粉含量高，糊化温度为64～72℃。

糊化后的淀粉破坏了淀粉的天然结构，有利于人体的消化吸收。因此淀粉的糊化过程广泛应用于方便食品及膨化食品加工过程中。糊化过程中加少量的碱能促进淀粉水解成黏性较大的糊，加速淀粉的溶胀和糊化进程，且形成的糊稳定性好。日常生活中煮稀饭时加入碱，能缩短熬制时间就是应用了这一原理。

2. 淀粉的老化

糊化后的淀粉在室温或低于常温下放置后，会变得不透明，甚至凝结而沉淀，这种现象称为淀粉的老化，在食品行业中称之为"返生"。老化作用的实质是：糊化后的淀粉分子在低温条件下由无序态重新排列成有序态，相邻分子间生成氢键，失去与水的结合，形成致密、晶化的淀粉分子束。老化可看作是糊化的逆过程。

老化的淀粉黏度降低，使食品的口感由松软变为发硬。老化的淀粉也较难消化。不同淀粉老化的难易程度不同。一般谷类中的淀粉较马铃薯中的淀粉容易老化,直链淀粉较支链淀粉易于老化。当淀粉含水量低于10%~15%时,水分基本处于结合水状态,淀粉处于干燥态,基本不发生老化。高温状态下淀粉发生糊化,不会老化。随温度降低,老化速度加快,老化的最适温度为2~4℃。高于60℃或低于-20℃时,都不易发生老化现象。另外在淀粉中加入大量砂糖,由于自由水分被砂糖吸收,且砂糖可阻碍淀粉分子交联,也可以使老化作用减弱。食品生产过程中粉丝、虾片的制作就是利用了淀粉的老化,使产品具有韧性,表面富有光泽,且加热后不易断碎,口感有劲。

二、膳食纤维

1. 膳食纤维的分类

膳食纤维是一种不能被人体消化的碳水化合物,以溶解于水中可分为两个基本类型:水溶性纤维与非水溶性纤维。果胶和树胶等属于水溶性纤维,存在于自然界的非纤维性物质中。水溶性纤维可减缓消化速度和快速排泄胆固醇,有助于调节免疫系统功能,促进体内有毒重金属的排出。所以可让血液中的血糖和胆固醇控制在最理想的水准之上,还可以帮助糖尿病患者改善胰岛素水平和甘油三酯。

非水溶性纤维包括纤维素、木质素和一些半纤维。它们可降低罹患肠癌的风险,同时可经由吸收食物中有毒物质预防便秘和憩室炎,并且减低消化道中细菌排出的毒素。大多数植物都含有水溶性与非水溶性纤维,所以饮食均衡摄取水溶性与非水溶性纤维才能获得不同的益处。

2. 膳食纤维的食物来源

膳食纤维是植物性成分,植物性食物是膳食纤维的天然食物来源。膳食纤维在蔬菜水果、粗粮杂粮、豆类及菌藻类食物中含量丰富。糙米和胚牙精米,以及玉米、小米、大麦、小麦皮(米糠)和麦粉(黑面包的材料)等杂粮;此外,根菜类和海藻类中食物纤维较多,如牛蒡、胡萝卜、四季豆、红豆、豌豆、薯类和裙带菜等。

3. 膳食纤维的生理学作用与人体健康

(1)增强肠道功能,防止便秘 膳食纤维影响大肠功能的作用包括:为正常存在于大肠内的菌群提供可发酵的底物。水溶性膳食纤维在大肠中就像吸水的海绵,可增加粪便的含水量使其变软,同时膳食纤维还能促进肠道的蠕动,从而加速排便,产生自然通便作用。排便时间的缩短有利于减少肠内有害细菌的生长,并能避免胆汁酸大量转变为致癌物。

(2)控制体重、有利于减肥 膳食纤维,特别是可溶性纤维,可以减缓食物由胃进入肠道的速度并具有吸水作用,吸水后体积增大,从而产生饱腹感而减少能量摄入,达到控制体重和减肥的作用。

(3) 降低血液胆固醇含量、预防心血管疾病　高脂肪和高胆固醇是引发心血管疾病的主要原因。肝脏中的胆固醇经人体代谢而转变成胆酸，胆酸到达小肠以消化脂肪，然后胆酸再被小肠吸收回肝脏而转变成胆固醇。膳食纤维在小肠中能形成胶状物质，从而将胆酸包围，被膳食纤维包围的胆酸便不能通过小肠壁被吸收回肝脏，而是通过消化道被排出体外。因此，为了消化不断进入小肠的食物，肝脏只能靠吸收血液中的胆固醇来补充消耗的胆酸，从而就降低了血液中的胆固醇，这有利于降低因高胆固醇而引发的冠心病、中风等疾病的发病率。

(4) 降低血糖、预防糖尿病　膳食纤维中的果酸可延长食物在胃肠内的停留时间，延长胃排空时间，减慢人体对葡萄糖的吸收速度，使人体进餐后的血糖值不会急剧上升，并降低人体对胰岛素的需求，从而有利于糖尿病病情的改善。

(5) 预防癌症　癌症的流行病学研究表明，膳食纤维或富含纤维的食物的摄入量与结肠癌危险因素呈负相关，蔬菜摄入量与大肠癌危险因素呈负相关，而谷类则与之呈正相关，这两种癌的发生主要与致癌物质在肠道内停留时间长、和肠壁长期接触有关。增加膳食中纤维含量，使致癌物质浓度相对降低，加上膳食纤维有刺激肠蠕动作用，致癌物质与肠壁接触时间大大缩短。但要得出肯定的结论还需进一步研究。

三、食品甜味剂

甜味是人们最喜爱的基本味感，常用于改进食品的可口性和某些食用性。说到甜味，人们很自然地就联想到糖类，它是最有代表性的天然甜味物质。除了糖及其衍生物外，还有许多非糖的天然化合物、天然物的衍生物和合成化合物也都具有甜味，有些已成为正在使用的或潜在的甜味剂。

（一）天然的糖类甜味剂：糖、糖浆和糖醇

在自然界中，只有少数几种能形成结晶的单糖和寡糖具有甜味，其它糖类的甜度一般随着聚合度的增大而降低以至丧失。例如淀粉、纤维素等，它们不能形成结晶，也无甜味。在单糖中，葡萄糖的甜味有凉爽感，适合食用，亦可用于静脉注射；果糖的吸湿性特别强，很难从水溶液中结晶，它容易被消化，不需胰岛素作用，能直接在人体中代谢，适于幼儿和病患者食用；木糖在人体内则不易被吸收，是不产生热能的甜味剂，可供糖尿病和高血压患者食用。在双糖中，蔗糖的甜味纯正，甜度大，是用量最多的甜味剂；麦芽糖在糖类中营养价值最高，味较爽口，不像蔗糖那样会刺激胃黏膜；乳糖有助于人体对钙的吸收，它对气体和有色物质的吸附性较强，可用作肉类食品风味和颜色的保护剂，添加于烘烤食品中也易形成诱人的金

黄色。

淀粉糖浆由淀粉经不完全水解糖化而得，也称转化糖浆，由葡萄糖、麦芽糖、低聚糖及糊精等组成。异构糖浆是将葡萄糖在异构酶的作用下使一部分异构化为果糖而得，也称果葡糖浆。目前生产的异构糖浆，果糖转化率一般达42%，甜度相当于蔗糖。

目前投入实际使用的糖醇类甜味剂，主要有 D-木糖醇、D-山梨醇、D-甘露醇和麦芽糖醇 4 种。它们在人体内的吸收和代谢不受胰岛素影响，也不妨碍糖原的合成，是一类不使人血糖升高的甜味剂，为糖尿病、心脏病、肝脏病人的理想食品。它们都有保湿性，能使食品维持一定水分，防止干燥。此外，山梨醇还有防止糖、盐从食品内析出结晶，保持甜、酸、苦味平衡，维持食品风味，阻止淀粉老化的功效。木糖酸和甘露醇带有清凉味和香气，也能改善食品风味。木糖醇和麦芽糖醇还不易被微生物利用和发酵，是良好的防龋齿的甜味剂。国外已广泛将糖醇用于各种食品和调味品中。

（二）非糖天然甜味剂

在一些植物中常含有某些非糖结构的甜味物质，可供食用，也较安全。研究和提取这类甜味剂是食品科学的任务之一，但迄今有关的报道不多见。

1. 甘草苷

这是甘草中的甜味成分，由甘草酸与两个葡萄糖醛酸结合而成，其比甜度为 100~300。常用的是其二钠盐或三钠盐。它有较好的增香效能，可以缓和食盐的咸味，不被微生物发酵，并有解毒、保肝等疗效。但它的甜味释放缓慢，保留时间较长，故很少单独使用。将它与蔗糖共用可节省蔗糖 20% 左右；若按甘草苷:糖精钠 = 3~4:1 的比例，再加入适当的蔗糖及柠檬酸时，甜味更佳，可用于乳制品、可可制品、蛋制品、饮料、酱油、糖渍品等的调味，效果不错。许多国家都允许本品自由使用。

2. 甜叶菊苷

甜叶菊苷存在于甜叶菊的茎、叶内，糖体为槐糖和葡萄糖，配基是二萜类的甜叶菊醇。它的比甜度为 200~300，是最甜的天然甜味剂之一。它对热、酸、碱都稳定，溶解性好，没有苦味和发泡性，并在降血压、促代谢、治疗胃酸过多等方面有疗效，适用于糖尿病人食品及低能值食品。

一种良好的甜味剂，应该是甜味纯正、甜度适中，可以很快达到最高甜度，又能迅速消失。蔗糖能符合上述甜感的要求，甜味好。甘草苷差距较大，甜叶菊苷则接近蔗糖，是目前已知较有前途的非糖天然甜味剂。

3. 甘茶素

甘茶素又称甜茶素，是虎耳草科植物叶中的甜味成分，比甜度为 400。它对热、酸都较稳定。分子中由于有酚羟基存在，故也有微弱的防腐性能。若在蔗糖液中加入1%的甘茶素，能使蔗糖甜度提高3倍。

思考与练习

一、名词解释

构型 糖类 单糖 寡糖 多糖 旋光率 不对称碳原子 对映体 差向异构体 糖苷键 壳多糖

二、简答题

1. 试述单糖的理化性质。
2. 试比较淀粉、糖原与纤维素结构与性质的异同。
3. 简述常见的糖类食品甜味剂。
4. 在以淀粉为原料生产葡萄糖的水解过程中，用什么方法来检验淀粉已完全水解？
5. 膳食纤维有哪些重要的生理功能？

技能训练

实验三　糖的呈色反应和定性鉴定

目的要求

（1）学习鉴定糖类及区分酮糖和醛糖的方法。
（2）了解鉴定还原糖的方法及其原理。

Ⅰ．莫利氏反应——α-萘酚反应

实验原理

糖在浓硫酸或浓盐酸的作用下脱水形成糠醛及其衍生物，与α-萘酚作用形成紫红色复合物，在糖液和浓硫酸的液面间形成紫环，因此又称紫环反应。自由存在和结合存在的糖均呈阳性反应。此外，各种糠醛衍生物、葡萄糖醛酸以及丙酮、甲酸和乳酸均呈颜色近似的阳性反应。因此，阴性反应证明没有糖类物质的存在；而阳性反应，则说明有糖存在的可能性，需要进一步通过其它糖的定性试验才能确定有糖的存在。

试剂和器材

1. 试剂

莫利氏试剂：取 5g α-萘酚用 95% 乙醇溶解至 100mL，临用前配制，棕色瓶保存。

1% 葡萄糖溶液；1% 蔗糖溶液；1% 淀粉溶液。

2. 仪器

试管 1.5cm×10cm（×4）；移液管 1mL（×2），2mL（×1）；酒精灯；三角架；烧杯；石棉网等。

操作方法

取试管，编号，分别加入各待测糖溶液 1mL，然后加两滴莫利氏试剂，摇匀。倾斜试管，沿管壁小心加入约 1mL 浓硫酸，切勿摇动，小心竖直后仔细观察两层液面交界处的颜色变化。用蒸馏水作为阴性对照，重复一遍，观察结果。

Ⅱ. 蒽酮反应

实验原理

糖经浓酸作用后生成的糠醛及其衍生物与蒽酮（10-酮-9,10-二氢蒽）作用生成蓝绿色复合物。

试剂和器材

1. 试剂

蒽酮试剂：取 0.2g 蒽酮溶于 100mL 浓硫酸中，现配现用。

待测糖溶液，同莫利氏试验。

2. 仪器

试管 1.5cm×10cm（×4）；移液管 1mL（×2），2mL（×1）。

操作方法

取试管，编号，加入 1mL 蒽酮溶液，再向各管滴加 2~3 滴待测糖溶液并以蒸馏水为阴性对照，充分混匀，观察各管颜色变化并记录。

Ⅲ. 酮糖的西里瓦诺夫反应

实验原理

该反应是鉴定酮糖的特殊反应。酮糖在酸的作用下较醛糖更易生成羟甲基糠醛。后者与间苯二酚作用生成鲜红色复合物，反应仅需 20~30s。醛糖在浓度较高时或长时间煮沸，才产生微弱的阳性反应。

试剂和器材

1. 试剂

西里瓦诺夫试剂：0.5g 间苯二酚溶于 1L 盐酸（H_2O : HCl = 2:1）（体积比）中，临用前配制。

1% 葡萄糖；1% 蔗糖；1% 果糖。

2. 仪器

试管 1.5cm×10cm（×4）；移液管 1mL（×2），2mL（×1）。

操作方法

取试管，编号，各加入西里瓦诺夫试剂 1mL，再依次分别加入待测糖溶液各 4 滴并以蒸馏水作为阴性对照，混匀，同时放入沸水浴中，比较各管颜色的变化过程。

Ⅳ. 费林试验

实验原理

费林试剂是含有硫酸铜和酒石酸钾钠的氢氧化钠溶液。硫酸铜与碱溶液混合加热，则生成黑色的氧化铜沉淀。若同时有还原糖存在，则产生黄色或砖红色的氧化亚铜沉淀。

为防止铜离子和碱反应生成氢氧化铜或碱性碳酸铜沉淀，费林试剂中加入酒石酸钾钠，它与 Cu^{2+} 形成的酒石酸钾钠络合离子是可溶性的，该反应是可逆的，平衡后溶液内保持一定浓度的氢氧化铜。费林试剂是一种弱的氧化剂，它不与酮和芳香醛发生反应。

试剂和器材

1. 试剂

试剂甲：称取 34.5g 硫酸铜溶于 500mL 蒸馏水中。

试剂乙：称取 125gNaOH，137g 酒石酸钾钠溶于 500mL 蒸馏水中，贮存于具橡皮塞的玻璃瓶中。临用前，将试剂甲和试剂乙等量混合。

1% 葡萄糖溶液；1% 蔗糖溶液；1% 淀粉溶液。

2. 仪器

试管 1.5cm×10cm（×4）；移液管 1mL（×2），2mL（×1）。

操作方法

取试管，编号，各加入费林试剂甲和乙 1mL。摇匀后，分别加入 4 滴待测糖溶液并以蒸馏水作为阴性对照，置沸水浴中加热 2~3min，取出冷却，观察沉淀和颜色变化。

V. 本尼迪试验

实验原理

本尼迪试剂是费林试剂的改良。本尼迪试剂利用柠檬酸作为 Cu^{2+} 的络合剂，其碱性较费林试剂弱，灵敏度高，干扰因素少。

试剂和器材

1. 试剂

本尼迪试剂：将 170g 柠檬酸钠和 100g 无水碳酸钠溶于 800mL 水中；另将 17g 硫酸铜溶于 100mL 热水中。将硫酸铜溶液缓缓倾入柠檬酸钠－碳酸钠溶液中，边加边搅，最后定容至 1000mL。该试剂可长期使用。

1%葡萄糖溶液；1%蔗糖溶液；1%淀粉溶液。

2. 仪器

试管 1.5cm×10cm（×4）；移液管 1mL（×2），2mL（×1）；酒精灯；三角架；烧杯；石棉网等。

操作方法

取试管，编号，分别加入 2mL 本尼迪试剂和 4 滴待测糖溶液并以蒸馏水作为阴性对照，沸水浴中加热 5min，取出后冷却，观察各管中的颜色变化。

VI. 巴浮试验

实验原理

在酸性溶液中，单糖和还原二糖的还原速度有明显差异。巴浮试剂为弱酸性。单糖在巴浮试剂的作用下能将 Cu^{2+} 还原成砖红色的氧化亚铜，时间约为 3min，而还原二糖则需 20min 左右。所以，该反应可用于区别单糖和还原二糖。但当加热时间过长，还原性及非还原性二糖经水解后也能呈现阳性反应。

试剂和器材

1. 试剂

巴浮试剂：16.7g 乙酸铜溶于 200mL 水中，加 1.5mL 冰醋酸，定容至

250mL 即可。

1%葡萄糖溶液；1%蔗糖溶液；1%淀粉溶液。

2. 器材

试管架、试管 1.5cm×15cm（×8）。

操作方法

取试管，编号，分别加入 2mL 巴浮试剂和 2~3 滴待测糖溶液并以蒸馏水作为阴性对照，煮沸 2~3min，放置 20min 以上，比较各管的颜色变化。

注意事项

（1）莫利氏反应非常灵敏，0.001%葡萄糖和 0.0001%蔗糖即能呈现阳性反应。因此，不可在样品中混入纸屑等杂物。当果糖浓度过高时，由于浓硫酸对它的焦化作用，将呈现红色及褐色而不呈紫色，需稀释后再做。

（2）果糖与西里瓦诺夫试剂反应非常迅速，呈鲜红色，而葡萄糖所需时间较长，且只能产生黄色至淡黄色。戊糖亦与西里瓦诺夫试剂反应，戊糖经酸脱水生成糠醛，与间苯二酚缩合，生成绿色至蓝色产物。

（3）酮基本身没有还原性，只有在变成烯醇式后，才显示还原作用。

（4）糖的还原作用生成氧化亚铜沉淀的颜色决定于颗粒的大小，Cu_2O 颗粒的大小又决定于反应速度。反应速度慢时，生成的 Cu_2O 颗粒较小，呈黄绿色；反应速度快时，生成的 Cu_2O 颗粒较大，呈红色。溶液中还原糖的浓度可以从生成沉淀的多少来估计，而不能依据沉淀的颜色来判断。

（5）巴浮反应产生的 Cu_2O 沉淀聚集在试管底部，溶液仍为深蓝色。应注意观察试管底部红色的出现。

思考题

（1）列表总结和比较本实验六种颜色反应的原理和应用。

（2）运用本实验的方法，设计一个鉴定未知糖的方案。

实验四 蒽酮法测定植物材料中总糖及还原糖

目的要求

掌握蒽酮比色法测定总糖和还原糖含量的原理和方法，学会正确使用分光光度计。

实验原理

游离的己糖或多糖中的己糖基、戊糖及己糖醛酸在浓硫酸的作用下脱水生成糠醛衍生物，糠醛衍生物与蒽酮缩合成蓝色的化合物，在620nm波长下有最大吸收，在一定糖浓度范围内（200μg/mL），溶液吸光度与糖溶液的浓度成线性关系。用酸将植物组织中的多糖和寡糖彻底水解成具有还原性的单糖，或直接提取植物组织中的还原糖，即可对植物组织中的总糖和还原糖进行定量测定。

试剂和器材

1. 试剂

（1）蒽酮试剂 取2g蒽酮溶于1000mL体积分数为80%的硫酸中，当日配制使用。

（2）标准葡萄糖溶液（0.1mg/mL） 称取100mg葡萄糖，溶于蒸馏水并稀释至1000mL（可滴加几滴甲苯作防腐剂）。

（3）6mol/L HCl溶液 50mL浓盐酸，加水至100mL。

（4）10% NaOH溶液 称取10g NaOH固体，溶于蒸馏水并定容至100mL。

2. 器材

（1）可见分光光度计、电子天平（1/10000）、粉碎机、水浴锅、电炉。

（2）研钵、量筒、三角烧瓶、烧杯、容量瓶、玻璃漏斗、试管1.5cm×15cm、刻度吸管、胶头滴管、pH试纸、坐标纸。

（3）植物原料，如银耳、木耳、菜叶、米粉等。

操作方法

1. 葡萄糖标准曲线的绘制

取6支干净试管，按下表进行操作。以吸光度为纵坐标，各标准样的糖浓度（mg/mL）为横坐标作图。

标准曲线的制作及样品测定表

步骤＼管号	1	2	3	4	5	6	7（样品）	8（样品）
标准葡萄糖溶液/mL	0	0.2	0.4	0.6	0.8	1.0	还原糖	总糖
蒸馏水/mL	1.0	0.8	0.6	0.4	0.2	0		
样品液/mL	—	—	—	—	—	—	1.0	1.0
糖溶液浓度/(mg/mL)	0	0.02	0.04	0.06	0.08	0.10	待测	待测

续表

步骤\管号	1	2	3	4	5	6	7（样品）	8（样品）
	置冰水浴中冷却							
蒽酮试剂/mL	4.0	4.0	4.0	4.0	4.0	4.0	4.0	4.0
	沸水浴中准确加热10min，取出，用自来水冷却，室温放置10min							
A_{620nm}								

2. 样品中还原糖的提取和测定

称取植物原料干粉 0.1~0.5g，加水约 3mL，在研钵中磨成匀浆，转入三角烧瓶中，并用约 30mL 的蒸馏水冲洗研钵 2~3 次，洗出液也转入三角烧瓶中。于 50℃水浴中保温 30min（使还原糖浸出），取出，冷却后定容至 100mL。过滤，取 1mL 滤液进行还原糖的测定。

3. 样品中总糖的提取、水解和测定

称取植物原料干粉 0.1~0.5g，加水约 3mL，在研钵中磨成匀浆，转入三角烧瓶中，并用约 12mL 的蒸馏水冲洗研钵 2~3 次，洗出液也转入三角烧瓶中。再向三角烧瓶中加入 6mol/L 盐酸 10mL，搅拌均匀后在沸水浴中水解 30min，冷却后用 10% NaOH 溶液中和 pH 呈中性。然后用蒸馏水定容至 100mL，过滤，取滤液 10mL，用蒸馏水定容 100mL，成稀释 1000 倍的总糖水解液。取 1mL 总糖水解液，测定其中的糖含量。

实验结果

按照下列公式分别计算植物原料干粉中还原糖和总糖的质量分数（w）。

$$w（还原糖）=（c_1 V_1/m）\times 100\%$$
$$w（总糖）=（c_2 V_2/m）\times 0.9^* \times 100\%$$

式中　w（还原糖）——还原糖的质量分数，%

w（总糖）——总糖的质量分数，%

c_1——还原糖的质量浓度，mg/mL

c_2——水解后还原糖的质量浓度，mg/mL

V_1——样品中还原糖提取液的体积，mL

V_2——样品中总糖提取液的体积，mL

m——样品质量，mg

*计算总糖含量的公式，在测定干扰杂质很少、还原糖含量相对总糖含量很少时适用，乘 0.9 是为了从测定出的总糖水解成的单糖量中，扣除水解时所消耗的水量。

注意事项

（1）总糖：食品中的总糖通常是指具有还原性的糖（葡萄糖、果糖、乳糖、麦芽糖等）和在测定条件下能水解为还原性单糖的糖的总量。

（2）本法适用于可溶性还原糖测定。测定结果是还原性糖和能水解为还原性糖的总和。

（3）如要求结果中不含淀粉，则样品处理不应用高浓度酸，而应改用80%乙醇。

（4）如提取液中有较多的可溶性蛋白，必须先除去蛋白。

（5）若样液较深，可用活性炭脱色。

（6）样品液显色后若颜色很深，其吸光度超过标准曲线浓度范围，则应将样品提取液适当稀释后再加蒽酮显色测定。

思考题

样品中总糖的提取和水解过程中应注意什么？

第四章
脂 类

学习目标

1. 了解脂类的含义、分类及结构;掌握脂肪酸的种类和特点。
2. 掌握油脂的主要物理性质和化学性质;重点掌握油脂氧化的种类、机理、影响因素及控制措施。
3. 熟悉油脂在加工贮藏过程中的化学变化。

第一节 概述

一、脂类的分类

脂类化合物在自然界中广泛存在,主要由 C、H、O 三种元素组成,有的还含有 N、S、P 等元素。脂类是一类混合有机物的总称,包括脂肪、蜡、磷脂、糖脂、固醇等。它们有一个共同的特点,即不溶于水,易溶于乙醚、氯仿等有机溶剂。

脂类的分类方法有多种,如按照脂类能否皂化可以分为可皂化脂和不可皂化脂;按照脂类的极性可以分为中性脂和极性脂;按照脂类分子组成和结构特点可以分为单纯脂与复合脂(图4-1)。单纯脂是由高级脂肪酸和醇构成的酯;复合脂除了这两种成分之外,在组成中还有其它成分,如结合了糖分子称为糖脂,结合了磷酸称为磷脂。脂类物质还包括萜类和类固醇类,以及由单纯脂和复合脂衍生而仍具有脂类一般特征的物质。

二、脂类的生物学作用

(一)脂类的存在

脂类广泛存在于一切生物体中。高等动物和人体的脂肪大都存在于大网膜、肠系膜、皮下脂肪等结缔组织中,这些组织以干重计脂肪含量可达80%以上,

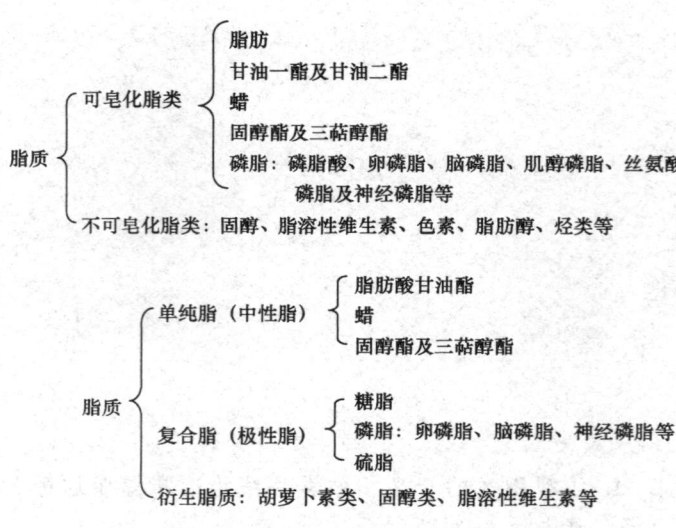

图 4-1 脂的分类

但因营养条件和生理状况而有较大差异；植物油脂集中于果实和种子中，如花生含油 40.2%~60%，大豆含油 10%~25%；在微生物细胞内，油脂以脂肪滴的形式存在；蜡则主要分布于动植物中，很多植物的叶、茎、果实的表面都覆盖一层很薄的蜡质。生物膜上也含有磷脂、糖脂、固醇等脂类。

（二）脂类的生物学作用

生物体内的脂类不仅是细胞和细胞器的重要组成成分，而且具有多种重要功能。

（1）油脂是生物体内重要的贮能物质，1g 脂肪彻底氧化可产生 3.9×10^4 J 的热量，而 1g 糖或蛋白质彻底氧化只产生 1.7×10^4 J 的热量。

（2）油脂具有润滑、保护、隔热等作用。

（3）磷脂、糖脂、硫脂、固醇等物质是生物膜的重要组成部分。

（4）一些萜类不仅是组成色素的成分，而且与一些固醇类一样，是一些激素和维生素等生理活性物质的前体。

（5）脂类是脂溶性维生素吸收的载体。

随着对生物膜结构与功能研究的深入，人们发现，脂类在物质运输、能量代谢、信息识别及传递、代谢调控等方面都具有十分重要的作用。

第二节 单纯脂

单纯脂是由脂肪酸和醇（甘油、高级一元醇）形成的酯，根据不同的醇基可以分为脂酰甘油酯和蜡。

一、脂肪酸

(一) 脂肪酸的分类与命名

脂肪酸是由脂肪烃基和羧基相连形成的羧酸。生物体内的脂肪酸绝大部分是以结合态的形式存在的，游离形式数量极少，通常由 4~36 个碳原子组成，最常见的由 10~26 个碳原子组成，且多为偶数。脂肪酸根据其分子内是否含有双键可以分为饱和与不饱和脂肪酸。

饱和脂肪酸是分子中碳原子间以单键相连的一元羧酸。从 4~24 个碳原子的脂肪酸常存在于动物油脂中，24 个碳原子以上的脂肪酸则存在于蜡中。

不饱和脂肪酸的双键可以有一个、两个及两个以上，分别称为单不饱和脂肪酸和多不饱和脂肪酸，双键多为顺式构型。单不饱和脂肪酸的双键位置一般在第 9 和第 10 个碳原子之间，多不饱和脂肪酸中的一个双键一般也位于第 9 和第 10 个碳原子之间，两个双键之间往往以一个亚甲基（—CH_2—）间隔。一些常见的天然脂肪酸见表 4-1。

表 4-1　　　　　　　　　　常见的天然脂肪酸

分类	习惯名称	系统命名	分子结构式	熔点/℃
饱和脂肪酸	羊脂酸	癸酸	$CH_3(CH_2)_8COOH$	31.6
	月桂酸	十二酸	$CH_3(CH_2)_{10}COOH$	44.2
	豆蔻酸	十四酸	$CH_3(CH_2)_{12}COOH$	53.9
	软脂酸	十六酸	$CH_3(CH_2)_{14}COOH$	63.1
	硬脂酸	十八酸	$CH_3(CH_2)_{16}COOH$	69.6
	花生酸	二十酸	$CH_3(CH_2)_{18}COOH$	75.3
不饱和脂肪酸	棕榈油酸	9-十六碳酸	$CH_3(CH_2)_5CH=CH(CH_2)_7COOH$	33
	油酸	9-十八碳烯酸	$CH_3(CH_2)_7CH=CH(CH_2)_7COOH$	13.4
	亚油酸	9,12-十八碳二烯酸	$CH_3(CH_2)_4CH=CHCH_2CH=CH(CH_2)_7COOH$	-5
	α-亚麻酸	9,12,15-十八碳三烯酸	$CH_3CH_2CH=CHCH_2CH=CHCH_2CH=CH(CH_2)_7COOH$	-11
	γ-亚麻酸	6,9,12-十八碳三烯酸	$CH_3(CH_2)_4CH=CHCH_2CH=CHCH_2CH=CH(CH_2)_4COOH$	-11
	花生四烯酸	5,8,11,14-二十碳四烯酸	$CH_3(CH_2)_4(CH=CHCH_2)_3CH=CH(CH_2)_3COOH$	-49.5

脂肪酸常用简写法表示，它的原则是：先写碳原子数目，再写双键的数目，中间以冒号隔开，最后写出双键的位置，如软脂酸（棕榈酸）写成 16∶0，亚油酸写成 18∶2（9,12）或者 18∶2$^{\Delta 9,12}$。

(二) 脂肪酸的性质

脂肪酸的物理性质主要由其碳链的长度及不饱和程度决定，脂肪酸的碳链越长,双键越少,则越不溶于水;不饱和的脂肪酸由于链内双键的存在,不像饱和脂肪酸中的每个单键可以自由旋转而排列整齐有序,往往存在扭曲的空间结构,所以它的熔点低于相同链长的饱和脂肪酸。不饱和脂肪酸中的双键容易被强氧化剂,如 H_2O_2、羟基自由基(·OH)等所氧化,所以含有不饱和脂肪酸较多的生物膜、油脂容易发生脂质过氧化作用。

二、甘油三酯

(一)甘油三酯的结构

甘油三酯也称三酰甘油,是甘油的三个羟基分别与三分子脂肪酸酯化所形成,即通常所称的脂肪或中性脂,其结构见图 4-2。

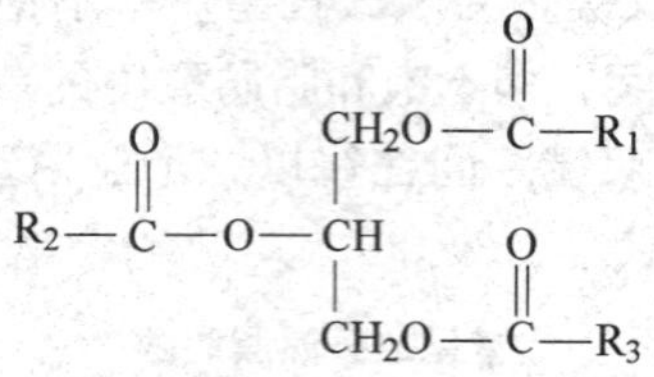

$$R_2-\overset{O}{\underset{\|}{C}}-O-\overset{CH_2O-\overset{O}{\underset{\|}{C}}-R_1}{\underset{CH_2O-\overset{O}{\underset{\|}{C}}-R_3}{CH}}$$

图 4-2 甘油三酯的结构
(R_1、R_2、R_3 可以相同,也可以不同)

甘油三酯中不饱和脂肪酸较多时,熔点较低,在常温下为液态,称为油;反之,若饱和脂肪酸较多,则在室温下为固态,称为脂。所以甘油三酯又统称为油脂。

(二)油脂的物理性质

1. 色泽和气味

纯净的油脂是无色透明,天然油脂之所以带有颜色是因为油脂中溶有色素物质,如叶黄素、胡萝卜素等。一般来讲,动物油脂中色素物质少,所以颜色较浅,如猪油为乳白色;植物油脂中色素较多,所以颜色深一些,如芝麻油为深黄色,菜籽油为红褐色等。油脂中的杂质对颜色也有一定影响,杂质越多,透明度越差。

纯净的油脂是没有气味的,但天然油脂都有其固有的气味,除了极少数是由低级脂肪酸构成的油脂引起外,一般是由所含的非脂成分引起,如椰子油的香气是由于含有壬基甲酮,芝麻油是由于加工时在高温下产生的乙酰吡嗪而呈现特殊芳香气味。

2. 塑性

所谓塑性是脂肪受到一定外力作用时,表观固体脂肪具有的抗变形的能力。塑性脂肪实际是固体脂和液体油的混合物,两者交织,很难分离,具有可塑性,可保持一定的外形。

塑性脂肪是食品加工的重要原料,具有良好的涂抹性和可塑性,其塑性取决于组成塑性脂肪的甘油三酯的固、液两相的相对比例及构成固相的甘油三酯晶粒的大小，固、液两相的相对比例会随温度而变化。许多食品加工都要使用不同的塑性脂肪，如生产冰淇淋、焙烤糕点、奶油裱花等。在饼干、面包、糕点生产中专用的塑性脂肪称为起酥油，能降低面团的弹性和韧性，降低吸水性，增加延展性，使制品起酥。

3. 溶解性与乳化特性

油脂不溶于水，易溶于丙酮、乙醚等有机溶剂。在有乳化剂的情况下，油脂可与水发生乳化作用而形成乳浊液，分为油包水型和水包油型两类。常见的乳化剂有单硬脂酸甘油酯、磷脂、蔗糖脂肪酸酯、丙二醇脂肪酸酯等。

油脂本身也是一种极好的有机溶剂，能溶解某些天然色素、维生素及香味物质等，如胡萝卜素、维生素 A、维生素 D 等。

4. 熔点

天然的油脂多是混合甘油酯，因此不会像单纯的有机化合物那样具有确定的熔点，而是仅有一定的温度范围。几种常见动物脂肪的熔点范围见表 4-2。

表 4-2　　　　　几种动物脂肪的熔点范围

油脂名称	猪脂	牛脂	羊脂	黄油
熔点范围/℃	36~50	42~50	44~55	28~36

油脂的熔点影响着人体内脂肪的消化率。油脂的熔点低于 37℃（正常体温）时，在消化器官中容易乳化而被吸收，消化率较高，一般可达 97%~99%，如奶油其消化率为 98%，而羊脂仅为 81%。

5. 发烟点

发烟点是指在避风并有特殊照明的实验装置中察觉到冒烟时的最低加热温度，油脂大量冒烟的温度通常略高于其发烟点。几种油脂的发烟点见表 4-3。

表 4-3　　　　　油脂的发烟点

油脂名称	发烟点/℃	油脂名称	发烟点/℃
玉米胚芽油（粗制）	178	豆油（浸提粗制）	210
玉米胚芽油（精制）	227	豆油（精制）	256
豆油（压榨粗制）	181	橄榄油	199
花生油（精制）	225	葵花籽油	225

油脂的发烟是由油脂中的小分子物质挥发引起的，这些小分子物质可以是油脂加工中混入的，也可能是油脂热分解产生的，发烟后的油脂会产生一些危害人体健康的物质。所以油炸用油应尽量选择精炼的、热稳定性高的油脂。

（三）油脂的化学性质

1. 油脂的水解与皂化

油脂中的酯键能在酸、碱、热或酶的作用下而发生水解，生成甘油和脂肪酸。

$$\begin{array}{l} CH_2-COOR_1 \\ | \\ CH-COOR_2 \\ | \\ CH_2-COOR_3 \end{array} + 3H_2O \xrightarrow{\text{酸(碱、酶或热)}} \begin{array}{l} CH_2OH \\ | \\ CHOH \\ | \\ CH_2OH \end{array} + R_1COOH + R_2COOH + R_3COOH$$

该反应在酸性条件下的水解是可逆的，已经水解的甘油与游离脂肪酸可以再结合生成甘油一酯或甘油二酯。在碱性条件下水解生成的脂肪酸会和碱反应生成脂肪酸盐，高级脂肪酸盐被称为皂，因此碱性条件下的水解反应又称为皂化反应。完全皂化1g脂肪所消耗的氢氧化钾的质量（mg）称为皂化值。

2. 油脂的加成反应

含有不饱和脂肪酸的油脂可以与I_2、H_2等发生加成反应。油脂中双键的数目与吸收的I_2的量存在定量关系，所以可以用碘价（IV）来评判油脂不饱和的程度。碘价指100g脂肪所能吸收的I_2的质量（g）：

$$碘价 = \frac{2 \times 126.9 \times 双键数目}{脂肪酸的平均分子质量} \times 100$$

由上式看出，油脂的碘价与所含的双键的数目成正比，与构成油脂的脂肪酸的平均分子质量成反比。碘价大的油脂说明不饱和脂肪酸含量高或不饱和程度高，反之则说明不饱和脂肪酸含量低或不饱和程度低。碘价下降说明油脂中双键减少，油脂发生了氧化。

根据油脂的碘价可以对油脂进行分类，IV>130的称为干性油，如桐油，极易氧化，适合于作油漆而不适合食用；IV在100~130的为半干性油，如棉籽油、大豆油等，稳定性也较差；小于100的为不干性油，如花生油、菜籽油、蓖麻油等，稳定性较好，不易氧化聚合，适宜作为烹调用油。

由于植物油的稳定性较差，所以油脂工业常利用其与H_2加成进行改性，得到的产品称为氢化植物油，如人造奶油、起酥油等，还可以用来生产稳定性更高的煎炸用油。

3. 油脂的酸败

油脂及油脂含量较高的食品在贮存过程中，由于物理、化学及生物因素的影响，会逐渐劣化甚至失去食用价值，主要表现为油脂颜色加深、产生特殊气味（哈喇味），称为油脂的酸败。酸价是指中和1g油脂中游离脂肪酸所需的KOH的质量（mg）。新鲜的油脂酸价很小，随着贮存时间的延长和油脂的酸败，酸价会增大，所以酸价可以用于衡量油脂的新鲜度和质量的好坏（详见第四节）。

三、蜡

天然蜡主要是由14~16个碳原子的饱和或不饱和脂肪酸与16~30个碳原子

的一元醇形成的酯，也有与固醇形成的固醇脂肪酸酯。从来源上分有动物蜡、植物蜡和矿物蜡。熔点一般不高（100℃以下），如我国的虫蜡熔点在82~86℃，蜂蜡一般在60~70℃。通常蜡在室温下为固态，有滑腻感，比水轻，不溶于水。

蜡在自然界分布很广。很多植物的叶、茎和果实的表层，都覆盖着一层很薄的蜡，能保护组织少受损伤，避免水分的过度蒸腾。很多动物的皮和甲壳也有蜡层保护着。但是实际能够收集利用的只有蜂蜡、虫蜡、抹香鲸鲸头蜡、羊毛蜡、棕榈蜡等少数几种。

矿物蜡中如地蜡、干馏褐煤所得到的褐煤蜡则几乎完全是高级烃，石油精馏中所得到的石蜡则完全是高级烃。

第三节 复合脂

复合脂类除了分子中含有醇和脂肪酸形成的酯外，还含有其它的成分，主要有磷脂、糖脂、硫脂等。

一、磷脂

磷脂是分子中含有磷酸的复合脂，由于其所含的醇不同，又可以分为甘油磷脂和鞘氨醇磷脂两类。

（一）甘油磷脂

甘油磷脂是生物体中含量丰富的另一类含甘油结构的脂类，它的种类较多，但它们有一个共同的特点，即以磷脂酸为基础，其中的磷酸再与氨基醇（如胆碱、乙醇胺、丝氨酸等）或肌醇结合，从而形成不同的甘油磷脂（图4-3）。

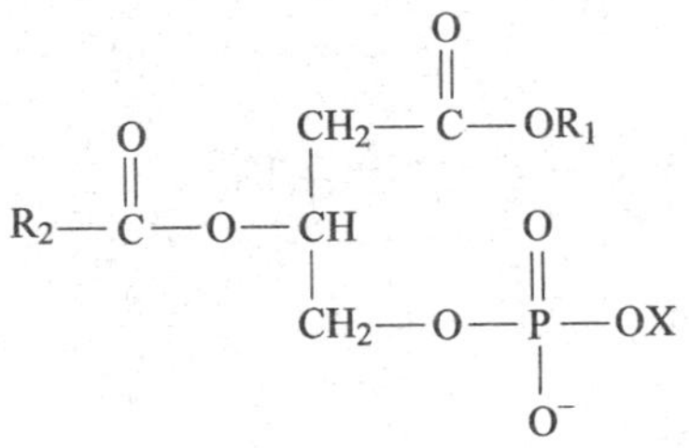

$X = H$ 时，称为磷脂酸（PA）
$X = CH_2CH_2N(CH_3)_3$ 时，称为卵磷脂（磷脂酰胆碱，PC）
$X = CH_2CH_2NH_2$ 时，称为脑磷脂（磷脂酰乙醇胺，PE）
$X = CH_2CHNH_3$ 时，称为磷脂酰丝氨酸（PS）
          $|$
         COO^-
$X = $ 甘油时，称为磷脂酰甘油（PG）
$X = $ 肌醇时，称为磷脂酰肌醇（PI）

图4-3 磷脂的结构

甘油磷脂的两条脂肪烃链构成它的非极性尾部，其余构成极性头部。在甘油磷脂中，脑磷脂和卵磷脂是细胞中含量最为丰富的磷脂，广泛存在于生物膜中，是生物膜的骨架成分。另外还有一种心磷脂，它由两个磷酸基团分别与一个甘油分子的1、3碳原子上羟基成酯所组成，主要存在于细菌细胞膜和真核细胞的线粒体内膜中。

(二) 鞘氨醇磷脂

鞘氨醇磷脂是由鞘氨醇（2-氨基-4-十八碳烯-1,3-二醇）的氨基与一分子脂肪酸以酰胺键相连，另有一羟基与磷酸胆碱以酯键相连所构成，其结构式如下：

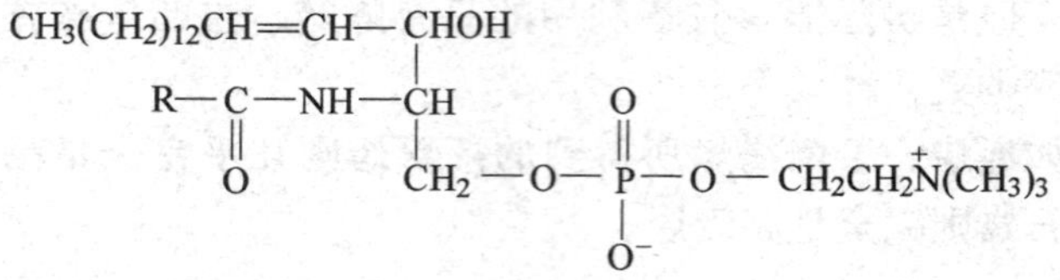

$$\begin{array}{c} CH_3(CH_2)_{12}CH=CH-CHOH \\ R-C-NH-CH \\ \parallel \quad \quad \quad \quad \mid \\ O \quad \quad \quad \quad CH_2-O-\overset{O}{\underset{O^-}{P}}-O-CH_2CH_2\overset{+}{N}(CH_3)_3 \end{array}$$

鞘氨醇磷脂

鞘氨醇磷脂在动植物中均存在，但大量存在于神经及脑组织中，在高等植物和酵母中，鞘氨醇磷脂含的是4-羟基二氢鞘氨醇。鞘氨醇磷脂是非甘油衍生物，但与甘油磷脂相似，它也有两个非极性的尾部（鞘氨醇的不饱和烃链）和一个极性头部，也是生物膜的组成成分。

二、糖脂

生物体内的糖脂主要有两类，一类是鞘糖脂，另一类是甘油糖脂。

(一) 鞘糖脂

鞘糖脂是指单糖、寡糖残基或其衍生物与脂酰鞘氨醇以糖苷键相连而形成的化合物，又分为中性和酸性鞘糖脂两种，前者是指含一个或多个中性糖残基的鞘糖脂，如脑苷脂。后者是指在糖基上还含有如硫酸、唾液酸等酸性基团的鞘糖脂，如神经节苷脂。

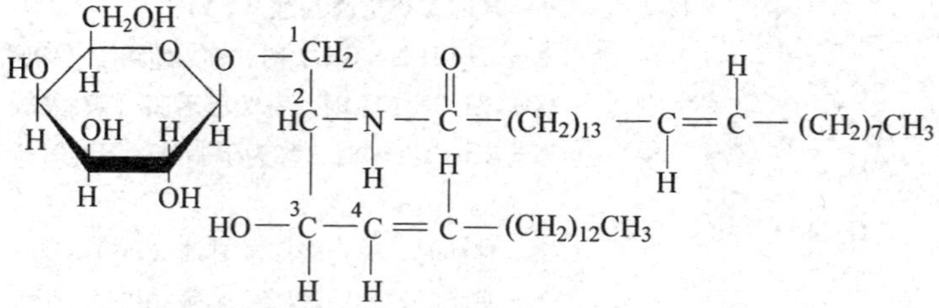

N-神经酰脑苷脂

(二) 甘油糖脂

甘油糖脂是指一个或多个单糖残基与单脂酰甘油或二酯酰甘油以糖苷键相连所形成的化合物，其中主要为半乳糖甘油糖脂，最重要的有单半乳糖二脂酰甘油酯（MGDG）和双半乳糖二脂酰甘油酯（DGDG），结构如下：

单半乳糖二脂酰甘油酯　　　　　　双半乳糖二脂酰甘油酯

三、衍生脂质

衍生脂质主要包括胡萝卜素类、固醇类、脂溶性维生素等。胡萝卜素类和脂溶性维生素类属于萜类。

（一）固醇类

固醇类的基本骨架是环戊烷多氢菲，称为甾核。固醇类的结构特点是在甾核的3位上有一羟基和17位上有一8~10个碳原子的烃链，在生物体内以游离态或脂肪酸酯的形式存在。根据其来源又可以分为动物固醇、植物固醇和菌固醇，典型的有动物的胆固醇，植物的豆固醇、谷固醇，菌类的麦角固醇等。各类固醇的区别在于双键数目不同，支链长短不同。发现最早、研究最多的是胆固醇，其结构见图4-4。

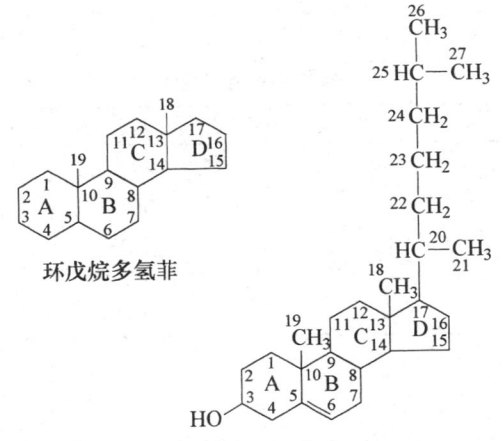

图4-4　胆固醇的结构

胆固醇无味，无臭，熔点为148.5℃，不溶于水、酸或碱，不能皂化，易溶于乙醚、氯仿、丙酮、油脂、热乙醇及胆酸盐中。胆固醇的羟基可与脂肪酸结合，生成酯。胆固醇在体内还可转变成胆汁酸盐，后者可乳化脂肪，促进脂肪的消化吸收。在动物机体中胆固醇可转变为多种胆固醇衍生物。胆固醇是脊椎动物细胞的重要成分，在神经组织和肾上腺中含量特别丰富，肝脏、肾脏、脾脏和表皮组织含量也相当多。动物能吸收利用胆固醇，也能在体内自行合成胆固醇，合成最旺盛的组织是肝脏。胆固醇与生物膜的通透性、神经髓鞘的绝缘物质以及动物细胞对某些毒素的保护作用有一定关系，7-脱氢胆固醇存在于动物皮下，在紫外线的照射下能转化成维生素 D_3（图4-5）。

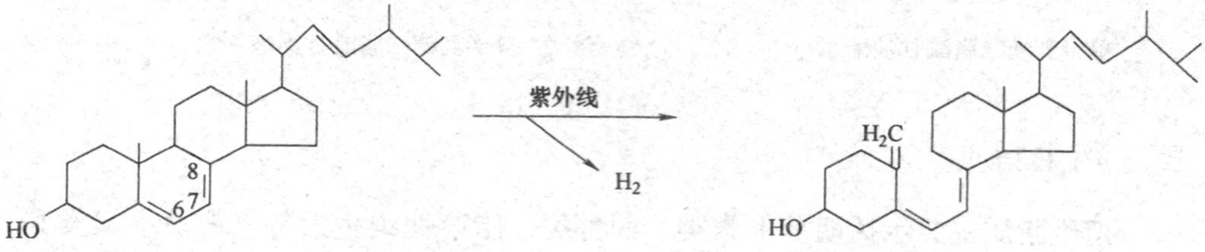

图4-5　7-脱氢胆固醇向维生素 D_3 的转化

（二）萜类

萜类是由数目不同的异戊二烯单位（ $-CH=C-CH=CH_2-$ ，带 CH_3 支链）聚合而成的聚合物及其饱和度不同的含氧衍生物，绝大多数为异戊二烯残基头尾相连而成。按照所含异戊二烯单位的数目，分为单萜、倍半萜、二萜、三萜、四萜和多萜等（表4-4）。

表4-4　常见的萜类化合物

碳原子数	异戊二烯单位	类名	重要代表
10	2	单萜	柠檬苦素
15	3	倍半萜	法尼醇
20	4	二萜	叶绿醇（植醇）
30	6	三萜	鲨烯
40	8	四萜	胡萝卜素（图4-6）

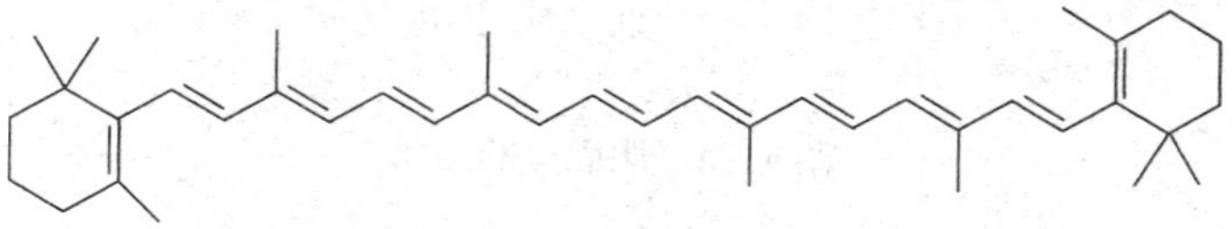

图4-6　β-胡萝卜素

萜类化合物大多是比水轻的化合物，不溶于水，溶于乙醇，具有香味。萜类在自然界中分布广泛，且具有重要的生理功能，如维生素A、维生素E、维生素 K，赤霉素、脱落酸、泛醌、质醌天然橡胶等都属于萜类。从薄荷的茎、叶中提取的薄荷精油，其主要成分是薄荷醇（3-萜醇）和薄荷酮（3-萜酮），它们都是萜类的衍生物。

第四节
油脂与食品保藏、加工

几乎所有的食品中都含有脂类，它是人体必需的营养素之一，而且油脂在食品加工中也具有极其重要的作用，可以作为导热剂用于油炸，也可以添加到食品中用于改善食品的质构。在食品加工中，脂类往往需要在高温下与空气、水分等接触，此时油脂会发生一系列的反应，导致其品质发生变化。

一、酸败

根据发生的原因，油脂酸败可以分为三种类型。

1. 水解型酸败

含低级脂肪酸较多的油脂由于含水量过多或是微生物的作用，会导致油脂的水解，生成游离的脂肪酸（$<C_{10}$）和甘油。游离的低级脂肪酸如丁酸、己酸、辛酸、癸酸等，会产生令人不愉快的气味，造成油脂的变质。

在动物宰杀后，动物组织中的脂肪会由于脂酶的作用而水解产生脂肪酸，导致油脂的酸败加快，所以应该尽快熬炼；成熟的油料种子在收获时油脂会发生明显的水解，故在植物油精炼中需要加碱中和。油脂的水解对贮存是不利的。在油炸过程中，食物中的水进入到油中，导致脂肪水解而产生脂肪酸，使油的发烟点降低，风味变劣。但在脂肪的消化过程中，水解有利于人体对油脂的乳化与吸收。

2. 酮型酸败（β-型氧化酸败）

脂肪水解过程中产生的游离饱和脂肪酸可以在一系列酶的催化下氧化，最后生成具有怪味的酮酸和甲基酮，由于氧化发生在 β-碳上，所以又称 β-型氧化酸败或生物氧化酸败。

一些含水量较高并且富含蛋白质的食品，或是未经精制的油脂以及含杂质较多的食品，容易受到微生物的污染而产生各种酶，产生上述两种类型的酸败。

3. 氧化型酸败

氧化型酸败是由不饱和的脂肪酸引发的氧化过程，它是导致油脂及富含油脂的食品变质最主要的途径之一。氧化型酸败遵循自由基反应的机理，具有连续性的特点，故又称自动氧化。氧化过程包括三个阶段：引发期、增殖期和终止期。氧化通常由光、热或金属的催化引起，生成自由基，自由基吸收空气中的氧生成过氧化物自由基。过氧化物自由基不稳定，可再与不饱和脂肪酸反应，生成氢过氧化物，同时又产生新的自由基，呈连锁式进行，直到不同的自由基相互碰撞结合生成稳定的化合物，反应终止。一方面过氧化物的分解会产生一些低级的醛、酮和羧酸，呈现很强的刺激性臭味，另一方面过氧化物自由基聚合也产生一些黏稠、胶状的二聚体、三聚体等聚合产物。由于饱和脂肪酸在脂肪酸的组成中所占的比例不足10%，所以不饱和脂肪酸的自动氧化是油脂酸败的主要形式。不饱和程度越高，受热温度越高，氧气含量越高，其氧化的速度就越快。

二、油脂的热劣变

（一）劣变的类型

油脂在高温（煎炸）时主要发生以下两类变化。

1. 热氧化与聚合

油脂在长时间加热或短期过热的过程中容易发生热氧化作用，产生各种低分子质量的化合物和氧化聚合物，包括醛、酮、烃、内酯、醇、酸、酯以及二聚和多聚酸、二聚和多聚甘油酯等，从而引起油脂的理化指标（如酸价、过氧化值、碘价、折光系数、黏度等）及风味的变化，引起油脂的劣变。

无氧条件下，油脂加热到200~300℃的高温时，主要发生热聚合反应。聚合过程中，多烯化合物转化成共轭双键后参与聚合，生成具有一个双键的六元环状化合物。聚合作用可以发生在同一分子的脂肪酸残基之间，也可发生在不同分子的脂肪酸残基之间。游离的脂肪酸也可发生这种热聚合反应。

2. 水解与缩合

高温油炸过程中，由于水分的引入，油脂分子与水接触的部位发生水解，水解产物之间可以缩合成醚型化合物，其水解的速度与油脂中所含有的游离脂肪酸的量成正比。油脂的水解在加热初期不明显，但随着加热时间的延长，游离脂肪酸逐渐增加，水解加快。

3. 分解反应

热分解在相对更高的温度下发生（350℃），无氧条件下，油脂发生热分解，生成丙烯醛、脂肪酸、二氧化碳、甲基酮及小分子的酯等；在有氧条件下，伴随热氧化过程能分解形成多种烃、醛、甲基酮、内酯等。

热劣变后的油脂其风味变差，颜色加深，黏度增大，起泡性亦增大。

（二）影响油脂热劣变的因素

1. 加热温度

油脂的加热温度越高，劣变的速度越快。如精炼大豆油，其加热温度越高，黏度增加越快。说明过度加热是有害的。

2. 与空气的接触面积

油脂与空气的接触面积越大，和氧气接触的机会就越大，其氧化的速度就越快。

3. 加热时间

加热时间越长，油脂的黏度越高。所以在油炸过程中应及时更换新油。

4. 金属离子

若油脂中混入了金属离子如铜、铁等，尽管是极其微量的（0.1mg/kg），也能加快油脂劣变的速度，特别是铜对油脂的损害较大。

三、油脂在贮存过程中的变化

油脂在贮存的过程中，受自身稳定性和外界因素的影响，也会发生劣变。精炼油脂及油脂深加工产品所含杂质较少，水分也少，所以其稳定性高于毛油。但是由于在加工过程中也除去了大量天然抗氧化剂，故精制油的抗氧化性能反而比毛油差，如果没有合理的贮存措施，或贮存的时间过长，会导致油脂劣变，甚至会产生一定毒性，从而大大降低了油脂的加工性能和营养价值。

（一）气味劣变

油脂在贮存过程中会产生不良气味，通常称为"回味臭"或"酸败臭"，前者主要出现在贮存的初期阶段，当油脂劣变到一定程度，则产生强烈的"酸败臭"。

1. 回味

鱼油等海产动物油以及高度不饱和的植物油在贮存过程中会产生腥臭味等不良气味，这些异味与毛油的臭味很相近，故称之为回味。海产动物油的回味现象非常突出，对于植物油而言，回味问题比较集中的反映在大豆油上。豆油的回味最初像是奶油一样的气味，继而出现干草味、油漆味，最后出现鱼腥臭味，经研究证实，2-正戊基呋喃、3-顺-已烯醛都是豆油回味的重要物质，均由亚麻酸产生。

2. 酸败

油脂在贮存过程中，由于空气和水分的作用，会发生氧化及水解，产生低分子质量的降解物，发出强烈的刺激性臭味，俗称"哈喇味"，它比回味所产生的臭味要强烈得多。

油脂由于受光照或金属元素的诱发而易与空气中的氧发生氧化型酸败，产生低分子质量的降解产物及聚合产物，是油脂劣变的主要原因。如大豆油的酸败产物有戊烯醛、2-已烯醛、2-庚烯醛等；奶油、椰子油等的酸败产物中存在甲基戊酮、甲基庚酮、甲基壬酮等。

油脂的水解型酸败主要发生在人造奶油等深加工产品以及米糠油等含解酯

酶较多的油品中。人造奶油含有近30%的水分，且饱和度较高的低碳脂肪酸较多，受微生物、酶的影响，易发生水解型酸败，产生丁酸、己酸、辛酸等发出恶臭气味。

（二）回色

油脂在贮存的过程中会逐渐着色，向精炼前的原有颜色转变，称为回色。一般油品贮存时均会出现回色现象，其原因是生育酚在空气、热、光、金属元素的作用下氧化成醌类，颜色加深。回色程度因油品和贮存条件不同而不同。回色现象最突出的是棉籽油，主要是色素氧化引起，而豆油的回色现象较少。

（三）影响油脂安全贮存的因素

1. 油脂自身因素的影响

构成油脂的主要脂肪酸类型不同，其氧化速度也不同。脂肪酸不饱和程度越高，其氧化速度越快。另外油脂含有的非甘油三酯的成分对油脂的稳定性起着重要的作用。油脂中的水分、酶及离子等成分会加速油脂的酸败。

2. 空气

空气中的氧是油脂氧化的主要因子。油脂与空气的接触面积越大，空气越充足，油脂的氧化速率越快。所以应该密闭贮存，减少与氧气的接触机会。

3. 光线

光对油脂的氧化起诱发和加速作用，如有叶绿素等光敏物质的存在，油脂的氧化速率会加快，而且波长越短，促氧化能力越强。

4. 温度

油脂的氧化随温度的上升而明显加剧。一般而言，在 20~60℃ 的范围内，每升高15℃，油脂氧化的速率提高1倍。所以油脂应该在较低的温度下贮存。

5. 金属离子

微量金属会加速油脂的氧化，其中危害最大的是铜和铁，据报道铜和铁的浓度分别达到 0.01mg/kg 和 0.1mg/kg 即可引起劣变。所以在油脂生产和贮存中应尽量避免与金属特别是铜铁器接触。

6. 水分

水分具有加速油脂水解的作用，在解酯酶的作用下，水解速度加快，因而水解型酸败多数发生在人造奶油、米糠油等含水量较高的油脂中。

7. 抗氧化剂

抗氧化剂能防止或延缓食品的氧化变质，提高食品的稳定性，延长食品贮藏期。常用的抗氧化剂，具有易氧化的特征，加入食品后通过自身的氧化消耗食品内部及环境中的氧，因而延缓食品的氧化变质。常用的油脂抗氧化剂有丁基羟基茴香醚（BHA）、二丁基羟基甲苯（BHT）等。此外油脂中含有多种天然抗氧化剂，具有不同程度的抗氧化作用或增效作用，维生素 E 是油脂中常见的天然抗氧化剂。

四、脂类氧化对食品营养价值的影响

油脂变质以后，都有可能产生一些有毒物质。自动氧化变质中，主要的有毒物是氢过氧化物；热变质中，主要的有毒物是烃、环状化合物、二聚甘油酯、三聚甘油酯等，其中的二聚体可被人体部分吸收，它的毒性较强，可使动物生长停滞、肝脏肿大、生育功能和肝功能障碍，甚至可能有致癌作用。长期食用酸败变质的油脂会影响人体健康，轻者呕吐、腹泻，重者使肝脏肿大。变质过程中生成的小分子化合物与油脂的气味变化直接相关。聚合物的形成使油脂的黏度增大。不过在一般烹调过程中，油脂加热的温度不高，时间亦短，对营养价值的影响和聚合物的形成不很明显。但在食品加工油炸食物时，油脂长期反复使用，加热温度又高，有可能降低营养价值和生成聚合物。因此，应尽量避免温度过高，减少反复使用的次数，或加入较多的新油，防止聚合物的形成。为了减弱油脂的热变质，工艺上要求加热油脂时，温度控制在 180℃ 左右。

思考与练习

一、名词解释

单纯脂　复合脂　碘价　酸价　皂化反应

二、简答题

1. 简述脂类的生理功能。
2. 油脂的酸败有哪几种类型？
3. 油脂在高温时易发生哪些变化？
4. 影响油脂安全贮存的因素有哪些？

实验五　粗脂肪的提取和测定

目的要求

（1）学习和掌握索氏提取器提取脂肪的原理和方法。

（2）学习和掌握用重量分析法对粗脂肪进行定量测定。

实验原理

粗脂肪是指包括脂肪、游离脂肪酸、蜡、磷脂、固醇及色素等脂溶性物质的总称。这类物质一般溶于乙醚、石油醚、苯及氯仿等，不溶于水或微溶于水。索氏提取器由提取瓶、提取管、冷凝器三部分组成。提取时，将待测样品包在脱脂滤纸内，放入提取管内，提取管内加入无水乙醚。加热提取瓶，无水乙醚气化，由连接管上升进入冷凝器，凝成液体滴入提取管内，浸提样品中的脂类物质。待提取管内的无水乙醚液面达到一定高度，溶有粗脂肪的无水乙醚经虹吸管流入提取瓶。流入提取瓶的无水乙醚继续被加热气化、上升、冷凝，滴入提取管内，如此循环往复，直到抽提完全为止。本法利用乙醚在索氏提取器中提取样品中的脂肪，然后蒸发除去乙醚，干燥、称重，即可得样品中粗脂肪的百分含量。

试剂和器材

1. 试剂

无水乙醚

2. 材料

花生仁

3. 器材

索氏提取器（50mL，见图1）；分析天平；烘箱；电加热板；脱脂滤纸；脱脂棉；镊子；烧杯。

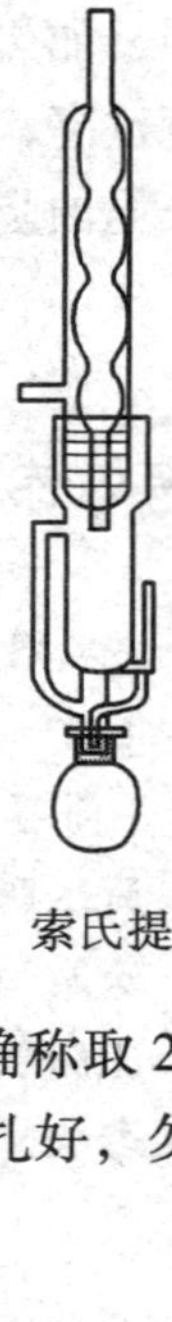

图1 索氏提取器

操作方法

1. 样品处理

将干净的花生仁放在 80～100℃ 烘箱中烘 4h。待冷却后，准确称取 2g，置于研钵中研磨细，将样品及擦净研钵的脱脂棉一并用脱脂滤纸包扎好，勿使样品漏出。

2. 抽提

将洗净的索氏提取瓶，在 105℃ 烘箱内烘干至恒重，记录质量。将无水乙醚加到提取瓶内约为瓶容积的 1/2～2/3。将样品包放入提取管内。把提取器各部分连接后，接口处不能漏气。用电热板加热回馏 2～4h。控制电热板的温度，每小时回馏 3～5 次为宜。直到用滤纸检验提取管中的乙醚液无油迹为止。提取完毕，取出滤纸包，再回馏一次，洗涤提取管。当提取管中的无水乙醚液面接近虹吸管口时，倒出无水乙醚。若提取瓶中仍有乙醚，继续蒸馏，直至提取瓶中无水乙醚完全蒸完。取下提取瓶，用吹风机在通风橱中将剩下的乙醚吹尽，再置入 105℃烘箱中烘干、恒重，记录质量。

结果计算

按下式计算样品中粗脂肪的含量：

$$\text{粗脂肪的含量}(\%) = \frac{(m - m_0)}{\text{样品质量}} \times 100$$

式中　m_0——接收瓶重，g

　　　m——提取脂肪干燥后接收瓶重，g

注意事项

（1）乙醚易燃、易爆，应注意规范操作。

（2）待测样品若是液体，应将一定体积的样品滴在脱脂滤纸上，在 60~80℃烘箱中烘干后，放入提取管内。

思考题

（1）做好本实验应注意哪些事项？

（2）索氏提取法为什么又称游离脂肪酸定量测定法？

实验六　卵磷脂的提取和鉴定

实验目的

学习卵磷脂的提取与鉴定方法。

实验原理

卵磷脂在脑、神经组织、肝脏、肾上腺和红细胞中含量较多，蛋黄中含量特别高，卵磷脂易溶于乙醇、乙醚等脂溶性溶剂，可利用此类溶剂提取。

新提取的卵磷脂为白色蜡状物，与空气接触后因所含不饱和脂肪酸被氧化而成褐色。卵磷脂中的胆碱基在碱性溶液中可分解成三甲胺，三甲胺有特异的鱼腥臭味。可鉴别。

试剂和器材

1. 试剂

无水乙醇（CP）；10% NaOH 溶液。

2. 材料

鸡蛋黄。

3. 器材

试管 1.5cm×10cm（×8）；移液管 2mL（×1）；酒精灯；蒸发皿；烧杯；天平等。

操作方法

1. 提取

于小烧杯内置蛋黄 2g，加入热的 95% 乙醇 15mL，边加边搅，冷却，过滤（若滤液不清，需重滤，直至透明为止），将滤液置于蒸发皿内，蒸汽浴上蒸干，残留物即为卵磷脂。

2. 鉴定

取卵磷脂少许，置于试管内。加 NaOH 溶液 2mL 水浴加热，是否产生鱼腥味。

注意事项

过滤时不要用水打湿滤纸。所用容器（漏斗、试管）要干燥，避免脂类与水接触生成乳浊液，而使滤液不清。

思考题

（1）本实验中为什么要使用热乙醇来进行提取？

（2）本实验中为什么要使用蒸汽浴来蒸干乙醇？

实验七 脂肪碘价的测定

目的要求

（1）学习脂肪碘价测定的原理和方法。

（2）了解测定脂肪碘价的意义。

实验原理

脂肪中，不饱和脂肪酸链上有不饱和键，可与卤素（Cl_2，Br_2，I_2）进行加成反应，不饱和键数目越多，加成的卤素量就越多，通常以碘价表示。在一定条件下，每 100g 脂肪所吸收的碘的克数称为该脂肪的碘价。碘价越高，表明不饱和脂肪酸的含量越高，它是鉴定和鉴别油脂的一个重要常数。本实验使用溴化碘（IBr）进行碘价测定。IBr 的一部分与不饱和脂肪酸起加成作用，剩余部分与碘化钾作用放出碘，放出的碘用硫代硫酸钠溶液滴定。具体反应过程如下：

加成反应：—CH=CH— + IBr ⟶ C_2H_2IBr
释放碘：IBr + KI ⟶ KBr + I_2
滴定：I_2 + $2Na_2S_2O_3$ ⟶ $2NaI$ + $Na_2S_4O_6$

试剂和器材

1. 试剂

汉诺斯溴化碘溶液：取 12.2g 碘，放入 1500mL 锥形瓶内，徐徐加入 1000mL 冰乙酸（99.5%），边加边摇，同时在水浴中加热，使碘溶解。冷却后，加溴约 3mL，贮于棕色瓶中。

0.1mol/L 标准硫代硫酸钠溶液：取结晶硫代硫酸钠 25g，溶于经煮沸后冷却的蒸馏水（无 CO_2）中。添加 Na_2CO_3 约 0.2g（硫代硫酸钠溶液在 pH 9~10 时最稳定）。稀释到 1000mL 后，用标准 0.1mol/L 碘酸钾溶液按下法标定：准确地量取 0.1mol/L 碘酸钾溶液 20mL、10% 碘化钾溶液 10mL 和 1mol/L 硫酸 20mL，混合均匀。以 1% 淀粉溶液作为指示剂，用硫代硫酸钠溶液进行标定，按下面所列反应式计算硫代硫酸钠溶液的浓度后，用水稀释至 0.1mol/L。

KIO_3 + 5KI + $3H_2SO_4$ ⟶ $3K_2SO_4$ + $3I_2$ + $3H_2O$

I_2 + $2Na_2S_2O_3$ ⟶ $2NaI$ + $Na_2S_4O_6$

纯四氯化碳；1% 淀粉溶液（溶于饱和氯化钠溶液中）；10% 碘化钾溶液。

2. 材料

花生油或猪油。

3. 器材

碘瓶（或带玻璃塞的锥形瓶），棕色、无色滴定管各 1 支，吸量管，量筒，天平。

操作方法

准确地称取 0.3~0.4g 花生油 2 份，置于两个干燥的碘瓶内，切勿使油粘在瓶颈或壁上。加入 10mL 四氯化碳，轻轻摇动，使油全部溶解。用滴定管仔细地加入 25mL 溴化碘溶液，勿使溶液接触瓶颈。盖好瓶塞，在玻璃塞与瓶口之间加数滴 10% 碘化钾溶液封闭缝隙，以免碘的挥发损失。在 20~30℃ 暗处放置 30min，并不时轻轻摇动。放置 30min 后，立刻小心地打开玻璃塞，使塞旁碘化钾溶液流入瓶内，切勿丢失。用新配制的 10% 碘化钾 10mL 和蒸馏水 50mL 把玻璃塞和瓶颈上的液体冲洗入瓶内，混匀。用 0.1mol/L 硫代硫酸钠溶液迅速滴定至浅黄色。加入 1% 淀粉溶液约 1mL，继续滴定。将近终点时，用力振荡，使碘由四氯化碳层全部进入水溶液内。再滴定至蓝色消失为止，即达滴定终点。另作 2 份空白对照，除不加样品外，其余操作同上。滴定后，将废液倒入废液缸内，以便回收四氯化碳。

结果计算

$$碘价 = (A - B) \times T \times 100 / C$$

式中　　A——滴定空白用去的 $Na_2S_2O_3$ 溶液的平均体积，mL

　　　　B——滴定碘化后样品用去的 $Na_2S_2O_3$ 溶液的平均体积，mL

　　　　C——样品的质量，g

　　　　T——1mL 0.1mol/L 硫代硫酸钠溶液相当的碘的质量，g

注意事项

（1）碘瓶必须洗净，干燥，否则瓶中的油中含有水分，引起反应不完全。加入碘试剂后，如发现碘瓶中颜色变成浅褐色时，表明试剂不够，必须再添加 10～15mL 试剂。

（2）如加入碘试剂后，液体变浊，这表明油脂在 CCl_4 中溶解不完全，可再加些 CCl_4。

（3）将近滴定终点时，用力振荡是本滴定成败的关键之一，否则容易滴过头或不足。如振荡不够，CCl_4 层会出现紫色或红色。此时应当用力振荡，使碘进入水层。

（4）淀粉溶液不宜加得过早。否则，滴定值偏高。

思考题

（1）测定碘价有何意义？液体油和固体脂碘价之间有何区别？

（2）加入溴化碘溶液后，为何要在暗处存放 30min？

（3）滴定过程中，淀粉溶液为何不能过早加入？

（4）滴定完毕放置一些时间后，溶液返回蓝色，否则表示滴定过量，为什么？

第五章 蛋 白 质

1. 掌握蛋白质的概念、生物功能和分子组成。
2. 掌握 α-氨基酸的结构通式和 20 种氨基酸的名称、符号、结构、分类;掌握氨基酸的理化性质;熟悉肽和活性肽的概念。
3. 掌握蛋白质的一、二、三、四级结构的特点及其重要化学键。
4. 了解蛋白质结构与功能间的关系。
5. 熟悉蛋白质在食品加工中的性质及功能。

第一节 蛋白质的生物学意义

蛋白质是由 L-α-氨基酸通过肽键缩合而成的,具有较稳定的构象和一定生物功能的生物大分子。蛋白质是生命活动所依赖的物质基础,是生物体中含量最丰富的大分子。

单细胞的大肠杆菌含有 3000 多种蛋白质,而人体有 10 万种以上结构和功能各异的蛋白质,人体干重的 45% 是蛋白质。生命是物质运动的高级形式,是通过蛋白质的多种功能来实现的。新陈代谢的所有的化学反应几乎都是在酶的催化下进行的,已发现的酶绝大多数是蛋白质。生命活动所需要的许多小分子物质和离子,它们的运输由蛋白质来完成。生物的运动、生物体的防御体系离不开蛋白质。蛋白质在遗传信息的控制、细胞膜的通透性,以及高等动物的记忆、识别机构等方面都起着重要的作用。随着蛋白质工程和蛋白质组学的兴起和发展,人们对蛋白质的结构与功能的认识越来越深刻。

蛋白质是原生质的主要成分,任何生物都含有蛋白质。自然界中最小、最简单的生物体是病毒，它是由蛋白质和核酸组成的。没有蛋白质也就没有生命。

自然界的生物多种多样，因而蛋白质的种类和功能也十分繁多。概括起来，蛋白质主要有以下功能：

（1）催化功能　生物体内的酶都是由蛋白质构成的，它们是有机体新陈代谢的催化剂。

（2）结构功能　蛋白质可以作为生物体的结构成分。

（3）运输功能　脊椎动物红细胞中的血红蛋白和无脊椎动物体内的血蓝蛋白在呼吸过程中起着运输氧气的作用。血液中的载脂蛋白可运输脂肪，转铁蛋白可转运铁。一些脂溶性激素的运输也需要蛋白。

（4）贮存功能　某些蛋白质的作用是贮存氨基酸作为生物体的养料和胚胎或幼儿生长发育的原料。

（5）运动功能　肌肉中的肌球蛋白和肌动蛋白是运动系统的必要成分，它们构象的改变引起肌肉的收缩，带动机体运动。

（6）防御功能　高等动物的免疫反应是机体的一种防御机能，它主要也是通过蛋白质（抗体）来实现的。

（7）调节功能　某些激素、一切激素受体和许多其它调节因子都是蛋白质。

（8）信息传递功能　生物体内的信息传递过程也离不开蛋白质。

（9）遗传调控功能　遗传信息的贮存和表达都与蛋白质有关。DNA 在贮存时是缠绕在蛋白质（组蛋白）上的。有些蛋白质与特定基因的表达有关。

（10）其它功能　某些生物能合成有毒的蛋白质，用以攻击或自卫。白喉毒素可抑制生物蛋白质合成。

第二节　蛋白质的分子组成

一、蛋白质的元素组成与相对分子质量

（一）蛋白质的元素组成

所有的蛋白质都含有碳、氢、氧、氮四种元素，有些蛋白质还含有硫、磷和一些金属元素。

蛋白质平均含碳 50%，氢 7%，氧 23%，氮 16%。其中氮的含量较为恒定，而且在糖和脂类中不含氮，所以常通过测量样品中氮的含量来测定蛋白质含量。如常用的凯氏定氮：蛋白质含量 = 蛋白氮 × 6.25，其中 6.25 是 16% 的倒数。

（二）蛋白质的相对分子质量

蛋白质的相对分子质量变化范围很大，从 6000～100 万或更大。一般将相对分子质量小于 6000 的称为肽。不过这个界限不是绝对的，如牛胰岛素相对分子

质量为5700,一般仍认为是蛋白质。蛋白质煮沸凝固,而肽不凝固。较大的蛋白质如烟草花叶病毒,相对分子质量达4000万。

二、蛋白质的氨基酸组成

氨基酸是蛋白质的基本结构单位,这个发现是从蛋白质的水解得到的。蛋白质的水解主要有三种方法。

(1)酸水解 用6mol/L的HCl溶液或4mol/L的H_2SO_4溶液,105℃回流20h即可完全水解。酸水解不引起氨基酸的消旋,但色氨酸完全被破坏,丝氨酸和苏氨酸部分破坏,天冬酰胺和谷氨酰胺的酰氨基被水解。

(2)碱水解 用5mol/L的NaOH溶液,水解10~20h可水解完全。碱水解使氨基酸消旋,许多氨基酸被破坏,但色氨酸不被破坏。常用于测定色氨酸含量。

(3)酶水解 酶水解既不破坏氨基酸,也不引起消旋。但酶水解时间长,反应不完全。一般用于部分水解,若要完全水解,需要用多种酶协同作用。常用的蛋白酶有胰蛋白酶、糜蛋白酶以及胃蛋白酶等。

(一)氨基酸的结构通式

蛋白质在酸、碱或酶的作用下,可被水解得到约20种氨基酸的混合物。这些氨基酸的结构各不相同,但在结构中的氨基(—NH_2)或亚氨基(=NH)都与邻接羧基(—COOH)的α-碳原子相连接,故它们都属于α-氨基酸。

除最简单的甘氨酸外,其它氨基酸的α碳原子都是不对称的碳原子(又称手性碳原子)。故它们有L型和D型两种构型。然而,组成天然蛋白质的氨基酸,除甘氨酸外,其化学结构均属L-α-氨基酸,氨基酸的通式如右。

$$H_3N^+ - \overset{\displaystyle COO^-}{\underset{\displaystyle R}{C}} - H$$

(二)氨基酸的分类

1. 基本氨基酸

组成蛋白质的20种氨基酸称为基本氨基酸(见表5-1)。它们中除脯氨酸外都是α-氨基酸,即在α-碳原子上有一个氨基。基本氨基酸都符合通式,都有单字母和三字母缩写符号。

表5-1　　　　　　　　　　20种基本氨基酸结构表

名称	符号与缩写	相对分子质量	侧链结构	等电点
丙氨酸(Alanine)	A 或 Ala	89.079	CH_3—	6.02
缬氨酸(Valine)	V 或 Val	117.133	CH_3—CH(CH_2)—	5.97
亮氨酸(Leucine)	L 或 Leu	131.160	$(CH_3)_2$—CH—CH_2—	5.98
异亮氨酸(Isoleucine)	I 或 Ile	131.160	CH_3—CH_2—CH(CH_3)—	6.02
甲硫氨酸(Methionine)	M 或 Met	149.199	CH_3—S—$(CH_2)_2$—	5.75
苯丙氨酸(Phenylalanine)	F 或 Phe	165.177	⌬—CH_2—	5.48

续表

名称	符号与缩写	相对分子质量	侧链结构	等电点
色氨酸（Tryptophan）	W 或 Trp	204.213	(吲哚-CH₂—)	5.89
脯氨酸（Proline）	P 或 Pro	115.117	(吡咯烷)	6.30
甘氨酸（Glycine）	G 或 Gly	75.052	H—	5.97
丝氨酸（Serine）	S 或 Ser	105.078	$HO-CH_2-$	5.68
苏氨酸（Threonine）	T 或 Thr	119.105	$CH_3-CH(OH)-$	6.53
半胱氨酸（Cysteine）	C 或 Cys	121.145	$HS-CH_2-$	5.02
天冬酰胺（Asparagine）	N 或 Asn	132.104	$H_2N-CO-CH_2-$	5.41
谷氨酰胺（Glutamine）	Q 或 Gln	146.131	$H_2N-CO-(CH_2)_2-$	5.65
酪氨酸（Tyrosine）	Y 或 Tyr	181.176	$HO-C_6H_4-CH_2-$	5.66
精氨酸（Arginine）	R 或 Arg	174.188	$HN=C(NH_2)-NH-(CH_2)_3-$	10.76
赖氨酸（Lysine）	K 或 Lys	146.17	$H_2N-(CH_2)_4-$	9.74
组氨酸（Histidine）	H 或 His	155.141	(咪唑-CH₂—)	7.59
谷氨酸（Glutamic acid）	E 或 Glu	147.116	$HOOC-(CH_2)_2-$	3.22
天冬氨酸（Aspartic acid）	D 或 Asp	133.089	$HOOC-CH_2-$	2.97

（1）按照氨基酸的侧链结构分类　脂肪族氨基酸、芳香族氨基酸和杂环氨基酸。

①脂肪族氨基酸共 15 种。

侧链只是烃链：Gly，Ala，Val，Leu，Ile，后三种带有支链。

侧链含有羟基：Ser，Thr，许多蛋白酶的活性中心含有丝氨酸，它还在蛋白质与糖类及磷酸的结合中起重要作用。

侧链含硫原子：Cys，Met，两个半胱氨酸可通过形成二硫键结合成一个胱氨酸。二硫键对维持蛋白质的高级结构有重要意义。甲硫氨酸的硫原子有时参与形成配位键。甲硫氨酸可作为通用甲基供体，参与多种分子的甲基化反应。

侧链含有羧基：Asp，Glu。

侧链含酰胺基：Asn，Gln。

侧链显碱性：Arg，Lys。

②芳香族氨基酸包括苯丙氨酸（Phe）、酪氨酸（Tyr）和色氨酸（Trp）三

种。芳香族氨基酸都含苯环，都有紫外吸收，酪氨酸是合成甲状腺素的原料。

③ 杂环氨基酸包括组氨酸（His）和脯氨酸（Pro）两种。组氨酸也是碱性氨基酸，但碱性较弱，在生理条件下是否带电与周围环境有关，它在活性中心常起传递电荷的作用。组氨酸能与铁等金属离子配位。脯氨酸是唯一的亚氨基酸。

按照氨基酸侧链极性分类：

非极性氨基酸：Ala，Val，Leu，Ile，Met，Phe，Trp，Pro 共八种。

极性不带电荷：Gly，Ser，Thr，Cys，Asn，Gln，Tyr 共七种。

带正电荷：Arg，Lys，His。

带负电荷：Asp，Glu。

（2）按照营养学角度分类

①必需氨基酸：人体必不可少，而机体内又不能合成，必须从食物中补充的氨基酸，称必需氨基酸。人体的必需氨基酸有 8 种，包括 Lys、Trp、Met、Phe、Val、Leu、Ile、Thr。正常成人所需的必需氨基酸占氨基酸总量的 20% 左右。当人体缺乏这 8 种必需氨基酸中的任何一种时就会导致生长发育不良，甚至引起一些缺乏病。

②非必需氨基酸：构成人体蛋白质的 20 种氨基酸中，除以上 8 种必需氨基酸外，人体可以自身合成的氨基酸，称非必需氨基酸。

2. 不常见的蛋白质氨基酸

某些蛋白质中含有一些不常见的氨基酸，它们是基本氨基酸在蛋白质合成以后经羟化、羧化、甲基化等修饰衍生而来的，也称稀有氨基酸或特殊氨基酸，如 4－羟脯氨酸、5－羟赖氨酸、6－N－甲基赖氨酸等。其中羟脯氨酸和羟赖氨酸在胶原和弹性蛋白中含量较多。在甲状腺素中还有 3，5－二碘酪氨酸。

3. 非蛋白质氨基酸

自然界中还有 150 多种不参与构成蛋白质的氨基酸。它们大多是基本氨基酸的衍生物，也有一些是 D－氨基酸或 β、γ、δ－氨基酸。这些氨基酸中有些是重要的代谢物前体或中间产物，如瓜氨酸和鸟氨酸是合成精氨酸的中间产物，β－丙氨酸是遍多酸（泛酸，辅酶 A 前体）的前体，γ－氨基丁酸是传递神经冲动的化学介质。

一些非蛋白质氨基酸的分子结构如下：

$H_2N-CH_2-CH_2-CH_2-COOH$　　　$HO_3S-CH_2-CH_2-NH_2$　　　$H_2N-CH_2-CH_2-COOH$
　　　γ-氨基丁酸　　　　　　　　　　　牛磺酸　　　　　　　　　　　　β-丙氨酸

三、氨基酸的理化性质

（一）物理性质

α-氨基酸都是白色晶体，每种氨基酸都有特殊的结晶形状，可以用来鉴别各种氨基酸。除胱氨酸和酪氨酸外，都能溶于水中。脯氨酸和羟脯氨酸能溶于乙醇或乙醚中。

除甘氨酸外，α-氨基酸都有旋光性，α-碳原子具有手性。苏氨酸和异亮氨酸有两个手性碳原子。从蛋白质水解得到的氨基酸都是L-型。但在生物体内特别是细菌中，D-氨基酸也存在，如细菌的细胞壁和某些抗生素中都含有D-氨基酸。

参与蛋白质组成的20种氨基酸，在可见光区都无光吸收；在紫外光区只有酪氨酸、苯丙氨酸和色氨酸具有光吸收能力，其中以色氨酸吸收紫外光的能力最强，蛋白质在波长280nm处有特征性的最大吸收峰是由它所含有的色氨酸和酪氨酸所引起的。利用这一性质可测定蛋白质的含量。

三个带苯环的氨基酸在紫外光区的吸收波长分别为：

Phe：$\lambda_{max}=257nm$，$\varepsilon=200$；Tyr：$\lambda_{max}=275nm$，$\varepsilon=1400$；Trp：$\lambda_{max}=280nm$，$\varepsilon=5600$。

其中λ_{max}为最大光吸收波长，ε为在该波长下的摩尔消光系数。

（二）化学性质

1. 两性解离及等电点

氨基酸的分子中既有碱性的α-氨基，又有酸性的α-羧基，因而在不同的溶液中它们既可以解离形成带正电荷的阳离子（$-NH_3^+$），也可以解离形成带负电荷的阴离子（$-COO^-$），这种具有双重解离性质的物质被称为两性电解质。因此氨基酸是两性电解质。

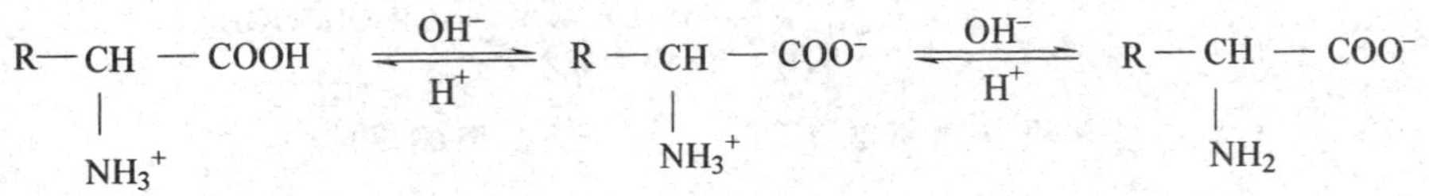

$$R-\underset{\underset{NH_3^+}{|}}{CH}-COOH \xrightleftharpoons[H^+]{OH^-} R-\underset{\underset{NH_3^+}{|}}{CH}-COO^- \xrightleftharpoons[H^+]{OH^-} R-\underset{\underset{NH_2}{|}}{CH}-COO^-$$

　　pH<pI　　　　　　　　　　pH=pI　　　　　　　　　　pH>pI

通过改变溶液的pH可使氨基酸分子的解离状态发生改变。在某一pH条件下，使氨基酸解离成阳离子和阴离子的数量相等，分子呈电中性，即形成了兼性离子，此时溶液的pH称为该氨基酸的等电点（isoelectric point，pI）。氨基酸在等电点时溶解度最小，沉淀最多。

2. 氨基的反应

（1）酰化　氨基可与酰化试剂，如酰氯或酸酐在碱性溶液中反应，生成酰胺。该反应在多肽合成中可用于保护氨基。

（2）与亚硝酸作用　氨基酸在室温下与亚硝酸反应，脱氨，生成羟基羧酸和氮气。因为伯胺都有这个反应，所以赖氨酸的侧链氨基也能反应，但速度较慢。

$$R-\underset{NH_2}{CH}-COOH + HNO_2 \longrightarrow R-\underset{OH}{CH}-COOH + H_2O + N_2\uparrow$$

在标准条件下测定生成的氮气的体积，即可计算出氨基酸的量。这是范斯来克法测定氨基氮的基础。常用于蛋白质的化学修饰、水解程度测定及氨基酸的定量。

（3）与醛反应　氨基酸的 α-氨基能与醛类物质反应，生成西佛碱。西佛碱是氨基酸作为底物的某些酶促反应的中间物。赖氨酸的侧链氨基也能反应。

$$\underset{H}{\overset{R'}{C}}=O + H_2N-\underset{R}{\overset{COOH}{CH}} \xrightleftharpoons[+H_2O]{-H_2O} \underset{H}{\overset{R'}{C}}=N-\underset{R}{\overset{COOH}{CH}}$$

醛　　　　氨基酸　　　　　　　西佛碱

氨基还可以与甲醛反应，生成羟甲基化合物。由于氨基酸在溶液中以兼性离子形式存在，所以不能用酸碱滴定测定含量。与甲醛反应后，氨基酸不再是兼性离子，其滴定终点可用一般的酸碱指示剂指示，因而可以滴定，这称甲醛滴定法，可用于测定氨基酸。

（4）与 DNFB 反应　氨基酸与 2,4-二硝基氟苯（DNFB）在弱碱性溶液中作用生成二硝基苯基氨基酸（DNP 氨基酸）。这一反应是定量转变的，产物黄色，可经受酸性 100℃高温。该反应曾被英国的 Sanger 用来测定胰岛素的氨基酸顺序，也称桑格尔试剂，现在应用于蛋白质 N-末端测定。

3. 羧基的反应

羧基可与碱作用生成盐,其中重金属盐不溶于水。羧基可与醇生成酯,此反应常用于多肽合成中的羧基保护。某些酯有活化作用,可增加羧基活性,如对硝基苯酯。将氨基保护以后,可与二氯亚砜或五氯化磷作用生成酰氯,在多肽合成中用于活化羧基。在脱羧酶的催化下,可脱去羧基,形成伯胺。

4. 茚三酮反应

氨基酸与茚三酮在微酸性溶液中加热,最后生成蓝色物质。而脯氨酸生成黄色化合物。根据这个反应可通过二氧化碳测定氨基酸含量。

$$\text{茚三酮} + \text{氨基酸} \longrightarrow \text{蓝紫色物质} + RCHO + CO_2\uparrow + H_2O$$

5. 侧链的反应

半胱氨酸侧链巯基反应性高。

(1) 氧化生成二硫键(disulfide bond)　半胱氨酸在碱性溶液中容易被氧化形成二硫键,生成胱氨酸。氧化剂过甲酸可以定量地拆开二硫键,生成相应的磺酸。还原剂如巯基乙醇、巯基乙酸也能拆开二硫键,生成相应的巯基化合物。

$$2R\text{—}SH + 1/2O_2 \longrightarrow R\text{—}S\text{—}S\text{—}R + H_2O$$

(2) 与重金属反应　极微量的某些重金属离子,如 Ag^+、Hg^{2+},就能与巯基反应,生成硫醇盐,导致含巯基的酶失活。

6. 常用于氨基酸检验的反应

酪氨酸、组氨酸能与重氮化合物反应(Pauly 反应),可用于定性、定量测定。组氨酸生成棕红色的化合物,酪氨酸为橘黄色。

精氨酸在氢氧化钠溶液中与 1-萘酚和次溴酸钠反应,生成深红色,称为坂口反应,用于胍基的鉴定。

酪氨酸与硝酸、亚硝酸、硝酸汞和亚硝酸汞反应,生成白色沉淀,加热后变红,称为米伦反应,是鉴定酚基的特性反应。

色氨酸中加入乙醛酸后再缓慢加入浓硫酸,在界面会出现紫色环,用于鉴定吲哚基。

在蛋白质中,有些侧链基团被包裹在蛋白质内部,因而反应很慢至不反应。

第三节 肽

一、肽键与肽

一个氨基酸的羧基与另一个氨基酸的氨基缩水形成的共价键,称为肽键。在蛋白质分子中,氨基酸借肽键连接起来,形成肽链。如图5-1所示。

最简单的肽由两个氨基酸组成,称为二肽。肽链中的氨基酸由于形成肽键时脱水,已不是完整的氨基酸,所以称为残基。肽的命名是根据组成肽的氨基酸残基来确定的。一般从肽的氨基端开始,称为某氨基酰某氨基酰…某氨基酸。肽的书写也是从氨基端开始。

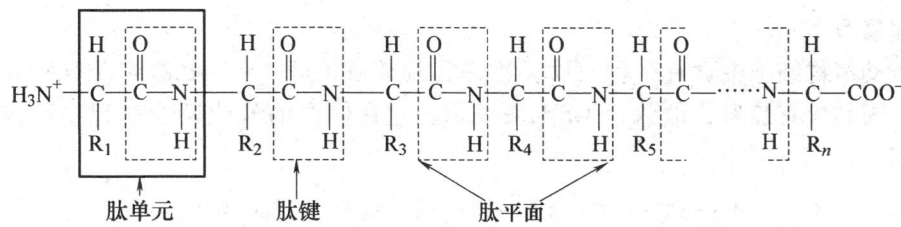

图5-1 肽单元与肽键

肽键像酰胺键一样,由于键内原子处于共振状态而表现出较高的稳定性。在肽键中 C—N 单键具有约 40% 双键性质,而 C=O 双键具有 40% 单键性质。这样就产生两个重要结果:①肽键的亚氨基在 pH 0~14 的范围内没有明显的解离和质子化的倾向;②肽键中的 C—N 单键不能自由旋转,使蛋白质能折叠成各种三维构象。如图5-2所示。

用于描述两个肽平面间位置关系的参数为 ϕ 及 ψ,ϕ 描述的是 C_α—N 间的二面角,ψ 描述的是 C_α—C 间的二面角。

二、生物活性肽

除了蛋白质部分水解可以产生长短不一的各种肽段之外,生物体内还有很多活性肽游离存在,它们具有各种特殊的生物学功能。已知很多激素属于肽类物质,如催产素、加压素和舒缓激素等。

有些抗生素也属于肽类或肽的衍生物,例如:短杆菌肽 S、多黏菌素 E 和放

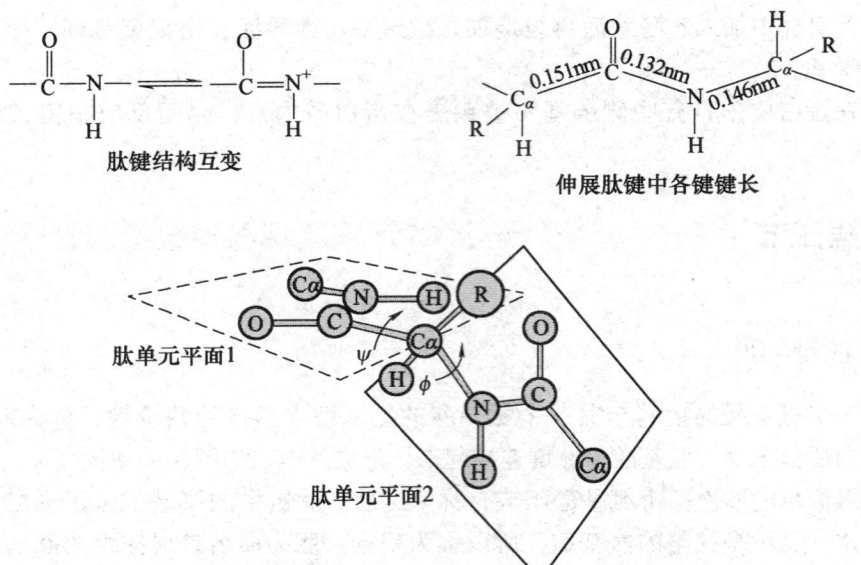

图 5-2 肽键与肽单元平面

线菌素 D 等。

动植物细胞中含有一种三肽,称为谷胱甘肽,即 δ-谷氨酰半胱氨酰甘氨酸。因其含有巯基,故常以 GSH 来表示。它在体内的氧化还原过程中起重要作用。

```
CO—NH—CH—CO—NH—CH₂—COOH        γGlu—Cys—Gly
γCH₂           CH₂                        |
βCH₂           SH                         S
αCHNH₂                                    |
COOH                                      S
                                          |
                                  γGlu—Cys—Gly
    还原型谷胱甘肽(GSH)              氧化型谷胱甘肽(GSSG)
```

脑啡肽是天然止痛剂。肌肉中的鹅肌肽是一个二肽,即 β-丙氨酰组氨酸。肌肽可作为肌肉中的缓冲剂,缓冲肌肉产生的乳酸对 pH 的影响。一种抗生素称做短杆菌酪肽,由 12 种氨基酸组成,其中有几种是 D-氨基酸。这些天然肽中的非蛋白质氨基酸可以使其免遭蛋白酶水解。

乳肽主要由动物乳中酪蛋白与乳清蛋白酶解制得,比原蛋白更易溶解于水和被人体消化吸收,且耐酸、耐热、渗透压低,是活性肽中需求量最大、应用最广的保健食品素材。

大豆肽由大豆蛋白酶解制得,具有低抗原性、抑制胆固醇、促进脂质代谢及发酵等功能,用于食品能快速补充蛋白质源,消除疲劳以及作为双歧杆菌增殖因子。

第四节
蛋白质的结构

蛋白质是生物大分子,具有明显的结构层次性,由低层到高层可分为一级结构、二级结构、三级结构和四级结构。如图 5 - 3 所示。

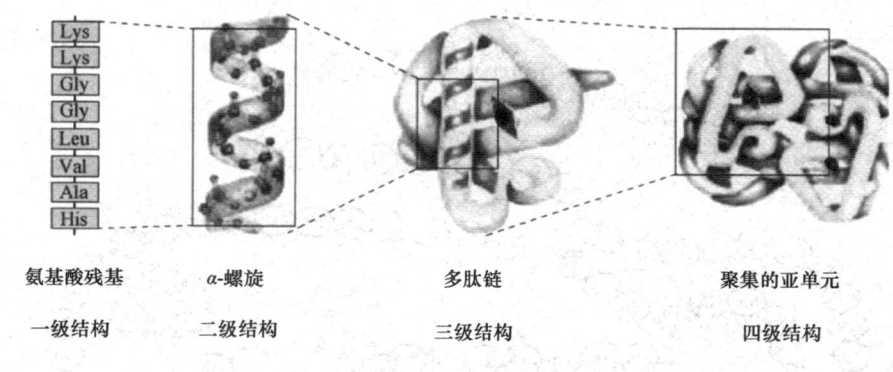

氨基酸残基　　　α-螺旋　　　　　多肽链　　　　聚集的亚单元
一级结构　　　　二级结构　　　　三级结构　　　　四级结构

图 5 - 3　蛋白质的结构

一、蛋白质的一级结构

蛋白质的一级结构是指肽链的氨基酸组成及其排列顺序。氨基酸序列是蛋白质分子结构的基础,它决定蛋白质的高级结构。一级结构可用氨基酸的三字母符号或单字母符号表示,从 N—末端向 C—末端书写。采用三字母符号时,氨基酸之间用连字符(-)隔开。

蛋白质一级结构研究的内容包括蛋白质的氨基酸组成、氨基酸的排列顺序和二硫键的位置、肽键数目、末端氨基酸的种类等。

胰岛素是一级结构首先被揭示的蛋白质。它的主要功能是促进糖原的生成和加速葡萄糖的氧化,并促使葡萄糖进入肌肉及脂肪细胞,因此胰岛素可降低体内的血糖含量。胰岛素不足时,肝中糖原分解加速,血糖升高并从尿中排出,即导致糖尿病。胰岛素分子是由 51 个氨基酸残基组成的,含有 A 链、B 链,两条链之间通过二硫键连接。如图 5 - 4 所示。

牛胰核糖核酸酶存在于牛胰中,最适 pH 为 7.0 ~ 8.2,十分耐热。目前不但全部搞清了该酶的结构,而且还成功进行了人工合成。牛胰核糖核酸酶由 124 个氨基酸组成,有四对二硫键。牛胰核糖核酸酶通过 4 个二硫键及次级键,肽链盘曲折叠成三级结构,具有活性。如图 5 - 5 所示。

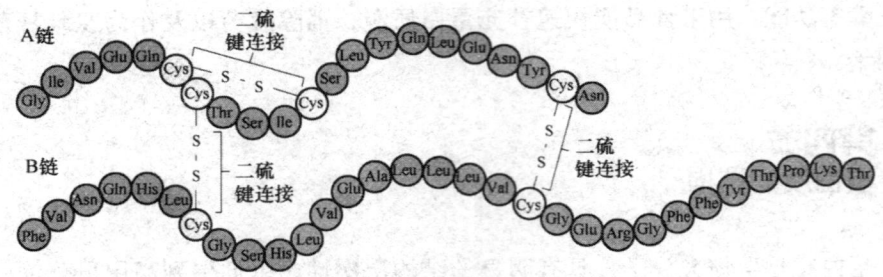

图 5-4 胰岛素结构图

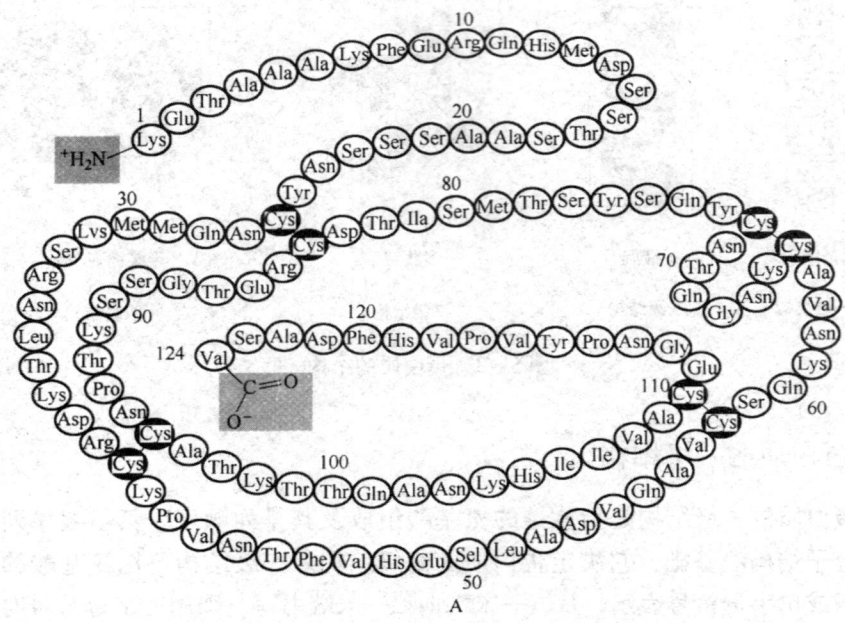

图 5-5 牛胰核糖核酸酶的一级结构

二、蛋白质的二级结构

（一）二级结构是肽链的空间走向

蛋白质的二级结构是指肽链主链的空间走向（折叠和盘绕方式），是有规则重复的构象。肽链主链具有重复结构，其中氨基是氢键供体，羧基是氢键受体。通过形成链内或链间氢键可以使肽链卷曲折叠形成各种二级结构单元。

蛋白的空间结构是一种构象，可以在不破坏共价键情况下发生改变。但是蛋白质中任一氨基酸残基的实际构象自由度是非常有限的，在生理条件下，每种蛋白质似乎只呈现出称为天然构象的单一稳定形状。

(二) 肽链卷曲折叠形成二级结构单元

1. α 螺旋

α 螺旋模型是 Pauling 和 Corey 等研究 α-角蛋白时于 1951 年提出的。主要有以下特征：

(1) α 螺旋模型中，每隔 3.6 个氨基酸残基螺旋上升一圈，相当于向上平移 0.54nm。螺旋的直径是 1.1nm。螺旋上升时，每个氨基酸残基沿轴旋转 100°，向上平移 0.15nm，比完全伸展的构象压缩 2.4 倍。

(2) 在 α 螺旋中氨基酸残基的侧链伸向外侧，相邻的螺圈之间形成链内氢键，氢键的取向几乎与中心轴平行。氢键是由肽键中氮原子上的氢与其 N 端第四个羰基上的氧之间形成的。α 螺旋的结构允许所有的肽键都参与链内氢键的形成，因此相当稳定。

(3) α-螺旋由氢键构成一个封闭环，其中包括四个残基，共 13 个原子，称为 3.6_{13} 螺旋。

(4) α 螺旋是一种不对称的分子结构，具有旋光能力。α 螺旋的比旋不等于其中氨基酸比旋的简单加和，因为它的旋光性是各个氨基酸的不对称因素和构象本身不对称因素的总反映。天然 α 螺旋的不对称因素引起偏振面向右旋转。利用 α 螺旋的旋光性，可以测定它的相对含量。

一条肽链能否形成 α 螺旋，以及螺旋的稳定性怎样，与其一级结构有极大关系。脯氨酸由于其亚氨基少一个氢原子，无法形成氢键，而且 C_α - N 键不能旋转，所以是 α 螺旋的破坏者，肽链中出现脯氨酸就中断 α 螺旋，形成一个"结节"。此外，侧链带电荷及侧链基团过大的氨基酸不易形成 α 螺旋，甘氨酸由于侧链太小，构象不稳定，也是 α 螺旋的破坏者。

2. β-折叠

β-折叠也称 β-片层（见图 5-6），在蚕丝丝心蛋白中含量丰富。在此结构中，肽链较为伸展，若干条肽链或一条肽链的若干肽段平行排列，相邻主链骨架之间靠氢键维系。氢键与链的长轴接近垂直。为形成最多的氢键，避免相邻侧链间的空间障碍，锯齿状的主链骨架必须作一定的折叠，以形成一个折叠的片层。侧链交替位于片层的上方和下方，与片层垂直。

β 折叠有两种类型，一种是平行式，即所有肽链的氨基端在同一端；另一种是反平行式，所有肽链的氨基端按正反方向交替排列。从能量上看，反平行式更为稳定。反平行式的重复距离是 0.7nm（两个残基），平行式是 0.65nm。

3. β 转角

β 转角使肽链形成约 180°的回转，第一个氨基酸的羰基与第四个氨基酸的氨基形成氢键。这种结构在球状蛋白中广泛存在，可占全部残基的 1/4（见图

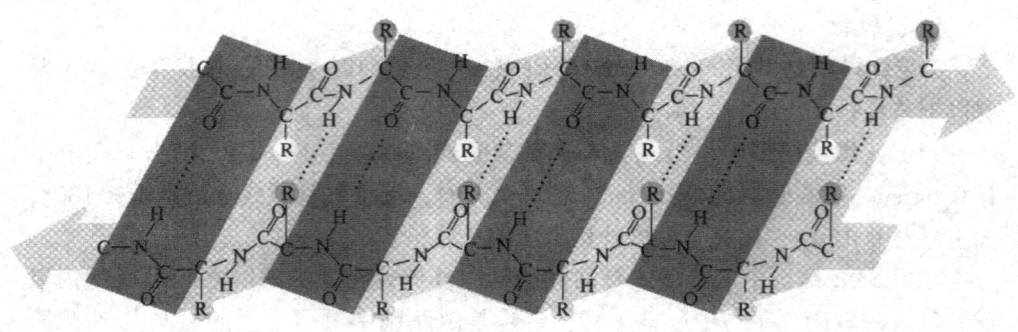

(1) 俯视图

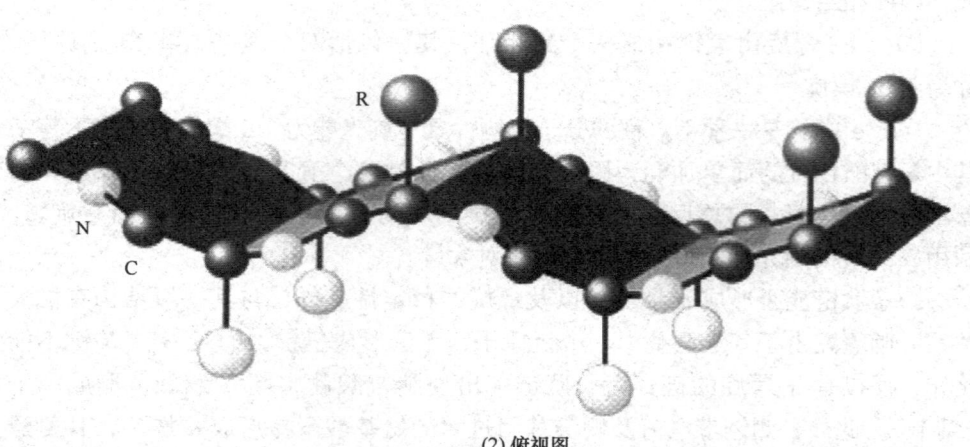

(2) 俯视图

图 5-6 β折叠

5-7)。

4. 无规卷曲

无规卷曲指没有一定规律的松散肽链结构。此结构看来杂乱无章，但对一种特定蛋白又是确定的，而不是随意的。在球状蛋白中含有大量无规卷曲，倾向于产生球状构象。这种结构有高度的特异性，与生物活性密切相关，对外界的理化因子极为敏感。

（三）超二级结构

相邻的二级结构单元可组合在一起，相互作用，形成有规则、在空间上能辨认的二级结构组合体，充当三级结构的构件，称为超二级结构。常见的有三种，如图 5-8 所示。

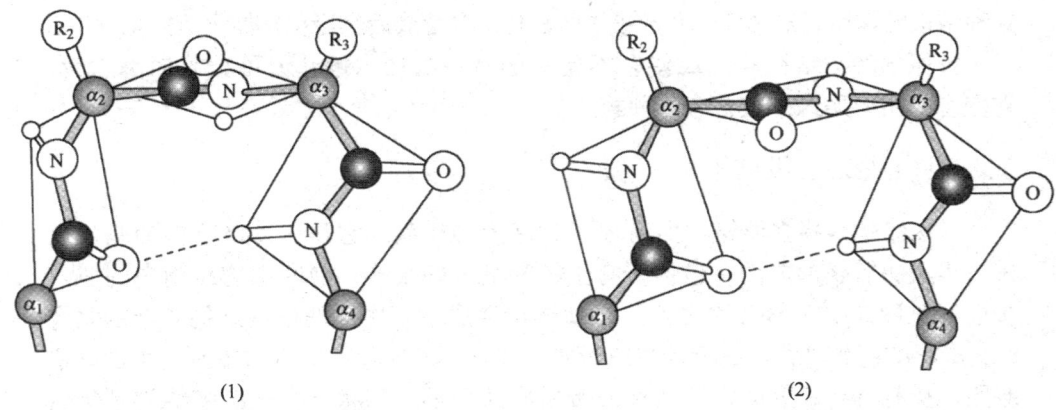

图 5-7 β转角

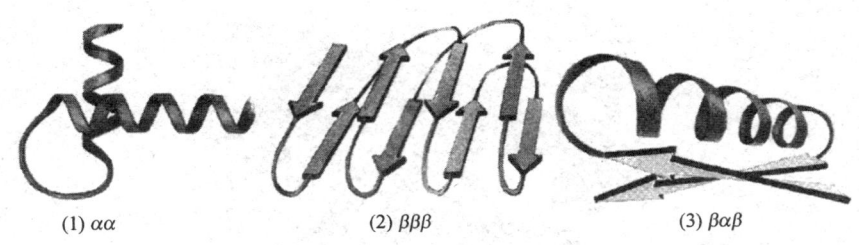

(1) αα (2) βββ (3) βαβ

图 5-8 蛋白质超二级结构

αα：由两股或三股右手α螺旋彼此缠绕形成的左手超螺旋，重复距离约为140Å。由于超螺旋，与独立的α螺旋略有偏差。

βββ：由一级结构上连续的反平行β折叠通过紧凑的β转角连接而成。包括β曲折和回形拓扑。

βαβ：β折叠之间由α螺旋或无规卷曲连接。

（四）二级结构的蛋白质

1. 角蛋白

角蛋白是动物的不溶性纤维状蛋白，是由动物的表皮衍生而来的。α角蛋白中胱氨酸含量丰富，如角、甲、蹄的蛋白胱氨酸含量高达22%；α角蛋白暴露于湿热环境中几乎可以伸长一倍，冷却干燥后又收缩到原来长度。

2. 胶原

胶原是动物体内含量最丰富的结构蛋白，构成皮肤、骨骼、软骨、肌腱、牙齿的主要纤维成分。胶原共有4种，结构相似，都由原胶原构成。其一级结构中甘氨酸占1/3，脯氨酸、羟脯氨酸和羟赖氨酸含量也较高。原胶原是一个三股的螺旋杆，是由三股特殊的左手螺旋构成的右手超螺旋。这种螺旋的形成是由大量的脯氨酸和甘氨酸造成的。羟脯氨酸和羟赖氨酸的羟基也参与形成氢键，起着稳定这种结构的作用。羟脯氨酸和羟赖氨酸都是蛋白合成后经羟化酶催化而羟化的。

胶原的特殊结构和组成使它不受一般蛋白酶的水解，但可被胶原酶水解。在变态的蝌蚪尾鳍中就含有这种酶。

三、蛋白质的三级结构

三级结构是指多肽链中所有原子和基团的构象。它是在二级结构的基础上进一步盘曲折叠形成的，包括所有主链和侧链的结构。哺乳动物肌肉中的肌红蛋白（见图5-9）整个分子由一条肽链盘绕成一个中空的球状结构，全链共有8段α螺旋，各段之间以无规卷曲相连。在α螺旋肽段间的空穴中有一个血红素基团。所有具有高度生物学活性的蛋白质几乎都是球状蛋白。三级结构是蛋白质发挥生物活性所必需的。

图5-9 肌红蛋白

在三级结构中，多肽链的盘曲折叠是由分子中各氨基酸残基的侧链相互作用来维持的。二硫键是维持三级结构唯一的一种共价键，能把肽链的不同区段牢固地连接在一起，而疏水性较强的氨基酸则借疏水力和范德华力聚集成紧密的疏水核，极性的残基以氢键和盐键相结合。在水溶性蛋白中，极性基团分布在外侧，与水形成氢键，使蛋白溶于水。这些非共价键虽然较微弱，但数目庞大，因此仍然是维持三级结构的主要力量。

较大蛋白的三级结构往往由几个相对独立的三维实体构成，这些三维实体称为结构域。结构域是在三级结构与超二级结构之间的一个组织层次。一条长的多肽链，可先折叠成几个相对独立的结构域，再缔合成三级结构。这在动力学上比直接折叠更为合理。结构域在功能上也有其意义。结构域常有相对独立的生理功能，各结构域之间常常只有一段肽链相连，称为铰链区。铰链区柔性较强，使结构域之间容易发生相对运动。

四、蛋白质的四级结构

由两条或两条以上肽链通过非共价键构成的蛋白质称为寡聚蛋白。其中每一条多肽链称为亚基，每个亚基都有自己的一、二、三级结构。亚基单独存在时无生物活性，只有相互聚合成特定构象时才具有完整的生物活性。四级结构就是各个亚基在寡聚蛋白的天然构象中空间上的排列方式。胰岛素可形成二、六聚体，但不是其功能单位，所以不是寡聚蛋白。判断标准是将发挥生物功能的最小单位作为一个分子。

研究的最为透彻的寡聚蛋白是血红蛋白。它由 4 个亚基构成一个四面体构型，每个亚基的三级结构都与肌红蛋白相似，但一级结构相差较大（图 5-10）。成人主要是 HbA，由两个 α 亚基和两个 β 亚基构成，两个 β 亚基之间有一个 DPG（二磷酸甘油酸），它与 β 亚基形成 6 个盐键，对血红蛋白的四级结构起着稳定的作用。因为其结构稳定，所以不易与氧结合。当一个亚基与氧结合后，会引起四级结构的变化，使其它亚基对氧的亲和力增加，结合加快。反之，一个亚基与氧分离后，其它亚基也易于解离。

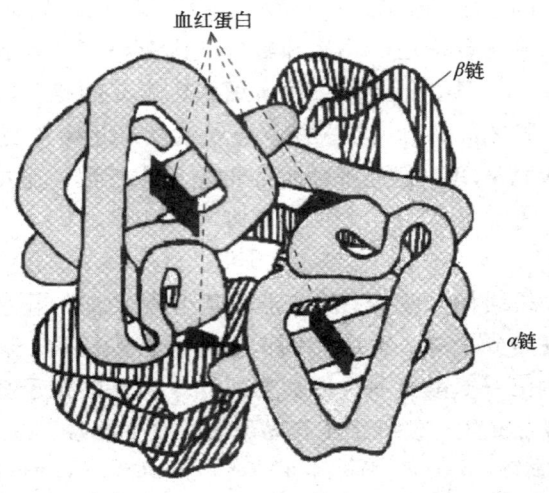

图 5-10 血红蛋白的结构

第五节
蛋白质结构与功能的关系

蛋白质多种多样的生物功能是以其化学组成和极其复杂的结构为基础的。

这不仅需要一定的结构，还需要一定的空间构象。蛋白质的空间构象取决于其一级结构和周围环境，因此研究一级结构与功能的关系是十分重要的。

一、一级结构与功能的关系

（一）种属差异

对不同机体中表现同一功能的蛋白质的一级结构进行详细比较，发现种属差异十分明显。例如比较各种哺乳动物、鸟类和鱼类等胰岛素的一级结构，发现它们都是由 51 个氨基酸组成的，其排列顺序大体相同但有细微差别。不同种属的胰岛素其差异在 A 链小环的 8、9、10 和 B 链 30 位氨基酸残基。说明这四个氨基酸残基对生物活性并不起决定作用。起决定作用的是其一级结构中不变的部分。有 24 个氨基酸始终不变，为不同种属所共有。如两条链中的 6 个半胱氨酸残基的位置始终不变，说明不同种属的胰岛素分子中 AB 链之间有共同的连接方式，三对二硫键对维持高级结构起着重要作用。其它一些不变的残基绝大多数是非极性氨基酸，对高级结构起着稳定作用。

对不同种属的细胞色素 c 的研究同样指出具有同种功能的蛋白质在结构上的相似性。细胞色素 c 广泛存在于需氧生物细胞的线粒体中，是一种含血红素辅基的单链蛋白，由 124 个残基构成，在生物氧化反应中起重要作用。对 100 个种属的细胞色素 c 的一级结构进行了分析，发现亲缘关系越近，其结构越相似。人与黑猩猩、猴、狗、金枪鱼、飞蛾和酵母的细胞色素 c 比较，其不同的氨基酸残基数依次为 0、1、10、21、31、44。细胞色素 c 的氨基酸顺序分析资料已经用来核对各个物种之间的分类学关系，以及绘制进化树（见图 5 – 11）。根据进化树不仅可以研究从单细胞到多细胞的生物进化过程，还可以粗略估计各种生物的分化时间。

（二）分子病

蛋白质分子一级结构的改变有可能引起其生物功能的显著变化，甚至引起疾病，这种现象称为分子病。突出的例子是镰刀型贫血病，这种病是由于病人血红蛋白 β 链第六位谷氨酸突变为缬氨酸，这个氨基酸位于分子表面，在缺氧时引起血红蛋白线性凝集，使红细胞容易破裂，发生溶血。

    HbA β 肽链 N – Val – His – Leu – Thr – Pro – Glu – Glu……C (146)
    HbS β 肽链 N – Val – His – Leu – Thr – Pro – Val – Glu……C (146)

用氰化钾处理突变的血红蛋白（HbS），使其 N 端缬氨酸的 α 氨基酰胺化，可缓解病情。因为这样可去掉一个正电荷，与和二氧化碳结合的血红蛋白相似，不会凝聚。现在正寻找低毒试剂用以治疗。

（三）一级结构的断裂

一级结构的断裂可引起蛋白质活性的巨大变化，如酶原的激活和凝血过程等。凝血是一个十分复杂的过程。首先是凝血因子 XII 被血管内皮损伤处带较多

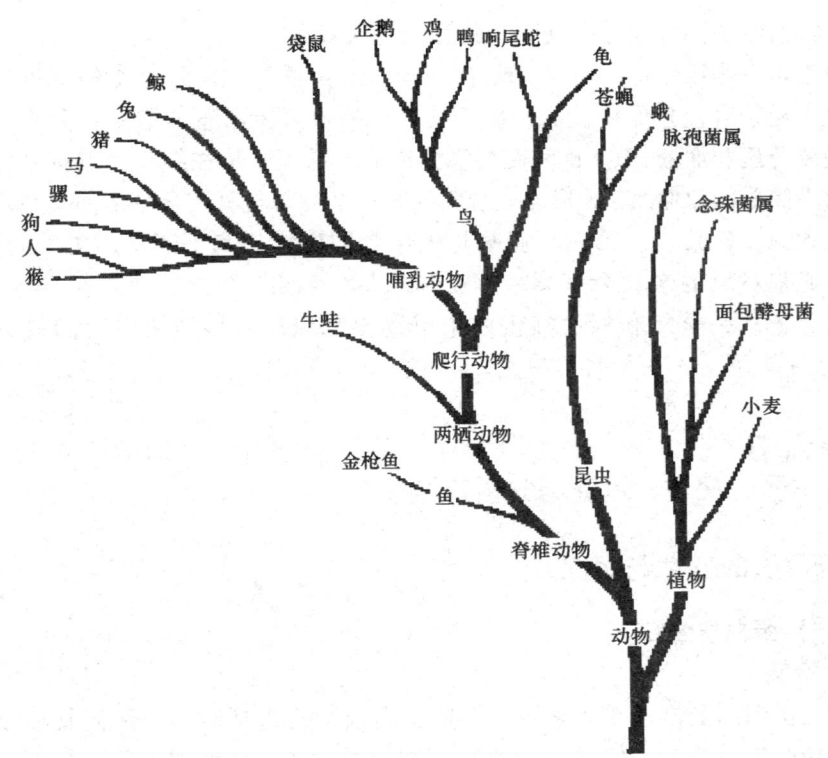

图 5-11 从细胞色素 c 的一级结构看生物进化
物种进化过程中越接近的生物，它们的细胞色素 c 一级结构越近似

负电荷的胶原激活，然后通过一系列连续反应，激活凝血酶原，产生有活性的凝血酶。凝血酶从纤维蛋白中切除 4 个酸性肽段，减少分子中的负电荷，使其变成不溶性的纤维蛋白，纤维蛋白再彼此聚合成网状结构，最后形成血凝块，堵塞血管的破裂部位。

二、空间构象与功能的关系

蛋白质的功能多样性常与其空间结构的复杂性密切相关。蛋白质的构象是其生物活性的基础，构象发生变化，其功能活性也随之改变。如核糖核酸酶，当其变性时，由于空间构象遭到破坏，催化活性丧失；当其复性后，构象恢复原状，活性也就恢复。在生物体内，某些蛋白质还可在一些因素的触发下，发生构象变化，从而调节其功能活性，例如酶原的激活，蛋白质的变构效应，以及某些蛋白类激素前体的活化等。

有些小分子物质（配基）可专一地与蛋白质可逆结合，使蛋白质的结构和功能发生变化，这种现象称为变构现象。变构现象与蛋白质的生理功能有密切联系，如血红蛋白在运输氧气时，就有变构现象发生。

血红蛋白是四聚体，每个亚基含一个血红素辅基。血红素中的二价铁原子能与氧可逆结合，并保持铁的价数不变。影响血红蛋白氧的饱和百分数的主要因素是氧分压和血液 pH。饱和度与氧分压的关系呈 S 形曲线，而单亚基的肌红蛋白则为简单的双曲线。S 形曲线说明，第一个亚基与氧结合后增加其余亚基对氧的亲和力，而第二、第三个亚基与氧结合同样增加剩下亚基对氧的亲和力，第四个亚基对氧的亲和力是第一个亚基的 300 多倍。反之，当氧分压降低时，一个氧分子从完全氧和的血红蛋白中解离出来以后，将加快以后的氧分子的释放。

第六节
蛋白质的变性、沉淀与分析方法

一、蛋白质的变性与沉淀

（一）蛋白质变性

1. 定义

天然蛋白因受物理或化学因素影响，高级结构遭到破坏，致使其理化性质和生物功能发生改变，但并不导致一级结构的改变，这种现象称为变性，变性后的蛋白称为变性蛋白。二硫键的改变引起的失活可看作变性。

能使蛋白变性的因素很多，如强酸、强碱、重金属盐、尿素、胍、去污剂、三氯乙酸、有机溶剂、高温、射线、超声波、剧烈振荡或搅拌等。但不同蛋白对各种因素的敏感性不同。

2. 表现

蛋白质变性后分子性质改变，黏度升高，溶解度降低，结晶能力丧失，旋光度和红外、紫外光谱均发生变化。变性蛋白易被水解，即消化率上升。同时包埋在分子内部的可反应基团暴露出来，反应性增加。蛋白质变性后失去生物活性，抗原性也发生改变。这些变化的原因主要是高级结构的改变。氢键等次级键被破坏，肽链松散，变为无规卷曲。由于其一级结构不变，所以如果变性条件不是过于剧烈，在适当条件下还可以恢复功能。如胃蛋白酶加热至 80～90℃时，失去活性，降温至 37℃，又可恢复活力，称为复性。但随着变性时间的增加，条件加剧，变性程度也加深，就达到不可逆的变性。

（二）蛋白质沉淀

蛋白质分子相互聚集而从溶液中析出的现象称为沉淀。变性后的蛋白质由于疏水基团的暴露而易于沉淀，但沉淀的蛋白质不一定都是变性后的蛋白质。利用蛋白质沉淀的性质可以对蛋白质进行分离纯化。

1. 盐析

在蛋白质溶液中加入大量的中性盐以破坏蛋白质的胶体稳定性而使其析出，这种方法称为盐析。常用的中性盐有硫酸铵、硫酸钠、氯化钠等。各种蛋白质盐析时所需的盐浓度及 pH 不同，故可用于对混和蛋白质组分的分离。

例如用半饱和的硫酸铵来沉淀血清中的球蛋白，饱和硫酸铵可以使血清中的清蛋白、球蛋白都沉淀出来，盐析沉淀的蛋白质经透析除盐，仍保证蛋白质的活性。调节蛋白质溶液的 pH 至等电点后，再用盐析法则蛋白质沉淀的效果更好。

2. 重金属盐沉淀蛋白质

蛋白质可以与重金属离子如汞、铅、铜、银等结合成盐沉淀，沉淀的条件以 pH 稍大于等电点为宜。因为此时蛋白质分子有较多的负离子易与重金属离子结合成盐。重金属沉淀的蛋白质常是变性的，但若在低温条件下，并控制重金属离子浓度，也可用于分离制备不变性的蛋白质。

临床上利用蛋白质能与重金属盐结合的这种性质，抢救误服重金属盐中毒的病人，给病人口服大量蛋白质（如牛乳），然后用催吐剂将结合的重金属盐呕吐出来解毒。

3. 生物碱试剂以及某些酸类沉淀蛋白质

蛋白质可与生物碱试剂（如苦味酸、钨酸、鞣酸）以及某些酸（如三氯醋酸、过氯酸、硝酸）加合成不溶性的复合物而沉淀，沉淀的条件应当是 pH 小于等电点，这样蛋白质带正电荷，易于与酸根负离子结合并反应。

临床血液化学分析时常利用此原理除去血液中的蛋白质，此类沉淀反应也可用于检验尿中蛋白质。

4. 有机溶剂沉淀蛋白质

可与水混合的有机溶剂，如乙醇、甲醇、丙酮等，对水的亲和力很大，它们的介电常数比水低，能使大多数球状蛋白质在水溶液中的溶解度降低，另外它们能破坏蛋白质颗粒的水化膜，使蛋白质沉淀，在等电点时效果更佳。在常温下，有机溶剂沉淀蛋白质往往引起变性。例如用酒精消毒灭菌，但若在低温条件下，则变性进行较缓慢，可用于分离制备各种蛋白质。

二、蛋白质的分离及相对分子质量的测定

1. 凝胶过滤法

由于不同排阻范围的葡聚糖凝胶各有特定的蛋白质相对分子质量范围，在此范围内，相对分子质量的对数和洗脱体积之间成线性关系。因此，用几种已知相对分子质量的蛋白质为标准品进行层析分析，以每种蛋白质的洗脱体积对它们的相对分子质量的对数作图，绘制出标准洗脱曲线。未知蛋白质在同样的

条件下进行层析分析,根据其所用的洗脱体积,从标准洗脱曲线上可求出此未知蛋白质对应的相对分子质量来。

2. SDS-聚丙烯酰胺凝胶电泳法测定相对分子质量

蛋白质在普通聚丙烯酰胺凝胶中的电泳速度取决于蛋白质分子大小、所带电荷的量以及分子形状。而 SDS-聚丙烯酰胺凝胶电泳与此不同的是在样品及电泳缓冲液中加入了十二烷基硫酸钠(SDS)。SDS 是一种阴离子去污剂,可使蛋白质变性并解离成亚基。当蛋白质样品中加入 SDS(一般加入量为 0.1%)后,SDS 与蛋白质分子结合,使蛋白质分子带上大量的负电荷,这些电荷量远远超过蛋白质分子原来所带的电荷量,因而掩盖了不同蛋白质之间的电荷差异。所有结合 SDS 的蛋白质 - SDS 复合物的形状近似于长的棒,它们的短轴是恒定的,而长轴与蛋白质相对分子质量的大小成正比。这样,消除了蛋白质之间原有的电荷和形状的差异,电泳的速度只取决于蛋白质相对分子质量的大小。

3. 沉降法

沉降法又称超速离心法。蛋白质溶液在受到强大的离心力作用时,蛋白质分子趋于下沉,沉降速度与蛋白质分子的大小、密度和分子形状有关,也与溶剂的密度和黏度有关。蛋白质颗粒在离心场中的沉降速度用每单位时间内颗粒下沉的距离来表示。

在离心场中,蛋白质分子所受到的净离心力(离心力减去浮力)与溶剂的摩擦力平衡时,每单位离心场强度的沉降速度称为沉降系数。国际上采用 Svedberg 单位作为沉降系数的单位,用 S 表示,以纪念超速离心法的创始人,瑞典著名的蛋白质化学家 T. Svedberg。一个 Svedberg 单位(或直接称一个 S)为 1×10^{-13} s。蛋白质的沉降系数大约在 $1 \times 10^{-13} \sim 200 \times 10^{-13}$ s,即 1~200S。

第七节
蛋白质在食品加工中的性质及功能

一、蛋白质的水化性和持水性

蛋白质的水化、持水性都是与蛋白质水化性质相关的功能特性,涉及蛋白质与水相互作用。

（一）水化性

大多数的食品是蛋白质水化的固态体系,蛋白质中水的存在及存在方式直接影响着食物的质构和口感。干燥的蛋白质原料并不能直接用来烹调,需先将其水化后使用。干燥蛋白质遇水逐步水化,在其不同的水化阶段,表现出不同的功能特性。

1. 蛋白质的水化过程

①水分子通过与蛋白质的极性部位结合而被吸附；②多层水分子的吸附；③液态水凝聚；④溶胀后的不溶性粒子或块；⑤蛋白质粒子分散在介质中形成溶胶。

从蛋白质水化的过程可以看出，蛋白质的水吸收、溶胀、润湿性、持水能力、黏着性与水化过程的前四步相关，而蛋白质的溶解度、速溶性、黏度还与蛋白质水化的第五步有关。蛋白质的最终存在状态，与蛋白质之间是否存在较强的相互作用有关。如果蛋白质间存在较强的相互作用，蛋白质分子间有较多的相互交联，这样的蛋白质水化后，往往以不溶性的充分溶胀的固态蛋白质块存在，如水发后的海参、鱿鱼、大豆蛋白肉等。

2. 影响蛋白质水化的因素

（1）结构　结构是指蛋白质自身的状况，如蛋白质形状、表面积大小、蛋白质粒子表面极性基团数目及蛋白质粒子的微观结构是否多孔等。蛋白质比表面积大、表面极性基团数目多、多孔结构都有利于蛋白质的水化。

（2）浓度　烹饪原料中含有的蛋白质的浓度越大，吸收水的能力就越强。

（3）pH　蛋白质的环境因素会影响蛋白质的水化程度。蛋白质所处的pH会影响蛋白质分子的离子化作用和所带净电荷数目，从而改变蛋白质分子间作用力及与水结合的能力。当烹饪原料的pH处于其等电点时，蛋白质与蛋白质之间的相互吸引作用最大，蛋白质的水化及肿胀最低，就不利于蛋白质结合水的能力的发挥和干燥蛋白质的膨润。如动物屠宰后肌肉的pH会随肌肉的无氧糖酵解而降低到其等电点，这时的动物肌肉发生尸僵，造成肌肉持水力显著降低，肉质变得僵硬，使烹饪菜肴的质量大大降低。

（4）温度　温度对蛋白质的水化作用也有影响。一方面温度升高会导致氢键数量减少，造成蛋白质结合水的数量下降，并且加热使蛋白质产生变性和凝聚作用，导致蛋白质比表面积减少，使蛋白质的结合水的能力降低；另一方面加热也会使那些原来结合较紧密的蛋白质分子发生离解和开链，导致原先埋藏在蛋白质内部的极性基团暴露出来，这样也会使蛋白质结合水的能力提高。究竟哪种行为占优势，还取决于加热的温度和加热的时间。对蛋白质适度的加热，往往不会损害蛋白质的水化能力；而高温较长时间的加热会损害蛋白质的水化能力。

（5）离子强度　离子强度对蛋白质的水吸收、溶胀及在溶液中的溶解度有显著的影响。低浓度的盐往往增加蛋白质的水化程度，即发生所谓蛋白质的盐溶，而在高浓度的盐中，由于盐与水的相互作用大于蛋白质与水的相互作用，使蛋白质发生脱水，即发生盐析。

（二）持水性

蛋白质的持水性是指水化了的蛋白质胶体牢固束缚住水不丢失的能力。

蛋白质保留水的能力与许多食品的质量,特别是肉类菜肴的质量有重要关系。烹饪过程中肌肉蛋白质持水性越好,意味着肌肉中水的含量较高,制作出的菜肴口感鲜嫩、不柴、易咀嚼。

提高持水能力的方法:除了避免使用老龄的动物肌肉外,还要注意使肌肉蛋白质处于最佳的水化状态。比较有实际意义的操作方法是:①尽量使肌肉远离其等电点,如用经过排酸的肌肉进行烹饪,这时肌肉的pH较高;②使用食盐调节肌肉蛋白质的离子强度,使肌肉蛋白质充分水化;③在烹饪过程中还要避免蛋白质受热过度变性导致水的流失,要做到这一点,可以在肌肉的表面裹上一层保护性物质,如淀粉糊和蛋清或采用在较低油温中滑熟的烹饪方法来处理。

二、蛋白质的膨润、乳化性、发泡性

(一) 膨润

蛋白质的膨润是指蛋白质吸水后不溶解,在保持水分的同时赋予制品以强度和黏度的一种重要功能特性。烹饪加工中有大量的蛋白质膨润的实例,如以干凝胶形式保存的干明胶、鱿鱼、海参、蹄筋、鱼唇烹调前的发制等。

1. 蛋白质干凝胶的膨润过程

通常要经历蛋白质水化过程的前4个阶段。

(1) 吸水   1、2阶段蛋白质吸收的水量有限,大约每克干物质吸水$0.2 \sim 0.3g$,所以这个阶段蛋白质干凝胶的体积不会发生大的变化,这部分水是依靠原料中的亲水基团如—NH_2、—COOH、—OH、—SH、—C=O等吸附的结合水。特点:吸水量有限、体积变化不大、结合水。

(2) 渗透   3、4阶段吸附的水是通过渗透作用进入凝胶内部的水,这些水被凝胶中的细胞物理截留,这部分水是体相水。由于吸附了大量的水,膨润后的凝胶体积膨大。特点:通过渗透大量水进入凝胶内部、体积增大、体相水。

膨化度:干凝胶的膨润程度可以用膨化度表示。膨化度是指1g干凝胶膨润时吸进的液态的质量。

$$膨化度 = \frac{膨润后样品质量 - 膨润前样品质量}{膨润前样品质量}$$

2. 影响膨润的因素

(1) 凝胶干制过程——蛋白质的变性程度有关   干凝胶发制时的膨化度越大,出品率越高。干蛋白质凝胶的膨润与凝胶干制过程中蛋白质的变性程度有关。在干制脱水过程中,蛋白质变性程度越低,发制时的膨润速度越快,复水性越好,更接近新鲜时的状态。真空冷冻干燥得到的干制品对蛋白质的变性作用最低,所以,复水后的产品质量最好。

(2) 介质的pH——碱发   膨润过程中的pH对干制品的膨润及膨化度的影响也非常大。蛋白质在远离其等电点的情况下水化作用较大,所以,许多烹饪原料可采用碱法发制。碱发的干货原料主要有鱿鱼、海参、鲍鱼等。由于碱与蛋白质作用容易产生有毒物质，所以，对碱发的时间及碱的浓度都要进行控制，并在发制完成后充分地漂洗。碱是强的氢键断裂剂，膨润过度会导致制品丧失应有的黏弹性和咀嚼性，因此，碱发过程中的品质控制是非常重要的。

(3) 温度——油发、盐发　还有一些干货原料，用水或碱液浸泡都不易涨发，如蹄筋、鱼肚、肉皮等，这就需要先进行油发或盐发。这是因为，这类蛋白质干凝胶大都是由以蛋白质的二级结构为主的纤维状蛋白如角蛋白、胶原蛋白、弹性蛋白组成的，所以，结构坚硬、不易水化。用热油（120℃左右）及热盐处理，蛋白质受热后部分氢键断裂，水分蒸发使制品膨大多孔，利于蛋白质与水发生相互作用而水化。

(二) 乳化性

1. 乳化性

由蛋白质稳定的食品乳状液体系是很多的，如乳、奶油、冰淇淋、蛋黄酱和肉糜等。由于蛋白质有良好的亲水性，其更适宜乳化成 O/W（油/水）型乳状液。牛乳中的磷脂和蛋白质就是使牛乳形成稳定的乳状液的乳化剂，即磷脂和蛋白质具有乳化性。

2. 蛋白质的乳化原理

蛋白质是既含有疏水性基团又含有亲水基团，甚至带有电荷的大分子物质。如果蛋白质能在油-水界面充分伸展，一方面可以降低油-水界面的界面张力，增加油、水之间的静电相互斥力，起到乳化剂的作用；另一方面，可以在油-水界面之间形成一定的物理障碍，有助于乳状液的稳定。

3. 影响蛋白质乳化能力的因素

(1) 取决于蛋白质的表面性质　如蛋白质表面亲水基团与疏水基团的比例与分布、蛋白质的柔性等。柔性蛋白质与脂肪表面接触时容易展开和分布，并与脂肪形成疏水相互作用，这样在界面可以产生良好的单分子膜，能很好地稳定乳状液。表面性质良好的蛋白质有：酪蛋白（脱脂乳粉）、肉和鱼中的肌动球蛋白、大豆蛋白、血浆及血浆球蛋白。那些有高的表面亲水性、结构稳定的球蛋白，如乳清蛋白、卵清蛋白等，表面性质较差。

(2) 蛋白质的溶解度　一般来说，蛋白质的溶解度越高，就越容易形成良好的乳状液。可溶性蛋白的乳化能力高于不溶性蛋白的乳化能力。能够提高蛋白质溶解度的方法有助于提高蛋白质的乳化能力。在肉制品加工中，在肉糜中加入 0.5~1.0mol/L 的氯化钠，能提高肌纤维蛋白的乳化能力。需要注意的是，一旦蛋白质乳状液形成，溶解度差的蛋白质粒子，依靠其在界面间的物理障碍作用，也起着稳定乳状液的作用。

(3) 介质的 pH　大多数蛋白质在远离其等电点的 pH 条件下乳化作用更好。

这时，蛋白质有高的溶解度并且蛋白质表面带有电荷，有助于形成稳定的乳状液，这类蛋白有大豆蛋白、花生蛋白、酪蛋白、乳清蛋白及肌纤维蛋白。少数蛋白质在等电点时具有良好的乳化作用，这是由于已吸附到油－水界面的蛋白质膜在等电点附近更稳定，不易变形和解吸，同时蛋白质与脂肪的相互作用增强，这样的蛋白有明胶和蛋清蛋白。

(4) 温度　对蛋白质乳状液进行加热处理，通常会损害蛋白质的乳化能力。但对那些已高度水化的界面蛋白质膜，加热产生的凝胶作用提高了蛋白质表面的黏度和硬度，阻碍油滴相互聚集，反而稳定了乳状液。最常见的例子是冰淇淋中的酪蛋白和肉肠中的肌纤维蛋白的热凝胶作用。在对冰淇淋配料的杀菌过程中，酪蛋白发生适度变性，在油滴周围形成一层有一定黏弹性的膜，稳定了冰淇淋中的油脂。

(5) 浓度　要形成良好的蛋白质乳状液，一定的蛋白质浓度是必需的，这样，蛋白质才能在界面上形成足够厚度及有一定弹性的膜。通常蛋白质的浓度要达到 0.5%～5%。

(三) 发泡性

食品泡沫是指气泡（空气、二氧化碳气体）分散在含有可溶性表面活性剂的连续液态或半固体相中的分散体系。

1. 泡沫的形成

纯液体很难形成稳定的泡沫，必须加入起泡剂。常用的起泡剂是表面活性剂。常见的食品泡沫有：蛋糕、打擦发泡的加糖蛋白、蛋糕的顶端饰料、冰淇淋、啤酒泡沫、面包等。烹饪加工中利用蛋清制作的芙蓉类菜肴，也属于食品泡沫。

2. 泡沫的稳定性及影响因素

泡沫不稳定，有自动聚集、气泡变大、破裂、液相排水等倾向。要形成稳定的食品泡沫，可采用降低气－液界面张力、提高主体液相的黏度（如加糖或大分子亲水胶体）及在界面间形成牢固而有弹性的蛋白质膜等方法。

蛋白质在食品泡沫中通过吸附到气－液界面并形成有一定强度的保护膜，起到稳定气泡的作用。蛋清和明胶蛋白虽然表面活性较差，但它可以形成具有一定机械强度的薄膜，尤其是在其等电点附近，蛋白质分子间的静电相互吸引使吸附在空气/水界面上的蛋白质膜的厚度和硬度增加，泡沫的稳定性提高。

提高泡沫中主体液相的黏度，一方面有利于气泡的稳定，但同时也会抑制气泡的膨胀。所以，在打擦加糖蛋白泡沫时，糖应在打擦起泡后加入。

脂类会损害蛋白质的起泡性，所以，在打擦蛋白时，应避免接触到油脂。

泡沫形成前对蛋白质溶液进行适度的热处理可以改进蛋白质的起泡性能，过度的热处理会损害蛋白质的起泡能力。对已形成的泡沫加热，泡沫中的空气膨胀，往往导致气泡破裂及泡沫解体。只有蛋清蛋白在加热时能维持泡沫结构。

3. 形成蛋白质泡沫的方法

形成蛋白质泡沫的方法主要有：鼓泡法、打擦起泡法和减压起泡法。鼓泡法是将气体不断地通入到一定浓度的蛋白质溶液（2%~8%）中，鼓出大量的气泡。打擦起泡法是利用搅打或振荡使蛋白质在界面上充分吸附并伸展，获得大量的泡沫。所以充分的打擦是必需的，但过度也会造成泡沫的破裂，所以，打擦蛋清一般不宜超过 6~8min。减压起泡在生产大豆组织化蛋白时常常遇到。

蛋清蛋白具有良好的发泡能力，常用作比较各种蛋白质起泡能力的参照物。对蛋白质泡沫的评价主要涉及蛋白质的起泡能力和蛋白质泡沫的稳定性。测定的方法很多，蛋白质的起泡能力主要通过形成泡沫前后体积的变化来评价，蛋白质泡沫的稳定性可通过泡沫排水时间、在一定时间内泡沫体积减少的量等来进行评价。

三、蛋白质与风味物质结合

食品的风味是由接近食品表面的低浓度挥发物质产生的，蛋白质与挥发物质的结合取决于食品表面吸附或经扩散深入食品内部。固体食品的吸附分为两种类型：物理吸附和化学吸附。

食品中的风味物质：醛、酮、酸、酚和氧化脂肪的分解产物等。蛋白质与风味物质结合可产生好的风味，如会使组织化的植物蛋白产生肉的香味，但也会产生不良的风味。

影响蛋白质与风味化合物结合的因素：水可以提高极性挥发物质的结合，但不影响非极性物质的结合；高浓度的盐可降低蛋白质的疏水性，提高羰基化合物的结合能力；pH 可使酪蛋白在中性、碱性时比在酸性时结合更多的羰基化学物；蛋白质的水解可降低其余风味物质结合的能力；热变性可降低与风味化合物的结合；脂类的存在可以促进各种羰基挥发物质的结合与保留；但在真空冷冻干燥时可使最初结合的 50% 挥发物质释放出来。

思考与练习

一、名词解释

蛋白质一级结构　蛋白质二级结构　蛋白质三级结构　蛋白质四级结构　超二级结构　α-螺旋　β-折叠　超二级结构　β-转角　蛋白质持水性

二、简答题

1. 组成蛋白质的 20 种氨基酸依据什么分类？各类氨基酸的共同特性是什么？这种分类在生物学上有何重要意义？
2. 蛋白质的基本结构与高级结构之间存在的关系如何？
3. 何谓蛋白质等电点？等电点时蛋白质的存在特点是什么？

4. 举例说明蛋白质一级结构与功能关系。

5. α-螺旋的特征是什么？如何以通式表示？

三、计算题

1. 测得一种蛋白质分子中 Trp 残基占相对分子质量的 0.29%，计算该蛋白质的最低相对分子质量（注：Trp 的分子质量为 204u）。

2. 一种蛋白质按其重量含有 1.65% 亮氨酸和 2.48% 异亮氨酸，计算该蛋白质最低相对分子质量。（注：两种氨基酸的分子质量都是 131u）。

3. 已知氨基酸平均分子质量为 120u。有一种多肽的分子质量是 15120u，如果此多肽完全以 α-螺旋形式存在，试计算此 α-螺旋的长度和圈数。

实验八　蛋白质与氨基酸的显色反应

目的要求

学习鉴定蛋白质与氨基酸的基本方法及原理。

Ⅰ．双缩脲反应

实验原理

尿素加热到 180℃ 左右，生成双缩脲并放出一分子氨气，双缩脲在碱性环境中能与 Cu^{2+} 结合生成紫红色的化合物，此反应称为双缩脲反应。蛋白质分子中有肽键，其结构与双缩脲相似，也能发生此反应。此法可用于蛋白质的定性或定量测定。应当指出，一些含有一个肽键和一个—CS—NH_2，—CH_2—CH_3，—CRH—NH_2，—$CHNH_2$—CH_2OH 或—$CHOHCH_2NH_2$ 等基团的物质也有此反应。因此，一切蛋白质或二肽以上的多肽都有双缩脲反应，但有双缩脲反应的物质不一定都是多肽或蛋白质。

$$\begin{array}{c} C=O \\ \diagup \quad \diagdown \\ NH_2 \quad NH_2 \\ \diagdown \quad \diagup \\ NH_2 \quad NH_2 \end{array} \xrightarrow{\text{加热}180℃} \begin{array}{c} C=O \\ \diagup \quad \diagdown \\ NH_2 \quad NH \\ \diagdown \quad \diagup \\ NH_2 \end{array} + NH_3 \uparrow$$

紫红色铜双缩脲复合物分子结构为：

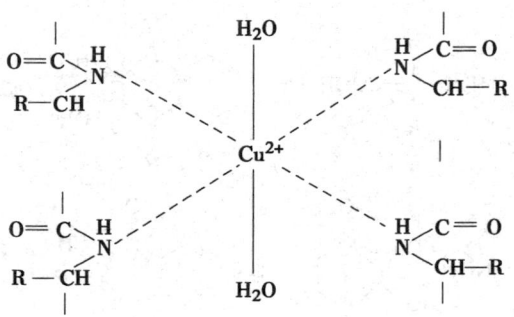

试剂和器材

1. 试剂

20%的卵清溶液：取20mL的蛋清，加入80mL水，用力搅拌至有泡沫生成，定容至100mL，用六层纱布过滤备用。

10%的NaOH溶液；1%的$CuSO_4$溶液；尿素少许。

2. 仪器

试管1.5cm×10cm（×4）；移液管1mL（×2），2mL（×1）；酒精灯等。

操作方法

（1）取少量尿素放在干燥的试管中，用微火加热使尿素熔化，当熔化的尿素开始硬化时，停止加热，尿素释放出氨气，形成双缩脲。冷却后，加10%的NaOH溶液约1mL，振荡使之溶解，再加1%的$CuSO_4$溶液一滴，振荡混匀，观察出现粉红色[注：避免加入过量的$CuSO_4$，否则生成蓝色$Cu(OH)_2$能掩盖粉红色]。

（2）再取另一试管加卵清蛋白溶液约1mL和10%的NaOH溶液约2mL，摇匀，再加1%的$CuSO_4$溶液1～2滴再振荡，观察颜色变化，出现紫红色表示有蛋白质的存在。

Ⅱ．茚三酮反应

实验原理

除脯氨酸、羟脯氨酸和茚三酮反应生成黄色物质外，所有α-氨基酸及一切蛋白质都能和茚三酮反应生成紫色物质，该反应十分灵敏，1∶1500000浓缩的氨基酸水溶液即能发生此反应，反应的酸度应在pH 5～7，目前广泛应用于氨基酸的定量测定。应当指出：β-丙氨酸、氨和许多一级胺化物与茚三酮都呈阳性反应，尿素、马尿酸、二酮吡嗪和肽键上的亚氨基则呈阴性反应，因此，能与茚三酮呈现阳性反应的不一定就是蛋白质或氨基酸。

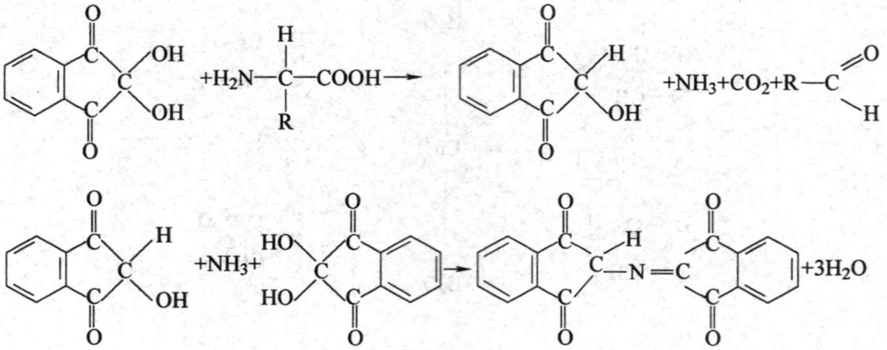

[反应式图示：茚三酮与氨基酸反应生成蓝紫色化合物的过程]

试剂和器材

1. 试剂

0.5%的 Gly 溶液；20%的卵清溶液；0.1%茚三酮水溶液；0.1%茚三酮-乙醇溶液。

2. 仪器

试管 1.5cm×10cm（×4）；移液管 1mL（×2），2mL（×1）；酒精灯等。

操作方法

（1）取两支试管分别加入蛋白质溶液和 Gly 溶液各 1mL，再各加 0.5mL 0.1%茚三酮水溶液，混匀，在沸水浴中加热 1~2min，观察颜色由粉色→紫红色→再变蓝色。

（2）在一小块滤纸上滴一滴 0.5% Gly 溶液，风干后，再在原处滴一滴 0.1%茚三酮-乙醇溶液，在微火旁烘干显色，观察紫红色斑点的出现。

Ⅲ. 黄色反应

实验原理

含有苯环结构的氨基酸，如 Tyr、Trp，遇硝酸后，可被消化成黄色物质，该化合物在碱性溶液中进一步生成深橙色的硝醌酸钠。多数蛋白质分子含有带苯环的氨基酸，所以有黄色反应。苯丙氨酸不易硝化，需加少量浓硫酸才有黄色反应。

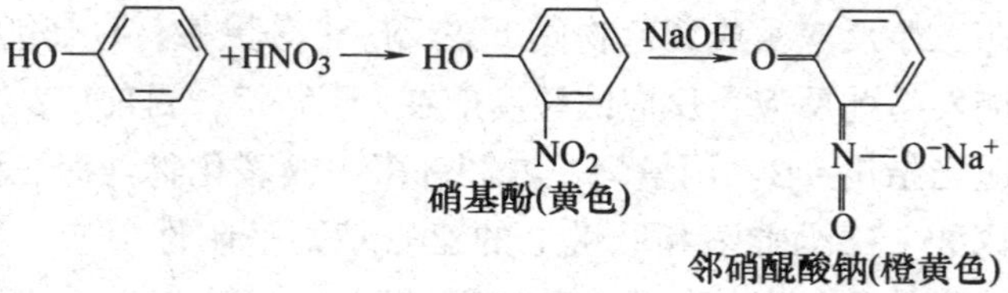

[反应式：苯酚 + HNO_3 → 硝基酚(黄色) → (NaOH) → 邻硝醌酸钠(橙黄色)]

试剂和器材

1. 试剂

20%的卵清溶液；0.5%苯酚溶液；浓硝酸；0.6% Trp 溶液；0.6% Tyr 溶液；10% NaOH 溶液

2. 材料

头发；指甲。

3. 仪器

试管 1.5cm×10cm（×8）；移液管 1mL（×2），2mL（×1）。

操作方法

取6支试管，分别按下表加入试剂，观察各管出现的现象，有的试管反应慢可略放置或40℃水浴加热，待各管出现黄色后，于室温下逐滴加入10% NaOH 溶液至碱性，观察颜色变化。

管号	1	2	3	4	5	6
材料	卵清蛋白	头发	指甲	0.5%苯酚	0.6%Trp	0.6% Tyr
加量/滴	4	少许	少许	4	4	4
硝酸/滴	2	10	10	4	4	4
现象						
10% NaOH 将各管溶液滴至碱性为止（用 pH 试纸检查）						
现象						

Ⅳ. 乙醛酸反应

实验原理

在浓硫酸存在的条件下，色氨酸与乙醛酸反应生成紫色物质，含有色氨酸的蛋白质也有此反应。

试剂和器材

1. 试剂

20%的卵清溶液；0.6% Trp；冰醋酸；浓硫酸。

2. 仪器

试管 1.5cm×10cm（×8）；移液管 1mL（×2），2mL（×1）。

操作方法

取 6 支试管，分别按下表加入试剂，观察各管出现的现象，有的试管反应慢可略放置或 40℃ 水浴加热。

编号	水/滴	0.6%Trp/滴	卵清溶液/滴	冰醋酸/mL	浓硫酸/mL	现象
1			5	2	1	
2	4	1		2	1	
3	5			2	1	

注意事项

（1）双缩脲实验中硫酸铜的加入要适量，加入过多会因产生氢氧化铜沉淀而干扰实验效果。

（2）黄色反应中，当加入浓硝酸后，在低温下反应较慢，不易观察到现象，可将试管放入 40℃ 水浴中片刻再观察结果。

（3）乙醛酸反应中，加浓硫酸时要沿试管壁缓慢加入，不要晃动试管，以利于反应界面的形成。

思考题

（1）双缩脲实验中如不加入氢氧化钠会有什么样的结果？

（2）茚三酮实验中，氨基酸溶液与蛋白质溶液哪个反应的速度快？哪个试管颜色深？如何解释这一现象？

（3）黄色反应实验中，苯酚、酪氨酸、色氨酸几个试管中当加入浓硝酸后现象分别是什么？再加入氢氧化钠后实验现象又是什么？怎样解释？

（4）乙醛酸反应中并未加入乙醛酸，那乙醛酸的来源是什么？

实验九　蛋白质的沉淀及变性

目的要求

（1）加深对蛋白质胶体溶液稳定因素的认识。

（2）了解蛋白质变性与沉淀的关系。

（3）学习沉淀蛋白质的几种方法。

实验原理

在水溶液中的蛋白质分子由于表面生成水化层和双电层而成为稳定的亲水

胶体颗粒，在一定理化因素影响下蛋白质颗粒可失去电荷和脱水而沉淀。蛋白质的沉淀反应可分为两类：①可逆性沉淀反应：蛋白质分子的结构尚未发生显著性变化，除去引起沉淀的因素后，蛋白质的沉淀仍能溶于原来的溶剂中，并保持其天然性质而不变性。如大多数蛋白质的盐析作用或在低温下用乙醇（丙酮）短时间作用于蛋白质，提纯蛋白质常用此类反应；②不可逆性沉淀反应：蛋白质分子的结构发生重大改变，蛋白质因变性而沉淀，不再溶于原来的溶剂中，如加热、与重金属离子或某些有机酸的反应就属于此类反应。蛋白质变性并不一定沉淀，沉淀也并不一定变性。

试剂和器材

1. 试剂

饱和的（NH_4）$_2SO_4$ 溶液；3% 硝酸银溶液；3% EDTA 溶液；5% 三氯乙酸溶液；（NH_4）$_2SO_4$ 结晶粉末；95% 乙醇。

2. 材料

5% 的卵清蛋白。

3. 器材

试管 1.5cm×15cm（×16），试管架，移液管 1mL（×3）；2mL（×3）；离心机；天平。

操作方法

1. 盐析

（1）取 5% 的卵清蛋白溶液 5mL 加入饱和的（NH_4）$_2SO_4$ 溶液 5mL，静置数分钟，待球蛋白析出，过滤。

（2）向滤液中加入（NH_4）$_2SO_4$ 结晶粉末，直到不能溶解为止，使清蛋白析出。

（3）3000r/min 离心 1min，获得清蛋白沉淀，弃去上清液，加水，观察现象。

2. 重金属离子沉淀

（1）取 2 支试管，分别加入 5% 的卵清蛋白溶液 2mL 再加入 1~2 滴 3% 的硝酸银，观察现象。

（2）其中一支加入几滴 3% 的 EDTA 溶液，再观察现象。

（3）另一试管 3000r/min 离心 1min，弃去上清，向沉淀中加水，搅拌，观察现象。

3. 有机酸沉淀

（1）取 1 支试管，加入 5% 的卵清蛋白溶液 2mL，再加入 1mL 5% 的三氯乙酸溶液，振荡试管，观察沉淀的生成。

（2）3000r/min 离心 1min，弃去上清液，向沉淀中加少量水，搅拌，观察现象。

4. 有机溶剂沉淀

（1）取 1 支试管加入 2mL 蛋白质溶液，再加入 2mL 95% 乙醇溶液，混匀，观察沉淀生成。

（2）取 1 支试管加入 2mL 蛋白质溶液，再加入于 -20℃ 预冷的 95% 乙醇 2mL，混匀，观察沉淀生成。

（3）4000r/min 离心 1min，保留沉淀。加水，观察沉淀是否溶解。

注意事项

（1）盐析中，加入硫酸铵粉末时，不要一次性加入过多，饱和溶液中未能溶解的硫酸铵粉末会干扰实验结果。

（2）用硝酸银沉淀蛋白时，操作要快，否则会由于银的还原而使试管中的沉淀呈褐色。

思考题

不同沉淀方法的原理各是什么，所得蛋白质沉淀是否变性？

实验十　纸层析法分离氨基酸

目的要求

掌握纸层析法分离混合氨基酸的操作方法。

实验原理

纸层析是以滤纸作为惰性支持物的分配层析，用一定的溶剂系统展开，使混合样品达到分离分析的层析方法。层析溶剂由有机溶剂和水组成。样品经展开后某一物质在纸层析谱上的位置常用比移 R_f 来表示。

$$R_f = \frac{\text{原点至纸层析斑点中心点的距离}}{\text{原点至溶剂前沿的距离}}$$

纸层析可看作是溶质（样品）在固定相与流动相之间的连续抽提，由于溶质在两相之间的分配系数不同而达到分离。一定的物质在两相间有固定的分配系数，因而在恒定条件（溶剂、pH、温度）下，各物质有固定的 R_f 值，据此可达到分析鉴定的目的。

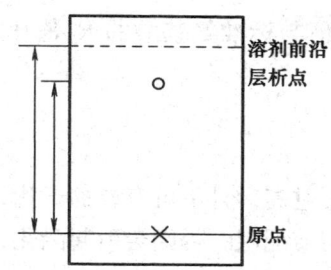

试剂和器材

1. 试剂

1g/L 水合茚三酮的正丁醇溶液。

溶剂系统：4 份饱和的正丁醇和 1 份醋酸的混合物，将 20mL 正丁醇和 5mL 冰醋酸放入分液漏斗中，与 15mL 水混合，充分振荡；静置后分层，放出下层水层，取上层扩展剂备用。

2. 测试样品

标准氨基酸及混合溶液：0.5% 亮氨酸、缬氨酸、苯丙氨酸、脯氨酸、赖氨酸各 500mg 溶于 100mL 0.1mol/L 盐酸中。（混合液中每组分浓度为 0.1%）。

3. 器材

层析缸 25cm × 40cm（×2）；培养皿 15cm（×2）；喷雾器；毛细管内径 0.1cm；电吹风；烘箱；层析滤纸 12cm × 12cm；铅笔，尺。

操作方法

（1）平衡　配制扩展剂，将扩展剂注入密闭的层析缸中，平衡 20min。

（2）点样　取层析滤纸一张（18cm × 12cm），在距纸边 2cm 处划一基线；在此基线上每隔 2cm 处用铅笔作一个记号，作为点样点。用毛细管将各氨基酸样品点在标记点上。所用毛细管不可过大，点样直径最大不超过 3mm。待样品干燥后再点一次（混合氨基酸样品可点 4~5 次）。滤纸上点样斑点干燥后，点样面朝内，把滤纸卷成圆筒形，纸的两边用细线缝合，但不可重叠相碰。

（3）展层　在层析缸中平稳的放入装有第一相层析溶剂的培养皿（扩展剂深度为 1cm）。将圆筒形滤纸放入，点样一端接触溶剂，以点样处不浸入溶剂为准，将滤纸直立于层析缸中，不要接触层析缸的边壁。待溶剂自下而上均匀展开，约 2h 后溶剂到达距纸边 2cm 处取出滤纸，用铅笔描出溶剂前沿。将滤纸悬挂于室温中，用电吹风充分吹尽溶剂。

（4）显色　用喷雾器将茚三酮均匀地喷在滤纸上，然后悬滤纸于 65℃ 烘箱内，烘 30min，即可看到紫红色氨基酸斑点，将图谱上的斑点用铅笔圈出。用直尺量出各斑点中心与原点的距离以及溶剂前沿与原点的距离，求出各氨基酸的

R_f 值。将各显色斑点的 R_f 值与标准氨基酸的 R_f 值比较，可得知该斑点的准确成分。

注意事项

（1）烘箱加热温度不可过高，且不可有氨的干扰，否则图谱背景会泛红。
（2）扩展剂最好在使用前配制，否则会引起酯化，影响层析效果。
（3）整个实验操作应戴手套进行。

思考题

（1）计算各种氨基酸的 R_f 值？
（2）总结实验过程，讨论实验中的操作对实验结果的影响？

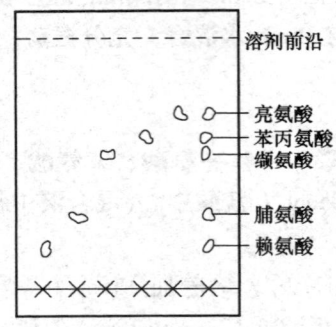

实验十一　蛋白质的定量测定——福林-酚法

目的要求

学习福林-酚法测定蛋白质含量的原理和方法。

实验原理

福林-酚试剂法最早是由 Lowry 确定的测定蛋白质浓度的基本方法，以后在生物化学领域得到广泛的应用。此法的显色原理与双缩脲方法是相同的，只是加入了第二种试剂，即福林-酚试剂，以增加显色量，从而提高了检测蛋白质的灵敏度。这个方法的优点是灵敏度高，比双缩脲法灵敏得多，缺点是费时较长，要严格控制操作时间，标准曲线也不是严格的直线形式，且专一性较差，干扰物质较多。凡干扰双缩脲反应的基团，如—CO—NH_2、—CH_2—NH_2、—CS—NH_2 以及三羟甲基氨基甲烷缓冲液、蔗糖、硫酸铵、巯基化合物均可干扰福林-酚反应，而且对后者的影响还要大得多。此外，酚类、柠檬酸对此反应也有干扰作用。

福林－酚试剂由试剂甲和试剂乙组成。试剂甲由碳酸钠、氢氧化钠、硫酸铜及酒石酸钾钠组成。蛋白质中的肽键在碱性条件下，与酒石酸钾钠铜盐溶液起作用，生成紫红色络合物。试剂乙由磷钼酸、磷钨酸、硫酸、溴等组成。此试剂在碱性条件下，易被蛋白质中酪氨酸的酚基还原呈蓝色反应，其色泽深浅与蛋白质含量成正比。此法也适用于测定酪氨酸和色氨酸的含量。本法可测定范围是 25～250μg 蛋白质。

试剂和器材

1. 试剂

福林－酚试剂：

试剂甲：①4% 碳酸钠溶液；②0.2mol/L 氢氧化钠溶液；③1% 硫酸铜溶液；④2% 酒石酸钾钠溶液。

临用前将①与②等体积配制成碳酸钠－氢氧化钠溶液。③与④等体积配制成硫酸铜－酒石酸钾钠溶液。然后这两种试剂按 50∶1 的比例配合，即成福林－酚试剂甲。此试剂临用前配制，一天内有效。

试剂乙：称取钨酸钠（$Na_2WO_4 \cdot 2H_2O$）100g、钼酸钠（$Na_2MoO_4 \cdot 2H_2O$）25g 置 2000mL 磨口回流装置内，加蒸馏水 700mL、85% 磷酸 50mL 和浓硫酸 100mL。充分混匀，使其溶解。小火加热，回流 10h（烧瓶内加小玻璃珠数颗，以防溶液溢出），再加入硫酸锂（Li_2SO_4）150g、蒸馏水 50mL 及液溴数滴。在通风橱中开口煮沸 15min，以除去多余的溴。冷却后定容至 1000mL，过滤即成福林－酚试剂乙贮存液，此液应为鲜黄色，不带任何绿色。置棕瓶中，可在冰箱长期保存。若此贮存液使用过久，颜色由黄变绿，可加几滴液溴，煮沸几分钟，恢复原色仍可继续使用。

试剂乙贮存液在使用前应确定其酸度。以之滴定标准 NaOH 溶液（1mol/L 左右），以酚酞为指示剂，当溶液颜色由红→紫红→紫灰→墨绿时即为滴定终点。该试剂的酸度应为可中和 2 倍体积标准 NaOH，将之稀释一倍应用。

2. 标准和待测蛋白质溶液

（1）标准蛋白质溶液　结晶牛血清清蛋白或酪蛋白，预先经微量凯氏定氮法测定蛋白质含量，根据其纯度配制成 150μg/mL 蛋白质溶液。

（2）待测蛋白质溶液　人血清；使用前稀释 150 倍。

3. 器材

试管 1.5cm×15cm（×6）；试管架；移液管 0.5mL（×2），1mL（×2），5mL（×1）；恒温水浴锅；分光光度计。

操作方法

1. 制作标准曲线

取 7 支试管，按下表平行操作；绘制标准曲线，以 A_{640} 值为纵坐标，标准蛋白含量为横坐标，在坐标纸上绘制标准曲线。

试剂＼编号	1	2	3	4	5	6	7
标准蛋白质溶液/mL	0	0.1	0.2	0.4	0.6	0.8	1.0
蒸馏水/mL	1.0	0.9	0.8	0.6	0.4	0.2	0
福林－酚甲试剂/mL	5.0	5.0	5.0	5.0	5.0	5.0	5.0
摇匀，于 20~25℃放置 10min							
福林－酚乙试剂/mL	0.5	0.5	0.5	0.5	0.5	0.5	0.5
迅速摇匀，30℃（或室温 20~25℃）水浴保温 30min，640nm 比色							
A_{640}							

2. 未知样品蛋白质溶液浓度测定

取 2 支试管，按下表平行操作：

试剂＼编号	空白管 ×2	样品管 ×2
血清稀释液/mL	0	0.2
蒸馏水/mL	1.0	0.8
福林－酚甲试剂/mL	5.0	5.0
摇匀，于 20~25℃放置 10min		
福林－酚乙试剂/mL	0.5	0.5
迅速摇匀，30℃（或室温 20~25℃）水浴保温 30min，640nm 比色		
A_{640}		

结果计算

$$\text{蛋白质}/(\text{g}/100\text{mL 血清}) = \frac{A_{640}\text{值对应标准曲线蛋白质含量} \times 10^{-6}}{\text{测定时用稀释血清的体积}} \times \text{血清稀释倍数} \times 100$$

注意事项

（1）福林－酚乙试剂在酸性条件下较稳定，而福林－酚甲试剂是在碱性条件下与蛋白质作用生成碱性的铜－蛋白质溶液。当福林－酚乙试剂加入后，应迅速摇匀（加一管摇一管），使还原反应产生在磷钼酸－磷钨酸试剂被破坏之前。

（2）血清稀释的倍数应使蛋白质含量在标准曲线范围之内，若超过此范围则需将血清酌情稀释。

思考题

(1) 福林 – 酚测定蛋白质的原理是什么？
(2) 有哪些因素可干扰福林 – 酚测定蛋白含量？

实验十二　醋酸纤维薄膜电泳分离血清蛋白

目的要求

(1) 学习醋酸纤维素薄膜电泳原理。
(2) 掌握醋酸纤维素薄膜电泳分离血清蛋白的操作技术。

实验原理

醋酸纤维薄膜电泳是用醋酸纤维薄膜作为支持物的电泳方法。它具有简便、快速、样品用量少、应用范围广、分离清晰、没有吸附现象等优点。目前已广泛用于血清蛋白、脂蛋白、血红蛋白、糖蛋白、多肽、核酸、同工酶及其它生物大分子的分析检测，是医学和临床检验的常规技术。

本实验以醋酸纤维素为电泳支持物，分离各种血清蛋白。血清中含有白蛋白、α - 球蛋白、β - 球蛋白、γ - 球蛋白和各种脂蛋白等。各种蛋白质由于氨基酸组成、相对分子质量、等电点及形状不同，在电场中的迁移速度不同。以醋酸纤维素薄膜为支持物，正常人血清在 pH 8.6 的缓冲体系中电泳，染色后可显示 5 条区带。其中白蛋白的泳动速度最快，其余依次为 α_1 -、α_2 -、β - 及 γ - 球蛋白。这些区带经洗脱后可直接进行光吸收扫描自动绘出区带吸收峰及相对百分比。

试剂和器材

1. 试剂

巴比妥缓冲液（pH 8.6，离子强度 0.07）：巴比妥 1.66g，巴比妥钠 12.76g，加水至 1000mL。置 4℃ 冰箱保存，备用。

染色液：氨基黑 10B 0.5g，甲醇 50mL，冰醋酸 10mL，蒸馏水 40mL，混匀。

漂洗液：含 95% 乙醇 45mL，冰醋酸 5mL，蒸馏水 50mL，混匀。

透明液：冰醋酸 15mL，无水乙醇 85mL，混匀。

2. 材料

新鲜血清（未溶血）。

3. 器材

醋酸纤维薄膜（2cm×8cm）；培养皿；点样器；电泳仪；玻璃板；粗滤纸；铅笔和直尺；竹镊子。

操作方法

（1）浸泡　用镊子取醋酸纤维薄膜1张（识别光泽面和无光泽面，并在角上用笔做上记号），小心平放在盛有缓冲液的平皿中，浸泡30min左右。

（2）点样　将浸透的薄膜从缓冲液中取出，夹在两层粗滤纸内吸干多余的液体，然后平铺在玻璃板上（无光泽面朝上），使其底边与模板底边对齐。点样时，先在点样器上均匀地沾上血清，再将点样器轻轻地印在点样区内，使血清完全渗透至薄膜内，形成一定宽度、粗细均匀的直线。点样区距阴极端1.5cm处（图1）。

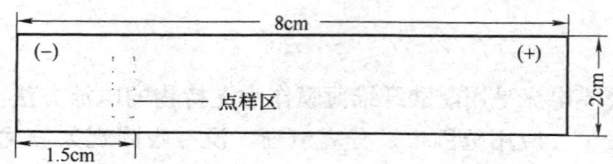

图1　醋酸纤维素薄膜规格及点样位置示意图（虚线处为点样位置）

（3）电泳　根据电泳槽膜支架的宽度，裁剪尺寸合适的滤纸条。在两个电极槽中，各倒入等体积的电泳缓冲液，在电泳槽的两个膜支架上，各放两层滤纸条，使滤纸一端的长边与支架前沿对齐，另一端浸入电泳缓冲液中。当滤纸全部润湿后，用玻璃棒轻轻挤压在膜支架上的滤纸以驱赶气泡，使滤纸的一端能紧贴在膜支架上，即为滤纸桥。将点样端的薄膜平贴在阴极电泳槽支架上的滤纸桥上（点样面朝下），另一端平贴在阳极端支架上。盖上电泳槽盖，使薄膜平衡10min。通电，调节电流强度0.4~0.6mA/cm膜宽度，电泳时间1~1.5h（图2）。

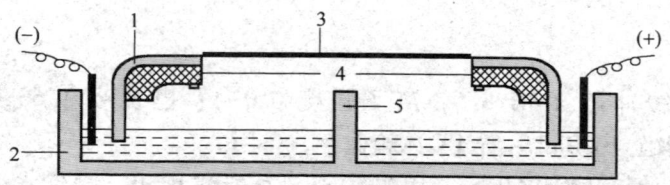

图2　醋酸纤维薄膜电泳装置示意图

1—滤纸桥　2—电泳槽　3—醋酸纤维素薄膜
4—电泳槽膜支架　5—电极室中央隔板

(4) 染色　电泳完毕后将薄膜取下，放在染色液中浸泡 10min。

(5) 漂洗　将薄膜从染色液中取出后移置漂洗液中漂洗数次，直至背景蓝色脱净。取出薄膜放在滤纸上，用吹风机将薄膜吹干。

(6) 透明　将脱色吹干后的薄膜浸入透明液中，浸泡 2～3min 后，取出紧贴于洁净玻璃板上，两者间不能有气泡，干后即为透明的薄膜图谱（图3）。

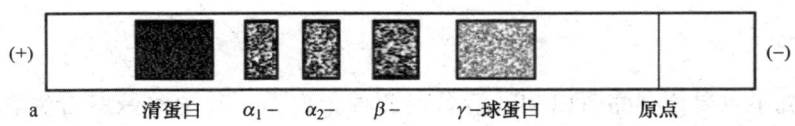

图 3　血清蛋白醋酸纤维素薄膜电泳图谱示意图

注意事项

(1) 市售醋酸纤维素薄膜均为干膜片，薄膜的浸润与选膜是电泳成败的关键之一。若飘浮于液面的薄膜在 15～30s 内迅速润湿，整条薄膜色泽深浅一致，则此膜均匀，可用于电泳。

(2) 醋酸纤维素薄膜电泳常选用 pH 8.6 巴比妥 - 巴比妥钠缓冲液，其浓度为 0.05～0.09mol/L。选择何种浓度与样品及薄膜的厚薄有关。缓冲液浓度过低，则区带泳动速度快，区带扩散变宽；缓冲液浓度过高，则区带泳动速度慢，区带分布过于集中，不易分辨。

(3) 点样时，应将薄膜表面多余的缓冲液用滤纸吸去，以免引起样品扩散。但不宜太干，否则样品不易进入膜内，造成点样起始点参差不齐，影响分离效果。

(4) 点样时，动作要轻、稳，用力不能太大，以免损坏膜片或印出凹陷影响电泳区带分离效果。

(5) 电泳时应选择合适的电流强度，一般电流强度为 0.4～0.6mA/cm 膜宽度。电流强度高，则热效应高；电流过低，则样品泳动速度慢且易扩散。

(6) 操作过程为防止指纹污染，应戴手套。

思考题

(1) 根据人血清中各蛋白组分的性质，如何估计它们在 pH 8.6 的巴比妥 - 巴比妥钠电泳缓冲液中的相对迁移速度？

(2) 简述醋酸纤维素薄膜电泳的原理和优点。

实验十三　牛乳中酪蛋白的制备

目的要求

学习从牛乳中分离纯化酪蛋白的原理和方法。

实验原理

牛乳中主要含有酪蛋白和乳清蛋白两种蛋白质。其中酪蛋白占牛乳蛋白质的80%。酪蛋白是白色、无味的物质，不溶于水、乙醇及有机溶剂，但溶于碱溶液。牛乳在 pH 4.7 时酪蛋白等电点聚沉后剩余的蛋白质统称乳清蛋白。乳清蛋白不同于酪蛋白，其粒子的水合能力强、分散性高，在乳中呈高分子状态。

本法利用等电点时溶解度最低的原理，将牛乳的 pH 调至 4.7 时，酪蛋白就沉淀出来。用乙醇洗涤沉淀物，除去脂类杂质后便可得到纯的酪蛋白。酪蛋白含量约为 35g/L。

试剂和器材

1. 试剂

95%乙醇；无水乙醚；乙醇－乙醚混合液（体积比 =1:1）。

0.2mol/L pH 4.7 醋酸－醋酸钠缓冲液 3000mL：

A 液：称取 NaAc 3H_2O 54.44g，定容至 2000mL；

B 液：称取分析纯冰醋酸（含量大于 99.9%）12.0g 定容至 1000mL。

取 A 液 1770mL，B 液 1230mL 混合即得 pH 4.7 的醋酸－醋酸钠缓冲液 3000mL。

2. 材料

牛乳。

3. 器材

离心机，抽滤装置，精密 pH 试纸或酸度计，电炉，烧杯，温度计。

操作方法

（1）将 25mL 牛乳加热至 40℃。在搅拌下慢慢加入预热至 40℃、pH 4.7 醋酸缓冲液 25mL。用精密试纸或酸度计调 pH 至 4.7。将上述悬浮液冷却至室温。3000r/min 离心 15min。弃去清液，得酪蛋白粗制品。

（2）用水洗沉淀三次，3000r/min 离心 10min，弃去上清液。

（3）在沉淀中加入约 10mL 乙醇，搅拌片刻，将全部悬浊液转移至布氏漏斗中抽滤。用乙醇-乙醚混合液洗沉淀 2 次。最后用乙醚洗沉淀 2 次，抽干。

（4）将沉淀摊开在表面皿上，风干，得酪蛋白纯品。

（5）准确称重，计算酪蛋白含量（g/100mL 牛乳），并和理论含量为 3.5g/100mL 牛乳相比较，求出实际得率。

注意事项

（1）实验中所用的醋酸缓冲液 pH 要准确，将缓冲液加入牛乳后要用酸度计进行测量，如不准确则需要用冰醋酸及 1mol/L 的 NaOH 进行调整。

（2）离心时要注意各离心管的重量要一致，需要用天平进行配平。

思考题

制备高产率纯酪蛋白的关键是什么？

第六章
核　　酸

**学习目标**

1. 掌握核酸的化学组成；DNA 模型的要点；mRNA 的结构和功能；tRNA 的结构和功能；rRNA 的功能。
2. 理解 DNA 的超螺旋结构；了解 DNA 双螺旋模型的发现。
3. 了解核酸的营养保健功能及研究方法。

核酸是生物细胞中最重要的生物大分子，是生物化学与分子生物学研究的重要对象和领域。

第一节　概述

一、核酸的发现

1868 年瑞士青年科学家米歇尔（F. Miescher）由脓细胞分离得到细胞核，并从中提取出一种含磷量很高的酸性化合物，称为核素。米歇尔的德国导师塞勒（F. Hoppe–Seyler）也从酵母菌中提取出了"核素"。他把酵母中提取出来的"核素"称为"酵母核素"。继任者发展了制备不含蛋白质的核酸的方法，1889 年 R. Altmanm 最早提出了核酸。核酸的研究改变了整个生命科学的面貌，并由此诞生了分子生物学这一当今发展最迅速、最有活力的学科。

二、核酸的种类与分布

核酸分为脱氧核糖核酸（DNA）和核糖核酸（RNA）两大类。所有生物细胞都含有这两类核酸。生物机体的遗传信息以密码形式编码在核酸分子上，表现为特定的核苷酸序列。DNA 是主要的遗传物质，通过复制而将遗传信息由亲代传给子代。RNA 与遗传信息在子代的表达有关。DNA 和 RNA 在结构上的不同与其不同的功能相关联。

(一) 脱氧核糖核酸（DNA）

原核生物中 DNA 集中在核区。真核 DNA 分布在核内，组成染色体。线粒体、叶绿体等细胞器也含有 DNA。病毒或只含有 DNA，或只含有 RNA，从未发现两者兼有的病毒。

(二) 核糖核酸（RNA）

参与蛋白质合成的 RNA 有三类：转移 RNA（tRNA）、核糖体 RNA（rRNA）和信使 RNA（mRNA）。无论是原核生物还是真核生物都含有这三类 RNA。此外，在细胞中还存在其它 RNA：核内不均一 RNA（hnRNA）、核内小 RNA（snRNA）、核仁小 RNA（snoRNA）、胞浆小 RNA（scRNA）。原核生物中 RNA 存在于细胞质，真核生物中 RNA75% 在细胞质，15% 在线粒体和叶绿体，10% 在细胞核。

三、核酸的生物学功能

(一) DNA 是主要的遗传物质

细胞学证据早就提示 DNA 可能是遗传物质。DNA 分布在细胞核内，是染色体的主要成分，而染色体已知是基因的载体。细胞内 DNA 含量很稳定，而且与染色体数目平行。但是直接证明 DNA 是遗传物质的证据则来自于 Avery 的细菌转化实验。

(二) RNA 参与蛋白质的生物合成

rRNA 起装配和催化作用；tRNA 携带氨基酸并识别密码子；mRNA 携带 RNA 的遗传信息并作为蛋白质合成的模板。这三类 RNA 共同控制着蛋白质的生物合成。

20 世纪 80 年代 RNA 的研究揭示了 RNA 功能的多样性，它不仅仅是遗传信息由 DNA 到蛋白质的中间传递体，还有其它功能，如：基因表达与细胞功能的调节；生物催化；遗传信息的加工与进化。

生物体通过 DNA 复制，而使遗传信息由亲代传给子代；通过 RNA 转录和翻译而使遗传信息在子代得到表达。RNA 具有诸多功能，这些功能关系着生物集体的生长和发育，其核心作用是基因表达的信息加工和调节。

第二节
核酸的结构

一、核苷酸

核酸在核酸酶的作用下水解为核苷酸，核苷酸经过完全水解后，可释放出等量的碱基、戊糖和磷酸（图 6-1）。因此，核苷酸是核酸的基本组成单位，DNA 的基本组成单位是脱氧核糖核苷酸，RNA 的基本组成单位是核糖核苷酸。

RNA 中碱基主要有四种：腺嘌呤（A）、鸟嘌呤（G）、胞嘧啶（C）、尿嘧

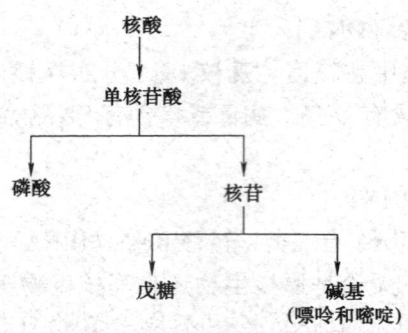

图6-1 核酸的水解产物

啶（U）；DNA中的碱基主要也是四种：前三种与RNA中的相同，只是胸腺嘧啶（T）代替了尿嘧啶（U）。现将两类核酸的基本成分列在表6-1中。

表6-1 两类核酸的基本化学组成

	DNA	RNA
嘌呤碱	腺嘌呤（A）、鸟嘌呤（G）	腺嘌呤（A）、鸟嘌呤（G）
嘧啶碱	胞嘧啶（C）、胸腺嘧啶（T）	胞嘧啶（C）、尿嘧啶（U）
戊糖	D-2-脱氧核糖	D-核糖
酸	磷酸	磷酸

（一）碱基

核酸中的碱基分为两类：嘧啶碱和嘌呤碱（图6-2）。

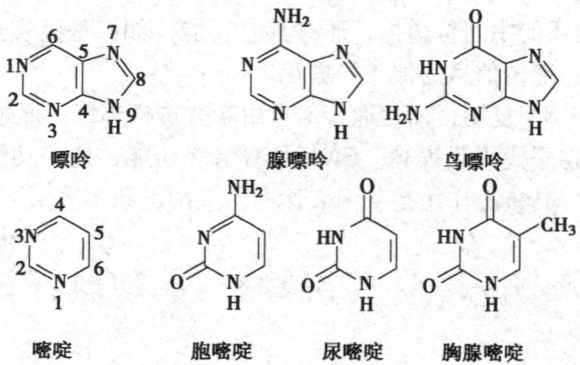

图6-2 5种基本碱基结构

1. 嘧啶碱

嘧啶碱是母体化合物嘧啶的衍生物。核酸中常见的嘧啶有三类：胞嘧啶、尿嘧啶和胸腺嘧啶。其中胞嘧啶为DNA和RNA两类核酸所共有；胸腺嘧啶只存在于DNA中，但是tRNA也有少量存在；尿嘧啶只存在于RNA中。植物DNA

中有相当量的 5 - 甲基胞嘧啶。一些大肠杆菌噬菌体 DNA 中，5 - 羟甲基胞嘧啶代替了胞嘧啶。

2. 嘌呤碱

核酸中常见的嘌呤碱有两类：腺嘌呤和鸟嘌呤。腺嘌呤是由母体化合物嘌呤衍生而来的。

自然界中存在许多重要的嘌呤衍生物。一些生物碱，如茶叶碱、可可碱、咖啡碱等都是黄嘌呤的衍生物。

嘌呤和嘧啶环中均含有共轭双键，因此对波长 260nm 左右的紫外光有较强吸收。测定波长 260nm 紫外吸收强度已广泛应用于对核酸、核苷酸、核苷及碱基的定性和定量分析。

3. 稀有碱基

除了上述 5 种基本的碱基外，核酸中还有一些含量很少的碱基，称为稀有碱基。稀有碱基种类极多，大多数是甲基化碱基。tRNA 中含有较多的稀有碱基，可高达 10%。目前已知的稀有碱基有 100 种左右。

（二）核苷

核苷是一种糖苷，由戊糖和碱基缩合而成。各种常见核苷见表 6 - 2。糖和碱基之间以糖苷键相连接。糖的第一位碳原子（C1）与嘧啶碱的第一位氮原子（N1）或与嘌呤碱的第九位氮原子（N9）相连接。所以，糖与碱基间的连接键是 N—C 键，一般称为 N - 糖苷键。

表 6 - 2　　　　　　　　　各种常见核苷

碱基	核糖核苷	脱氧核糖核苷
腺嘌呤	腺嘌呤核苷	腺嘌呤脱氧核苷
鸟嘌呤	鸟嘌呤核苷	鸟嘌呤脱氧核苷
胞嘧啶	胞嘧啶核苷	胞嘧啶脱氧核苷
尿嘧啶	尿嘧啶核苷	—
胸腺嘧啶	—	胸腺嘧啶脱氧核苷

核苷中的 D - 核糖及 D - 2 - 脱氧核糖均为呋喃型环状结构。糖环中的 C1 是不对称碳原子，所以有 α - 及 β - 两种类型。但核酸分子中的糖苷键均为 β - 糖苷键。

根据核苷中所含戊糖的不同，将核苷分成两大类：核糖核苷和脱氧核糖核苷。对核苷进行命名时，必须先冠以碱基的名称，如腺嘌呤核苷、腺嘌呤脱氧核苷等。糖环中的碳原子标号右上角加 "′"，而碱基中原子的标号不加 "′"，以示区别。

（三）核苷酸

核苷中的戊糖羟基被磷酸酯化，就形成核苷酸。因此核苷酸是核苷的磷酸酯。核苷酸分成核糖核苷酸与脱氧核糖核苷酸两大类。下面为两种核苷酸的结构式。

核糖核苷的糖环上有3个自由羟基,能形成3种不同的核苷酸:2′-核糖核苷酸,3′-核糖核苷酸和5′-核糖核苷酸。脱氧核糖的糖环上只有2个自由羟基,所以只能形成两种核苷酸:3′-脱氧核糖核苷酸和5′-脱氧核糖核苷酸。生物体内游离多为5′-核苷酸。用碱水解RNA时,可得到2′-与3′-核糖核苷酸的混合物。常见的核苷酸列于表6-3中。

表6-3　　　　　　　　常见的核苷酸

碱基	核糖核苷酸	脱氧核糖核苷酸
腺嘌呤	腺嘌呤核苷酸（AMP）	腺嘌呤脱氧核苷酸（dAMP）
鸟嘌呤	鸟嘌呤核苷酸（GMP）	鸟嘌呤脱氧核苷酸（dGMP）
胞嘧啶	胞嘧啶核苷酸（CMP）	胞嘧啶脱氧核苷酸（dCMP）
尿嘧啶	尿嘧啶核苷酸（UMP）	—
胸腺嘧啶	—	胸腺嘧啶脱氧核苷酸（dTMP）

细胞内有一些游离存在的多磷酸核苷酸,它们是核酸合成的前体、重要的辅酶和能量载体。5′-二磷酸核苷（5′-）是核苷的焦磷酸酯。

二、核酸的共价结构

核酸的共价结构（一级结构）是指DNA或RNA中的核苷酸的排列顺序。由于核苷酸间的区别主要是碱基不同,因此也称为碱基系列。一个核苷酸的3′-羟基和相邻核苷酸的5′-磷酸脱水缩合过程的酯键称为3′,5′-磷酸二酯键（图6-3）。多个核苷酸

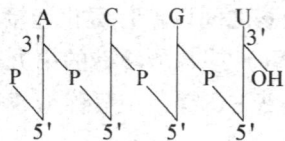

图6-3　核酸的共价结构

以此方式连接形成大分子,即多核苷酸（RNA）和多脱氧核苷酸（DNA）。相同的戊糖及磷酸连接称分子骨架,而不同碱基则伸展于骨架一侧,碱基排列顺序即代表核苷酸排列顺序。多核苷酸有方向性,前端核苷酸5′-碳原子带自由磷酸基,称5′-末端;后端核苷酸3′-碳原子上带结合羟基称3′-末端,DNA和RNA的书写规则都从5′-末端→3′-末端。

核酸分子中的核糖（脱氧核糖）和磷酸基团共同组成其骨架,但它们不参与遗传信息的贮存和表达。DNA和RNA对遗传信息的携带和传递,是依赖碱基排列顺序变化的。生物界物种的多样性即寓于DNA分子中四种核苷酸千变万化的不同排列组合之中。

三、核酸的高级结构

（一）DNA的高级结构

1. DNA组成的查戈夫法则

参与DNA组成的主要有4种碱基:腺嘌呤、鸟嘌呤、胞嘧啶、胸腺嘧啶。

1950年前后，Chargaff等科学家应用纸层析和紫外分光光度技术测定各种生物DNA的碱基组成。结果发现，DNA的碱基组成是一样的，不受生长发育、营养状况以及环境条件的影响。不同生物来源的DNA碱基组成见表6-4。

表6-4　　　　　　　　　　　不同生物的碱基组成

来源	碱基的相对含量				来源	碱基的相对含量			
	腺嘌呤	鸟嘌呤	胞嘧啶	胸腺嘧啶		腺嘌呤	鸟嘌呤	胞嘧啶	胸腺嘧啶
人	30.9	19.9	19.8	29.4	扁豆	29.7	20.6	20.1	29.6
牛胸腺	28.2	21.5	22.5	27.8	酵母	31.3	18.7	17.1	32.9
母鸡	28.8	20.5	21.5	29.2	大肠杆菌	24.7	26.0	25.7	23.6

Chargaff首先注意到了DNA碱基组成的某些规律性。1950年他总结DNA碱基组成的规律，称为查戈夫法则。

（1）腺嘌呤和胸腺嘧啶的物质的量相等，即 A = T。

（2）鸟嘌呤和胞嘧啶的物质的量也相等，即 G = C。

（3）含氨基的碱基（腺嘌呤和胞嘧啶）总数等于含酮基的碱基（鸟嘌呤和胸腺嘧啶）总数，即 A + C = T + G。

（4）嘌呤的总数等于嘧啶的总数，即 A + T = C + G。

所有DNA中碱基组成必定是 A = T，G = C，这一规律暗示 A 与 T，G 与 C 相互配对的可能性，为 Watson 和 Crick 提出 DNA 双螺旋结构奠定了基础。

2. DNA 的二级结构

1953年，J. Watson 和 F. Crick 在前人研究工作的基础上，根据 DNA 结晶的 X 衍射图谱和分子模型，提出了著名的 DNA 双螺旋结构模型（图6-4），并对模型的生物学意义作出了科学的解释和预测，称为现代分子生物学发展的里程碑。该模型的要点如下：

DNA 分子由两条脱氧核糖核酸链组成。两条链反向平行，以右手螺旋方式围绕共同中心轴平行旋转，两条链方向相反，一条链为 3′→5′方向，另一条链为 5′→3′方向，双螺旋表面形成深沟和浅沟。

（1）螺旋的直径 2nm，碱基平面垂直于纵轴。相邻碱基之间的堆积距离为 0.34nm，其螺旋夹角为 36°，即每 10 个碱基多脱氧核苷酸链就旋转一周，成为螺距，其距离为 3.4nm，碱基对之间纵向的碱基堆积力是维持 DNA 结构稳定的主要因素。

（2）两条主链由磷酸及脱氧核糖借磷酸二酯键交替相连，位于螺旋的外侧，嘌呤和嘧啶碱则位于螺旋的内侧。

（3）两条链间以 A 和 T 或 G 和 C 形成碱基配对关系。碱基之间依靠氢键连接（图6-5），A 和 T 之间有两个氢键（A = T）；G 和 C 之间有三个氢键

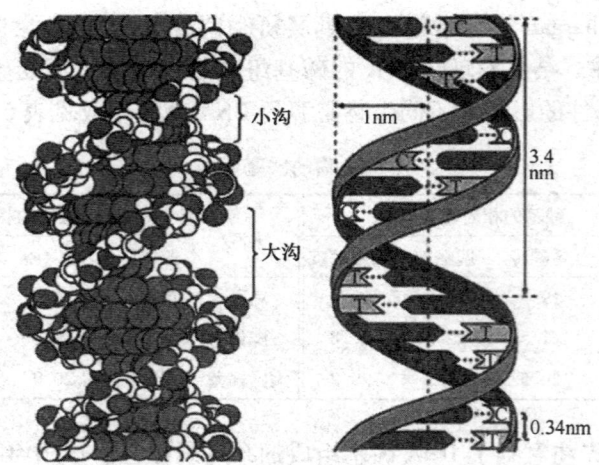

图 6-4　DNA 分子的双螺旋结构模型

（G≡C），这种配对规律，称为碱基互补原则，每一碱基对的两个碱基称为互补碱基，同一 DNA 分子的两条多核苷酸链称为互补链。碱基对之间的氢键也是 DNA 双螺旋结构稳定的重要因素。

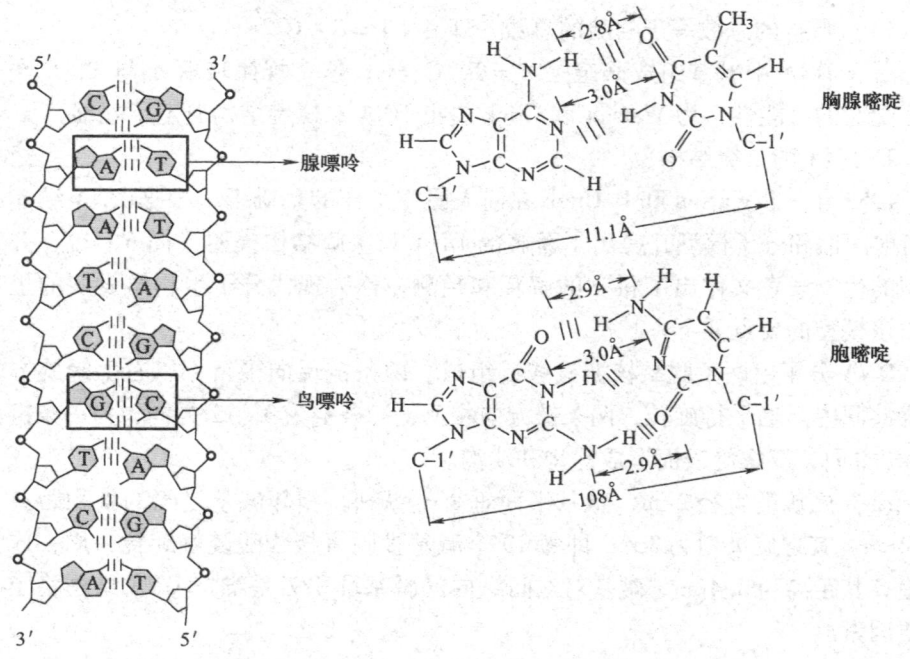

图 6-5　DNA 分子中的碱基配对

该模型揭示了 DNA 作为遗传物质的稳定性特征，最有价值的是确认了碱基配对原则，这是 DNA 复制、转录和反转录的分子基础，亦是遗传信息传递和表达的分子基础。该模型的提出是本世纪生命科学的重大突破之一，它奠定了生物化学和分子生物学乃至整个生命科学飞速发展的基石。

3. DNA 的超螺旋结构（三级结构）

绝大部分原核生物的 DNA 都是共价封闭的环状双螺旋分子（图 6-6）。在细胞内进一步盘绕，形成类核结构，保证其能以比较致密的形式存在于细胞内。

DNA 三级结构是指 DNA 双螺旋的链通过扭曲再次形成螺旋时的构象，包括不同二级结构单元间的相互作用、单链与二级结构单元间的相互作用及 DNA 的拓扑特征。超螺旋是 DNA 三级结构的常见形式。

真核生物的 DNA 分子十分巨大，进化程度越高的生物体其细胞核 DNA 的分子构成越大，越复杂。DNA 分子长度常以碱基对数量表示。在真核生物中，DNA 以非常致密的形式存在于细胞核内。在细胞周期的大部分时间以染色体形式出现，分裂期则形成染色体。染色质的基本组成单位是核小体（图 6-7）。核小体由 DNA 和 5 种组蛋白组成，其组蛋白分别为 H1、各两分子的 H2A、H2B、H3 和 H4 组成了组蛋白八聚体，DNA 双螺旋链缠绕在组蛋白八聚体上形成核小体的核心颗粒，核心颗粒之间由 DNA 和 H1 组成的连接区连接起来形成串珠样结构。在串珠样结构的基础上，再经过几个层次折叠，将 DNA 紧密压缩于染色体中，DNA 在双螺旋二级结构的基础上进一步盘曲成紧密的空间结构，其主要意义是有规律压缩分子体积，减少所占空间。

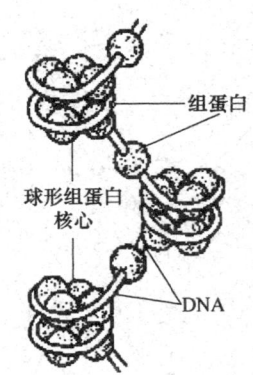

图 6-6　环状 DNA 结构示意图　　　　图 6-7　核小体结构示意图

（二）RNA 的高级结构

1. 信使 RNA 的结构

（1）具有 5′端帽子结构　即在 5′端加上一个 7-甲基鸟苷；且原来第一个核苷酸 C_2' 也是甲基化，这种 mGpppGm 即为帽子结构。

（2）3′端多聚腺苷酸尾　在 mRNA 3′端有一段多聚腺苷酸节段，是在转录后切掉一段多余的 RNA 后逐个添加上去的，这个多聚尾可能与 mRNA 从核内向细胞质的转位及 mRNA 的稳定性有关。

（3）开放阅读框　mRNA 的编码区中从 5′-末端 AUG 开始，每 3 个核苷酸为一组，决定相应多肽链中某一个氨基酸，称为三联体密码或密码子。

2. 转运 RNA（tRNA）的结构

tRNA 是相对分子质量最小的一类核酸，约占 RNA 总量的 15%。已知的 100 多种 tRNA 都是由 70~95 个核苷酸构成。tRNA 具有如下结构特点：

（1）tRNA 分子中富含稀有碱基　每个 tRNA 分子一般含有 7~15 个稀有碱基，含量为 10%~20%，稀有碱基是指除 A、G、U、C 之外的一些碱基，包括双氢尿嘧啶（DHU）和假尿嘧啶（ψ）等。

（2）tRNA 分子呈发夹结构或茎-环样结构　tRNA 分子的二级结构含 4 个局部互补配对的区域，形成局部双链，呈发夹结构或茎-环样结构，又称三叶草形结构（图 6-8），左右两环根据其含有的稀有碱基，分别称为 DHU 环和 TψC 环，位于下方的环称反密码环。环中间的 3 个碱基称为反密码子，可与 mRNA 上相应的三联体密码子碱基互补。携带特异氨基酸的 tRNA 依据其特异的密码子来识别结合 mRNA 上相应的密码子，使氨基酸由密码子指导，正确地定位在合成的肽链上。

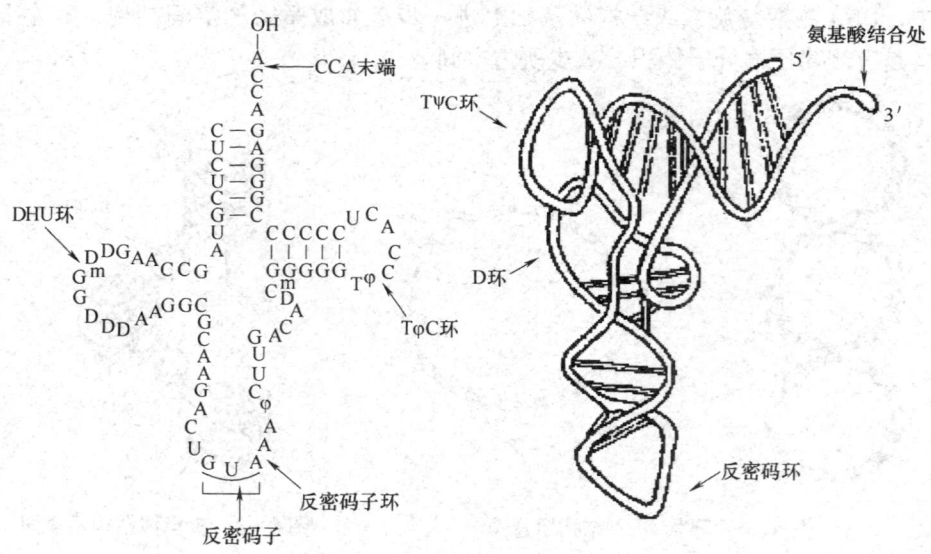

图 6-8　tRNA 的结构

（3）tRNA 分子 3′-末端有氨基酸臂　tRNA 的 3′-末端均是 CCA-OH，称为氨基酸臂，其作用是接受活化的氨基酸。X 射线衍射实验发现，tRNA 三级结构的形状像一个倒写的 L 形字母。

3. 核蛋白体 RNA（rRNA）的结构

rRNA 在细胞内含量很多，约占 80%，在细胞中作为蛋白质的合成场所。原核生物和真核生物的核蛋白体均由易于解聚的大、小亚基组成。

原核生物共有 5S、16S、23S 三种 rRNA（S 是大分子物质在超速离心沉降中的一个物理学单位，可间接反应相对分子质量的大小）。其中核蛋白体的小亚基（30S）由 16S rRNA 与 20 多种蛋白质构成；大亚基（50S）由 5S、23S 以及 30 多种蛋白质构成。

真核生物有 5S、5.8S、18S 和 28S 四种 rRNA。真核生物的核蛋白体小亚基（40S）由 18S rRNA 与 30 多种蛋白质构成；大亚基（60S）由 5S、5.8S 和 28S 以及 50 多种蛋白质构成。

根据各种 rRNA 的碱基系列测定结果，推测出 rRNA 二级结构的特点是含有大量茎－环结构（图 6－9），它们是核蛋白体蛋白的结合和组装的结构基础。

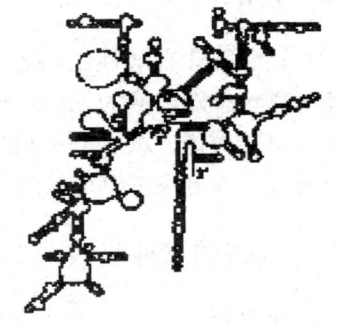

图 6－9　rRNA 的结构

第三节
核酸的理化性质

一、核酸的水解

（一）酸水解

核苷酸的糖苷键和磷酸二酯键均可被酸水解，但糖苷键比磷酸二酯键更易被酸水解。嘌呤碱的糖苷键比嘧啶碱糖苷键更容易被酸水解。最容易被酸水解的是嘌呤与脱氧核糖之间的糖苷键。因此 DNA 在 pH 1.6 于 37℃ 对水透析即可除去嘌呤碱，而成为无嘌呤酸；如在 pH 2.8 于 100℃ 加热 1h，也可以完全除去嘌呤碱。

（二）碱水解

RNA 的磷酸二酯键易被碱水解，产生核苷酸，DNA 的磷酸键则不易水解，因为 RNA 上 2′－OH 基在碱作用下易形成磷酸三酯而易水解。

（三）酶水解

水解核酸的酶种类很多。非特异性水解多聚核苷酸链中磷酸二酯键的酶称为磷酸二酯酶，特异性水解核酸的磷酸二酯酶称为核酸酶：DNA 水解酶（DNases）以 DNA 为底物，RNA 水解酶（RNases）以 RNA 为底物。

水解酶根据作用方式又分为两类：核酸外切酶和核酸内切酶。核酸外切酶的作用方式是从多聚核苷酸链的一端（3′－端或 5′－端）开始，逐个水解切除核苷酸；核酸内切酶的作用方式刚好和外切酶相反，它从多聚核苷酸链中间开始，在某个位点切断磷酸二酯键。

在分子生物学研究中最有应用价值的是限制性核酸内切酶，这种酶可以特异性的水解核酸中某些特定碱基顺序部位。

二、核酸的酸碱性质

核酸既含有酸性的磷酸基团，又含有弱碱性的碱基，故可发生两性解离。其解离状态随溶液的 pH 而改变。由于磷酸基团的酸性很强，所以核苷酸的等电点（pI）较低，整个分子相当于多元酸。利用核酸的两性解离可以通过调节核酸溶液的等电点来沉淀核酸，也可通过电泳分离纯化核酸。

三、核酸的紫外吸收

在核酸分子中，由于嘌呤碱和嘧啶碱具有共轭双键体系，使碱基、核苷、核苷酸和核酸在 240~290nm 有紫外吸收，最大吸收值在 260nm 附近（图 6-10）。不同核苷酸有不同的吸收特性。所以可以用紫外分光光度计加以定性和定量测定。

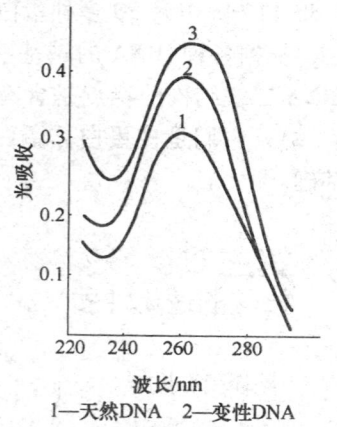

图 6-10 脱氧核糖核酸的紫外吸收光谱

对待测核酸样品的纯度也可用紫外分光光度法进行鉴定。读出 260nm 与 280nm 的吸光值（A）即光密度（D），从 A_{260}/A_{280} 的比值即可判断样品的纯度。纯 DNA 的 A_{260}/A_{280} 应约为 1.8，纯 RNA 应约为 2.0。样品中如含有杂蛋白及苯酚，A_{260}/A_{280} 比值即明显下降。

有时核酸溶液的紫外吸收用摩尔磷吸光度表示，根据磷含量及紫外吸收值然后算出摩尔磷吸光系数。

$$\varepsilon(P) = A/cL$$

式中　A——吸收值
　　　c——每升溶液中磷的物质的量
　　　L——比色杯内径

$$\varepsilon(P) = 30.98A/WL$$

W 为每升溶液中磷的重量（g）。一般天然 DNA 的 $\varepsilon(P)$ 为 6600，RNA 为 7700~7800。由于单链核苷酸的 $\varepsilon(P)$ 比双链的要高，所以核酸发生变性时，$\varepsilon(P)$ 升高，故称增色效应；复性时 $\varepsilon(P)$ 降低，称为减色效应。

四、核酸的变性、复性及杂交

(一) 变性

DNA 变性是指核酸双螺旋区的氢键断裂,变成单链的过程,并不涉及共价键的问题。引起核酸变性的因素很多,例如有机溶剂、酸、碱、加热及酰胺等。由温度升高而引起的变性称热变性,由酸碱引起的变性称酸碱变性。

当将 DNA 的稀盐溶液加热到 80~100℃时,双螺旋结构即发生解体,两条链分开,形成无规线团(图 6-11)。一系列物化性质也随之发生变化:260nm 区紫外吸光值升高,黏度降低,浮力密度升高,双折射现象消失,比旋下降,酸碱滴定曲线改变等。DNA 变性的特点是爆发式的,变性作用发生在一个很窄的温度范围内,有一个相变的过程。通常把加热变性使 DNA 的双螺旋结构失去一半时的温度称为该 DNA 的熔点或熔解温度,用 T_m 表示。DNA 的 T_m 值一般在 82~95℃。

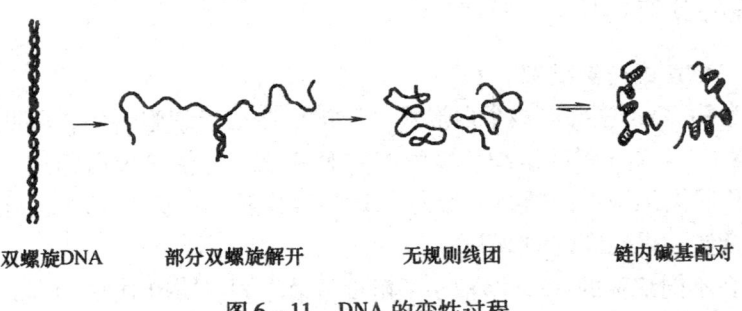

双螺旋DNA　　部分双螺旋解开　　无规则线团　　链内碱基配对

图 6-11　DNA 的变性过程

DNA 的 T_m 值大小与下列因素有关:

(1) DNA 的均一性　均质 DNA 熔解过程发生在一个较窄的温度范围内,而异质 DNA 熔解过程发生在一个较宽的温度范围内。所以 T_m 可作为衡量 DNA 样品均一性的标准。

(2) 与分子中的 G-C 的含量有关　G 和 C 的含量高,T_m 值高。因而测定 T_m 值,可反映 DNA 分子中 G、C 含量,可通过经验公式计算:$(G+C)\% = (T_m - 69.3) \times 2.44$。

(3) 介质中的离子强度　一般离子强度较低的介质中,DNA 的熔解温度较低,而且熔解温度的范围较宽。而在较高离子强度时,DNA 的 T_m 值较高,且熔解温度的范围较窄。

(二) 复性

变性 DNA 在适当条件下,又可使两条彼此分开的链重新缔合成为完整的双螺旋结构,这一过程称 DNA 的复性。DNA 复性后,许多物理性质又得到回复。DNA 热变性后缓慢冷却处理过程称退火。

DNA 的复性受到温度的影响，只有温度缓慢下降才可使其重新配对复性。如果 DNA 变性后，将其迅速冷却到 4℃ 以下，则不能发生复性。实验证实，最适宜的复性温度是比 T_m 低 25℃。

（三）核酸的杂交

当不同来源的核酸变性后一起复性时，只要这些核酸分子中含有相同序列的片段，即可形成碱基配对，出现复性现象，形成杂种核酸分子，或称杂化双链，这一过程称为核酸的杂交。核酸的杂交在分子生物学和分子遗传学的研究中应用广泛，许多重大的分子遗传学问题都是用分子杂交来解决的。

第四节
核酸的分离提取与营养价值

一、核酸的分离提取

（一）DNA 的分离提取

真核生物 DNA 主要以核蛋白形式（DNP）存在于细胞核中，因此要从细胞中提取 DNA，必须先粉碎组织，裂解细胞膜和核膜，使核蛋白释放，再把蛋白质除去，再除去细胞中的糖类、脂类、RNA 等物质，沉淀 DNA，去除盐类、有机溶剂等杂质，得到纯化的 DNA。

DNP 在不同浓度的 NaCl 溶液中溶解度显著不同。DNP 在 0.14mol/L NaCl 溶液中溶解度最小，仅为水中的 1%。利用这一性质，可将细胞破碎后，用浓盐溶液提取，然后用水稀释至 0.14mol/L 盐溶液，使 DNP 纤维沉淀下来，使其缠绕在玻璃棒上，再溶解和沉淀多次以纯化。用苯酚抽提，除去蛋白质。苯酚是很强的蛋白质变性剂，用水饱和的苯酚和 DNP 一起振荡，冷冻离心，DNA 溶于上层水相，不溶性变性蛋白质残留物位于中间界面，一部分变性蛋白质停留在酚相。如此反复多次以除净蛋白质。将含 DNA 的水相合并，在有盐的条件下加 2 倍体积冷的乙醇，可将 DNA 沉淀下来。用乙醚和乙醇洗涤沉淀。此方法称为浓盐法，用此法可以得到纯的 DNA。

分离 DNA 的方法还有玻璃颗粒吸附法、酚-氯仿提取法、玻璃棒缠绕法、氯化铯密度梯度离心等方法。

（二）RNA 的分离提取

RNA 比 DNA 更不稳定，而且 RNA 水解酶（RNase）又无处不在，因此 RNA 提取更困难。所有 RNA 的提取过程中都有五个关键点，即：①焦碳酸二乙酯（DEPC）：是一种强烈但不彻底的 RNA 酶抑制剂；②异硫氰酸胍：目前被认为是最有效的 RNA 酶抑制剂；③氧钒核糖核苷复合物；④RNA 酶的蛋白抑制剂

(RNasin)；⑤其它：SDS、尿素、硅藻土等对 RNA 酶也有一定抑制作用。

目前常用的制备 RNA 方法有：①异硫氰酸胍－氯化铯超速离心法，本法已成为提取哺乳动物细胞 RNA 的常规方法；②盐酸胍－有机溶剂法，此法适用于没有超速离心设施的情况下提取细胞总 RNA，提取的 RNA 质量较好，但整个操作过程繁杂费时；③一步快速热酚抽提法，此法操作简便快速，可在 3h 以内处理大批样品，对大量或少量组织的细胞 RNA 提取均甚合适；④氯化锂－尿素法，适用于大量样品少量组织细胞的 RNA 提取。

二、聚合酶链式反应（PCR）

聚合酶链式反应（PCR）体外扩增 DNA 已成为应用最广泛的一种生物技术。这项技术的基本步骤是：

（1）变性　在高温条件下，DNA 双链解离形成单链 DNA。

（2）退火　当温度突然降低时引物与其互补的模板在局部形成杂交链。

（3）延伸　在 DNA 聚合酶、dNTPs 和 Mg^{2+} 存在的条件下，聚合酶催化以引物为起始点的 DNA 链延伸反应。

以上三步为一个循环，每一循环的产物可以作为下一个循环的模板，几十个循环之后，介于两个引物之间的特异性 DNA 片段得到了大量复制，通常可扩增 10^6 倍。

PCR 技术在医学、生物学、法医、转基因食品等方面都有广泛的应用。

三、核酸的营养价值及其与健康的关系

植物、动物性食品都含有核酸，目前市场上核酸产品很多，如珍奥核酸。

食物中的核酸被肠道中原本就存在的酶降解，变成了没有遗传功能的碱基、核苷、核苷酸，食物中核酸真正被吸收的是这三种物质，而不是具有遗传功能的核酸。核酸的营养体现在膳食核酸对三大营养素的吸收和利用起着调节作用。例如：在低蛋白情况下，核酸可以增加血中蛋白质的吸收和利用，消除低蛋白饮食造成的各种不良的影响；在脂质代谢中，核酸可增加血中高密度脂蛋白和多不饱和脂肪酸的含量，降低胆固醇的含量。核酸虽然对人体有益，但是并非多多益善，日安全补充剂量为 2.0g。

总之，核酸营养的根本就在于促进机体中每一个细胞的新陈代谢。

思考与练习

一、名词解释

核酸的一级结构　DNA 的熔解温度　帽子结构　反密码子　DNA 变性

二、简答题

1. DNA 和 RNA 分子组成上有什么区别?
2. 试述 RNA 的种类及生物学作用。
3. 简述 DNA 双螺旋结构模型的要点。
4. 原核生物和真核生物 mRNA 的结构有何异同?
5. 何谓 DNA 的复性和变性。
6. 何谓 PCR? 有何用途?

三、计算题

1. 如果人体有 10^{14} 个细胞,每个体细胞的 DNA 量为 6.4×10^9 个碱基对。试计算人体 DNA 的总长度是多少?是太阳-地球之间距离 (2.2×10^9 公里) 的多少倍?

2. 对一双链 DNA 而言,若一条链中 $(A+G)/(T+C) = 0.7$,则:

(1) 互补链中 $(A+G)/(T+C) = ?$

(2) 在整个 DNA 分子中 $(A+G)/(T+C) = ?$

(3) 若一条链中 $(A+T)/(G+C) = 0.7$,则互补链中 $(A+T)/(G+C) = ?$

(4) 在整个 DNA 分子中 $(A+T)/(G+C) = ?$

实验十四 核酸的提取与鉴定

目的要求

(1) 学习从生物材料中简便快速提取核酸的方法。
(2) 观察核酸中戊糖的颜色反应,了解定糖法定量测定核酸的原理。

实验原理

提取核酸前,生物材料(动植物组织或微生物)须进行预处理,即用冰冷的稀酸和有机溶剂除去酸溶性和脂溶性的杂质(本实验是定性实验,可省去繁琐的预处理步骤)。

预处理过的生物材料可用热酸法、冷酸法和碱法来提取核酸。热酸法是用 5% 三氯醋酸溶液在 90℃ 热温中处理生物材料 15min,使 DNA 和 RNA 释放为酸性物质而抽取出来,并与大部分不溶的蛋白质分开,将此抽取液进行戊糖颜色反应时,无蛋白干扰,此法迅速简便。

样液中 RNA 核糖与地衣酚(苔黑酚或 3,5-2 羟基甲苯)显绿色;DNA 脱氧核糖与二苯酚显蓝色，颜色深浅在一定范围内与抽样液中所含核糖与脱氧核糖的量成正比，这是用定糖法定量测定核酸的依据（定量测定核酸的方法还有定磷法、紫外吸收法等）。

试剂和器材

1. 试剂

（1）5%三氯醋酸。

（2）地衣酚试剂　将200mg地衣酚溶于100mL浓盐酸中，再加100mL $FeCl_3 \cdot 6H_2O$，临用时配制。

（3）二苯胺试剂　将1g二苯胺（A.R）溶于98mL冰醋酸（A.R）中再加入2mL浓硫酸（相对密度1.84），临用时配制。

2. 材料

干酵母100g。

3. 器材

三角瓶（50mL）（×1）；烧杯（250mL）（×1）；酒精灯、石棉网、玻璃棒、漏斗、温度计、试管、量筒（15mL）、洗耳球、移液管（1mL）（×1）、（2mL）（×1）、天平；定性滤纸等。

操作方法

（1）称取干酵母1g，置于50mL三角瓶中，加入5%三氯醋酸溶液10mL，用玻璃棒搅碎酵母块，然后将三角瓶放入90℃水浴中，加热时搅动内容物15min。

（2）将三角瓶中内容物过滤，用干净试管承接滤液（至少要得滤液3~4mL）。

（3）取一干净试管加入滤液1mL，再加地衣酚试剂2mL，摇匀，在沸水中加热5min，观察颜色变化。

（4）另取一干净试管加入滤液1mL，再加入二苯胺试剂2mL，摇匀，在沸水中加热20min，观察颜色变化。

注意事项

地衣酚试剂和二苯胺试剂均含有强酸，使用时要避免接触到衣物及皮肤。涮洗试管时，倾倒试剂要用大量水将废液冲稀。

思考题

（1）为什么操作方法（4）要用沸水浴加热20min而操作方法（3）中只用

加热5min？是因为酵母中RNA含量比DNA高吗？怎样用实验证明？

（2）本实验中RNA的鉴定方法会受到怎样的干扰？

实验十五　猪脾脏DNA的制备（浓盐法）

目的要求

了解从动物组织中提取基因组DNA的方法。

实验原理

DNA在生物体内是以与蛋白质形成复合物的形式存在的，因此提取出脱氧核糖核酸蛋白复合物（DNP）后，必须将其中的蛋白质除去。动物的胸腺、肝脏、脾脏，鱼类精子和植物种子的胚等含有丰富的DNA，可作为提取DNA的良好材料。动物和植物组织的脱氧核糖核蛋白可溶于水或浓盐溶液（如1mol/L氯化钠溶液），但在0.14mol/L盐溶液中的溶解度很低，而核糖核蛋白（RNP）则溶于0.14mol/L盐溶液中，利用这一性质可将脱氧核糖核蛋白与核糖核蛋白以及其它杂质分开，当核蛋白与氯仿一起振荡时，蛋白质变性而与核酸分开，核酸继续保留于水相中，再用乙醇将水相中的DNA沉淀出来。为除去DNA制品混杂的RNA，可用核糖核酸酶处理。大部分多糖在用乙醇或异丙醇分级沉淀时即被除去，如需要还可以进一步通过柱层析或电泳加以纯化。

试剂和器材

1. 试剂

0.1mol/L氯化钠-0.05mol/L柠檬酸钠（pH 7.0）缓冲溶液：先配制0.05mol/L，pH=7.0柠檬酸钠缓冲溶液，然后将氯化钠溶于此缓冲溶液中，使其最终浓度达到0.1mol/L。

10%氯化钠溶液；氯仿-异戊醇混合液（体积比为9∶1）；95%乙醇；无水乙醇。

2. 材料

新鲜猪脾脏或肝脏或小牛胸腺。

3. 器材

组织捣碎机，离心机，玻璃匀浆器。

操作方法

（1）取新鲜（或冰冻）的猪脾脏，除去血水和结缔组织，在冰浴上切成小块,称取20g,加入2倍体积的0.1mol/L氯化钠-0.05mol/L柠檬酸钠(pH=7.0)缓冲溶液,于组织捣碎机上高速匀浆5min。

(2)组织糜3000r/min离心15min,弃上清液。用50mL上述缓冲液洗涤沉淀2次,洗涤时用匀浆器研磨洗涤,每次如前离心。

(3)向最后得到的细胞核沉淀中加入6倍体积的10%氯化钠溶液,充分搅匀置冰箱中过夜,以充分提取DNP,溶液为黏稠状。

(4)将所得的半透明黏稠状液体,用滴管慢慢注入冷蒸馏水中,边加边轻轻搅动(NaCl的最终浓度为0.14mol/L),这时有白色丝状物——核蛋白析出,在冰箱中静置数小时,3000r/min离心15min,收集沉淀。

(5)将沉淀物再溶于4倍体积的10%氯化钠溶液中,迅速搅拌以加速溶解。加入1/2体积的氯仿-异戊醇混合液,剧烈振荡5min左右,3000r/min离心15min,得三层:上层为含有DNA和DNP的水层,下层为氯仿-异戊醇的有机溶剂层,变性蛋白质介于两层之间。

(6)吸出上面的水层,再用氯仿-异戊醇如前进行脱蛋白,直至界面处不再出现变性蛋白质为止。

(7)最后吸出上清液并将其注入2倍体积的95%乙醇中,用玻璃棒搅起白色纤维状DNA沉淀,沥干,用80%乙醇洗涤。尽量沥干乙醇后,铺开在表面皿上。置于真空干燥器内干燥,即得白色纤维DNA钠盐。

注意事项

(1)由于DNA主要存在于细胞核中,为了便于提取DNA,应严格控制胸腺破碎的条件,既要将细胞膜破碎,又要尽可能避免细胞核被破坏,导致DNA释放而被断裂。

(2)在用氯仿-异戊醇除去组织蛋白时,要剧烈振荡使蛋白变性。若振荡不够,蛋白质不能很好除去,则影响DNA制品的质量。

思考题

如何防止大分子核酸在提取过程中被降解和断裂?

第七章
酶

1. 掌握酶的化学本质以及酶促反应的特点，了解酶的分类和命名。
2. 掌握酶的分子组成和酶的活性中心。掌握酶促反应速率的影响因素。
3. 了解各种酶在生产中的应用。

第一节 概述

生物体内每时每刻都在进行着新陈代谢，它是生物体生命活动的基础。比如，植物能利用阳光、水、二氧化碳及无机盐等简单的物质，经过一系列变化合成复杂的糖、蛋白质和脂肪等物质；动物则利用食物中的糖、脂肪及蛋白质等物质，经过错综复杂的合成和分解反应，将其转变为自身的组分，并将代谢废物排出体外。在生物体中进行的这些复杂反应，是由无数个连续的化学反应组成，这些反应之间相互联系、相互制约。究竟是什么原因使这些生物体外无法进行或需要高温高压强酸强碱的特殊条件才能进行的反应，在生物体内温和的条件下却能有条不紊地进行呢？究其原因是因为这些反应都是在生物体内特异的催化剂——酶的催化下进行的。

酶（enzyme）是生物体活细胞产生的、具有催化活性和高度专一性的蛋白质。生物体中的各种化学反应，包括能量转化和物质转化，都需要特殊的酶参加催化。在生物化学中，通常把由酶催化进行的反应称为酶促反应。在酶的催化下，发生化学变化的物质称为底物，反应后的物质称为产物。

一、酶的化学本质及组成

（一）酶的化学本质

酶的化学本质是蛋白质。1926年美国生物化学钾 James B. Summer 第一次从刀豆中分离得到尿酶结晶，同时证明了尿酶的蛋白质本质。以后对陆续发现的 2000 多种酶的研究，也证明了酶的本质是蛋白质。

酶具有蛋白质属性主要表现在：酶的化学组成中，氮元素含量在 16% 左右；酶具有两性电解的性质，有确定的等电点；酶的相对分子质量很大，其水溶液具有亲水胶体的性质，不能透析；酶分子具有一、二、三、四级结构；受某些物理因素（加热、紫外线照射等）及化学因素（酸、碱、有机溶剂等）的作用变性或沉淀而丧失酶活性。

然而，并不是所有的酶都是蛋白质，1982 年美国科罗拉多大学的 T. R. Cech 等人发现四膜虫的 rRNA 在完全无蛋白的情况下能进行自我拼接，因而提出了核酶的概念。本章主要讨论蛋白质酶。

酶的化学本质是蛋白质，但不是说所有的蛋白质都是酶，只是具有催化作用的蛋白质才称为酶。

（二）酶的组成

根据酶分子组成的特点，酶可以分为单纯酶和结合酶，单纯酶的分子组成为蛋白质，不含非蛋白质物质，如大多数水解酶类；结合酶的分子组成中除蛋白质外，还有非蛋白质物质，如氧化还原酶。结合酶的蛋白质部分称为酶蛋白，非蛋白质部分称为辅因子，酶蛋白和辅因子结合形成的复合物称为全酶。只有全酶才有催化活性。酶的辅因子按其与酶蛋白结合的紧密程度不同可分为辅酶和辅基，与酶蛋白松弛结合的辅因子称为辅酶，可用透析或超滤的方法将全酶中的辅酶除去。在少数情况下，有的辅因子是以共价键或络合的形式和酶蛋白牢固结合在一起的，不易透析除去，这种辅因子称为辅基，如 K^+、Na^+、Mg^{2+}、Fe^{2+}、Zn^{2+} 等金属离子，对酶蛋白的构象有稳定作用。

辅酶或辅基数量有限，而酶蛋白种类多，每一种酶蛋白只能与特定的辅因子结合，即对辅酶或辅基有一定的选择性，如谷氨酸脱氢酶需辅酶I，若换做辅酶II则失去活性。同一种辅酶（基）往往可与多种不同的酶蛋白结合而表现出多种不同的催化作用，例如乳酸脱氢酶与苹果酸脱氢酶有同样的辅酶（NAD^+），但酶蛋白不同，催化不同的底物脱氢。可见，在全酶催化的反应中，酶蛋白和辅因子所起的作用是不同的，酶蛋白决定酶促反应的专一性，即和什么样的底物结合，辅酶或辅基则起传递电子、原子或某些化学基团的作用，即决定底物的反应类型。

二、酶催化作用的特点

（一）酶具有一般催化剂的特性

酶作为生物催化剂具有一般催化剂的特点。

1. 用量少而催化效率高

酶与一般催化剂一样，虽然在细胞中的相对含量很低，却能使反应速率指数成倍增加。

2. 不改变化学反应的平衡点

和一般催化剂一样,酶仅改变化学反应的速率,而不改变化学反应的平衡点,酶本身在反应前后也不发生变化。

3. 降低化学反应的活化能

酶和一般催化剂加速反应的机制相同,即降低化学反应的活化能,使普通分子吸收较少的能力就进入活化态,但不改变反应过程中自由能的变化。

(二) 酶促反应的特点

由于酶在本质上是蛋白质,具有生物大分子的特性,因此,它又具有一般催化剂没有的特点。

1. 高效性

酶促反应速率通常比非催化反应高出 $10^8 \sim 10^{20}$ 倍,比一般催化反应高 $10^7 \sim 10^{13}$ 倍,如用尿酶水解尿素的速度比酸水解尿素高 7×10^{12} 倍左右。

酶和一般催化剂加速反应的机制相同,即降低化学反应的活化能。所谓的活化能,是指一般分子成为参加化学反应的活化分子所需的能量。在一个热力学允许的化学反应中,并不是所有的分子都能参加反应,只有那些能量较高的分子即活化分子才能参加反应。酶和一般催化剂相比,能有效降低反应的活化能,使一般分子只需少量的能量就能进入活化状态。活化分子愈多,反应速率愈快。例如过氧化氢的分解,当无催化剂时,每摩尔的活化能为 75.3kJ,而过氧化氢酶存在时,每摩尔的活化能仅为 8.36kJ,反应速率可提高一亿倍(图 7-1)。

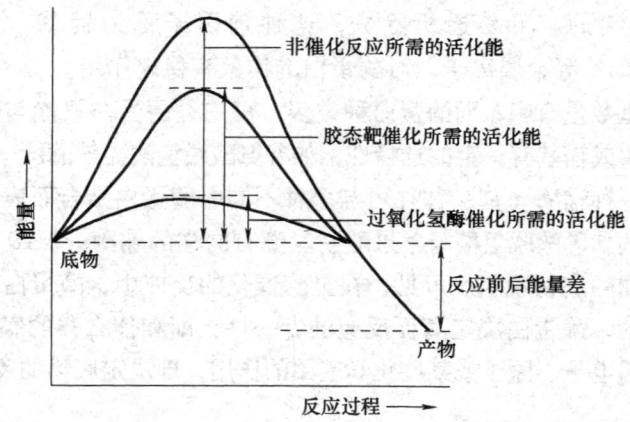

图 7-1 酶与一般化学催化剂降低反应活化能示意图

2. 专一性

酶对其所催化的底物具有严格的选择性,称为酶的专一性或特异性。酶的专一性可分为如下两类:

（1）结构专一性　按照专一性程度可分为：

① 绝对专一性：这类酶只作用一种底物催化一种反应，即对化学键及键两侧的基团种类都有要求。例如脲酶只催化尿素的分解，过氧化氢酶只催化过氧化氢的分解。

② 族专一性：这种酶作用于一类化合物，即对化学键的种类及一侧的基团种类有要求。如 α-葡萄糖苷酶只能作用于 α-葡萄糖苷键。

③ 键专一性　这种酶作用于某种化学键，即只对化学键的种类有要求。如脂酶能水解不同脂酸与醇所合成的酯键，二肽酶可水解由不同氨基酸所组成的二肽的肽键。

（2）立体异构专一性　按照立体异构的种类又分为：

① 旋光异构专一性：这类酶只对某一构型的化合物作用，而对其对映体无作用。例如 L-精氨酸酶只对 L-精氨酸起作用，而对 D-精氨酸无作用。

② 顺反异构专一性：这类酶只对顺式或反式双键起作用，如延胡索酸酶只能催化反丁烯二酸的水化反应，对顺丁烯二酸则无作用。

3. 可调性

生物体内的代谢活动，是由无数错综复杂的酶促反应组成的，这些反应具有一定的顺序性和连续性，反应之间彼此配合有条不紊地进行着，任一反应的错乱和失调，都会导致生物体代谢的紊乱，严重时甚至死亡。生物体为了保证正常的生命活动，在漫长的进化过程中，形成了自动调控酶活性的系统。调节控制酶活性的方式有多种，包括酶原的激活、酶的共价修饰调节、抑制剂调节、反馈调节和激素调节等。

4. 作用条件温和

酶的化学本质是蛋白质，在强酸、强碱、高温、高压等环境中易变性失活，故酶促反应一般要求在比较温和的条件下进行，如常温、常压、生理酸碱度等。

三、酶的命名与分类

（一）酶的分类

1. 根据酶蛋白质分子的结构特点分类

（1）单体酶　只有一条肽链的酶。这类酶不多，一般都是催化水解反应的酶。如溶菌酶、核糖核酸酶等。

（2）寡聚酶　由几个亚基甚至几十个亚基构成的酶。这些亚基可以是相同的，也可以是不同的，亚基间以非共价键相连，彼此易分开。如肌酸激酶、磷酸化酶 a。

（3）多酶复合物　指几种酶彼此嵌合形成的复合体，一般由 2~6 个功能相关的酶组成。它有利于一系列反应的进行，以提高酶的催化效率，同时便于对酶的活性进行调节。如脂肪酸合成酶系及丙酮酸脱氢酶系等多酶复合物。

2. 根据酶促反应的性质分类

1961 年，国际酶学委员会根据酶促反应的性质，将酶分成了六类：

（1）氧化还原酶类　即催化底物进行氧化还原反应的酶，如脱氢酶、氧化酶、过氧化物酶、羟化酶以及加氧酶类。例如乳酸脱氢酶、过氧化物酶、谷氨酸脱氢酶等。反应式如下：

$$A \cdot H_2 + B \rightleftharpoons A + B \cdot H_2$$

（2）转移酶类　催化不同物质分子间某种基团的交换或转移的酶，可以转移的基团有甲基、氨基、醛基、酮基、磷酸基和酰基等，如转甲基酶、转氨基酶、己糖激酶、磷酸化酶等。反应式如下：

$$A - R + B \rightleftharpoons A + B - R$$

（3）水解酶类　利用水使共价键分裂的酶，如淀粉酶、蛋白酶、酯酶等。反应式如下：

$$AB + H_2O \rightleftharpoons AOH + BH$$

（4）裂合酶类　催化一种化合物裂解为两种化合物，或两种化合物加合成一种化合物的酶，如脱羧酶、醛缩酶和柠檬酸合成酶等。反应式如下：

$$A - B \rightleftharpoons A + B$$

（5）异构酶类　促进同分异构体相互转化即分子内部基团重新排列的酶，如消旋酶、顺反异构酶等。如 6 - 磷酸葡萄糖异构酶。反应式如下：

$$A \rightleftharpoons B$$

（6）合成酶类　促进两分子化合物互相结合，同时使 ATP 分子中的高能磷酸键断裂的酶，如谷氨酰胺合成酶、谷胱甘肽合成酶、乳丙酮酸羧化酶、谷氨酰胺合成酶等。反应式如下：

$$A + B + ATP \rightleftharpoons A - B + ADP + Pi$$

（二）酶的命名

1. 系统命名法

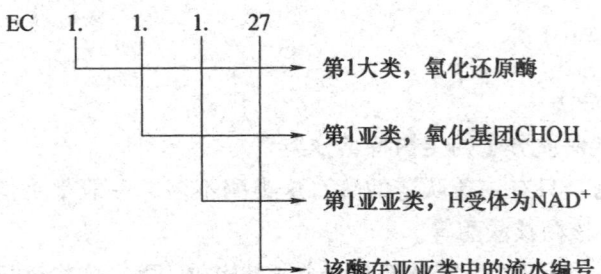

国际酶学委员会在制定酶的分类方法的同时，制定了与分类法相应的酶的系统命名法。在系统命名法中，一种酶只可能有一个系统名称。在科技文献中，一般使用酶的系统名称。系统名称包括底物名称及酶促反应类型，若有两种底物，它们的名称均应列出，并用"："隔开，若底物之一为水则可

略去。并附有 4 个数字的分类编号,编号前常冠以酶学委员会的缩写 EC。例如催化下列反应的乳酸脱氢酶的系统命名为 L-乳酸:NAD^+氧化还原酶,分类编号为 EC1.1.1.27。

$$L-乳酸 + NAD^+ \Longleftrightarrow 丙酮酸 + NADH + H^+$$

系统命名法根据酶的催化反应的特点,每一种酶对应一个名称,不至于混淆不清,一般在国际杂志、文献及索引中采用,但名称繁琐,使用不便,故为方便起见仍沿用习惯命名法。

2. 习惯命名法

习惯命名法是根据以下原则来命名的:

(1) 根据作用底物来命名,如淀粉酶、蛋白酶等。
(2) 根据所催化的反应类型命名,如脱氢酶、转移酶等。
(3) 两个原则结合起来命名,例如丙酮酸脱羧酶等。
(4) 根据酶的来源或其它特点来命名,如胃蛋白酶、胰蛋白酶等。

习惯命名法使用起来比较简单、通俗和方便,但缺乏系统性和严格性,有时会出现一酶数名或一名数酶的情况,造成一些混乱。

第二节
酶作用的机制

一、活性部位与必需基团

(一) 概念

酶分子中直接与底物特异性结合,并催化底物变成产物的空间区域称为酶的活性中心。

活性部位包括两个功能部位:一个是直接与底物结合的部位称为结合部位,它决定酶的专一性,即决定同何种底物结合;一个是催化底物变成产物的催化部位,即底物的键在此处被打断或形成新的键,它决定催化反应的类型。有时结合部位与催化部位是难以明确分开的,也就是说有的基团(在活性部位中的基团)既是结合基团,也是催化基团。对单纯酶而言,从一级结构上看,构成活性部位的这些基团相距可能很远,但通过链盘绕,形成高级结构时,这些基团可彼此靠近,形成一个特定构象的空间区域。对结合酶而言,辅因子或辅因子分子的某一部分往往也是构成活性部位的组成成分。

进一步而言,活性部位本质上是蛋白质多肽链上原本相距较远的一系列氨基酸残基经由折叠而形成的特定区域。在这个区域内,特定的、对于催化反应具有贡献的氨基酸残基的侧链基团的空间配置恰到好处,有助于酶与底物的结合,有助于底物的转变。

与酶的活性密切相关的基团称为酶的必需基团,包括—COOH、—NH$_2$、—OH、—SH等。必需基团包括活性部位,但必需基团不一定就是活性部位,例如维持酶分子高级结构所需的基团就不和底物结合或催化底物变成产物。若被化学修饰(如氧化、还原、酰化、烷化等)而使其改变,则酶的活性丧失(图7-2)。

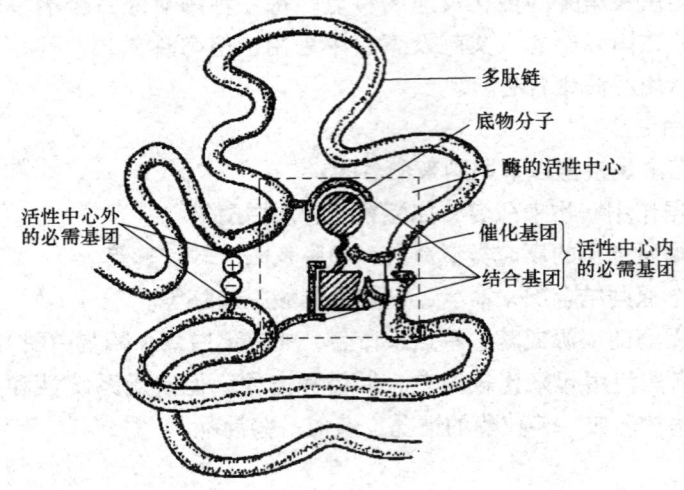

图7-2 酶活性中心示意图

(二)活性中心的特点

(1)活性部位存在于酶分子的表面,占每个酶分子体积的1%~2%。已知几乎所有的酶都由100个以上的氨基酸残基组成,而活性部位只有几个氨基酸残基。

(2)活性部位不是一个点,也不是一个面,而是一个错综复杂的三维结构(空间区域)。活性部位的三维结构是由酶的一级结构所决定且在一定条件下形成的。活性部分的氨基酸残基可能在一级结构上相距甚远,甚至位于不同的肽链上,通过肽链的盘绕、折叠而在空间结构上相互靠近。一旦空间结构受理化因素的影响导致活性部位破坏,酶即失去活性。

(3)活性部位的构象并非正好和底物互补,而是在酶和底物结合的过程中,底物或酶分子,有时是两者的构象同时发生了一定的变化后才互补的。

(4)酶的活性部位位于酶分子表面的一个裂缝内,底物分子结合到裂缝内并发生催化作用。

(5)底物通过次级键结合到酶上,主要的次级键有氢键、盐键、范德华力和疏水作用力等。

二、酶原的激活

(一) 概念

有些酶在分泌的时候是无活性的,我们把这种无活性的酶的前体称为酶原。酶原激活是酶原变成有活性的酶的过程。比如使蛋白质水解的消化酶在胃和胰脏中作为酶原合成,激活后成为蛋白水解酶。再如血液凝固系统的许多酶也是以酶原形式被合成的,被激活后起作用。

(二) 激活的机理

酶原的激活通常通过在一定条件下一个或几个特定的肽键断裂或水解掉一个或几个短肽来实现,酶的化学本质是蛋白质,具有一定的空间结构,一级结构的改变导致空间结构的改变,酶分子构象的改变使其形成或暴露出酶的活性中心。比如,胰蛋白酶刚从胰腺细胞分泌出来的时候,并不具有活性,随着食物一起流到小肠后,在 Ca^{2+} 环境下,受肠激酶的作用,切去 N 端的 6 肽,从而使肽链螺旋度增加,组氨酸、丝氨酸、缬氨酸、异亮氨酸等残基相互靠近,形成新的活性中心,于是,无活性的胰蛋白酶原就变成了有活性的胰蛋白酶(图 7-3)。

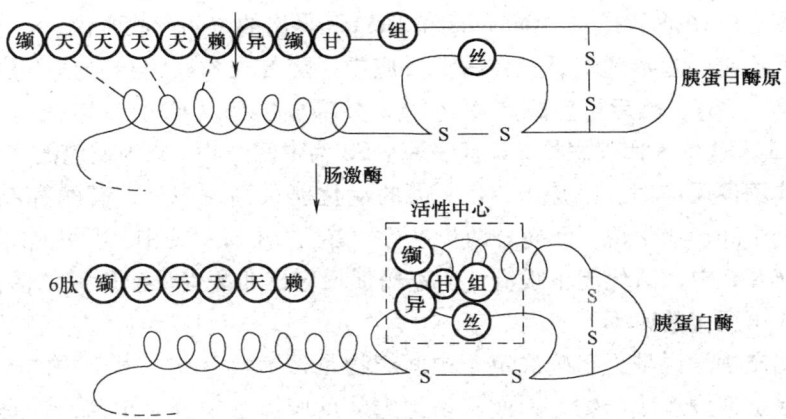

图 7-3 胰蛋白酶原激活示意图

(三) 生物学意义

(1) 避免细胞产生的酶对细胞进行自身消化,并使酶在特定的部位和环境中发挥作用,保证体内代谢正常进行。比如,胰脏中有丰富的胰蛋白酶抑制剂抑制蛋白酶的活性,酶原在胰脏中提前活化是胰腺炎的特征,临床上用胰蛋白酶抑制剂治疗。

(2) 有的酶原可以视为酶的贮存形式。在需要时,酶原适时地转变成有活性的酶,发挥其催化作用。

三、酶的催化机理

(一) 酶的催化作用与活化能

酶促反应为什么具有很高的效率呢？酶和一般催化剂加速反应的机制相同，即降低化学反应的活化能。所谓的活化能，是指一般分子成为参加化学反应的活化分子所需的能量。在一个热力学允许的化学反应中，并不是所有的分子都能参加反应，只有那些能量较高的分子即活化分子才能参加反应。

要使化学反应迅速进行，就应增加活化分子的数量，要想使一般分子变成活化分子，途径有两条：一是对反应体系增加能量，比如加热或者光照，一般分子吸收能量后变成活化分子；二是降低活化能，使一般分子不吸收或吸收很少的能量成为活化分子。而酶正是通过降低反应的活化能的途径，来增加活化分子的数量。活化分子愈多，反应速率愈快。例如过氧化氢的分解，当无催化剂时，每摩尔的活化能为 75.3kJ，而过氧化氢酶存在时，每摩尔的活化能仅为 8.36kJ，反应速率可提高一亿倍（见图 7-1）。

(二) 中间产物学说

酶为什么可以降低化学反应的活化能而体现出强大的催化效率呢？目前，比较圆满的解释是 1913 年 Michaelis 和 Menten 提出的中间产物学说。

中间产物的基本理论是：在酶促反应中，酶首先和底物结合成不稳定的中间配合物（ES），然后再生成产物（P），并释放出酶（E）。反应式为 S + E = ES→E + P，这里 S 代表底物，E 代表酶，ES 为中间产物，P 为反应的产物。

当非酶促反应时，反应 S→P 所需的活化能很高，但是，有酶存在的情况下，根据中间产物学说，反应分两步进行，首先 S + E→ES 中，活化能很低，随后 ES→E + P 中，活化能也很低，所以酶促反应比非酶促反应所需的活化能少，因而加快了反应的速率。

中间产物学说是否正确决定于中间产物是否确实存在。由于中间产物很不稳定，易迅速分解成产物，因此不易把它从反应体系中分离出来。但是有不少直接或间接证据表明中间产物确实存在，比如有人在溶菌酶的研究中，已制成它和底物形成复合物的结晶，并已得到了 X 衍射图，证明了 ES 复合物的存在。

(三) 酶专一性的假说

酶对底物有一定的选择性，为了解释酶作用的专一性，曾提出了不同的假说，主要的有"锁钥学说"和"诱导契合学说"。

1. 锁钥学说

锁钥学说认为整个酶分子的天然构象是具有刚性结构的，酶表面具有特定的形状。酶与底物的结合如同一把钥匙对一把锁一样。这一学说在一定程度上解释了酶促反应的特性。这个学说的局限性在于无法解释可逆反应，因为底物和产物的结构是不同的;只能解释绝对专一性,无法解释相对专一性和立体异构专一性;而且,酶活性中心并不像这个模型中显示的那样固定不变,酶的 X 射线衍射研究证明,酶与底物结合时,酶分子的构象的确是发生了变化。

2. 诱导契合学说

1958 年 D. E. Koshland 提出的"诱导-契合学说"克服了"锁钥学说"的缺点。按照这一学说,酶分子的构象和底物不相吻合,只有当酶和底物接近时,二者才相互诱导适应、变形,酶在底物的诱导下,形成活性中心,并与底物易受催化部位结合,使底物处于不稳定的过渡态,从而使底物转化成产物(图7-4)。诱导契合学说比较圆满地说明了酶的作用方式,并得到了某些酶(乳羧肽酶、溶菌酶)的 X 光衍射分析结果的支持。

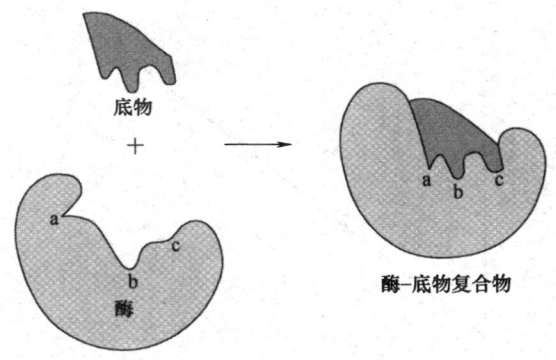

图 7-4 酶和底物结合示意图

第三节
酶促反应动力学

酶促反应动力学是研究酶促反应的速率以及影响此速率的各种因素的学科,影响酶促反应速率的因素包括酶浓度、底物浓度、pH、温度、抑制剂、激活剂等。研究酶促反应动力学的意义在于:在研究酶的结构与功能的关系以及酶的作用机制时,需要动力学提供实验证据;为了发挥酶催化反应的高效率,寻找最有利的反应条件;为了解酶在代谢中的作用及其与某些药物的作用机制提供线索。

一、酶促反应速率及测定

酶促反应速率可以用单位时间内底物的减少量和产物的生产量来表示。一般,在酶活力测定实验中,底物往往是过量的,底物的减少量只占总量的极小部分,测定时不易测准确,而产物从无到有,相对较易测准确。因此,在实际的酶活力测定中一般以测定产物的增加量为准。

产物生成量对反应时间作图,曲线的斜率表示单位时间内产物生成量的变化,所有曲线上任何一点的斜率就是相应时间的反应速率。酶促反应速率受多种因素的影响,随着时间的延长而降低,因此,测定酶活力应测定酶促反应的初速率,从而避免各种因素对反应速率的影响。

二、酶浓度对酶促反应速率的影响

在一定条件时,如果底物足够大,是过量的,并且反应体系中不含其它抑制剂或激活剂的作用,酶促反应的速率和酶浓度成正比。$V = k[E] (V \propto [E])$ 其中 K 为比例常数(图7-5)。

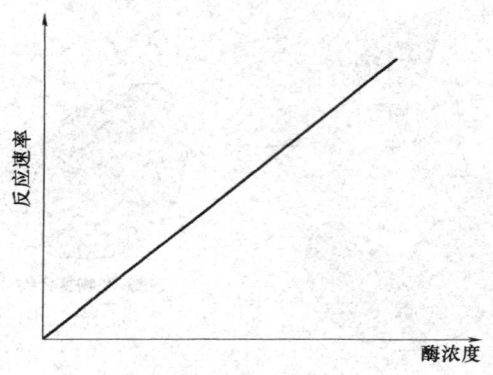

图7-5 酶浓度对酶促反应速率的影响

三、底物浓度对酶促反应速率的影响

(一)底物浓度与酶促反应速率的关系

在酶浓度、pH、温度等条件不变的情况下,底物浓度对酶促反应速率的影响如图7-6所示:在低底物浓度时,反应速率与底物浓度成正比,表现为一级反应特征;随着底物浓度的增高,反应速率不再按正比升高,反应表现为混合级反应;当底物浓度达到一定值时,底物浓度对反应速率的影响变小,反应速率接近最大值(V_{max}),此时再增加底物浓度,反应速率不再增加,表现为零级反应。

根据中间产物学说可以解释底物浓度对酶促反应速率影响的矩形双曲线,在酶浓度一定的条件下,当底物浓度很小时,酶未被底物饱和,这时反应速率取决于底物浓度;随着底物浓度变大,会生成更多的 ES,反应的速率取决于 ES 的浓度,故反应速率也随着增高;当底物浓度很高时,溶液中的酶全部被底物饱和,溶液中没有多余的酶,虽增加底物浓度也不会有更多的 ES 生成,因此,

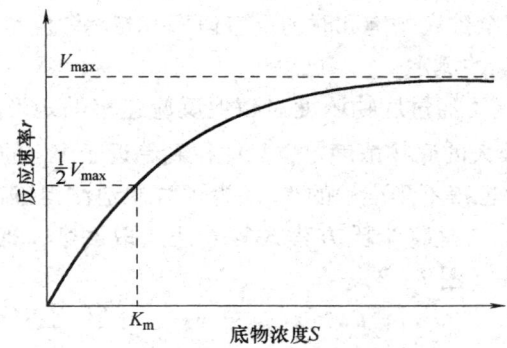

图7-6 酶浓度对酶促反应速率的影响

酶促反应速率和酶浓度无关,达到了最大值。

(二)米氏方程式

1913年,德国化学家Michaelis和Menten根据中间产物学说对酶促反应的动力学进行研究,推导出了表示整个反应中底物浓度和反应速率关系的著名公式,称为米氏方程。

$$V = \frac{V_{max}[S]}{K_m + [S]}$$

式中　[S]——底物浓度

　　　V——不同[S]时的反应速率

　　　V_{max}——最大反应速率

　　　K_m——米氏常数

从式中可见,当[S]≪K_m时,$V = (V_{max}/K_m)[S]$,即V正比于[S];当[S]≫K_m时,$V = V_{max}$,即[S]增大而v不变。

(三)K_m和V_{max}的意义

(1)由米氏方程可知,当反应速率等于最大反应速率一半时,即$V = 1/2 V_{max}$,$K_m = [S]$,由此可得米氏常数的物理意义,即K_m是反应速率达到最大速率一半时的底物浓度。因此,米氏常数的单位为mol/L。

(2)K_m是酶的一个特征性常数,K_m的大小只与酶的性质有关,而与酶浓度无关。K_m值随测定的底物、反应的温度、pH及离子强度而改变。因此,K_m作为常数只是对一定的底物、pH、温度和离子强度等条件而言。故对某一酶促反应,在一定条件下都有特定的K_m值,可用来鉴别酶。

(3)K_m值表示酶与底物之间的亲和程度,K_m值大表示亲和程度小,酶的催化活性低;K_m值小表示亲和程度大,酶的催化活性高。若一种酶可催化几种底物的反应,每种底物各有相应的K_m值,K_m值小的底物是该酶的最适底物。

(4) V_{max}是酶完全被底物饱和时的反应速率，与酶浓度呈正比。

（四）K_m 和 V_{max} 的测定

V_{max} 和 K_m 的测定可通过底物浓度对酶促反应速率的矩形双曲线图求得，但实际上，即使使用很大的底物浓度，也只能得到趋近于 V_{max} 的反应速率，而得不到真正的 V_{max}，因此也得不到准确的 K_m，为了方便地测得准确的 V_{max} 和 K_m，可采用双倒数作图法，它是将米氏方程式等号两边取倒数，即得到下面方程式，又称林－贝氏作图法（图7－7）。

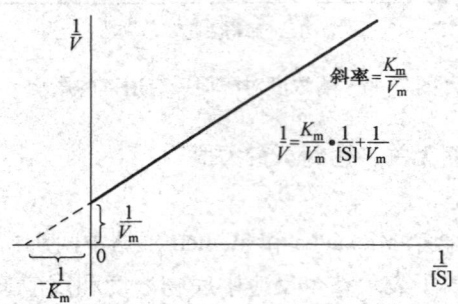

图7－7　双倒数作图

以 $1/V$ 对 $1/[S]$ 作图，得到一条直线，横轴截距为 $-1/K_m$，纵轴截距为 $1/V_{max}$。

四、温度对酶活力的影响

温度对酶促反应速率的影响表现在两个方面：一方面是随着温度的升高，反应速率加快，一般经验为每升高10℃，反应速率增加1~2倍；另一方面由于酶的化学本质是蛋白质，遇高温易变性失去活性，引起酶促反应速率的下降，酶所表现的最适温度是上述两种影响的综合结果。

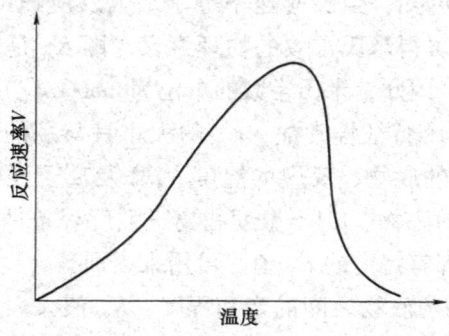

图7－8　温度对酶促反应速率的影响

一定条件下，用温度对酶促反应速率作图，可得到如图7-8所示的钟罩形曲线。从图上可以看出，温度较低时，速率随着温度升高而升高，但超过一定温度后，反应速率反而下降，因此，只有在某一温度下，反应速率达到最大值，这个温度称为酶反应的最适温度。一般而言，动物细胞内的酶最适温度在35～40℃，植物细胞中的酶最适温度稍高，通常在40～50℃，微生物细胞中的酶最适温度差别较大。

酶的最适温度不是酶的特征性常数，常受到其它条件如底物种类、作用时间、pH和离子强度等因素影响而改变。如最适温度随着酶促反应时间的长短而改变，由于温度使酶蛋白变性是随时间累加的。一般讲，反应时间长，最适温度低，反应时间短，最适温度高，因此只有在规定的反应时间内才能确定酶的最适温度。

五、pH对酶活力的影响

酶促反应速率受环境pH的影响，在一定的pH下，酶促反应具有最大速率，高于或低于此pH，酶促反应速率下降，通常将表现出酶最大活力的pH称为该酶的最适pH（图7-9）。大多数酶的最适pH在5～8，动物体的酶多在6.5～8.0，植物和微生物中的酶多在4.5～6.5，但也有例外，比如胃蛋白酶的最适pH为1.5，肝脏中精氨酸酶的最适pH为9.7。

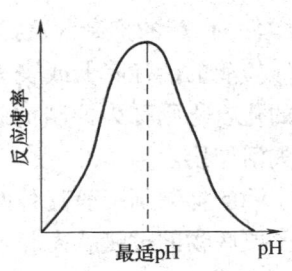

图7-9　pH对酶促反应速率的影响

pH影响酶活力的原因可能有以下几个方面：

（1）pH影响酶分子侧链基团的解离，改变它们的带电状态，从而使酶活性中心结构发生变化，影响酶和底物的结合，轻则降低酶的催化功能，重则变性失活。

（2）pH影响底物的解离状态，或者使底物不能和酶结合，或者结合后不能生成产物。

酶的最适pH不是酶的特征性常数，它受底物浓度、缓冲液的种类和浓度以及酶的纯度等因素的影响，因此最适pH只有在一定条件下才有意义。

六、激活剂对酶促反应速率的影响

凡能提高酶活性的物质，都称为激活剂，激活剂不同于辅因子，辅因子通常参与活性部位的形成；而激活剂通常是与酶的活性部位以外的部分结合，通过结合使酶的活性部位更适于与底物结合，提高活性，加速反应。

激活剂多为一些无机离子或简单的有机化合物。作为激活剂的无机离子有

Na^+、K^+、Ca^{2+}、Mg^{2+}、Cu^{2+}、Zn^{2+}、Co^{2+}、Cr^{2+} 及 Fe^{2+} 等，无机阴离子如 Cl^-、Br^-、I^-、CN^-、NO_3^-、PO_4^{3-} 等，如糖激酶需要 Mg^{2+} 来激活，唾液淀粉酶需要 Cl^- 来激活。一些小分子有机化合物如半胱氨酸、还原型谷胱甘肽等还原剂对某些含巯基的酶有激活作用，它们可使酶分子中的巯基维持还原状态而维持酶的活性。

一般情况下，一种激活剂对某种酶是激活剂，而对另一种酶则起抑制作用。比如 Mg^{2+} 对脱羧酶有激活作用，而对肌球蛋白腺苷三磷酸酶却有抑制作用。对于同一种酶，不同激活剂浓度会产生不同的作用。例如对于 $NADP^+$ 合成酶，当 Mg^{2+} 浓度为 $(5\sim10)\times10^{-3}$ mol/L 时起作用，但当浓度升高为 30×10^{-3} mol/L 时则酶活性下降。

七、抑制剂对酶促反应速率的影响

（一）酶的抑制剂及抑制作用

使酶的活性降低或丧失的现象，称为酶的抑制作用。能够引起酶的抑制作用的化合物则称为抑制剂。抑制作用不同于由于酶蛋白变性而引起酶活力丧失的失活作用。

酶的抑制剂一般具备两个方面的特点：一是在化学结构上与被抑制的底物分子或底物的过渡状态相似；二是能够与酶的活性中心以非共价或共价的方式形成比较稳定的复合体或结合物。而抑制剂之所以能抑制酶活性，是因为它破坏或改变了酶的活性中心，妨碍了中间产物的形成或分解。

酶的抑制剂多种多样，常见的毒物多是酶的抑制剂，比如有机磷化合物、有机汞化合物、有机砷化合物、重金属离子、氰化物、硫化物、CO 及一些烷化剂等。某些动物组织（如胰脏、肺）和某些植物组织（如大麦、燕麦、大豆、蚕豆、绿豆等）都能产生蛋白酶的抑制剂。也有一些抑制剂用于临床治疗，比如青霉素、磺胺类药物等。因此，研究酶的抑制作用，不仅是研究酶的结构和功能、酶的催化机制以及阐明代谢途径的基本手段，也可以为新药设计和新农药生产提供理论依据。

（二）抑制剂的分类

根据抑制剂与酶结合的紧密程度不同，抑制剂可以分为可逆的抑制剂和不可逆的抑制剂。

1. 不可逆的抑制作用

抑制剂与酶共价结合，不能用透析、超滤等简单物理方法解除抑制来恢复酶的活性，这类抑制作用称为不可逆抑制作用。如某些重金属离子（Hg^{2+}、Ag^+、Pb^{2+} 及 As^{2+}）对巯基酶不可逆的抑制；有机磷农药（敌百虫、敌敌畏、对硫磷等）对羟基酶不可逆的抑制；氰化物可与含铁卟啉的酶（如细胞色素氧化酶）中的 Fe^{2+} 不可逆地结合；青霉素可与糖肽转肽酶活性部位丝氨酸共价结合，而该酶在细菌细胞壁合成中使肽聚糖链交联，一旦酶失活，细菌细胞壁合成受阻，细菌不能生长。

2. 可逆的抑制作用

抑制剂与酶非共价结合，可以用透析、超滤等简单物理方法除去抑制剂来恢复酶的活性，这类抑制作用称为可逆的抑制作用。根据抑制剂与底物的关系，可逆抑制作用可分为三种类型。

（1）竞争性抑制剂　这类抑制剂的化学结构与底物相似，因而能与底物竞争与酶活性中心结合。当抑制剂与活性中心结合后，底物被排斥在活性中心之外，其结果是酶的催化活性降低了。底物与酶的结合也可阻止抑制剂与酶的结合，就是说底物和抑制剂与酶的结合是竞争性的。当底物和抑制剂都存在于溶液中时，酶能够形成酶-底物复合物的比例取决于底物和抑制剂的相对浓度以及酶对它们的亲和性。竞争性抑制通常可以通过增大底物浓度，即提高底物的竞争能力来消除。反应式如下：

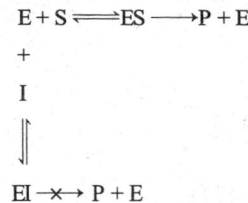

有些药物属于酶的竞争性抑制剂，比如磺胺类药物及磺胺增效剂就是典型的例子。对磺胺敏感的细菌生长繁殖时不能直接利用叶酸，而是在体内二氢叶酸还原酶的催化下，由对氨基苯甲酸、2-氨基-4-羟基-6-甲基蝶呤啶及谷氨酸合成二氢叶酸，二氢叶酸再进一步还原成四氢叶酸，四氢叶酸是细菌嘌呤核苷酸合成中的重要辅酶。磺胺结构与对氨基苯甲酸结构相似，是二氢叶酸还原酶的竞争性抑制剂；磺胺增效剂结构与二氢叶酸结构相似，是二氢叶酸还原酶的竞争性抑制剂。它们均可使细菌体内四氢叶酸的合成受阻，从而抑制细菌体内核酸的合成，达到抑菌作用。人不能自己合成叶酸，主要靠食物中摄取，故不受影响。

（2）非竞争性抑制剂　非竞争性抑制剂与底物结构不相似，两者没有竞争关系，抑制剂不影响酶和底物的结合，酶和底物的结合也不影响酶与抑制剂的结合。换句话说，抑制剂和底物可以同时和酶的不同部位结合，底物结合酶的活性中心，抑制剂结合活性中心外的部位，但形成的酶-底物-抑制剂复合物不能形成产物。非竞争性抑制作用的强弱取决于抑制剂的绝对浓度，不能用增强底物浓度的方法来消除抑制作用。其反应过程如下：

$$E + S \rightleftharpoons ES \longrightarrow P + E$$
$$+ \quad\quad +$$
$$I \quad\quad I$$
$$\updownarrow \quad\quad \updownarrow$$
$$EI + S \rightleftharpoons ESI \xrightarrow{\times} P + E$$

（3）反竞争性抑制剂　此类抑制剂的特点是酶先和底物结合，然后才与抑制剂结合，换句话说，抑制剂只和酶-底复合物结合，但形成的酶-底-抑制剂复合物既不能生成产物，也不能解离出游离酶，反应过程如下：

$$E + S \rightleftharpoons ES \longrightarrow P + E$$
$$+$$
$$I$$
$$\updownarrow$$
$$ESI \xrightarrow{\times} P + E$$

第四节　酶在食品工业中的应用

一、酶在食品加工中的应用

（一）酶在乳制品加工中的应用

1. 干酪的生产

全世界生产干酪所耗牛奶达1亿多吨，占牛乳总产量的1/4。干酪先是将牛乳用发酵剂发酵，然后加凝乳酶水解κ-酪蛋白，在酸性条件下，钙离子使酪蛋白凝固，再经切块、加热、压榨、熟化而成。

2. 分解乳糖

牛乳中含有4.5%的乳糖。乳糖是一种缺乏甜味且溶解度较低的双糖，难以消化。有些人饮乳后常出现腹泻、腹痛等症状，其原因在于身体中缺少乳糖酶，称为乳糖不耐症。而且由于乳糖难溶于水，常在炼乳、冰淇淋中呈砂状结晶析出，从而影响食品风味。将牛乳用乳糖酶处理，使乳中乳糖水解为半乳糖和葡萄糖即可解决上述问题。

3. 奶油增香

乳制品特有香味主要是加工时所产生的挥发性物质（如脂肪酸、醇、醛、酮、酯以及胺类等）所致。乳品加工时添加适量的脂肪酶可增加干酪和奶油的香味。将增香黄油用于奶糖、糕点等食品，可节约黄油用量，提高风味。

（二）酶在肉制品加工中的应用

（1）转谷氨酰胺酶能利用肉制品蛋白质肽链上的谷氨酰胺残基的甲酰胺基

为供体，赖氨酸残基的氨基为受体，催化转氨基反应，从而使蛋白质分子内或分子间发生交联。利用转谷氨酰胺酶和酪蛋白钠经过酶促反应重构小牛肉（用碎牛肉块重构肉组织）可获得良好的效果。用这种方法可以提高肉类加工厂的原料利用率，提高产品的出品率。另外，利用转谷氨酰胺酶处理香肠制品，可以避免香肠脱水收缩现象的发生。

（2）猪血富含蛋白质、脂肪、无机盐及多种维生素，素有"液体肉"之称，是良好的营养、补血、补钙剂。在动物血中，血红蛋白占血液蛋白质的2/3，血制品暗红色的不良感官性质，限制了血粉食品的消费市场，而血红蛋白的酶法脱色技术解决了这一难题。

（3）猪的胰脏提取的粗制胰酶，对肉起嫩化作用。粗胰酶配合组织中的蛋白酶，能够分解肌间结缔组织的胶原纤维，破坏结缔组织机构，使肉软化；同时，酶液中的蛋白酶也可作用于肌纤维，释放出多肽、氨基酸等，使肉的鲜味增加，促进肉品软化。此外，因酶解作用可使肉中水溶性氨基酸和水溶性钙、磷、锌、铜、铁大大增多，必然能显著改善肉品的风味和营养。经过酶处理的肉类，能全面提高肉品的利用价值。

（三）酶在果蔬加工中的应用

1. 水果罐头加工

制作橘子罐头时需除橘瓣囊衣，过去使用碱处理法，耗水量大，又费工费时。现采用黑曲霉产生的半纤维素酶、果胶酶和纤维素酶的混合物，可很好地除去橘瓣囊衣，而避免上述缺点。橘子罐头常出现白色浑浊，这是橘肉中橙皮苷造成的。采用橙皮苷酶，可将橙皮苷水解成为水溶性的橙皮素，可以消除橘子罐头的白浊现象。桃果实含有红色花青素，罐藏时同金属离子作用而呈紫褐色。采用花青素酶处理桃酱、葡萄汁等，即可脱色而提高经济价值。

2. 柑橘类脱苦

柑橘类脱苦问题历来是果品加工中的一大问题。橘子中的柠檬苦素是引起橘汁产生苦味的原因，利用球形节杆菌固定化细胞生产的柠檬酶处理即可消除苦味。

3. 果汁加工

水果中均含有果胶物质。果胶的重要特性之一，就是在酸性和高浓度的糖存在时，即可形成凝胶，这一性质是制造果冻、果酱的基础。但在果汁加工上，却造成了压榨、澄清的困难。现采用果胶酶处理破碎的果实，即可加速果汁过滤和促进澄清。

（四）酶在焙烤食品中的应用

1. 淀粉酶在焙烤食品中的作用

α-淀粉酶可用于改良面团的功效性质。小麦及黑麦面粉只含0.5%~1.0%

的可发酵糖,不能供给酵母生长所需的糖。如果面粉中 α-淀粉酶的活力不足,淀粉分解所产生的麦芽糖含量很低,面团起发性不好。因此面团中加入约 0.3% 的 α-淀粉酶可以改善面团的发酵性能。

2. 蛋白酶在焙烤食品中的作用

在面包制作过程中添加适当的蛋白酶,使面筋蛋白部分水解,可缩短 1/3 的调粉时间,同时面团的机械性能及组织结构也会得到改善。

3. 半纤维素酶在焙烤食品中的作用

研究表明,非淀粉多糖在面包制作过程中起到很重要的作用。白面粉、全麦粉及黑麦粉分别含有 2.5%~3%、5% 及 8% 的半纤维素,这些半纤维素在面团吸水能力方面起着重要作用。半纤维素酶尤其是戊聚糖酶可明显提高面团的发酵性能,降低面团的老化,增大面包体积。

4. 氧化酶类在焙烤食品中的作用

脂肪氧合酶,因其能氧化胡萝卜素,故能够漂白小麦面粉;脂肪氧合酶还可以作为面团改良剂,催化面粉中的不饱和脂肪酸产生氧化,形成氢过氧化物,氢过氧化物可以氧化蛋白质分子中的巯基(—SH),形成二硫桥(—S—S—),并能引诱蛋白质分子聚合,使蛋白质分子变得更大,从而增加面团的搅拌耐力。

葡萄糖氧化酶和过氧化物酶具有明显的改良面粉中面筋强度和弹性的作用,它与其它酶制剂和添加剂之间具有协同效应,用于烘焙面包等高筋粉的生产,均能获得理想效果。

(五)酶在酒类加工中的作用

1. 酶在果酒生产中的作用

在果酒生产中使用的酶制剂主要有果胶酶、纤维素酶、半纤维素酶、淀粉酶、蛋白酶和风味酶等。酶制剂在果酒生产中的作用有提高出汁率和缩短压榨时间;有利于汁液的澄清;提高过滤能力;应用于浸渍芳香物质,改善果酒风味;应用于提取色素物质,改善果酒的色泽等。

2. 酶在啤酒生产中的作用

酶制剂的应用为啤酒工业发展做出了巨大贡献,耐高温 α-淀粉酶、糖化酶、木聚糖酶、β-葡聚糖酶等在啤酒酿造中扮演了重要的角色。在啤酒酿造中添加 β-淀粉酶,有助于提高辅料利用率,添加蛋白酶能使高分子蛋白质分解成肽和氨基酸,这些含氮分解产物对于酵母的营养、啤酒泡沫的形成和持久性、啤酒的香气、风味及啤酒的非生物稳定性具有很重要的作用。蛋白酶还可用于处理啤酒的冷冻混浊。异淀粉酶能分解支链淀粉使之成为直链淀粉,在啤酒糖化过程中可大大提高麦汁麦芽糖含量,使二氧化碳充足,啤酒爽口性好。将酶制剂用于啤酒,不仅能促进淀粉原料的液化和糖化速度,还能节省用粮和降低啤酒成本。

一般酿造啤酒条件下，麦芽自身的酶不能将原料中所有淀粉分解为可发酵性糖，约1/3的淀粉变为非发酵性糊精，残留在啤酒中，成为啤酒热能源。在发酵醪液中添加葡萄糖淀粉酶，能将糊精分解为葡萄糖，再由酵母发酵成乙醇及二氧化碳。因此，调整麦汁到低糖度，可保持酒精度，减少总碳水化合物含量，得到低热量啤酒。

啤酒酿造发酵初期，酵母在发酵过程中生成α-乙酰乳酸，渐渐转换成双乙酰，双乙酰再转换成无味无臭的乙偶姻。在啤酒长期成熟中，α-乙酰乳酸能完全转变成乙偶姻。如在啤酒发酵初期添加α-乙酰乳酸脱羧酶能迅速将α-乙酰乳酸转换为乙偶姻，缩短啤酒成熟期。

啤酒发酵中生成的尿素与乙醇反应，在酒中会形成致癌物质氨基甲酸酯，如在乙醇存在下加入耐酒精的酸性尿酶可使酒内尿素含量降为零，从而阻止致癌物氨基甲酸酯的生成。

二、酶在食品贮藏中的应用

（一）葡萄糖氧化酶

葡萄糖氧化酶可催化葡萄糖与氧反应，生成葡萄糖酸和过氧化氢。因此，这种酶可作为除葡萄糖剂和除氧剂广泛应用于食品保鲜。比如，将酶液加入到包装的盐水中，对防止虾仁颜色的改变和酸败的产生效果更好。用葡萄糖氧化酶除去脱水蔬菜的糖分，可防止贮藏过程中发生褐变。瓶装橘子汁贮藏时因氧化而使色香味劣变，采用葡萄糖氧化酶和过氧化氢酶去氧，即可保持果汁原有的色香味。

（二）溶菌酶

溶菌酶能选择性地分解微生物的细胞壁，从而使微生物因内溶物渗出而死亡。溶菌酶对革兰氏阳性菌、好气性孢子形成菌、枯草杆菌及地衣型芽孢杆菌等都具有抗菌作用。溶菌酶对人体无害，安全性高，现已用在低度酒、香肠、奶油、糕点、面条、饮料及乳制品的防腐保鲜中。

（三）乳过氧化物酶

乳过氧化物酶广泛存在于自然的牛乳、人体和眼泪中，其本身单独存在时并没有杀菌作用，但与硫氰酸根和过氧化氢共同形成的乳过氧化物酶体系，可通过酶反应杀死微生物或使广谱微生物失活。添加过氧化氢和硫氰酸盐，可使鲜乳在2~4℃下多保存5~6d，而嗜冷性细菌数目不会增加。另外，用乳过氧化物酶体系鲜乳制作的干酪，可以防止卡门伯特干酪在制作和成熟过程中肠道细菌的生长。

三、酶工程

酶工程是指酶的工业化生产和酶制剂的大规模应用技术，它是现代化生物技术的重要组成部分。酶工程的主要内容有：酶的发酵生产、酶的分离纯化、酶的固定化生产、酶的修饰与酶的应用、酶反应器等。

天然酶是由生物体活细胞组成的，在工业化生产和大规模应用方面受到许多限制，因为酶的工业化生产条件和应用技术往往与生理环境相差甚远，许多酶的分离纯化工艺复杂，导致酶的生产和应用成本增加。为了解决上述问题，酶工程产生两个分支，即化学酶工程和生物酶工程，化学酶工程是通过化学的方法，对酶进行化学修饰和固定化生产，以及酶的人工模拟技术及应用，主要目的是提高酶的稳定性和催化效率，以便适用于现代化生产和大规模使用。生物酶工程是基因重组技术和酶学原理相结合的新型应用技术，主要包括用基因工程技术大量生产酶；修饰酶基因，产生遗传修饰；设计出新酶基因，合成自然界中从未有过的酶。

思考与练习

一、名词解释

酶　酶的活性中心　酶原的激活　K_m　酶的抑制剂　全酶

二、简答题

1. 酶促反应的特点是什么？
2. 写出米式方程式，并说出 K_m 和 V_{max} 的意义。
3. 什么是酶原的激活，酶原激活的机制和生物学意义是什么？
4. 影响酶促反应速率的因素有哪些？
5. 简述酶和一般催化剂的共性及个性。

技能训练

实验十六　酶的特性——底物专一性

目的要求

（1）了解酶的专一性。

（2）学会排除干扰因素，设计酶学实验。

实验原理

酶的专一性是指一种酶只能对一种底物或一类底物（此类底物在结构上通

常具有相同的化学键）起催化作用，对其它底物无催化反应。如淀粉酶只能催化淀粉水解，对蔗糖的水解并无催化作用。淀粉水解产物为葡萄糖，蔗糖水解产物为果糖及葡萄糖，这两种己糖的半缩醛基可与本尼迪试剂反应，生成氧化亚铜的砖红色沉淀。

本实验以唾液淀粉酶（内含淀粉酶及少量麦芽糖酶）和蔗糖酶对淀粉及蔗糖的催化作用，观察酶的专一性。

试剂和器材

1. 试剂

2% 蔗糖；1% 淀粉溶液（含 0.3% NaCl）。

本尼迪试剂：溶解 85g 柠檬酸钠和 50g $Na_2CO_3 \cdot 2H_2O$ 于 400mL 蒸馏水中；另溶 8.5g $CuSO_4 \cdot 5H_2O$ 于 50mL 热水中。将硫酸铜溶液缓缓倾入柠檬酸钠－碳酸钠溶液中，边加边搅匀，如有沉淀可过滤除去，此试剂可长期保存。

2. 材料

唾液淀粉酶溶液：先用蒸馏水漱口，再含 10mL 左右蒸馏水，轻轻漱动，约 2min 后吐出收集在烧杯中，即得清澈的唾液淀粉酶原液，根据酶活高低稀释 50～100 倍，即为唾液淀粉酶溶液。

蔗糖酶溶液：取 1g 干酵母放入研钵中，加入少量石英砂和水研磨，加 50mL 蒸馏水，静置片刻，过滤即得。

3. 器材

试管 1.5cm×15cm（×10），试管架；烧杯 100mL（×1），200mL（×1）；量筒 100mL（×1），10mL（×1）；玻璃漏斗；竹试管夹；水浴锅。

操作方法

1. 检查试剂

取 5 支试管，按下表操作：

操作项目	0	1	2	3	4
1% 淀粉溶液/mL		0.5			
2% 蔗糖溶液/mL			0.5		
蒸馏水/mL	2	1.5	1.5	1	1
唾液淀粉酶溶液/mL				1	
蔗糖酶溶液/mL					1
本尼迪试剂/mL	2	2	2	2	2
沸水浴 2～3min					
记录观察结果					

2. 淀粉酶的专一性

取 4 支试管，按下表操作：

操作项目	1	2	3	4
唾液淀粉酶溶液/mL	1	1		
煮沸的淀粉酶溶液/mL			1	1
1% 淀粉溶液/mL	0.5		0.5	
2% 蔗糖溶液/mL		0.5		0.5
摇匀置 37℃ 水浴保温 15min				
本尼迪试剂/mL	2	2	2	2
沸水浴 2~3min				
记录观察结果				

3. 蔗糖酶的专一性

取 4 支试管，按下表操作：

操作项目	1	2	3	4
蔗糖酶溶液/mL	1	1		
煮沸的蔗糖酶溶液/mL			1	1
1% 淀粉溶液/mL	0.5		0.5	
2% 蔗糖溶液/mL		0.5		0.5
摇匀置 37℃ 水浴保温 15min				
本尼迪试剂/mL	2	2	2	
沸水浴 2~3min				
记录观察结果				

注意事项

（1）蔗糖酶的粗提液中可能混有部分具有还原性的物质，可使斑氏试剂还原变绿，此时可将蔗糖酶提取液适当稀释。

（2）煮沸使酶液失活时，要反复煮沸几次，以便其中的酶彻底失活。

思考题

（1）观察酶专一性试验为什么要设计这3组实验？每组各有什么意义？
（2）请写出淀粉中糖苷键的类型、结构和蔗糖的结构式？

实验十七　酶活力的影响因素

I．温度对酶活性的影响

目的要求

通过检验不同温度下唾液淀粉酶的活性，了解温度对酶活性的影响。

实验原理

酶作为生物催化剂与一般催化剂一样呈现温度效应，酶促反应开始时，反应速度随温度升高增快，达到最大反应速度时的温度称为某种酶的最适温度。由于绝大多数酶是有活性的蛋白质，当达到最适温度后，继续升高温度，引起蛋白质变性，酶促反应速度反而逐步下降，以致完全停止，但低温一般不能使酶失活。酶的最适温度不是一个常数，它与作用时间长短有关。测定酶活性均在酶促反应最适温度下进行。大多数动物来源的酶最适温度为37～40℃，植物来源的酶最适温度为50～60℃。

试剂和器材

1. 试剂

0.2%可溶性淀粉的0.3%氯化钠溶液。

碘化钾-碘溶液：称取碘化钾20g及碘10g溶于100mL水中，使用前稀释10倍。

2. 材料

稀释100倍的唾液。

3. 仪器

试管1.5cm×10cm（×4）；移液管1mL（×2），2mL（×1）；量筒100mL（×1）；水浴锅；冰浴锅（0℃）；烧杯；酒精灯；白瓷板；胶头滴管等。

操作方法

淀粉和可溶性淀粉遇碘变蓝。糊精按其分子大小，遇碘可呈蓝、紫、暗褐及红色,最简单为糊精遇碘不呈颜色,麦芽糖遇碘也不呈颜色,在不同温度下,淀粉被唾液淀粉酶水解的程度可由水解混合物遇碘呈的颜色来判断。

取 3 支试管,编号后按下表加入试剂:

操作项目	管号		
	1	2	3
淀粉溶液/mL	1.5	1.5	1.5
稀释唾液/mL	1	1	
煮沸的稀释唾液/mL			1

摇匀后,将 1 号、3 号两试管放入 37℃ 恒温水浴中,2 号试管放入冰水浴中,10min 后取出(将 2 号试管内液体分为两半),用碘化钾-碘溶液来检验 1、2、3 管内淀粉被唾液淀粉酶水解的程度,记录并稀释结果,将 2 号管剩下的一半溶液放入 37℃ 水浴中继续保温 10min 后,再用碘液试验,结果如何?

Ⅱ. pH 对酶活性的影响

目的要求

了解 pH 对酶活性的影响,学习测定酶的最适 pH 的方法。

实验原理

酶的催化活性与环境 pH 有密切关系,通常各种酶只在一定 pH 范围内才具有活性,酶活性最高时的 pH,称为酶的最适 pH。高于或低于此 pH 时酶的活性逐渐降低。酶的最适 pH 不是一个特征物理常数,对于同一个酶,其最适 pH 因缓冲液和底物的性质不同而有差异。本实验观察 pH 对唾液淀粉酶的影响,唾液淀粉酶的最适 pH 约为 6.8。

试剂和器材

1. 试剂

含 0.3% NaCl 的 0.5% 淀粉溶液、0.2mol/L 磷酸氢二钠、0.1mol/L 柠檬酸溶液、碘化钾-碘溶液。

2. 材料

稀释 100 倍的唾液。

3. 仪器

试管 1.5cm×15cm(×4);三角瓶 50mL(×5);移液管 1mL(×2),2mL(×2),5mL(×1),10mL(×1);量筒 100mL(×1);恒温水浴;白瓷板;胶头滴管。

精密 pH 试纸：pH = 3.5 ~ 5.4、pH = 5.5 ~ 9.0。

操作方法

取 4 个标有号码的 50mL 锥形瓶，用吸管按下表添加 0.2mol/L 磷酸氢钠溶液和 0.1mol/L 柠檬溶液以制备 pH 5.0 ~ 8.0 的四种缓冲液。

编号	0.2mol/L 磷酸氢二钠/mL	0.1mol/L 柠檬酸溶液/mL	pH
1	5.15	4.85	5.0
2	6.05	3.95	5.8
3	7.72	2.28	6.8
4	9.72	0.28	8.0

从四个锥形瓶中各取缓冲液 2mL，分别注入 4 支带有号码的试管中，随后于每个试管中添加 0.5% 淀粉溶液 1mL 和稀释 100 倍的唾液 1mL，向各试管中加入稀释唾液的时间间隔各为 1min，将各试管内容物混匀，并依次置于 37℃ 恒温水浴中保温。

待向第 4 管加入唾液 2min 后，每隔 1min 由第 3 管取出一滴混合液，置于白瓷板上，加一小滴碘化钾 – 碘溶液，检验淀粉的水解程度，待混合液变为橙黄色时，向所有的试管依次添加 1 ~ 2 滴碘化钾 – 碘溶液，添加时间间隔从第 1 管起，亦均为 1min。

观察各试管内容物呈现的颜色，分析 pH 对唾液淀粉酶活性的影响。

Ⅲ. 激活剂及抑制剂对酶活性的影响

目的要求

了解激活剂及抑制剂对酶活性的影响。

实验原理

在酶促反应过程中，酶的活力受激活剂和抑制剂的影响，氯离子是唾液淀粉酶的激活剂，而铜离子则为其抑制剂。

试剂和器材

1. 试剂

0.1% 淀粉溶液；1% 氯化钠溶液；1% 硫酸铜溶液；1% 硫酸钠溶液；碘化钾 – 碘溶液。

2. 材料

稀释 100 倍的唾液。

3. 仪器

试管 1.5cm×15cm(×5)；移液管 1mL(×4)，2mL(×2)，量筒 100mL(×1)；恒温水浴；白瓷板；胶头滴管。

操作方法

取 4 支试管，按下表依次加入试剂：

编号	1	2	3	4
0.1% 淀粉溶液/mL	1.5	1.5	1.5	1.5
稀释唾液/mL	0.5	0.5	0.5	0.5
1% 氯化钠溶液/mL	0.5			
1% 硫酸铜溶液/mL		0.5		
1% 硫酸钠溶液/mL			0.5	
蒸馏水/mL				0.5
37℃恒温水浴中保温 10min				
碘化钾 - 碘溶液/滴	2	2	2	2
现象				

注意事项

（1）此实验中要注意每组实验中各试验管中的处理条件要一致：样品加入量要一致，酶促反应时间要相同。

（2）pH 对酶活力影响实验中，各管的 pH 如与要求不符，可用氢氧化钠及柠檬酸溶液进行调整。

思考题

（1）分析得出的结果完成实验报告。

（2）分析激活剂及抑制剂对酶活力影响实验中第 3 管的意义。

第八章
维 生 素

1. 掌握维生素的概念及分类，掌握 B 族维生素的种类及生理作用。
2. 熟悉脂溶性维生素的种类及生理作用，熟悉维生素 C 的特点及生物学活性。
3. 了解维生素的发现过程，了解维生素在食品加工、贮藏过程中的变化。

第一节 概述

一、维生素的概念

维生素是参与生物生长发育和代谢所必需的一类微量有机物质。这类物质由于体内不能合成或者合成量不足，所以必需由食物供给。它与糖、脂、蛋白质和核酸等生命物质不同，在体内含量极少，每日的需要量也甚少。在生命活动中，它们既不是构成机体组织的成分，也不是体内供能物质，绝大多数维生素作为酶的辅酶或辅基的组成成分，在调节物质代谢和维持生理功能等方面发挥着重要作用。机体缺乏维生素时，物质代谢发生障碍。各种维生素的生理功能不同，缺乏时会发生不同的疾病，这种由于缺乏维生素而引起的疾病称维生素缺乏症。对人体、动物体，多数维生素是体内不能合成或合成量不能满足机体的需要，必须从食物中摄取，属外源性物质。

维生素习惯上用拉丁字母 A、B、C、D 来命名，但这种命名方法并不代表维生素被发现的先后次序；也有根据它们的化学结构特点和生理功能命名的，如硫胺素、抗糙皮病维生素等；还有在发现时以为是一种，后来证明是多种维生素混合存在，便又在拉丁字母下方注 1、2、3 等数字加以区别，如 B_1、B_2、B_6 等。

二、维生素的分类

维生素都是小分子有机物质，它们在化学结构上无共同性，有脂肪族、芳香族、脂环族、杂环和甾类化合物等。根据溶解性质不同将维生素分为脂溶性维生素和水溶性维生素两大类。脂溶性维生素有维生素 A、维生素 D、维生素 E、维生素 K。水溶性维生素有 B 族维生素（维生素 B_1、维生素 B_2、维生素 PP、维生素 B_6、泛酸、生物素、叶酸、维生素 B_{12}、硫辛酸等）和维生素 C。

水溶性维生素常在酶促反应中起着辅助因子的作用。水溶性维生素不能在体内贮存或贮存量很少，并很容易消耗，故每天需要补充。

第二节 脂溶性维生素

维生素 A、维生素 D、维生素 E、维生素 K 等不溶于水，而溶于脂肪及脂溶剂中，称为脂溶性维生素。当脂质吸收不良时，脂溶性维生素的吸收大为减少，甚至会引起缺乏症。

一、维生素 A

（一）来源

维生素 A 是一个具有脂环的不饱和一元醇，通常以视黄醇酯的形式存在。维生素 A 只存在于动物性食物中，鱼肝油中含量较多，包括维生素 A_1 和维生素 A_2 两种。维生素 A_1 即视黄醇，主要存在于哺乳动物和咸水鱼的肝脏中；维生素 A_2 即 3-脱氢视黄醇，主要存在于淡水鱼肝脏中。在高等植物和动物中普遍存在的 β-胡萝卜素可转化为维生素 A。

（二）结构

维生素 A 是不饱和一元醇类。分子中环的支链为两个 2-甲基丁二烯（1，3）和一个醇基所组成，整个支链为 C_9 的不饱和醇。维生素 A_1、维生素 A_2 分子式如下：

维生素 A_1

维生素 A_2

（三）性质

维生素 A_1 一般为黄色黏性油体，纯体可结晶为黄色三棱晶体，熔点 63℃。维生素 A_2 尚未制成晶体。

维生素 A 不溶于水，而溶于油脂和乙醇，易氧化，在无氧条件下，相当耐热。对碱也有耐力，易被紫外线所破坏。有特异的紫外光吸收光带，在氯仿和乙醇溶液中，维生素 A_1 的吸收峰在波长 328nm 处，维生素 A_2 的吸收峰在波长 345nm 处及波长 350nm 处。在乙醇溶液中，维生素 A_1 与三氯化锑作用产生的蓝色溶液在波长 620nm 处有一特殊吸收光带，维生素 A_2 在波长 693nm 处和波长 697nm 处各有一吸收光带。

（四）功能

维生素 A 除了促进年幼动物生长外，其主要功能为维持上皮组织的健康及正常视觉，还有助于动物生殖和泌乳。最近研究指出，维生素 A 与代谢也有关系。

（五）缺乏和过多的影响

(1) 上皮组织结构改变，呈角质化。皮肤干燥，成磷状。呼吸道表皮组织改变，易受病菌侵袭。有的患者因肠胃黏膜表皮受损而引起腹泻。在儿童还偶有因缺乏维生素 A 引起眼角膜和结膜变质、牙釉和骨质发育不全。大人、小孩长期缺乏维生素 A 都会导致泪腺分泌障碍产生干眼病（眼结膜炎）。动物缺乏维生素 A，生殖和泌乳也不正常，易发生流产和乳汁分泌少。

(2) 视紫红质不足，对暗光适应能力减弱，发生夜盲症。

(3) 引起代谢失调，如某些器官的 DNA 含量减少，黏多糖（硫酸软骨素）的生物合成也受阻碍。

维生素 A 较易被正常肠道吸收，但不直接随尿排泄，因而摄取过量是有害的。早期症状为易怒、食欲不振、皮肤发痒、脱毛、头痛、口角开裂等症状。

二、维生素 D

维生素 D 具有抗佝偻病作用，又称抗佝偻病维生素。已确知有 4 种，即维生素 D_2、维生素 D_3、维生素 D_4、维生素 D_5，均为类固醇衍生物，其中维生素 D_2 和维生素 D_3 较为重要。

（一）来源

只在动物体内含有维生素 D，鱼肝油中含量最丰富。动、植物组织中含有能转化为维生素 D 的固醇类物质，经紫外光照射可转变为维生素 D。目前尚不能用人工方法合成，只能用紫外光照射维生素 D 元的方法来制造。

（二）结构

维生素 D 是固醇类物质。维生素 D_2、维生素 D_3、维生素 D_4 及维生素 D_5 的分子有共同的核心结构，在结构上极相似，仅支链 R 不同。

（三）性质

维生素 D 为无色晶体，不溶于水而溶于油脂及脂溶剂，相当稳定，不易被酸、碱或氧化破坏。

维生素 D 的通式

(四)功能

维生素 D 调节钙、磷代谢,维持血液正常的钙、磷浓度,从而促进钙化,使牙齿、骨骼发育正常。在体内的活性形式是 1,25 - 二羟胆钙化醇。维生素 D_3 在肝脏中羟基化为 25 - $(OH)D_3$,在肾脏中再羟基化为 1,25 - $(OH)D_3$。

(五)缺乏和过多的影响

维生素 D 摄食不足,不能维持钙的平衡,儿童骨骼发育不良,产生佝偻病。患者骨质软弱,膝关节发育不全,两腿成内曲或外曲畸形。成人则产生骨骼脱钙作用;孕妇和哺乳妇女的脱钙作用严重时导致骨质疏松症,患者骨骼易折,牙齿易脱落。缺乏维生素 D 的人和动物的血钙浓度较正常低,钙、磷的保留量也小。

机体只能从胆汁排出过多的维生素 D,维生素 D 如摄食过量则会中毒。早期症状为乏力、疲倦、恶心、头痛、腹泻等,较严重时引起软组织(包括血管、心肌、肺、肾、皮肤等)的钙化,导致重大疾病。

三、维生素 E

维生素 E 又称生育酚或抗不育维生素,已知有 8 种,其中 4 种(α、β、γ、δ - 生育酚)较为重要,α - 生育酚的效价最高。动物组织的维生素 E 都是从食物中取得的。

(一)来源

维生素 E 分布很广,以动植物油含量较多。此外,蛋黄、牛乳、水果等都含有。植物的绿叶能合成维生素 E,动物不能。动物组织中的维生素 E 都是从食物中获得的。

(二)结构

维生素 E 是属于生育酚类化合物。由一个 6 - 羟色环同一个支链($C_{16}H_{33}$)组成,各种生育酚都具有相同的基本结构。不同生育酚结构上的差异仅在 R_1、R_2 及 R_3 三个原子基团。

生育酚的通式

(三)性质

维生素 E 为淡黄色无嗅无味油状物,不溶于水而溶于油脂。不易被酸、碱和热破坏,无氧条件下热至 200℃ 也稳定。极易被氧化、易被紫外光破坏,在波长 259nm 处有吸收峰。

(四) 功能

维生素 E 极易被氧化而保护其它物质不被氧化，是动物和人体中最有效的抗氧化剂。它对抗生物膜磷脂中不饱和脂肪酸的过氧化反应，因而避免脂质中过氧化物产生，保护生物膜的结构和功能。维生素 E 与动物生殖有关，动物缺乏时，其生殖器官受损而不育。维生素 E 与维持骨骼肌、心肌、平滑肌和周围血管的正常功能有关，可防止有关肌肉萎缩。维生素 E 能促进血红素的合成。

(五) 缺乏和过多的影响

动物长期缺乏维生素 E 可以导致：

(1) 生殖系统的上皮细胞毁坏，雄性睾丸退化，不产生精子，雌性流产或胎儿被溶化吸收。

(2) 肌肉（包括心肌）萎缩，形态改变，代谢反常。

(3) 血胆固醇水平增高，红细胞破坏，发生贫血。

维生素 E 摄食过量无毒性，因为大部分可在肝脏中与葡萄糖醛酸结合由尿排出，或以生育酚状态通过肝脏随胆汁排到消化管，同粪便排出体外。

四、维生素 K

维生素 K 是一类能促进血液凝固的萘醌衍生物。1929 年，H. Dam 发现。有维生素 K_1、维生素 K_2、维生素 K_3 三种，维生素 K_1、维生素 K_2 为天然产物，维生素 K_3 为人工合成品。

(一) 来源

猪肝、蛋黄、苜蓿、白菜、菠菜、菜花、甘蓝和其它绿色蔬菜都含有丰富的维生素 K。腐鱼肉含维生素 K 最多，人和动物肠内的细菌能合成维生素 K。

(二) 结构

维生素 K_1、维生素 K_2 的化学结构极为相似，都是 2 - 甲基萘醌的衍生物，其结构式如下：

$$\text{维生素 } K_1$$

$$\text{维生素 } K_2$$

(三) 性质

维生素 K_1 为黄色油状物。维生素 K_2 为黄色晶体，溶于油脂及有机溶剂，如乙醚、丙酮等，耐热，但易被光破坏。

（四）功能

维生素 K 的主要作用是促进血液凝固，因维生素 K 是促进肝脏合成凝血酶原的重要因素。

（五）缺乏和过多的影响

动物缺乏维生素 K，血凝时间延长。成人一般不易缺乏维生素 K。有维生素 K 缺乏病状的人，必伴有其它生理功能不正常的情况，如胆管阻塞，或因肠道疾病妨碍维生素 K 的吸收。

新生婴儿肠内无菌，不能合成维生素 K，身体本身又无贮存，故易因维生素 K 的缺乏而出血，应当在出生前增加母体的维生素 K 含量。

大剂量维生素 K 可引起动物贫血、脾肿大和肝肾伤害。对皮肤和呼吸道有强烈刺激，有时还引起溶血。

第三节

水溶性维生素

一、维生素 C

维生素 C 能防治坏血病，又称抗坏血酸。

（一）来源

维生素 C 的主要来源是新鲜水果和蔬菜。水果中橙类含量最多，其中包括橙子、柠檬和橘子等。蔬菜中辣椒的维生素 C 含量最多。

（二）结构

维生素 C 为酸性己糖衍生物，是烯醇式己糖酸内酯。有 L - 和 D - 型两种异构体，只有 L - 型有生理功效。

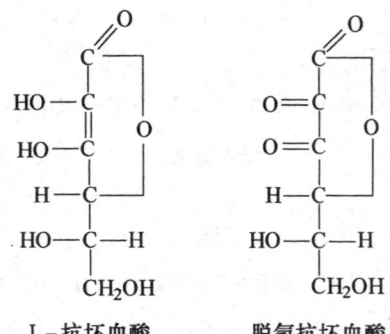

L - 抗坏血酸　　脱氢抗坏血酸

（三）性质

抗坏血酸为无色晶体，熔点 192℃，味酸，溶于水及乙醇。不耐热，易被光及空气氧化。

抗坏血酸可还原2,6-二氯靛酚使之褪色,亦可与2,4-二硝基苯肼结合成有色的脎,定性或定量测定。

(四) 功能

维生素 C 的重要作用之一是促进各种支持组织及细胞间黏合物的形成。维生素 C 可增进脯氨酸羟化酶的活性,促进脯氨酸转化为羟脯氨酸。维生素 C 对生物氧化有重要作用,可在细胞呼吸链中作为细胞呼吸酶的辅助物质,促进体内氧化作用。维生素 C 在某些代谢中的功用包括:在酪氨酸代谢中起促进作用,可促进叶酸转化为四氢叶酸,调节胆固醇代谢,与糖代谢有关等。此外,维生素 C 还有增强机体抗病力及解毒的作用。

(五) 缺乏和过量的影响

由于维生素 C 有多种生理功能,缺乏时就可能引起多种症状。其中最显著的是坏血病症状,毛细血管易出血和牙齿、骨骼发育不全或退化。原因是细胞间的黏合物质和作为基质的胶原蛋白改变,胶原蛋白束消失,基质的多聚化解体。

二、B 族维生素与辅酶

(一) 维生素 B_1 与脱羧辅酶

1. 来源

酵母中含维生素 B_1 最多。其它食物中虽普遍含有维生素 B_1,但含量都不高,其中五谷类含量较高,多集中在胚芽及皮层中。瘦肉、核果和蛋类的含量也较多。白菜和芹菜中含量较多。在动物和酵母体内,维生素 B_1 主要以焦磷酸硫胺素形式存在。在高等植物体内有自由维生素 B_1 存在。

2. 结构

维生素 B_1 由一含 S 的噻唑环和一含 NH_2 的嘧啶环组成,又称硫胺(素)。

3. 性质

维生素 B_1 盐酸盐为无色结晶,溶于水,在酸性溶液中稳定,在中性和碱性溶液中易被氧化,在碱性溶液中不耐高热。在普通烹调条件下损失并不大;有特殊香气,微苦。维生素 B_1 溶液呈现两条紫外线吸收光带,分别在 233nm 和 267nm 处。

(嘧啶衍生物) (噻唑衍生物)

维生素 B_1

维生素 B_1 与重氮化氨基苯磺酸和甲醛作用产生品红色,与重氮化对氨基乙苯酮作用产生红紫色,可以作为维生素 B_1 的定性和定量依据。

4. 功能

维生素 B_1 的主要功能是以辅酶方式参加糖的分解代谢。TPP 是脱羧酶、丙

酮酸脱氢酶系和 α-酮戊二酸脱氢酶系的辅酶。功能部位在噻唑环的 C_2 上；它可促进年幼动物的发育；促进肠胃蠕动，增加消化液的分泌，因而能促进食欲；可保护神经系统。能促进糖代谢，为神经活动提供能量，同时又能抑制胆碱酯酶的活性，保持神经的正常传导功能。

5. 缺乏和过多的影响

（1）脚气病　因维生素 B_1 严重缺乏而引起的多发性神经炎。患者的周围神经末梢及臂神经丛均有发炎和退化现象，伴有心界扩大、心肌受累、四肢麻木、肌肉瘦弱、烦躁易怒和食欲不振等症状。同时因丙酮酸脱羧作用受阻，组织和血液中乳酸量大增，湿性脚气病还伴有下肢水肿。

（2）中枢神经和肠胃患糖代谢失常　缺乏维生素 B_1 不仅周围神经的结构和功能受损，中枢神经系统也同样受害。因为神经系统（特别是大脑）所需的能量，基本由血糖氧化供给，当糖代谢受阻时，神经组织也就发生反常现象。

维生素 B_1 摄取过多时，由尿排出，没有毒性。

（二）维生素 B_2 和核黄素辅酶

维生素 B_2 又称核黄素，是一种核糖醇与 6，7-二甲基异咯嗪的缩合物，在自然界多与蛋白质结合成黄素蛋白。

1. 来源

维生素 B_2 分布较广。酵母、肝脏、瘦肉、蛋黄、全粒小麦、黄豆等含量较多，蔬菜和水果中也含有。人体不能合成维生素 B_2。

2. 结构

维生素 B_2 由异咯嗪与核糖醇所组成。

3. 性质

维生素 B_2 为橘黄色的针状晶体，味苦，微溶于水，极易溶于碱性溶液，水溶液呈黄绿色荧光，对光和碱不稳定，对酸相当稳定。在碱液中经光作用产生

维生素 B_2（核黄素）

光咯嗪。自然界中，在机体内与 ATP 作用转化为核黄素磷酸，即黄素单核苷酸（FMN）。FMN 再经 ATP 作用进一步磷酸化产生黄素腺嘌呤二核苷酸（FAD）。二者是几种酶的辅酶，在代谢上有极为重要的作用。

4. 功能

维生素 B_2 的主要功能是作为递氢辅酶，参与生物氧化作用，对糖、脂和氨基酸代谢都很重要。它是动物发育和许多微生物生长的必需因素。

5. 缺乏和过量的影响

膳食中长期缺乏会导致细胞代谢失调。缺乏症状有眼角膜和口角血管增生、

白内障、口角炎、眼角膜炎等，还可导致舌炎和阴囊炎。

维生素 B_2 每人每天需要量：儿童 0.6mg，成人 1.6mg。动物体内不能合成维生素 B_2。过量则排出，无毒。

（三）维生素 B_3（泛酸）和辅酶 A

1. 来源

泛酸广泛分布于动植物组织中。肝肾、蛋、瘦肉、糖浆、菜花、花生等的泛酸含量都较为丰富，植物和肠细菌能合成泛酸，哺乳类动物不能合成。

2. 结构

泛酸是 β-丙氨酸与 α, γ-二羟-β-二甲基丁酸结合而成的化合物。

$$CH_2-C-CH-C-NH-CH_2-CH_2-C-COOH$$
$$\quad\; |\quad\;\;|\quad\;\;|\quad\;$$
$$OH\;\;CH_3\;$$

泛酸（α, γ-二羟基-β, β-二甲基丁酰-β-丙氨酸）

3. 性质

泛酸为淡黄色黏性油状物，溶于水和醋酸，不溶于氯仿和苯，在中性溶液中对湿热、氧化和还原都稳定。泛酸的钙盐为无色粉末状晶体，微苦，溶于水，对光及空气都稳定。

泛酸为辅酶 A 的组分之一，在机体内泛酸与 ATP 和半胱氨酸经一系列反应可合成辅酶 A(CoA)。

4. 功能

泛酸的生物功能是以 CoA 形式参加代谢，是酰基的载体，是体内酰化酶的辅酶，对糖、脂、蛋白质代谢过程中的乙酰基转移有重要作用。

5. 缺乏的影响

成人每天需要量为 5~10mg，一般膳食的泛酸含量丰富。大白鼠缺乏泛酸，毛发变灰白，并自行脱落，毛与皮的色素形成可能与泛酸有关。

机体内的泛酸有大部分（约70%）可不经改变由尿排出，小部分随粪便排出。

（四）维生素 PP（维生素 B_5）和辅酶 I、辅酶 II

维生素 PP 过去称抗癞皮病维生素或维生素 B_5，包括烟酸（尼克酸）和烟酰胺。烟酰胺的副作用较小（如引起面部、颈部发赤发痒和烧灼感），医疗及营养上多用烟酰胺。烟酰胺为维生素 B_5 的化学名。

1. 来源

烟酸和烟酰胺的分布都很广，酵母、瘦肉、肝脏、花生、黄豆等含量较多。动物肠内细菌可由色氨酸合成烟酸和烟酰胺。

2. 结构

烟酸和烟酰胺都是吡啶衍生物。烟酸是吡啶-3-羧酸，烟酰胺是烟酸的酰胺。

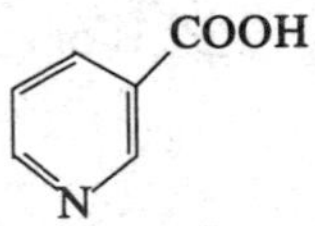
烟酸

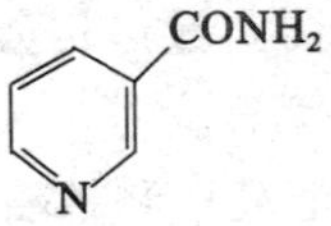
烟酰胺

3. 性质

烟酸及烟酰胺为无色晶体，前者熔点为236℃，后者熔点为129～131℃，是维生素中较稳定的，不被光、空气及热破坏。溶于水及酒精。与溴化氰作用产生黄绿色化合物，可作为定量基础。

4. 功能

以 NAD^+ 或 $NADP^+$ 形式作为脱氢酶的辅酶而起到递氢体的作用；维持神经组织的健康。烟酰胺对中枢及交感神经系统有维护作用，缺乏，则常产生神经损害和精神紊乱；促进微生物生长。烟酸可使血管扩张，使皮肤发赤、发痒，烟酰胺无此作用。大剂量烟酸有降低血浆胆固醇和脂肪的作用。

5. 缺乏的影响

膳食中长期缺乏维生素 PP 所引起的疾病为对称性皮炎，又称赖皮病（pellagra）。赖皮病患者的中枢及交感神经系统、皮肤、胃、肠等皆受不良影响。主要症状为对称性皮炎，消化道炎和神经损害与精神紊乱，两手及其裸露部位呈现对称性皮炎。中枢神经方面的症状为头痛、头昏、易刺激、抑郁等。Trp 可转变为烟酰胺，以玉米为主食易患缺乏症（玉米中 Trp 贫乏）。烟酸和烟酰胺可部分由尿排出，大部分在体内转化为其它物质。

（五）维生素 B_6 和磷酸吡哆醛

维生素 B_6 又称吡哆素，包括吡哆醇、吡哆醛、吡哆胺。

1. 来源

分布较广，酵母、肝脏、肉、鱼、豆类及花生中含量都较多。植物组织中多以吡哆醛形式存在，动物组织中多以吡哆醛和吡哆胺形式存在。某些动植物和微生物能合成吡哆素。

2. 结构

吡哆素都是吡啶的衍生物。

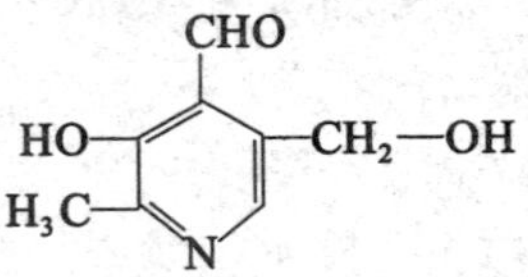
吡哆醛

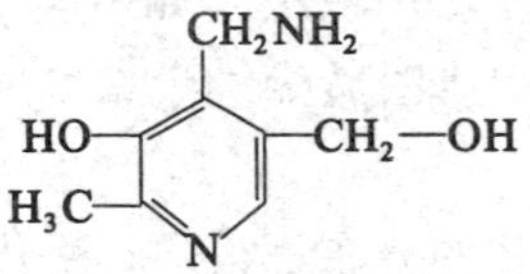
吡哆胺

3. 性质

吡哆素为无色晶体，易溶于水及乙醇，在酸液中稳定，在碱液中易被破坏，对光不稳定，吡哆醇耐热，吡哆醛和吡哆胺不耐高温。

$$吡哆素 + FeCl_3 \rightarrow 红色产物$$
$$吡哆素 + 重氮化对-氨基苯磺酸 \rightarrow 橘红色产物$$
$$吡哆素 + 2,6-二氯醌氯亚胺 \rightarrow 蓝色产物$$

4. 功能

在体内的活性形式为磷酸吡哆醛和磷酸吡哆胺，作为辅酶参加多种代谢反应，包括脱羧、转氨、氨基酸内消旋、Trp 代谢、含硫氨基酸的脱硫、羟基氨基酸的代谢和氨基酸的脱水等。吡哆素也是微生物（酵母、乳酸菌等）生长所必需的。

磷酸吡哆醛和磷酸吡哆胺的活性较高。

磷酸吡哆醛　　　　　磷酸吡哆胺

5. 缺乏和过量的影响

长期缺乏维生素 B_6 可导致皮肤、中枢神经系统和造血机构的损害。婴儿缺乏可能引起易惊、腹胀、腹泻、呕吐等，但不常见。过量会引起痉挛。

（六）维生素 B_7（生物素）

1. 来源

生物素分布于动植物组织中，一部分游离存在，大部分与蛋白质结合。许多生物都能自身合成生物素，牛、羊的合成力最强，人体肠道中的细菌也能合成部分生物素。

2. 结构

生物素为含硫维生素，其结构可视为由尿素与硫戊烷环结合而成，并有一个 C_5 酸支链。

3. 性质

生物素是细长针状的晶体，熔点 232℃，耐热和耐酸、碱，微溶于水，其钠盐溶于水。

4. 功能

生物素通过侧链羧基与酶蛋白中赖氨酸的 ε-氨基以酰胺键相连，是多种羧化酶的辅酶，在 CO_2 固定反应中起重要作用。

生物素

5. 缺乏的影响

生物素分布广泛，人体一般不会发生生物素缺乏。鸡蛋清中含抗生物素蛋白，长期食用生鸡蛋可导致缺乏症。大白鼠严重缺乏时，后脚瘫痪，广泛的皮肤病、脱毛和神经过敏。人类缺少生物素可能导致皮炎、肌肉疼痛、感觉过敏、怠倦、厌食、轻度贫血等。

(七) 维生素 B_{11} (叶酸) 和叶酸辅酶

1. 来源

叶酸分布较广，绿叶、肝肾、菜花、酵母中含量丰富，其次是牛肉、麦粒。

2. 结构

叶酸由蝶呤啶、对氨基苯甲酸与 L – 谷氨酸连接而成，四氢叶酸的结构式如下：

四氢叶酸

3. 性质

叶酸为鲜黄色物质，微溶于水，在水溶液中易被光破坏。

叶酸的 5、6、7、8 位置，在 $NADPH_2$ 存在下，可被还原成四氢叶酸（FH_4 或 THFA）。四氢叶酸的 N^5 和 N^{10} 位可与多种一碳单位结合作为它们的载体。

4. 功能

THFA 是转一碳基团酶系的辅酶。主要的生理功能：四氢叶酸在 Gly→Ser 的互变中起作用；参与嘌呤环的合成；dUMP→TMP；高半光氨酸→Cys 过程中起作用。叶酸为许多生物和微生物生长所必需。

5. 缺乏的影响

由于叶酸间接参与核酸和蛋白质的生物合成，缺乏时可引起多种疾病。叶酸缺乏时，红细胞的发育受到影响，造成巨红细胞性贫血症。膳食中需要有适量的叶酸才能维持健康。

叶酸在体内可转化为其它物质，约 2/3 与其它物质结合，从尿排泄很少，对人无毒。

(八) 维生素 B_{12} 和维生素 B_{12} 辅酶

维生素 B_{12} 是含钴的化合物，又称钴胺素。维生素 B_{12} 的发现是多年研究恶性贫血症（即巨初红细胞症）的结果。最初发现服用全肝可控制恶性贫血症状，在 1948 年从肝脏中分离出一种具有控制恶性贫血效果的红色晶体物质，定名为维生素 B_{12}。

1. 来源

肝脏是最好来源，其次是蛋、乳、肉、鱼等，植物不含维生素 B_{12}。天然维

生素 B_{12} 是与蛋白质结合存在的。在自然界中只有微生物能合成维生素 B_{12}。动物组织中的维生素 B_{12} 一部分来源于食物，一部分是由肠道中的微生物合成的。

2. 结构

维生素 B_{12} 是含三价钴的多环系化合物，其经验式为 $C_{63}H_{88}O_{14}N_{14}RCo$。其结构式经多次修正，至 1963 年确定。1973 年完成人工合成。

3. 性质

维生素 B_{12} 为深红色晶体，熔点甚高，溶于水、乙醇和丙酮，不溶于氯仿。维生素 B_{12} 晶体及水溶液都相当稳定。但酸、碱、日光、氧化和还原都使之破坏，有光活性。

4. 功能

维生素 B_{12} 对于维持正常生长和营养、上皮组织细胞的正常新生和红细胞的产生等有重要的作用。在体内主要有两种辅酶形式：维生素 B_{12} 辅酶（CoB_{12}）和甲基钴胺素。维生素 B_{12} 辅酶在机体的多种代谢反应中起重要作用，主要包括：促进某些化合物的异构作用；促进甲基转移作用；维持 SH 的还原型状态；促进核酸和蛋白质的生物合成；维持造血机构的正常运转；促进上皮组织细胞的新生。

5. 缺乏的影响

缺乏维生素 B_{12} 辅酶可产生：儿童及幼龄动物发育不良；消化道上皮组织细胞失常；造血器官功能失常，不能正常产生红血细胞，导致恶性贫血；髓磷脂的生物合成减少，引起神经系统的损害，表现症状为手足麻木、刺痛、体位不易维持平衡、肌肉动作不协调、忧郁易怒、思想迟缓和健忘等。

摄取的维生素 B_{12} 一部分可经泌尿系统、胆道和胃排出体外。

第四节
食品加工与贮藏过程中维生素的损失

食品中的维生素在加工与贮藏中受各种因素的影响，其损失程度取决于各种维生素的稳定性。食品中维生素损失的主要因素有氧气、加热（包括温度和时间）、金属离子的影响、pH、酶的作用、水分和辐射，以及上述两种和两种以上因素的综合作用。此外，维生素的损失还受加工前各种因素的影响。

一、食品加工过程中维生素的损失

（一）碾磨

碾磨是谷物所特有的加工方式。谷物的维生素大部分分布在谷物的胚芽及皮层中，研磨时去掉麸皮和胚芽，会造成谷物中烟酸、视黄醇、硫胺素等维生素的损失。谷物在磨碎后其中的维生素比完整的谷粒中含量有所降低,并且与种子的胚乳和胚、种皮的分离程度有关。因此,粉碎对各种谷物种子中维生素的影响不一样。此外,不同的加工方式对维生素损失的影响也有差异,谷物精制程度越高,维生素损失越严重。

(二) 热处理

许多维生素对热都很敏感,容易造成损失。

1. 干燥

脱水干燥是保藏食品的主要方法之一,具体方法有日光干燥、烘房干燥、隧道式干燥、滚筒干燥、喷雾干燥和冷冻干燥。维生素 C 对热不稳定,干燥损失为 10%~15%,但冷冻干燥对其影响很小。喷雾干燥和滚筒干燥时乳中硫胺素的损失大约为 10% 和 15%,而维生素 A 和维生素 D 几乎没有损失。蔬菜烫漂后空气干燥时硫胺素的损失平均为豆类 5%、马铃薯 25%、胡萝卜 29%。

2. 烫漂

烫漂是水果和蔬菜加工中不可缺少的处理方法。通过这种处理可以钝化影响产品品质的酶类、减少微生物污染及除去空气,有利于食品贮存期间保持维生素的稳定(表 8-1)。但烫漂往往造成水溶性维生素大量流失。其损失程度与 pH、烫漂的时间和温度、含水量、切口表面积、烫漂类型及成熟度有关。通常,短时间高温烫漂,维生素损失较少,烫漂时间越长,维生素损失越大。产品成熟度越高,烫漂时维生素 C 和维生素 B_1 损失越少;食品切分越细,单位质量表面积越大,维生素损失越多。不同烫漂类型对维生素影响的顺序为沸水>蒸汽>微波。

表 8-1　　　　　　　青豆烫漂后贮存维生素的损失　　　　　　　单位:%

处理方式	维生素 C	维生素 B_1	维生素 B_2
烫漂	90	70	40
未烫漂	50	20	30

3. 加热

加热是延长食品保藏期最重要的方法,也是食品加工中应用最多的方法之一。热加工有利于改善食品的某些感官性状如色、香、味等,提高营养素在体内的消化和吸收,但热处理会造成维生素不同程度的损失。高温加快维生素的降解,pH、金属离子、反应活性物质、溶氧浓度以及维生素的存在形式影响降解的速度。隔绝氧气、除去某些金属离子可提高维生素 C 的存留率。

为了提高食品的安全性,延长食品的货架期,杀死微生物,食品加工中还常采用灭菌方法。高温短时杀菌不仅能有效杀死有害微生物,而且可以较大程度地减少维生素的损失(表 8-2)。罐装食品杀菌过程中维生素的损失与食品及维生素的种类有关(表 8-3)。

表8-2　　　　　　　　　　不同热处理牛乳中维生素的损失　　　　　　　　　单位:%

热处理	维生素B_1	维生素B_2	维生素B_6	维生素B_5	泛酸	叶酸	维生素H	维生素B_{12}	维生素C	维生素A	维生素D
63℃,30min	10	0	20	0	0	10	0	10	20	0	0
72℃,15s	10	0	0	0	0	10	0	10	10	0	0
超高温杀菌	10	10	20	0	?	<10	0	20	10	0	0
瓶装杀菌	35	0	*	0	?	50	0	90	50	0	0
浓缩	40	0	*	?	?	?	0	10	90	60	0	0
加糖浓缩	10	0	0	0	?	?	0	10	30	15	0	0
滚筒干燥	15	0	0	0	?	?	0	10	30	30	0	0
喷雾干燥	10	0	0	0	?	?	0	10	20	20	0	0

注:?—损失程度不明确;*—未测定。

表8-3　　　　　　　　　　罐装食品加工时维生素的损失　　　　　　　　　单位:%

食品	生物素	叶酸	维生素B_6	泛酸	维生素A	维生素B_1	维生素B_2	烟酸	维生素C
芦笋	0	75	64	—	43	67	55	47	54
青豆	—	57	50	60	52	62	64	40	79
甜菜	—	80	9	33	50	67	60	75	70
胡萝卜	40	59	80	54	9	67	60	33	75
玉米	63	72	0	59	32	80	58	47	58
蘑菇	54	84		54		80	46	52	33
青豌豆	78	59	69	80	30	74	64	69	67
菠菜	67	35	75	78	32	80	50	50	72
番茄	55	54	—		30	0	17	25	0	26

(三) 冷却或冷冻

热处理后的冷却方式不同,对食品中维生素的影响不同。空气冷却比水冷却维生素的损失少,主要是因为水冷却时会造成大量水溶性维生素的流失。

冷冻通常认为是保持食品的感官性状、营养及长期保藏的最好方法。冷冻一般包括预冻结、冻结、冻藏和解冻。预冻结前的蔬菜烫漂会造成水溶性维生素的损失;预冻结期间只要食品原料在冻结前贮存时间不长,维生素的损失就小。冷冻对维生素的影响因食品原料和冷冻方式而异。冻藏期间维生素损失较多(表8-4),损失量取决于原料、预冻结处理、包装类型、包装材料及贮藏条件等。冻藏温度对维生素C的影响很大。据报道,温度在-18~-7℃,每上升10℃可引起蔬菜如青豆、菠菜等维生素C以6~20倍的速度加速降解;水果如桃和草莓等维生素C以30~70倍速度快速降解。动物性食品如猪肉在冻藏期间维生素损失大,其原因有待于进一步研究。解冻对维生素的影响主要表现在水溶性维生素,动物性食品损失的主要是B族维生素。

总之,冷冻对食品中维生素的影响通常较小,但水溶性维生素由于冻前的烫漂或肉类解冻时汁液的流失损失10%~14%。

表8-4 蔬菜冻藏期间维生素C的损失

食品	鲜样中含量/(mg/100g)	-18℃贮存6~12个月的损失率（平均、范围）/%
芦笋	33	12（12~13）
青豆	19	45（30~68）
青豌豆	27	43（32~67）
菜豆	29	51（39~64）
嫩茎花椰菜	113	49（35~68）
花椰菜	78	50（40~60）
菠菜	51	65（54~80）

（四）辐照

辐照是利用原子能射线对食品原料及其制品进行灭菌、杀虫、抑制发芽和延期后熟等以延长食品的保存期，尽量减少食品中营养的损失。

辐照对维生素有一定的影响。水溶性维生素对辐照的敏感性主要取决于它们是处在水溶液中还是食品中或是否受到其它组分的保护等。维生素C对辐照很敏感，其损失随辐照剂量的增大而增加（表8-5），这主要是水辐照后产生自由基破坏的结果。B族维生素中维生素B_1最易受到辐照的破坏，其破坏程度与热加工相当，大约为63%。辐照对烟酸的破坏较小，经过辐照的面粉烤制面包时，烟酸的含量有所增高，这可能是因为面粉经辐照加热后烟酸从结合型转变成游离型。脂溶性维生素对辐照的敏感程度大小依次为维生素E>胡萝卜素>维生素A>维生素D>维生素K。

表8-5 不同辐照剂量对维生素C和烟酸的影响

维生素	辐照剂量/kGy	维生素浓度/(μg/mL)	保存率/%
维生素C	0.1	100	98
	0.25	100	85.6
	0.5	100	68.7
	1.5	100	19.8
	2.0	100	3.5
烟酸	4.0	50	100
	4.0	10	72.0
维生素C+烟酸	4.0	10	71.8（维生素C）、14.0（烟酸）

（五）添加剂

在食品加工中为防止食品腐败变质及提高其感官性状，通常加入一些添加剂，有的食品添加剂会引起维生素的损失。例如，维生素A、维生素C和维生素E易被氧化剂破坏，因此，在面粉中使用漂白剂会降低这些维生素的含量或使它们失去活性；SO_2 或亚硫酸盐等还原剂对维生素 C 有保护作用，但因其亲核性会导致维生素 B_1 的失活；亚硝酸盐常用于肉类的发色与保藏，但它作为氧化剂引起类胡萝卜素、维生素 B_1 和叶酸的损失；果蔬加工中添加的有机酸可减少维生素 C 和硫胺素的损失；碱性物质会增加维生素 C、硫胺素和叶酸等的损失。

不同维生素间也相互影响。例如，辐照时烟酸对活化水分子的竞争、破坏增大，保护了维生素 C。此外，维生素 C 对维生素 B_2 也有保护作用。食品中添加维生素 C 和维生素 E 可降低胡萝卜素的损失。

二、食品贮藏过程中维生素的损失

食品贮藏过程中维生素的损失是不可避免的。因为一些维生素对光不稳定，另一些维生素对热不稳定。

食品在贮藏期间，维生素的损失与贮藏温度关系密切。罐头食品冷藏保存一年后，维生素 B_1 的损失低于室温保存。包装材料对贮存食品维生素的含量有一定的影响。例如透明包装的乳制品在贮藏期间会发生维生素 B_2 和维生素 D 的损失。

食品中脂类的氧化作用产生的氢过氧化物、过氧化物和环过氧化物会引起胡萝卜素、维生素 E 和维生素 C 等的氧化，也能破坏叶酸、生物素、维生素 B_{12} 和维生素 D 等；过氧化物与活化的羰基反应导致维生素 B_1、维生素 B_6 和泛酸等的破坏；碳水化合物非酶褐变产生的高度活化的羰基对维生素同样有破坏作用。

三、中国居民膳食中各类维生素的推荐摄入量

（一）膳食营养素参考摄入量（DRIs）

DRIs 是在 RDAs 基础上发展起来的一组每日平均膳食营养素摄入量的参考值，其中包括以下 4 项内容。

1. 平均摄入量（EAR）

EAR 是制订 RNI 的基础。EAR 表示可满足某一特定性别、年龄和生理状况群体中 50% 个体营养素需要量的摄入水平。但该水平不能满足群体中另外 50% 个体的营养素需要量。

2. 推荐营养素摄入量（RNI）

RNI 是 EAR 加上两个标准差（SD），即：

$$RNI = EAR + 2SD$$

在 SD 资料不够充分或无法计算时，亦可采用变异系数计算法，即：

$$RNI = EAR \times (100\% + 20\%) = EAR \times 1.2$$

因此，RNI 可满足某一特定性别、年龄和生理状况群体中 97.5% 个体营养素需要量的摄入水平，其相当于传统使用的 RDAs 的概念。

RNI 的主要用途是作为个体每日摄入该营养素的目标值。

表 8-6 脂溶性和水溶性维生素的 RNIs 或 AIs

年龄/岁	维生素 A RNI/μgRE	维生素 D RNI/μg	维生素 E AI/mgα-TE	维生素 B₁ RNI/mg	维生素 B₂ RNI/mg	维生素 B₆ AI/mg	维生素 B₁₂ AI/mg	维生素 C RNI/mg	泛酸 AI/mg	叶酸 RNI/μgDFE	烟酸 RNI/mgNE	胆碱 AI/mg	生物素 AI/μg
0~	400(AI)	10	3	0.2(AI)	0.4(AI)	0.1	0.4	40	1.7	65(AI)	2(AI)	100	5
0.5~	400(AI)	10	3	0.3(AI)	0.5(AI)	0.3	0.5	50	1.8	80(AI)	3(AI)	150	6
1~	500	10	4	0.6	0.6	0.5	0.9	60	2.0	150	6	200	8
4~	600	10	5	0.7	0.7	0.6	1.2	70	3.0	200	7	250	12
7~	700	10	7	0.9	1.0	0.7	1.2	80	4.0	200	9	300	16
11~	700	5	10	1.2	1.2	0.9	1.8	90	5.0	300	12	350	20
				男 女	男 女						男 女		
14~	800 700	5	14	1.5 1.2	1.5 1.2	1.1	2.4	100	5.0	400	15 12	450	25
18~	800 700	5	14	1.4 1.3	1.4 1.2	1.2	2.4	100	5.0	400	14 13	500	30
50~	800 700	10	14	1.3	1.4	1.5	2.4	100	5.0	400	13	500	30
孕妇													
早期	800	5	14	1.5	1.7	1.9	2.6	100	6.0	600	15	500	30
中期	900	10	14	1.5	1.7	1.9	2.6	130	6.0	600	15	500	30
晚期	900	10	14	1.5	1.7	1.9	2.6	130	6.0	600	15	500	30
乳母	1200	10	14	1.8	1.7	1.9	2.8	130	7.0	500	18	500	35

3. 适宜摄入量（AI）

AI 是通过观察或实验研究获得的健康人群的某种营养素的摄入量。制订 AI 的目的不仅是预防营养素缺乏，而且要减少某些疾病发生的危险性。故 AI 值大于 EAR，也可能高于 RNI。

4. 可耐受最高摄入量（UL）

UL 表示平均每日摄入营养素的最高限量。

若摄入量等于 UL 时，对人群中几乎所有个体似不至于导致不健康的结果。

若摄入量大于 UL 时，可能导致不良后果。

健康人体摄入量大于 UL 无明确益处。

（二）维生素的推荐营养素摄入量（RNIs）或适宜摄入量（AIs）

维生素 A 750μg RE（RE：视黄醇当量）；维生素 D 10μg；维生素 E 14mg α-TE（α-TE：α-生育酚当量）；维生素 B_1 1.3mg；维生素 B_2 1.4mg；维生素 B_6 1.5mg；维生素 B_{12} 2.4μg；维生素 C 100mg；泛酸 5.0mg；叶酸 400μg DFE（DFE：膳食烟酸当量）；烟酸 13mgNE（NE：烟酸当量）；胆碱 500mg；生物素 30μg（表 8-6）。

思考与练习

一、名词解释

维生素 维生素缺乏症 脂溶性维生素 水溶性维生素

二、简答题

1. 简述 B 族维生素与辅酶的关系。
2. 简述加工过程对于食品中维生素有效性的影响。

实验十八 维生素 C 的性质实验

目的要求

熟练掌握维生素 C 的性质。

实验原理

维生素 C 又称抗坏血酸。它的第 2、3 碳位的烯醇结构具有很强的还原性，在酸性条件下能被一些氧化性物质选择性地氧化成脱氧抗坏血酸。故维生素 C 在酸性溶液中能把碘原子还原成碘离子，使原来淀粉遇碘所显示的蓝色自行褪去。

试剂和器材

1. 试剂

0.5% 三氯化铁、0.5% 硫氰化钾、0.3% 淀粉溶液、0.1% I_2-KI 溶液。

2. 器材

pH 试纸、试管、烧杯、玻璃棒。

3. 材料

维生素 C 药片、白菜、黄豆芽、橘子、橙子、绿茶等。

操作方法

1. 酸性试验

在一支大试管中放入两片维生素 C（每片含量在 100mg），加入 20mL 蒸馏水，用玻璃棒轻轻捣碎药片，使其溶解。用滴管吸取少量清液，滴在 pH 试纸上，可测得它的 pH 大约为 2.5，说明它的酸性较强。

2. 还原性试验

取 2mL 维生素 C 清液，分盛于两支试管中，并各加数滴三氯化铁溶液。然后其中一管滴加几滴硫氰化钾溶液，不见红色出现（即不存在 Fe^{3+}），另一管中滴几滴硫氰化钾溶液，可以看到溶液变成蓝色，这进一步证实维生素 C 已把 Fe^{3+} 还原成 Fe^{2+} 了。

3. 不稳定性试验

取两支试管，各注入维生素 C 清液 3mL，将一管在酒精灯上加热至沸，保持沸腾 15min，另一管不加热。待加热的试管冷却后，在两支试管中各滴入蓝色的淀粉碘酒溶液 6 滴，这时可观察到不加热的试管中，蓝色基本被褪尽，而经加热的试管中，蓝色基本保持不变。这说明加热容易引起维生素 C 的分解破坏。

4. 比较几种蔬菜和水果中维生素 C 的含量

分别取白菜、黄豆芽、橘子、橙子、绿茶、维生素 C 的汁液制各 1mL 于试管中，各加 6 滴淀粉碘酒溶液，观察蓝色的褪色程度，比较维生素 C 的含量大小。

注意事项

维生素 C 对于光敏感，因此实验时最好拉上窗帘，保持实验室的弱光照环境。

思考题

什么食物中含较多的维生素 C？

第九章
生 物 氧 化

1. 掌握生物氧化的概念、特点及方式。掌握生物氧化过程中能量的生成和转移过程。
2. 熟悉线粒体生物氧化体系组成及呼吸链传递体的顺序。
3. 了解生物氧化过程中水、二氧化碳的生成方式及胞液中 $NADH+H^+$ 的转运。

第一节
能量代谢与生物氧化概述

一切生物机体活动所必需的能源，主要来自于生物体内糖、脂肪、蛋白质等有机物的氧化作用所释放的能量。有机物在生物体细胞内的氧化称为生物氧化。高等动物通过肺部的呼吸作用，吸入氧，用以氧化摄入体内的营养物质获得能量，故生物氧化也称呼吸作用。微生物则以细胞直接进行呼吸，故称细胞呼吸。

一、生物氧化的特点

氧化还原的本质是电子的转移。失电子者为还原剂，得电子者为氧化剂。在生物体内，电子转移主要有以下形式。

1. 直接进行电子转移

$$Fe^{2+} + Cu^{2+} \rightleftharpoons Fe^{3+} + Cu^+$$

2. 氢原子的转移

$$AH_2 + B \rightleftharpoons A + BH_2$$

因 H 原子可分解为 H^+ 与 e，故其本质也是电子转移。

3. 有机还原剂直接加氧

$$RH + O_2 + 2H^+ \rightarrow ROH + H_2O$$

因加氧时，常伴有氧接受质子和电子而被还原成水，其本质也是电子转移。

虽然生物体内氧化还原的本质及氧化过程中释放的能量与体外非生物氧化完全相同，但生物氧化有其自身的特点。

生物氧化在细胞内进行，是在体温和近于中性 pH 及水环境中进行的，是在一系列酶、辅酶和中间传递体的作用下逐步进行的，每一步都放出一部分的能量，逐步释放能量的总和则与同一氧化反应在体外进行时相同，这样就不会因氧化过程中能量骤然释放而损害机体，同时使释放的能量得到有效的利用。生物氧化过程所释放的能量通常都先贮存在一些特殊的高能化合物如 ATP 等中，以后通过这些物质的转移作用，以满足机体各种需能反应的需要。

二、生物氧化中 CO_2 的生成

生物氧化中 CO_2 的生成是由于糖、脂类、蛋白质等有机物转变成含羧基的化合物进行脱羧反应所致。如图 9-1 所示。

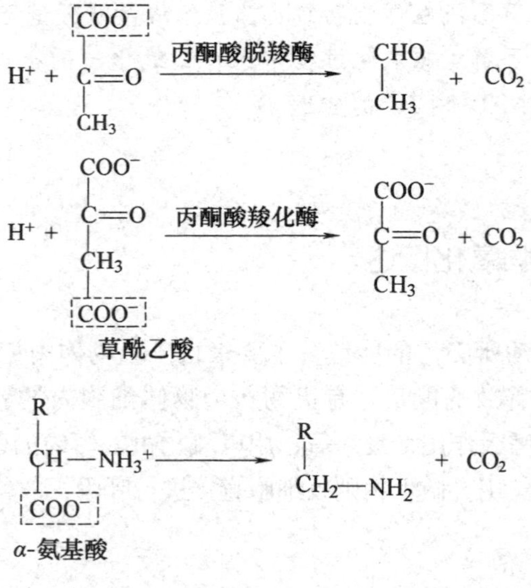

图 9-1 生物氧化中 CO_2 的生成

三、生物氧化中水的生成

生物氧化作用主要是通过脱氢反应来实现的。脱氢是氧化的一种方式，生物氧化中所生成的水是代谢物脱下的氢和吸入的氧结合而成的。糖类、脂肪、氨基酸等代谢物所含的氢在一般情况下是不活泼的，必须通过相应的脱氢酶将之激活后才能脱落。进入体内的氧也必须经过氧化酶激活后才能变为活性很高的氧化剂。但激活的氧通常不能直接与激活的氢结合，两者之间尚需传递体才能结合生成水。生物体主要依靠呼吸链将活化的氢传递给氧，促进水的生成。

四、生物氧化的场所

在真核生物细胞内，生物氧化都是在线粒体内进行，在不含线粒体的原核生物如细菌细胞内，生物氧化则在细胞膜上进行。

第二节 线粒体氧化体系

一、呼吸链概念

代谢物上的氢原子被脱氢酶激活脱落后，经过一系列的传递体，最后传递给被激活的氧分子而生成水的全部体系称呼吸链。此体系通常也称电子传递体系或电子传递链。在具有线粒体的生物中，典型的呼吸链有两种，即 NADH 呼吸链与 $FADH_2$ 呼吸链（图9-2），这是根据接受代谢物上脱下的氢的初始受体不同区分的。

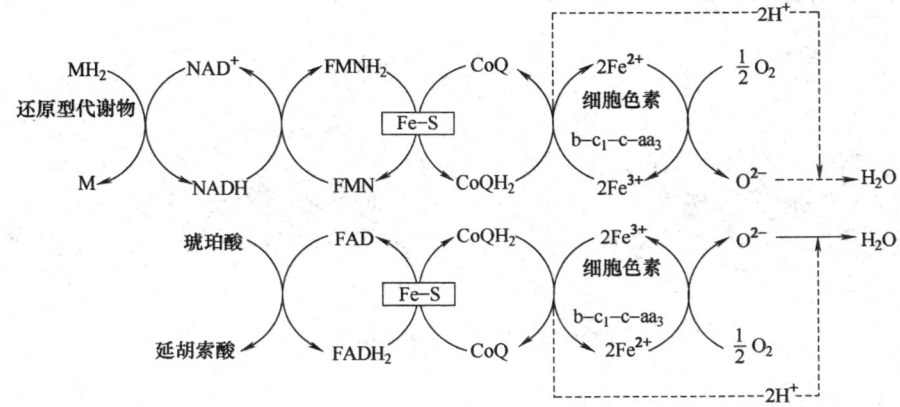

图9-2 NADH、$FADH_2$呼吸链

NADH 呼吸链应用最广，糖类、脂肪、蛋白质三大物质分解代谢中的脱氢氧化反应，绝大部分是通过 NADH 呼吸链来完成的。FAD 呼吸链中的黄酶只能催化某些代谢物脱氢，不能催化 NADH 或 NADPH 脱氢。

在生物体内的呼吸链还有多种形式，有的是中间传递体的成员不同，例如某些细菌中（如分支杆菌）用维生素 K 代替辅酶 Q，许多细菌没有完整的细胞色素系统。差异虽多，但呼吸链传递电子的顺序基本上是一致的。生物进化愈高级，呼吸链就愈完善。

二、呼吸链的组成

在高等生物体内，呼吸链由定位于线粒体上的四个蛋白复合体以及辅酶 Q

和细胞色素 c 构成。

1. NADH-Q 还原酶

NADH-Q 又被称为 NADH 脱氢酶，简称为复合体Ⅰ，相对分子质量88000，至少包含有 34 条多肽链。该酶的作用是先与 NADH 结合并将 NADH 上的两个电子转移到 FMN 辅基上，使 NADH 氧化，并使 FMN 还原：

$$NADH + H^+ + FMN \rightarrow NAD^+ + FMNH_2$$

随后 $FMNH_2$ 上的电子又转移到铁硫蛋白上。铁硫蛋白类的分子中含非卟啉铁与对酸不稳定的硫，其作用是借铁的变价互变进行电子传递。因其活性部分含有两个活泼的硫和两个铁原子，故称铁硫中心。已知铁硫蛋白有多种，概括为 3 类，最简单的是单个铁四面与蛋白质中的半胱氨酸的硫络合，第二类是 Fe_2S_2 含有 2 个铁原子与 2 个无机硫原子及 4 个半胱氨酸，第三类为 Fe_4S_4 含有 4 个铁原子与 4 个无机硫及 4 个半胱氨酸（图 9-3）。

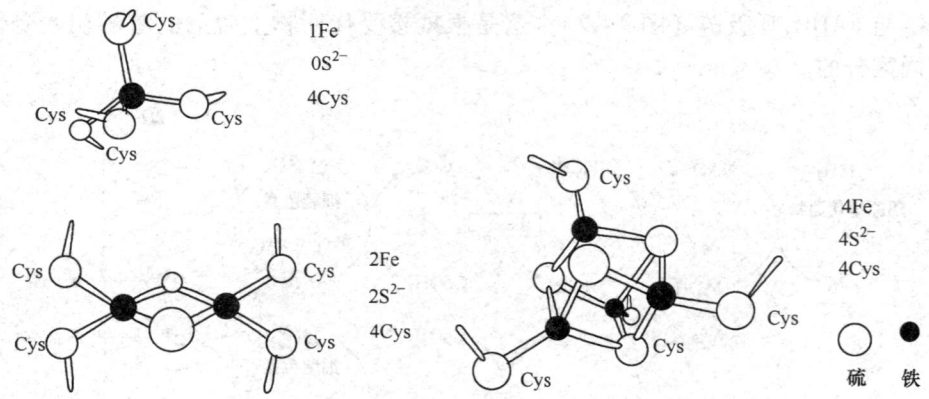

图 9-3　铁硫蛋白结构示意图

2. 辅酶 Q 类

此类酶是一种脂溶性的醌类化合物，因广泛存在于生物界，故又名泛醌。其分子中的苯醌结构能可逆地加氢还原而形成对苯二酚衍生物，故属于传氢体。

不同来源的辅酶 Q 的侧链长度是不同的，其异戊二烯的 n 值在 6~10。辅酶 Q 是一种中间传递体，不能从底物接受氢，其传氢分两步进行。以 R 代表侧链。

$$\underset{\underset{O}{\overset{O}{\underset{CH_3O}{\overset{CH_3O}{\bigcirc}}}}}{\overset{CH_3}{\underset{R}{}}} \xrightleftharpoons{+H^+ +e} \underset{\underset{OH}{\overset{O^-}{\underset{CH_3O}{\overset{CH_3O}{\bigcirc}}}}}{\overset{CH_3}{\underset{R}{}}} \xrightleftharpoons{+H^+ +e} \underset{\underset{OH}{\overset{OH}{\underset{CH_3O}{\overset{CH_3O}{\bigcirc}}}}}{\overset{CH_3}{\underset{R}{}}}$$

辅酶 Q 在呼吸链中的顺序尚有异议，有人认为在细胞色素 b 之前，有人认为在细胞色素 b 和细胞色素 c_1 之间。辅酶 Q 在植物光合作用的电子传递中也起着重要作用。

3. 琥珀酸 – 辅酶 Q 还原酶

琥珀酸 – 辅酶 Q 还原酶又称为复合体 II，它是嵌在线粒体内膜的酶蛋白，完整的酶还包括柠檬酸循环中使琥珀酸氧化为延胡索酸的琥珀酸脱氢酶。$FADH_2$ 作为该酶的辅基在传递电子时并不与酶分离，而是将电子传递给铁硫蛋白，进而传递给辅酶 Q。

4. 细胞色素还原酶

细胞色素还原酶又称复合体 III、辅酶 Q – 细胞色素 c 还原酶、细胞色素 bc_1 复合体等。

细胞色素是一类以铁卟啉为辅基的蛋白质，目前发现的细胞色素有多种，包括 a、a_3、b、c、c_1 等。不同种类的细胞色素的辅基结构及与蛋白质连接的方式是不同的（图 9 – 4）：b、c、c_1 的辅基均为血红素，aa_3 的辅基为血红素 A（8 位上是甲酰基，5 位上无取代，2 位上为 17 个 C 的异戊二烯聚合物）；c 型的辅基与蛋白质是以硫醚键共价结合。

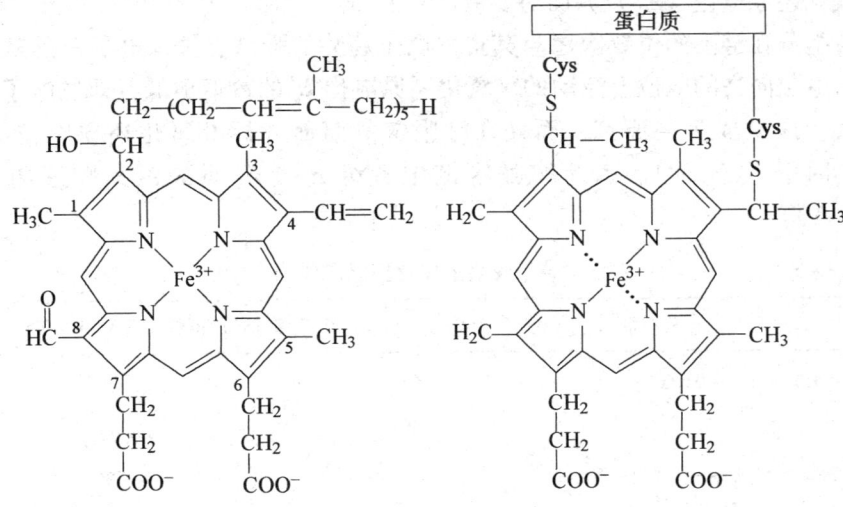

(1) 血红素 A 的结构　　(2) 细胞色素 C 中血红素与蛋白质的连接

图 9 – 4　细胞色素的辅基结构及与蛋白质连接

在呼吸链中，细胞色素依靠铁的化合价的变化而传递电子。细胞色素还原酶催化电子从 QH_2 转移到细胞色素 c。

5. 细胞色素 c

细胞色素 c 是一个相对分子质量为 13000 的较小的球形蛋白，直径为 3.4nm，由 104 个氨基酸构成一条单一多肽链。它是唯一能溶于水的细胞色素。它交互地与细胞色素还原酶（复合体Ⅲ）中的细胞色素 c_1 和细胞色素氧化酶（复合体Ⅳ）作用，起到在二者之间传递电子的作用。

6. 细胞色素氧化酶

细胞色素氧化酶又称为细胞色素 c 氧化酶、复合体Ⅳ。它是一个相对分子质量大约 20 万的跨膜蛋白。该蛋白复合体中含有两个血红素，分别称为血红素 a、a_3，另外还含有两个 Cu 离子，分别称为 Cu_A 和 Cu_B。血红素 a 与 Cu_A 接近构成血红素 $a-Cu_A$ 簇，血红素 a_3 与 Cu_B 构成 a_3-Cu_B 簇，电子的传递顺序为由细胞色素 c 传递给血红素 $a-Cu_A$ 簇，然后再传递给血红素 a_3-Cu_B 簇，最后传递给 O_2 形成 H_2O。

三、呼吸链中传递体的顺序

呼吸链中氢和电子的传递是有着严格的顺序和方向的。这些顺序和方向，是根据各种电子传递体标准氧化还原电位（E_0）的数值测定，并利用某种特异的抑制剂切断其中的电子流后，再测定电子传递链中各组分的氧化还原状态，以及在体外将电子传递体重新组成呼吸链等实验而得到的结论。下面仅就传递体的氧化还原电位（E_0'）方面简要叙述一下。

各组分在链上的位置次序与其得失电子趋势的强度有关。电子总是从低氧化还原电位向高的电位上流动的，氧化还原电位 E_0' 的数值愈低，即供电子的倾向愈大，愈易成为还原剂，而处在呼吸链的前面（标准氧化还原电位 E_0' 在 pH 7.0时用 E_0' 表示）。因此按呼吸链中各组分的 E_0' 而决定其顺序与方向（表 9-1）。

表 9-1　　　　　　若干物质的氧化还原电位

反应系	氧化还原电位（E_0'）pH = 7.0, 30℃
$\frac{1}{2}O_2 + 2H^+ + 2e \rightleftharpoons H_2O$	+0.816
$Fe^{3+} + e \rightleftharpoons Fe^{2+}$	+0.771
细胞色素 $a_3 Fe^{3+} + e \rightleftharpoons$ 细胞色素 $a_3 Fe^{2+}$	+0.39
细胞色素 $aFe^{3+} + e \rightleftharpoons$ 细胞色素 aFe^{2+}	+0.29
细胞色素 $cFe^{3+} + e \rightleftharpoons$ 细胞色素 cFe^{2+}	+0.25
细胞色素 $c_1 Fe^{3+} + e \rightleftharpoons$ 细胞色素 $c_1 Fe^{2+}$	+0.22

续表

反应系	氧化还原电位 (E_0') pH=7.0, 30℃
辅酶 Q + 2H + 2e ⇌ 辅酶 QH$_2$	+0.10
细胞色素 bFe^{3+} + e ⇌ 细胞色素 bFe^{2+}	+0.07
延胡索酸 + 2H + 2e ⇌ 琥珀酸	+0.031
FMN + 2H$^+$ + 2e ⇌ FMNH$_2$	-0.3
FAD + 2H$^+$ + 2e ⇌ FADH$_2$	-0.18
草酰乙酸 + 2H$^+$ + 2e ⇌ 苹果酸	-0.102
丙酮酸 + 2H$^+$ + 2e ⇌ 乳酸	-0.190
甘油酸-1,3-二磷酸 + 2H$^+$ + 2e ⇌ 甘油醛-3-磷酸 + Pi	-0.290
NAD$^+$ + 2H$^+$ + 2e ⇌ NADH	-0.320
NADP$^+$ + 2H$^+$ + 2e ⇌ NADPH	-0.324
H$^+$ + e ⇌ $\frac{1}{2}$H$_2$	-0.420
铁氧还蛋白 Fe^{3+} + e ⇌ 铁氧还蛋白 Fe^{2+}	-0.39~0.49
乙酸 + 2H$^+$ + 2e ⇌ 乙醛	-0.60

根据 E_0' 值,细胞色素 b 应在 CoQ 之前,但其它实验证明细胞色素 b 是位于 CoQ 之后。还有硫铁蛋白的位置问题。可以说目前呼吸链各成员排列的确切顺序尚未弄清,尚有一些细节需进一步确定。在 CoQ 之后,呼吸链顺序大致如图 9-5 所示。

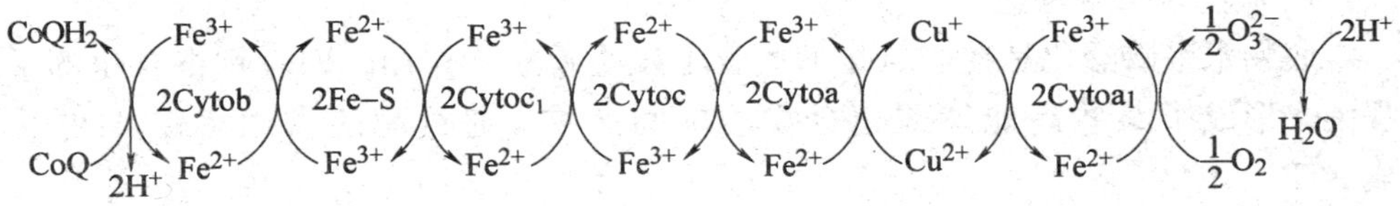

图 9-5 呼吸链顺序

利用在电子传递链上能特异性阻断传递体的抑制剂,对研究呼吸链上电子传递体的顺序,也得到了有价值的信息,例如植物来源的抑制剂鱼藤酮可切断 NADH 和 CoQ 之间的电子流,来自淡灰链丝菌的抗霉素 A 可切断细胞色素 b 至 c 链上的电子流,氰化物是阻断细胞色素 aa$_3$ 至氧的电子传递抑制剂,如图 9-6 所示。

NAD→FMN—∥→CoQ→Cytob—∥→Cytoc$_1$→Cytoc→Cytoaa$_3$→∥→O$_2$
　　　　　　鱼　　　　　　　　抗霉　　　　　　　　　　　氰
　　　　　　藤　　　　　　　　素 A　　　　　　　　　　　化
　　　　　　酮　　　　　　　　　　　　　　　　　　　　　物

图 9-6 电子传递链上的抑制剂

用分离出的电子传递体在体外进行重组实验时,也证明了NADH可使NADH脱氢酶还原,而不能直接使细胞色素b、c、或a_3还原。同样,还原型NADH脱氢酶不能直接与细胞色素c起作用,而需要辅酶Q和细胞色素b和c_1的存在。另外,从线粒体中分离到一些功能上相关的传递体复合物,也可说明各成分的顺序性,例如复合物细胞色素b和c_1和铁硫蛋白,以及NADH脱氢酶和一个或多个铁硫的复合物。

第三节 生物氧化中能量的转移和生成

生物体通过生物氧化所产生的能量,除一部分用以维持体温外,大部分可以通过磷酸化作用转移至高能磷酸化合物ATP中。此种伴随放能的氧化作用而进行的磷酸化称为氧化磷酸化作用。根据生物氧化方式,可将氧化磷酸化分为底物水平磷酸化及电子传递体系磷酸化。通常所说的氧化磷酸化是指电子传递体系磷酸化。

一、ATP的生成

ATP主要由ADP磷酸化所生成,少数情况下,可由AMP焦磷酸化而生成。

$$ADP + Pi + 能量 \rightarrow ATP$$

$$AMP + PPi + 能量 \rightarrow ATP$$

1. 底物水平磷酸化

底物水平磷酸化是在被氧化的底物上发生磷酸化作用,即底物被氧化的过程中,形成了某些高能磷酸化合物的中间产物,通过酶的作用可使ADP生成ATP。

$$X \sim ⓟ + ADP \rightarrow ATP + X$$

式中X~ⓟ代表底物在氧化过程中所形成的高能磷酸化合物。

在糖的分解代谢中,如甘油醛-3-磷酸转变成甘油酸-1,3-二磷酸,形成了高能磷酸化合物。α-酮戊二酸氧化脱羧生成琥珀酸时,也有高能中间化合物形成。底物水平磷酸化形成高能化合物,其能量来源于伴随着底物的氧化脱氢,分子内部能量的重新分布。

底物水平磷酸化也是捕获能量的一种方式,在酵解作用中是进行生物氧化取得能量的唯一方式(详见第十章)。底物磷酸化和氧的存在与否无关。

2. 电子传递体系磷酸化

当电子从NADH或$FADH_2$经过电子传递体系(呼吸链)传递给氧形成水时,同时伴有ADP磷酸化为ATP,这一全过程称电子传递体系磷酸化。电子传递体系磷酸化是生成 ATP 的主要方式，是生物体内能量转移的主要环节。人们发现这个过程正常进行时，只要有 ADP 与 Pi 存在，就有 ATP 生成。

研究氧化磷酸化最常用的方法是测定线粒体或其制剂的 P/O 比值和电化学实验。P/O 值是指每消耗 1mol 氧所消耗无机磷酸的物质的量（mol）。根据所消耗的无机磷酸摩尔数，可间接测出 ATP 生成量。实验证明 NADH 呼吸链的 P/O 比是 2.5，即每消耗 1mol 氧原子就可形成 2.5mol ATP，$FADH_2$ 呼吸链的 P/O 比是 1.5，即每消耗 1mol 氧原子就可形成 1.5mol ATP。

氧化磷酸化是在线粒体内进行的。线粒体的主要功能是氧化供能，相当于细胞的发电厂。线粒体具有双层膜结构，外膜的通透性较大，内膜有较严格的透过选择性。

二、胞液中 NADH 的氧化磷酸化

真核生物胞液中的 NADH 不能直接通过正常的线粒体内膜，要使胞液中的 NADH 进入呼吸链氧化生成 ATP，必须通过较为复杂的过程，据现在了解，线粒体外的 NADH 可将其所带之 H 转交给某种能透过线粒体膜的化合物，进入线粒体后再氧化。能完成这种穿梭任务的化合物有甘油 -α- 磷酸与苹果酸等。胞液中含有甘油 -α- 磷酸脱氢酶，可以将二羟丙酮磷酸还原为甘油。后者可扩散到线粒体内，线粒体内则有另一种甘油 -α- 磷酸脱氢酶可以催化进入的甘油 -α- 磷酸脱氢，形成 $FADH_2$，于是胞液中的 NADH 便间接地形成了线粒体内的 $FADH_2$，后者通过呼吸链生成 ATP（图 9-7）。这种穿梭作用主要存在于肌肉、神经组织。

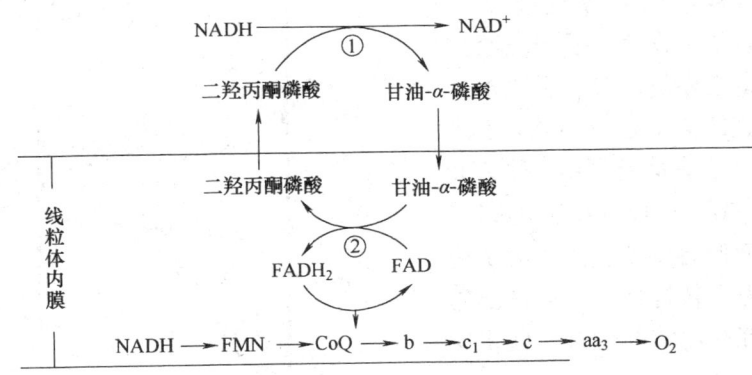

图 9-7　甘油 -α- 磷酸穿梭作用
① 胞液 -α- 磷酸，甘油脱氢酶；线粒体内甘油 -α- 磷酸脱氢酶
② 线粒体内甘油 -α- 磷酸脱氢酶

在肝、肾、心等组织，胞液中的 NADH 是通过苹果酸穿梭作用完成其氧化的（图 9-8）。

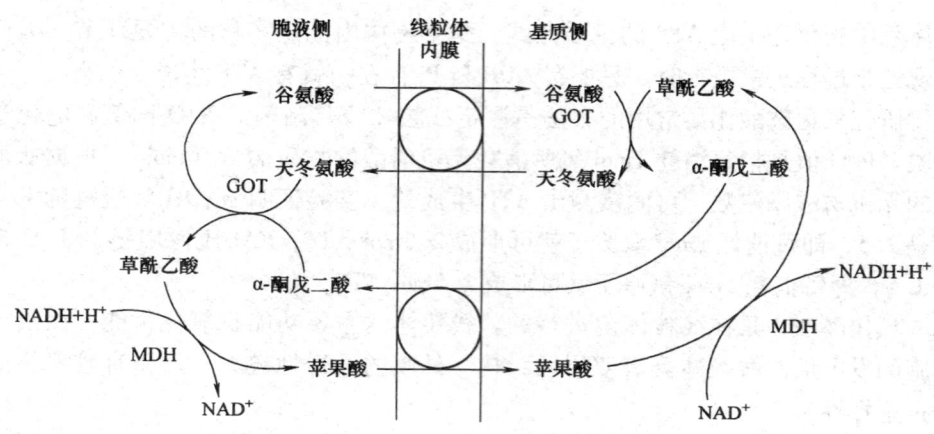

图 9-8 转运的苹果酸天冬氨酸系统

三、氧化磷酸化作用机制

氧化与磷酸化作用如何偶联尚不够清楚，目前主要有三个学说，即化学偶联学说、结构偶联学说与化学渗透学说，其中得到较多支持的是化学渗透学说。

化学渗透学说是英国 P. Mitchell 经过大量实验后于 1961 年首先提出的，其主要论点是认为呼吸链存在于线粒体内膜之上，当氧化进行时，呼吸链起质子泵作用，质子被泵出线粒体内膜之外侧，造成了膜内外两侧间跨膜的化学电位与差，后者被膜上 ATP 合成酶所利用，使 ADP 与 Pi 合成 ATP。合成简要分述如下。

（1）呼吸链中传氢体和电子传递体是间隔交替排列的，且在线粒体内膜中都有特定的位置，催化反应是定向的。

（2）传氢体有氢泵的作用，当传氢体从内膜内侧接受从底物传来的氢（2H）后，可将其中的电子（2e）传给其后的电子传递体，而将两个 H^+ 泵出内膜（图 9-9）。

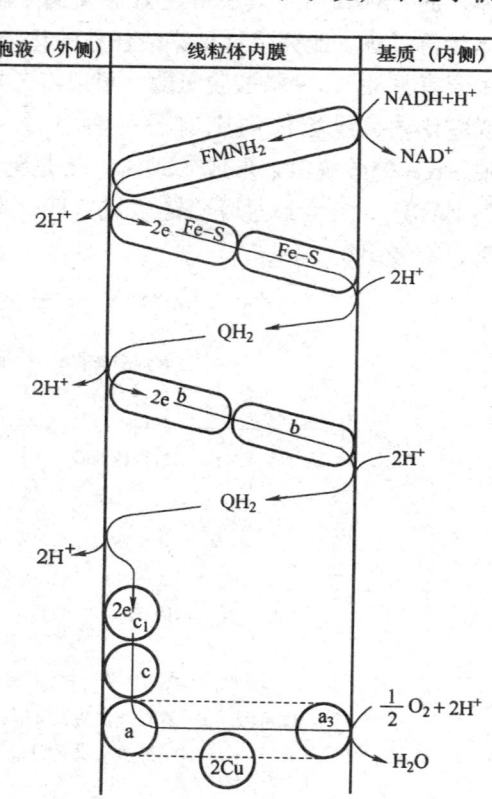

图 9-9 化学渗透学说中呼吸链上氧化还原环节可能构形图

（3）内膜对 H^+ 不能自由通过，泵出膜外侧的 H^+ 不能自由返回膜内侧，因而使内膜外侧的 H^+ 离子浓度高于内侧，造成离子浓度的跨膜梯度，此 H^+ 浓度差使外侧的 pH 较内侧低 1.0 单位左右，并使原有的外正内负的跨膜电位增高，此电位差中就包含着电子传递过程中所释放的能量，好像电池两极的离子浓度差造成电位差而含有电能一样。并且此 H^+ 梯度所包含的能量可驱使 ADP 和 Pi 生成 ATP（图 9-10）。

$$ADP^{3-} + Pi^- \rightarrow ATP^{4-} + H_2O$$

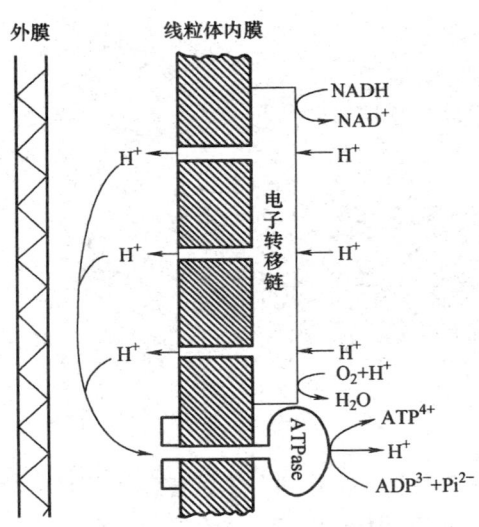

图 9-10 质子移动的氧化磷酸化机理

（4）Mitchell 进一步假说，利用 ATP 合成酶的特点（图 9-11），将膜外侧的 $2H^+$ 传递回膜内侧，与氧生成水。即 H^+ 通过 ATP 酶上特殊的途径，返回至基质。由于 H^+ 浓度梯度所释放的自由能，偶联 ADP 与磷酸合成 ATP，质子的电化学梯度也随之消失。

生物体内 95% 的 ATP 来自氧化磷酸化作用。ATP 合成酶或称 F_0F_1 ATP 酶，位于线粒体的内膜上，它有两个主要成分 F_0 与 F_1。F_1 成分在线粒体的内膜上好像一个突出在门上的球形把手，与 F_0 用柄相连，F_0 嵌埋在内膜并横跨内膜（图 9-11）。单独的 F_1 部分不能使 ADP 与磷酸酶变成 ATP，但能水解 ATP 成 ADP 与磷酸，因而称 F_1 部分为 F_1 ATP 酶。但它们的生物功能是在完整的线粒体上，将质子由膜间隙传回基质侧时，利用呼吸链建立的质子/电势梯度作功产生能量，从而使 ADP 加磷酸合成 ATP。

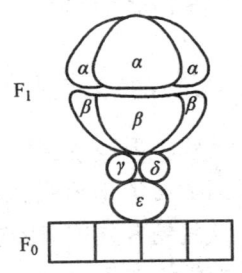

图 9-11 ATP 合成酶模式图

思考与练习

一、名词解释

生物氧化　呼吸链　细胞色素氧化酶　底物水平磷酸化　磷氧比（P/O）

二、计算题

一对电子自 $NADH + H^+$ 传递至氧分子的反应中，自由能变化为多少？

第十章
糖 代 谢

学习目标
1. 掌握糖酵解及糖的有氧氧化的过程，掌握糖的异生。
2. 熟悉糖的消化过程，熟悉磷酸戊糖途径。
3. 了解糖的合成代谢。

糖是有机体重要的能源和碳源。糖分解产生能量，供给有机体生命活动的需要，糖代谢的中间产物又可以转变成其它的含碳有机化合物如氨基酸、脂肪酸、核苷等。糖代谢可以分成糖的分解代谢与糖的合成代谢两个方面。

第一节
糖的消化与吸收

一、糖的消化过程

动物主要通过摄食获取所需的糖类。食物中的糖类主要是植物淀粉和动物糖原两类可消化吸收的多糖、少量蔗糖、麦芽糖、异麦芽糖和乳糖等寡糖或单糖，这些糖首先在口腔被唾液中的淀粉酶部分水解 $\alpha-1,4-$ 糖苷键，进而在小肠被胰液中的淀粉酶进一步水解生成麦芽糖、异麦芽糖和含 4 个糖基的临界糊精，最终被小肠黏膜刷毛缘的麦芽糖酶、乳糖酶和蔗糖酶水解为葡萄糖、果糖、半乳糖，除上述糖类以外，由于人体内无 $\beta-$ 糖苷酶，食物中含有的纤维素无法被人体分解利用，但是其具有刺激肠蠕动等作用，对于身体健康也是必不可少的。临床上，有些患者由于缺乏乳糖酶等双糖酶，可导致食物中糖类消化吸收障碍而使未消化吸收的糖类进入大肠，被大肠中细菌分解产生 CO_2 等气体，引起腹胀、腹泻等症状。

二、糖的吸收

消化所生成的单糖主要在小肠上段被吸收扩散入血，循门静脉入肝，并输送到全身各组织器官中利用。目前认为单糖至少有两种吸收转运系统：

（1）Na^+-单糖共转运系统，依赖钠泵并消耗 ATP，对葡萄糖和半乳糖有高特异性。

这是一个耗能的主动摄取过程，有特定的载体参与：在小肠上皮细胞刷状缘上，存在着与细胞膜结合的 Na^+-葡萄糖联合转运体，当 Na^+ 经转运体顺浓度梯度进入小肠上皮细胞时，葡萄糖随 Na^+ 一起被移入细胞内，这时对葡萄糖而言是逆浓度梯度转运。这个过程的能量是由 Na^+ 的浓度梯度（化学势能）提供的，它足以将葡萄糖从低浓度转运到高浓度。当小肠上皮细胞内的葡萄糖浓度增高到一定程度，葡萄糖经小肠上皮细胞基底面的单向葡萄糖转运体顺浓度梯度被动扩散到血液中。小肠上皮细胞内的 Na^+ 通过钠钾泵（Na^+-K^+ ATP酶），利用 ATP 提供的能量，从基底面被泵出小肠上皮细胞外，进入血液，从而降低小肠上皮细胞内 Na^+ 浓度，维持刷状缘两侧 Na^+ 的浓度梯度，使葡萄糖能不断地被转运。

（2）不依赖 Na^+ 的单糖转运系统，对果糖有高特异性。

利用果糖的浓度梯度，在小肠上皮细胞内特异的果糖载体的作用下，转运至细胞中。

第二节
糖的分解代谢

糖的分解代谢是生物体获取能量的主要方式，生物体可在不同的条件下，采用不同的分解代谢途径氧化分解葡萄糖获取能量，主要有以下三条途径：

在无氧条件下，葡萄糖（糖原）经过酵解途径生成乳酸或乙醇。
在有氧情况下，葡萄糖（糖原）经由三羧酸循环彻底氧化为水和二氧化碳。
葡萄糖经戊糖磷酸途径氧化为水和二氧化碳。

一、糖酵解

糖酵解是指在氧气不足条件下，葡萄糖或糖原分解为乳酸的过程，此过程中伴有少量 ATP 的生成。酵解过程是在细胞质中进行，不需要氧气。在缺氧条件下丙酮酸则可在乳酸脱氢酶的催化下，接受丙糖磷酸脱下的氢，被还原为乳酸。这一代谢途径是由生物化学家 G. G. Embden、O. Meyerhof、J. K. Parnas 所揭示的，因此也被称为 EMP 途径。

（一）糖酵解的过程

糖酵解分为四个阶段共 11 个反应，每分子葡萄糖经第一阶段共 3 个反应，消耗 2 个分子 ATP 生成糖的磷酸酯，称为获能阶段；第二阶段为裂解阶段，经过 2 步反应生成 2 个丙糖磷酸分子；第三阶段为产能阶段，经过 5 步反应，生成 2 分子丙酮酸以及 4 个分子 ATP；第四阶段为还原阶段，丙酮酸在无氧条件下接受丙糖磷酸上脱下的氢还原成为乳酸。

1. 获能阶段

葡萄糖接受 ATP 上的磷酸，生成己糖磷酸酯。

①葡萄糖的磷酸化：细胞内的葡萄糖磷酸化生成葡萄糖 – 6 – 磷酸，磷酸根由 ATP 供给，这一过程不仅活化了葡萄糖，有利于它进一步参与合成与分解代谢，同时还能使进入细胞的葡萄糖不再逸出细胞。催化此反应的酶是己糖激酶（HK）。己糖激酶催化的反应需要消耗能量 ATP，Mg^{2+} 是反应的激活剂，它能催化葡萄糖、甘露糖、氨基葡萄糖、果糖进行不可逆的磷酸化反应，生成相应的 6 – 磷酸酯，葡萄糖 – 6 – 磷酸是 HK 的反馈抑制物，此酶是糖氧化反应过程的第一个限速酶。

$$\Delta G^{o'} = -16.7 kJ/mol$$

另外在肝脏中还存在葡萄糖激酶（GK），当血糖浓度升高时，GK 活性增加，葡萄糖 – 6 – 磷酸对 GK 无抑制作用。

该反应的标准自由能变化 $\Delta G^{o'}$ 为 – 16.7kJ/mol，由于能量的损失，几乎是一个不可逆的反应。

②葡萄糖 – 6 – 磷酸的异构反应：由磷酸己糖异构酶催化葡萄糖 – 6 – 磷酸转变为果糖 – 6 – 磷酸的过程，此反应是可逆的。

$$\Delta G^{o'} = -1.7 kJ/mol$$

③果糖 – 6 – 磷酸的磷酸化：此反应是果糖 – 6 – 磷酸第一位上的 C 进一步磷酸化生成果糖 – 1，6 – 二磷酸，磷酸根由 ATP 供给，催化此反应的酶是磷酸果糖激酶 1（PFK1）。

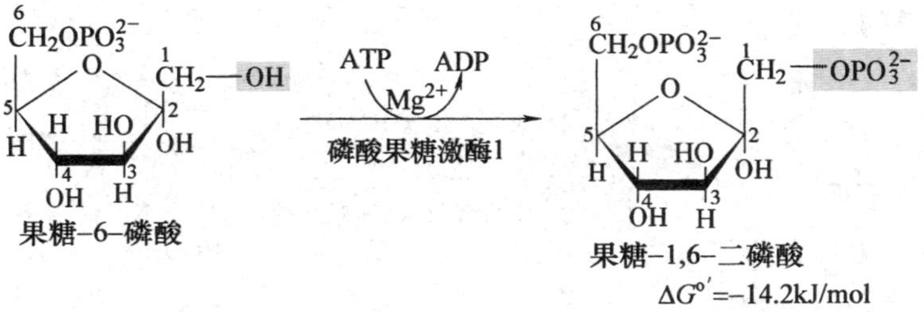

[图: 果糖-6-磷酸 经磷酸果糖激酶1催化（ATP→ADP, Mg²⁺）生成 果糖-1,6-二磷酸, $\Delta G^{o'}=-14.2 \text{kJ/mol}$]

PFK1催化的反应是不可逆反应，它是糖的有氧氧化过程中最重要的限速酶，也是变构酶，柠檬酸、ATP等是变构抑制剂，ADP、AMP、Pi、果糖-2,6-二磷酸等是变构激活剂。至此，一分子葡萄糖通过两次磷酸化反应，消耗两个ATP，形成果糖-1,6-二磷酸。

2. 裂解阶段

果糖-1,6-二磷酸在酶的催化作用下裂解并最终形成2个甘油醛-3-磷酸。

④果糖-1,6-二磷酸的裂解反应：在醛缩酶催化下果糖-1,6-二磷酸生成二羟丙酮磷酸和甘油醛-3-磷酸，此反应是可逆的。

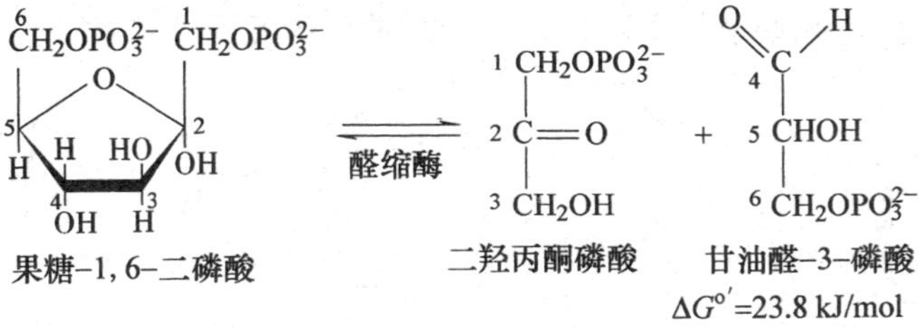

[图: 果糖-1,6-二磷酸 经醛缩酶催化生成 二羟丙酮磷酸 + 甘油醛-3-磷酸, $\Delta G^{o'}=23.8 \text{kJ/mol}$]

醛缩酶的名称来源于此酶所催化的反应的逆反应，由此酶催化反应的$\Delta G^{o'}=23.8 \text{kJ/mol}$可以看出在标准条件下，这一反应是向缩合方向，即向左进行。但在细胞内的条件下，由于丙糖-磷酸的不断消耗，使得该反应向右进行。

⑤二羟丙酮磷酸的异构反应：在丙糖磷酸异构酶催化下二羟丙酮磷酸转变为甘油醛-3-磷酸，此反应也是可逆的。

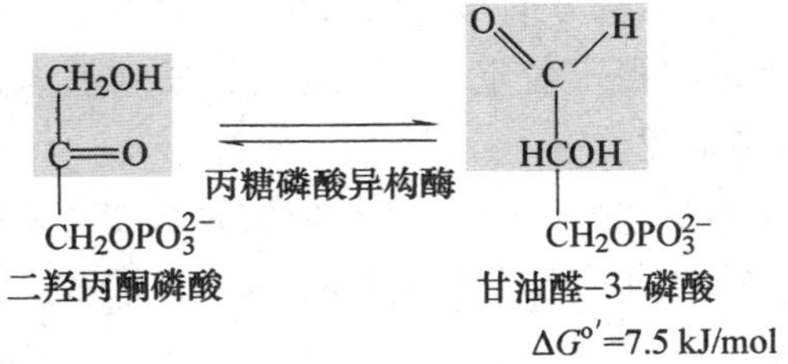

[图: 二羟丙酮磷酸 经丙糖磷酸异构酶催化生成 甘油醛-3-磷酸, $\Delta G^{o'}=7.5 \text{kJ/mol}$]

3. 氧化产能阶段

甘油醛-3-磷酸经过氧化反应释放能量，并使ADP转化为ATP。

⑥甘油醛-3-磷酸氧化反应：此反应由甘油醛-3-磷酸脱氢酶催化甘油醛-3-磷酸氧化脱氢并磷酸化生成含有1个高能磷酸键的甘油酸-1,3-二磷酸，本反应脱下的氢和电子转给脱氢酶的辅酶NAD^+生成$NADH+H^+$，磷酸根

来自无机磷酸。

$$\text{甘油醛-3-磷酸} + \text{HO-PO}_3^{2-} \xrightleftharpoons[\text{甘油醛-3-磷酸脱氢酶}]{\text{NAD}^+ \quad \text{NADH+H}^+} \text{甘油酸-1,3-二磷酸}$$

$\Delta G^{\circ\prime} = 6.3 \text{ kJ/mol}$

催化该反应的酶相对分子质量为14000,含有4个相同的亚基,酶的活性部位由一个巯基(—SH)和NAD^+共同构成,因此,碘乙酸、重金属离子等可使此酶失活。

⑦甘油酸-1,3-二磷酸的高能磷酸键转移反应:在磷酸甘油酸激酶催化下,甘油酸-1,3-二磷酸生成甘油酸-3-磷酸,同时其C_1上的高能磷酸根转移给ADP生成ATP,这种底物氧化过程中产生的能量直接将ADP磷酸化生成ATP的过程,称为底物水平磷酸化。此激酶催化的反应是可逆的。

$$\text{甘油酸-1,3-二磷酸} + \text{ADP} \xrightleftharpoons[\text{磷酸甘油酸激酶}]{Mg^{2+}} \text{甘油酸-3-磷酸} + \text{ATP}$$

$\Delta G^{\circ\prime} = -18.5 \text{ kJ/mol}$

砷酸盐(AsO_4^{3-})在结构方面与无机磷酸极为相似,可代替磷酸生成1-砷酸-3-磷酸甘油酸,但它极不稳定,可快速地自发水解为3-磷酸甘油酸,从而破坏此次底物水平磷酸化。

⑧甘油酸-3-磷酸的变位反应:在甘油酸磷酸变位酶催化下甘油酸-3-磷酸C_3位上的磷酸基转变到C_2位上生成甘油酸-2-磷酸。此反应是可逆的。

$$\text{甘油酸-3-磷酸} \xrightleftharpoons[\text{甘油酸磷酸变位酶}]{Mg^{2+}} \text{甘油酸-2-磷酸}$$

$\Delta G^{\circ\prime} = 4.4 \text{ kJ/mol}$

⑨甘油酸-2-磷酸的脱水反应：由烯醇化酶催化甘油酸-2-磷酸脱水，本反应也是可逆的。但在脱水的同时，分子内的能量重新分配，生成含高能磷酸键的烯醇式丙酮酸磷酸。

$$\Delta G^{\circ\prime} = 7.5 \text{ kJ/mol}$$

该反应需要 Mg^{2+} 的激活，氟化物可通过与镁的结合而抑制烯醇化酶的活性。

⑩烯醇式丙酮酸磷酸的磷酸转移：在丙酮酸激酶催化下，烯醇式丙酮酸磷酸上的高能磷酸转移至 ADP 生成 ATP，这是又一次底物水平上的磷酸化过程。但此反应是不可逆的。

$$\Delta G^{\circ\prime} = -31.4 \text{ kJ/mol}$$

丙酮酸激酶是糖的无氧氧化过程中的第三个限速酶，具有变构酶性质，ATP 是变构抑制剂，ADP 是变构激活剂，Mg^{2+} 或 K^+ 可激活丙酮酸激酶的活性，胰岛素可诱导 PK 的生成。烯醇式丙酮酸可自动转变成丙酮酸。

至此每个丙糖磷酸分子通过氧化与底物水平磷酸化生成一分子的 $NADH + H^+$ 和 2 分子的 ATP。

4. 还原阶段

在无氧的条件下，丙酮酸接受 $NADH + H^+$ 上的氢，还原成为乳酸。

⑪丙酮酸还原为乳酸：在人体及哺乳动物体内，丙酮酸在乳酸脱氢酶的作用下，接受由甘油醛-3-磷酸脱下的氢，被还原为乳酸。

$$\text{丙酮酸} \xrightarrow[\text{乳酸脱氢酶}]{\text{NADH+H}^+ \quad \text{NAD}^+} \text{L-乳酸}$$

$$\Delta G^{o\prime} = -25.1 \text{ kJ/mol}$$

通过这一反应可以使 $NADH + H^+$ 重新转化为 NAD^+ 参与到下一轮的甘油醛-3-磷酸的氧化中，从而使得酵解反应得以继续。

⑫乙醇的生成：在高等植物及部分真菌、细菌体内，丙酮酸脱羧并被还原为乙醇，该反应分两步进行：

$$\text{丙酮酸} \xrightarrow[\text{丙酮酸脱羧酶}]{\text{TPP, Mg}^{2+} \quad CO_2} \text{乙醛} \xrightarrow[\text{乙醇脱氢酶}]{\text{NADH+H}^+ \quad \text{NAD}^+} \text{乙醇}$$

A. 丙酮酸在丙酮酸脱羧酶作用下，生成乙醛。催化该反应的酶在动物细胞中不存在，它以 TPP 为辅酶。

B. 乙醛在乙醇脱氢酶的作用下接受 NADH 上的氢还原为乙醇（图 10-1）。催化该反应的酶中含有 Zn^{2+}，Zn^{2+} 的作用是使乙醛中的羰基极化，从而使反应更容易进行。

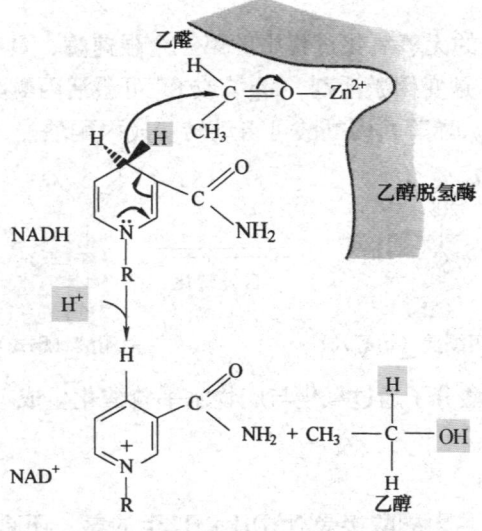

图 10-1 乙醇脱氢酶作用原理

（二）糖酵解的总结

1. 酵解过程中的反应类型

酵解过程中的反应类型见表 10 – 1。

表 10 – 1　　　　　　　　　酵解过程中的反应类型

反应类型	反应的编号
磷酸基团转移	①③⑦⑩
磷酸移位	⑧
异构化	②⑤
脱水	⑨⑪
氧化脱氢	⑥

2. 酵解过程中的能量变化总结

酵解过程中的能量变化总结见表 10 – 2。

表 10 – 2　　　　　　　　酵解过程中 ATP 的消耗与产生

消耗或产生 ATP 的反应	ATP 消耗或产生的分子数
葡萄糖→葡萄糖 – 6 – 磷酸	– 1
果糖 – 6 – 磷酸→果糖 – 1, 6 – 二磷酸	– 1
甘油酸 – 1, 3 – 二磷酸→甘油酸 – 3 – 磷酸	+ 1 × 2
烯醇式丙酮酸→丙酮酸	+ 1 × 2
总计	+ 2

如上所示，在酵解过程中，每个葡萄糖分子在获能阶段消耗 2 个 ATP，经裂解后生成 2 个甘油醛 – 3 – 磷酸；在氧化产能阶段每个甘油醛 – 3 – 磷酸可经过两次底物水平磷酸化生成 2 个 ATP，则每个葡萄糖分子可生成 4 个 ATP，抵消掉获能阶段消耗的 ATP，每个葡萄糖分子净生成 2 个 ATP 和 2 个乳酸分子。

葡萄糖分解为乳酸总反应式为：

$$C_6H_{12}O_6 + 2H_3PO_4 + ADP \longrightarrow 2CH_3CHOHCOOH + 2ATP + 2H_2O$$

在此过程中，自由能变化为 $\Delta G^{o'} = -196kJ$，ATP 水解为 ADP 和磷酸的 $\Delta G^{o'} = -30.514kJ$，所以：

$$葡萄糖酵解的获能效率 = (2 \times 30.514/196) \times 100\% = 31\%$$

剩下的能量 $\Delta G = -196 - (-2 \times 30.514) = -134.97kJ$ 在体内以热能的形式散发。

3. 糖酵解的调控总结

糖酵解反应中有 3 步是不可逆反应，催化这 3 步反应的酶是限速酶，通过对它们活性的调控可以调控整个糖酵解的反应速率。

（1）果糖磷酸激酶是第一限速酶。它的活力受到 ATP/ADP 比值的调控，当

ATP含量较高时,机体不缺乏能量,该酶几乎没有活性,酵解作用减弱,反之酵解作用加强;H^+可抑制此酶的活力,从而防止肌肉中形成过量的乳酸而使血液酸中毒;果糖-2,6-二磷酸是该酶的强力激活剂,同时降低ATP对该酶的抑制作用,果糖-2,6-二磷酸的合成与分解受到激素(胰岛素/胰高血糖素)的调控。

(2)丙酮酸激酶,它的活力受到酵解产物丙酮酸及丙氨酸的抑制,从而可避免丙酮酸过剩;另外ATP、乙酰-CoA等也可抑制此酶活力,减弱酵解作用;而果糖-1,6-二磷酸则可以激活该酶,加速酵解反应。

(3)己糖激酶,其产物葡萄糖-6-磷酸是它的别构抑制剂,但葡萄糖-6-磷酸除参与酵解反应外,还可参与糖原的合成、磷酸戊糖代谢途径,故此酶不是酵解过程的关键酶。

(三) 糖原酵解

酵解反应若是从糖原开始,经糖原磷酸化酶的作用生成葡萄糖-1-磷酸,再经葡萄糖磷酸变位酶的作用转化成葡萄糖-6-磷酸。

(1)糖原磷酸化酶从糖原分子的非还原性末端断下一个葡萄糖分子,形成葡萄糖-1-磷酸,糖原分子则出现一个新的非还原性末端葡萄糖分子(图10-2),但该酶只作用于α-1,4-糖苷键。

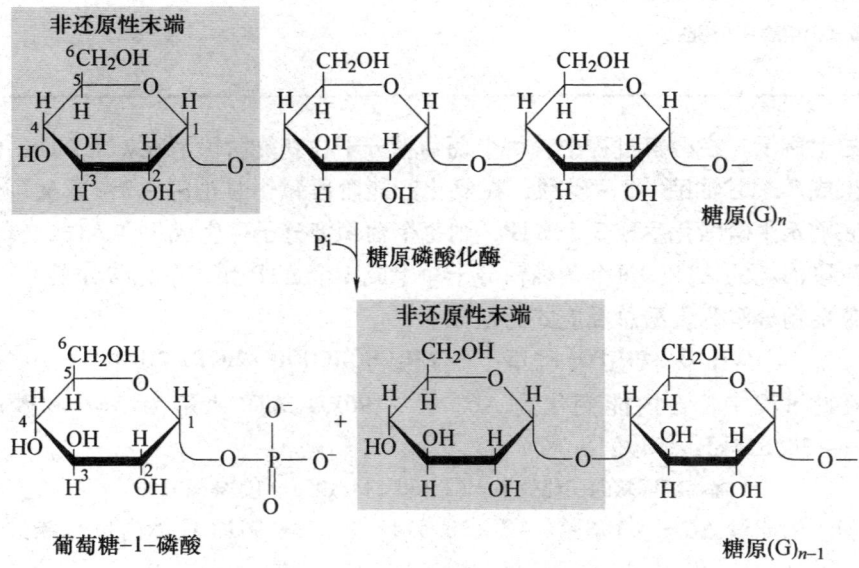

图10-2 糖原磷酸化酶降解糖原

(2)葡萄糖-1-磷酸在葡萄糖磷酸变位酶的作用下,磷酸基团由C_1位转移至C_6位生成葡萄糖-6-磷酸,进而参加糖酵解反应。

(3)糖原磷酸化酶只能作用至分支点(α-1,6-糖苷键)前4个葡萄糖基处，就无法再对糖链进行降解，此时需要脱支酶和糖原磷酸化酶共同作用，进一步分解分支糖链。

脱支酶具有两种不同的活力，首先糖基转移酶发挥活力，将分支前面的以 $\alpha-1,4$-糖苷键连接的 3 个葡萄糖残基转移到另一个分支的非还原性末端，暴露出以 $\alpha-1,6$-糖苷键相连的葡萄糖，进而脱支酶活力启动，脱下以 $\alpha-1,6$-糖苷键相连的葡萄糖，该反应并不是磷酸解作用，而是水解作用。其结果是产生 1 个葡萄糖和一个以 $\alpha-1,4$-糖苷键连接的非还原性末端，于是磷酸化酶又可以继续发挥作用（图 10-3）。

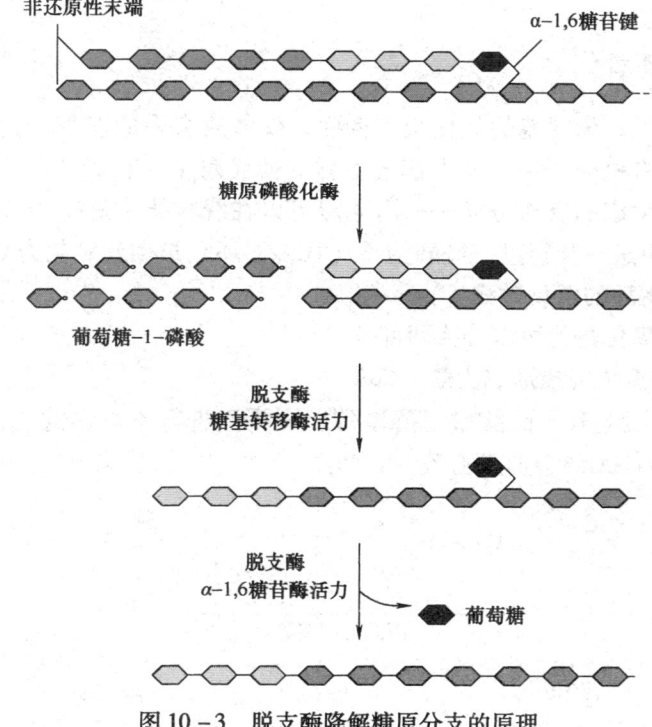

图 10-3 脱支酶降解糖原分支的原理

在糖原的酵解反应中，由于利用了贮存在糖苷键中的能量，故每个葡萄糖分子在获能的阶段少消耗 1 分子 ATP。因此，糖原中的每分子葡萄糖可净生成 3 个 ATP。而由糖原生成乳酸的 $\Delta G^{o'} = -183$ kJ。则糖原的产能效率如下：

$$糖原的产能效率 = (3 \times -30.514 / -183) \times 100\% = 49.7\%$$

（四）酵解反应的生理意义

糖酵解是生物界普遍存在的供能途径，但其释放的能量不多，而且在一般生理情况下，大多数组织有足够的氧以供有氧氧化之需，很少进行糖酵解，因此这一代谢途径供能意义不大，但少数组织，如视网膜、睾丸、肾髓质和红细胞等组织细胞，即使在有氧条件下，仍需从**糖酵解**获得能量。

在某些情况下,糖酵解有特殊的生理意义。例如剧烈运动时,能量需求增加,糖分解加速,此时即使呼吸和循环加快以增加氧的供应量,仍不能满足体内糖完全氧化所需要的能量,这时肌肉处于相对缺氧状态,必须通过糖酵解过程,以补充所需的能量。在剧烈运动后,可见血中乳酸浓度成倍地升高,这是糖酵解加强的结果。又如人们从平原地区进入高原的初期,由于缺氧,组织细胞也往往通过增强糖酵解获得能量。

在某些病理情况下,如严重贫血、大量失血、呼吸障碍、肿瘤细胞等,组织细胞也需通过糖酵解来获取能量。倘若糖酵解过度,可因乳酸产生过多,而导致酸中毒。

二、糖的有氧氧化

无氧条件下,葡萄糖的氧化很不彻底,仅释放有限的能量。大部分能量则贮存在生成的有机分子中。而大部分生物的糖代谢是在有氧条件下进行的,葡萄糖经过酵解生成的有机分子——丙酮酸可以在线粒体中进一步氧化脱羧生成乙酰 – CoA,再进一步经过三羧酸循环(TCA 循环)被彻底氧化为 CO_2 和 H_2O。

(一)丙酮酸的氧化过程

丙酮酸的氧化过程可以分为两部分

1. 丙酮酸氧化脱羧形成乙酰 – CoA

线粒体内膜上有丙酮酸脱氢酶系催化丙酮酸进行不可逆的氧化脱羧反应,并使之与 HS – CoA 结合形成乙酰 – CoA。

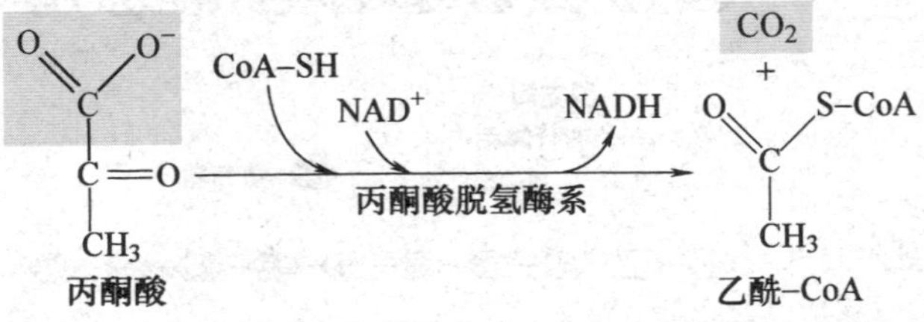

$$\Delta G^{o'} = -33.4 \text{ kJ/mol}$$

催化反应的丙酮酸脱氢酶复合体中含有 3 种酶,分别为:丙酮酸脱氢组分、二氢硫辛酰转乙酰酶、二氢硫辛酰脱氢酶,以及六种辅酶:硫胺素焦磷酸(TPP)、硫辛酸、HS – CoA、黄素腺嘌呤二核苷酸(FAD)、烟酰胺腺嘌呤二核苷酸(NAD^+)和 Mg^{2+}。反应机制如下(图 10 – 4):

①在丙酮酸脱氢酶(E1)的催化下,丙酮酸与 TPP 作用脱羧形成羟乙基 – TPP。

②在二氢硫辛酰转乙酰基酶(E2)催化下,羟乙基被氧化成乙酰基,同时将乙酰基转移给硫辛酰胺形成乙酰二氢硫辛酰胺。

③在二氢硫辛酰转乙酰基酶(E2)催化下,乙酰基转移给 HS – CoA 形成乙

酰-CoA，并生成二氢硫辛酰胺。

④在二氢硫辛酸脱氢酶（E3）催化下，使二氢硫辛酸被氧化成硫辛酸，并将 H^+ 传给 FAD。

⑤在二氢硫辛酸脱氢酶（E3）催化下，$FADH_2$ 将 NAD^+ 还原成 $NADH + H^+$。

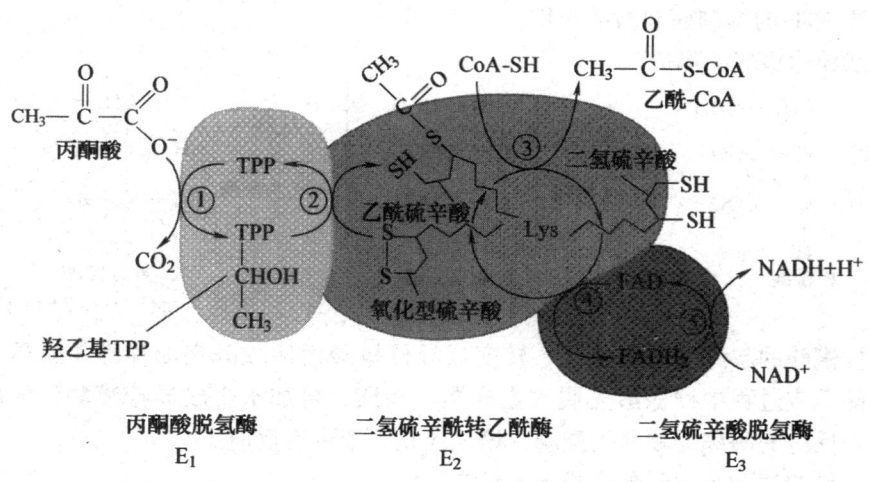

图 10-4　丙酮酸脱氢酶系结构示意图

丙酮酸脱氢酶受到产物调控，即高浓度的 NADH 和乙酰-CoA 抑制该酶的活力，同时该酶系还受到磷酸化及去磷酸化的调控，即该酶复合体磷酸化时活力受抑制，去磷酸化时酶被活化。

有机砷由于可以与硫辛酰胺中的相邻的巯基相结合而使该酶系失活。通常微生物中的该酶系比人体中的对有机砷化合物更敏感，因此有机砷曾经被作为抗锥虫药物来应用，但有机砷对病人有严重的副作用，如引发湿疹、头晕、头痛、关节炎、痛风、心悸及恶心等症状。

2. 三羧酸循环（柠檬酸循环）

乙酰-CoA 与草酰乙酸缩合生成含有3个羧基的6碳有机酸——柠檬酸再进一步氧化脱羧，最终生成草酰乙酸和 CO_2 和 H_2O 的过程。

①乙酰-CoA 与草酰乙酸缩合生成柠檬酸。

$\Delta G^{o'} = -32.2 \text{ kJ/mol}$

该反应由柠檬酸合成酶催化,是很强的放能反应,从而使得该反应不可逆的向右进行。由草酰乙酸和乙酰-CoA 合成柠檬酸是三羧酸循环的重要调节点,柠檬酸合成酶是一个变构酶,ATP 是柠檬酸合成酶的变构抑制剂,此外,α-酮戊二酸、NADH 能变构抑制其活性,长链脂酰-CoA 也可抑制它的活性,AMP 可对抗 ATP 的抑制而起激活作用。

②异柠檬酸的形成。

柠檬酸 → 顺乌头酸 → 异柠檬酸（顺乌头酸酶催化，H_2O）
$\Delta G^{o\prime} = -13.3\ kJ/mol$

柠檬酸的叔醇基不易氧化,转变成异柠檬酸而使叔醇变成仲醇,就易于氧化,此反应过程中柠檬酸先脱水生成顺乌头酸,再加水生成异柠檬酸,因此催化这一反应的酶称为顺乌头酸酶,该反应是一个可逆反应。

③异柠檬酸氧化脱羧形成 α-酮戊二酸。

异柠檬酸 → 草酰琥珀酸 → α-酮戊二酸（异柠檬酸脱氢酶，$NAD(P)^+$／$NAD(P)H+H^+$，CO_2，Mn^{2+}）

在异柠檬酸脱氢酶的作用下,异柠檬酸的仲醇氧化成羰基,生成草酰琥珀酸中间产物,后者在同一酶表面,快速脱羧生成 α-酮戊二酸、$NADH+H^+$ 和 CO_2,此反应为 β-氧化脱羧。此酶需要 Mg^{2+} 或 Mn^{2+} 作为激活剂。此反应是不可逆的,是三羧酸循环中的第二个限速步骤,ADP 是异柠檬酸脱氢酶的激活剂,而 ATP、NADH 是此酶的抑制剂。

④α-酮戊二酸氧化脱羧生成琥珀酰-CoA。

α-酮戊二酸 → 琥珀酰-CoA + CO_2（α-酮戊二酸脱氢酶系，CoA-SH，NAD^+／NADH）
$\Delta G^{o\prime} = -33.5\ kJ/mol$

在 α-酮戊二酸脱氢酶系作用下，α-酮戊二酸氧化脱羧生成琥珀酰-CoA、$NADH+H^+$ 和 CO_2，反应过程类似于丙酮酸脱氢酶系催化的氧化脱羧，属于 α-氧化脱羧，氧化产生的能量中一部分贮存于琥珀酰-CoA 的高能硫酯键中。α-酮戊二酸脱氢酶系也由三个酶（α-酮戊二酸脱氢酶、硫辛酰琥珀酰基转移酶、二氢硫辛酰脱氢酶）和五个辅酶（TPP、硫辛酸、HS-CoA、NAD^+、FAD）组成。此反应也是不可逆的。α-酮戊二酸脱氢酶复合体受 ATP、GTP、NADH 和琥珀酰-CoA 抑制，但其不受磷酸化/去磷酸化的调控。

⑤琥珀酰-CoA 转化成琥珀酸。

$$\text{琥珀酰-CoA} \xrightarrow[\text{琥珀酸硫激酶}]{GDP+Pi \quad\quad GTP \; CoA-SH} \text{琥珀酸}$$

$\Delta G^{\circ\prime}=-2.9kJ/mol$

在琥珀酸硫激酶的作用下，琥珀酰-CoA 的硫酯键水解，释放的自由能用于合成 GTP，在细菌和高等植物中可直接生成 ATP，在哺乳动物中，先生成 GTP，再生成 ATP，此时，琥珀酰-CoA 生成琥珀酸和辅酶 A。

⑥琥珀酸脱氢生成延胡索酸。

$$\text{琥珀酸} \xrightarrow[\text{琥珀酸脱氢酶}]{FAD \quad\quad FADH_2} \text{延胡索酸}$$

$\Delta G^{\circ\prime}=0kJ/mol$

琥珀酸脱氢酶催化琥珀酸氧化成为延胡索酸。该酶结合在线粒体内膜上，而其它三羧酸循环的酶则都是存在于线粒体基质中的，此酶含有铁硫中心和共价结合的 FAD，来自琥珀酸的电子通过 FAD 和铁硫中心，然后进入电子传递链到 CoQ，丙二酸是琥珀酸的类似物，是琥珀酸脱氢酶强有力的竞争性抑制物，所以可以阻断三羧酸循环。

⑦延胡索酸水化生成 L-苹果酸。

$$\text{延胡索酸} \xrightarrow[\text{延胡索酸酶}]{OH^-} \text{(负碳离子中间态)} \xrightarrow[\text{延胡索酸酶}]{H^+} \text{L-苹果酸}$$

$\Delta G^{\circ\prime}=-3.8kJ/mol$

延胡索酸在延胡索酸酶的作用下水化生成苹果酸，延胡索酸酶仅对延胡索酸的反式双键起作用，而对顺丁烯二酸（马来酸）则无催化作用，生成的仅为 L-苹果酸，因而是具有高度立体特异性的。

⑧L-苹果酸脱氢再形成草酰乙酸。

$$\text{L-苹果酸} \xrightleftharpoons[\text{苹果酸脱氢酶}]{NAD^+ \quad NADH+H^+} \text{草酰乙酸}$$

$\Delta G^{o'} = 29.7 \text{ kJ/mol}$

在苹果酸脱氢酶作用下，苹果酸仲醇基脱氢氧化成羰基，生成草酰乙酸，NAD^+ 是脱氢酶的辅酶，接受氢成为 $NADH + H^+$。

尽管该反应是一个热力学不利的反应，但是由于草酰乙酸与乙酰-CoA 反应生成柠檬酸是个极度放能反应，因此在线粒体基质中草酰乙酸浓度极低（少于 $10^{-6} mol/L$），从而推动反应向右进行。

在三羧酸循环（图10-5）中，最初草酰乙酸因参加反应而消耗，但经过循环又重新生成。所以每循环一次，净结果为1个乙酰基通过两次脱羧而被消耗。循环中有机酸脱羧产生的 CO_2，是机体中 CO_2 的主要来源。在三羧酸循环中，共有4次脱氢反应，脱下的氢原子3次形成 $NADH + H^+$，1次形成 $FADH_2$，并进入呼吸链，最后传递给氧生成水。

（二）三羧酸循环总结

乙酰-CoA + $3NAD^+$ + FAD + GDP + Pi $\longrightarrow$ $2CO_2$ + 3NADH + $FADH_2$ + GTP + $2H^+$ + CoA-SH

（1）CO_2 的生成，循环中有两次脱羧反应，两次都是同时脱氢脱羧作用，但作用的机理不同，由异柠檬酸脱氢酶所催化的 β-氧化脱羧，辅酶是 NAD^+，它先使底物脱氢生成草酰琥珀酸，然后在 Mn^{2+} 或 Mg^{2+} 的协同下，脱去羧基，生成 α-酮戊二酸。α-酮戊二酸脱氢酶系所催化的 α-氧化脱羧反应和前述丙酮酸脱氢酶系所催化的反应基本相同。应当指出，通过脱羧作用生成 CO_2，是机体内产生 CO_2 的普遍规律，由此可见，机体 CO_2 的生成与体外燃烧生成 CO_2 的过程截然不同。

（2）三羧酸循环的四次脱氢，其中三对氢原子以 NAD^+ 为受氢体，一对以 FAD 为受氢体，分别还原生成 $NADH + H^+$ 和 $FADH_2$。它们又经线粒体内递氢体系传递，最终与氧结合生成水，在此过程中释放出来的能量使 ADP 和 Pi 结合生成 ATP，每个 $NADH + H^+$ 的氢传递给氧生成 H_2O，生成 2.5 分子 ATP，而 $FADH_2$ 则生成 1.5 分子 ATP，再加上三羧酸循环中有一次底物磷酸化产生一分子 ATP，那么，一分子乙酰-CoA 参与三羧酸循环，共生成 10 分子 ATP。

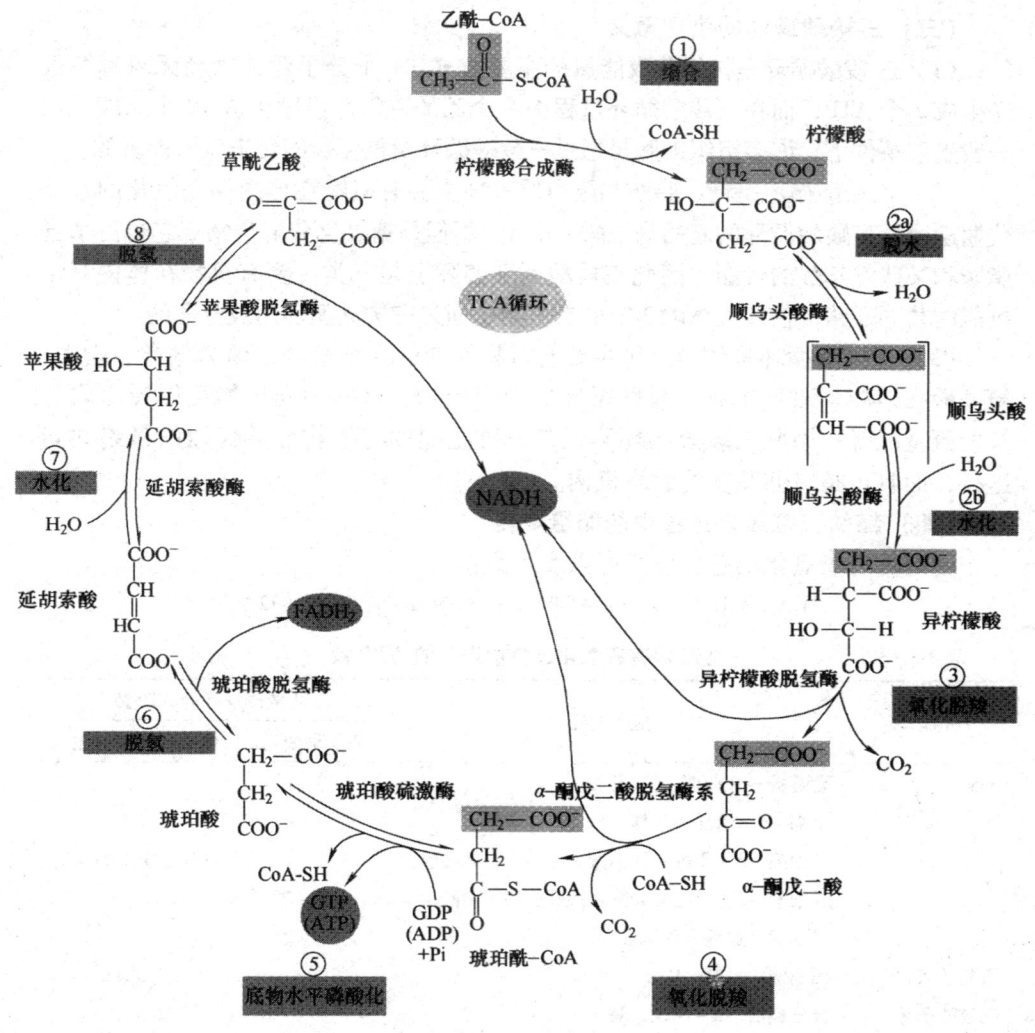

图 10-5　三羧酸循环过程

（3）在三羧酸循环中有二次脱羧生成 2 分子 CO_2，这两个碳并非来自乙酰-CoA 的碳原子，而是来自草酰乙酸。但它与进入循环的二碳乙酰基的碳原子数相等。

（4）三羧酸循环的中间产物，从理论上讲，可以循环不消耗，但是由于循环中的某些组成成分还可参与合成其它物质，而其它物质也可不断通过多种途径而生成中间产物，所以三羧酸循环中的草酰乙酸需要回补，其中丙酮酸羧化酶催化生成草酰乙酸的反应最为重要。因为草酰乙酸的含量多少，直接影响循环的速度，因此不断补充草酰乙酸是使三羧酸循环得以顺利进行的关键。另一方面三羧酸循环中生成的苹果酸和草酰乙酸也可以脱羧生成丙酮酸，再参与合成许多其它物质或进一步氧化。

（三）三羧酸循环的生理意义

（1）三羧酸循环是机体获取能量的主要方式。1个分子葡萄糖经无氧酵解仅净生成2个ATP，而在三羧酸循环过程中一个乙酰-CoA可净生成10个ATP，在一般生理条件下，许多组织细胞是通过三羧酸循环及氧化磷酸化来获取能量的。

（2）三羧酸循环是糖、脂肪和蛋白质三种主要有机物在体内彻底氧化的共同代谢途径，三羧酸循环的起始物乙酰-CoA，不但是糖氧化分解产物，它也可来自脂肪和某些氨基酸的代谢，因此三羧酸循环实际上是三类主要有机物在体内氧化供能的共同通路，估计人体内2/3的有机物是通过三羧酸循环而被分解的。

（3）三羧酸循环是体内三种主要有机物互变的联结机构，因为糖类、脂类、氨基酸在体内代谢可生成三羧酸循环的中间产物，这些中间产物可以转变成为某些氨基酸等；因此三羧酸循环不仅是三种主要的有机物分解代谢的最终共同途径，而且也是它们互变的联络机构。

（四）糖的有氧氧化过程中的能量变化

葡萄糖有氧氧化的总反应式可以表示为：

$$C_6H_{12}O_6 + 32H_3PO_4 + 32ADP + 6O_2 \longrightarrow 6H_2O + 6CO_2 + 32ATP$$

表10-3　　　　　　　　葡萄糖有氧氧化过程中产生的ATP数

反应阶段	反应过程	生成或消耗的ATP数	
		底物磷酸化	电子传递磷酸化
酵解	葡萄糖→葡萄糖-6-磷酸	-1	
	果糖-6-磷酸→果糖-1,6-二磷酸	-1	
	甘油醛-3-磷酸→甘油酸-1,3-二磷酸		+(1.5或2.5)×2
	甘油酸-1,3-二磷酸→甘油酸-3-磷酸	+1×2	
	烯醇式丙酮酸→丙酮酸	+1×2	
丙酮酸氧化	丙酮酸→乙酰-CoA		+2.5×2
三羧酸循环	异柠檬酸→α-酮戊二酸		+2.5×2
	α-酮戊二酸→琥珀酰-CoA		+2.5×2
	琥珀酰-CoA→琥珀酸	+1×2	
	琥珀酸→延胡索酸		+1.5×2
	苹果酸→草酰乙酸		+2.5×2
总计			30或32

葡萄糖有氧氧化时的$\Delta G^{\circ'} = -2867.48 kJ/mol$，生成30或32个ATP。其中的能量利用效率为：

$$(32 \times 30.514/2867.48) \times 100\% = 34\%$$

三、戊糖磷酸途径

糖酵解及糖的有氧氧化过程是生物体内糖类分解代谢的主要途径，但它不是唯一的代谢途径，早期的研究表明：在组织中加入酵解抑制剂，如碘乙酸或氟化物等，葡萄糖仍可以被消耗，证明葡萄糖还有酵解以外的其它代谢途径；另外用同位素 ^{14}C 分别标记葡萄糖 C_1 和 C_6，如果糖酵解是唯一代谢途径，则 $^{14}C_1$ 和 $^{14}C_6$ 生成 $^{14}CO_2$ 的速度相等。而实验结果表明，$^{14}C_1$ 更容易氧化成 $^{14}CO_2$。根据上述实验，Racker 等人发现了糖代谢的戊糖磷酸途径，此途径由葡萄糖-6-磷酸开始生成具有重要生理功能的 NADPH 和核糖-5-磷酸，因此又称己糖单磷酸旁路或磷酸葡萄糖旁路。全过程中无 ATP 生成，此过程不是机体产能的方式。其主要发生在肝脏、脂肪组织、哺乳期的乳腺、肾上腺皮质、性腺、骨髓和红细胞等的胞质中。

（一）戊糖磷酸途径的化学反应过程

戊糖磷酸代谢途径的化学反应可以分为氧化阶段和非氧化阶段。

1. 氧化阶段

葡萄糖-6-磷酸经过氧化分解后产生五碳糖、CO_2、无机磷酸、还原型烟酰胺嘌呤二核苷酸磷酸（$NADPH + H^+$），这一阶段包括三步反应：

①葡萄糖-6-磷酸脱氢生成葡萄糖酸-6-磷酸-δ-内酯，催化该反应的酶称葡萄糖-6-磷酸脱氢酶，它严格地以 $NADP^+$ 为辅酶，脱氢生成 $NADPH + H^+$。

②葡萄糖酸-6-磷酸-δ-内酯在一个专一的内酯酶作用下水解，形成葡萄糖酸-6-磷酸。

③葡萄糖酸-6-磷酸在葡萄糖酸-6-磷酸脱氢酶作用下生成核酮糖-5-磷酸，该酶也是以 $NADP^+$ 为电子受体，在脱氢的同时脱羧产生 CO_2。

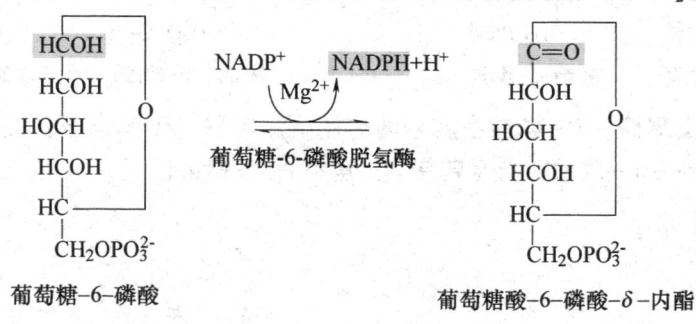

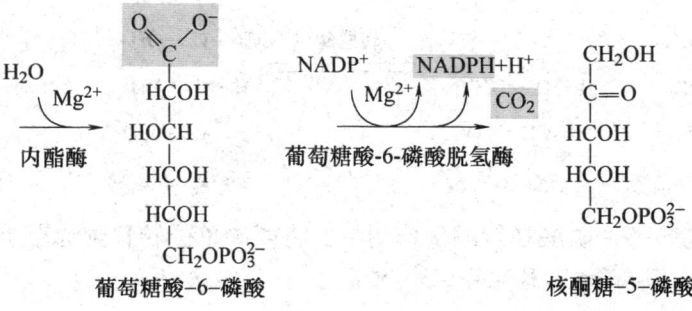

2. 非氧化阶段

核酮糖-5-磷酸异构形成核糖-5-磷酸和木酮糖-5-磷酸,再通过转酮反应和转醛反应形成葡萄糖-6-磷酸和甘油醛-3-磷酸,与糖酵解联系起来。

①核酮糖-5-磷酸在戊糖磷酸异构酶作用下,通过烯醇化中间产物异构化为核糖-5-磷酸。

②核酮糖-5-磷酸在戊糖磷酸差向异构酶作用下转变为木酮糖-5-磷酸。

$$\begin{array}{c}CHO\\|\\HCOH\\|\\HCOH\\|\\HCOH\\|\\CH_2OPO_3^{2-}\end{array} \underset{\text{戊糖磷酸异构酶}}{\rightleftharpoons} \begin{array}{c}CH_2OH\\|\\C=O\\|\\H-C-OH\\|\\H-C-OH\\|\\CH_2OPO_3^{2-}\end{array} \underset{\text{戊糖磷酸差向异构酶}}{\rightleftharpoons} \begin{array}{c}CH_2OH\\|\\C=O\\|\\HO-C-H\\|\\H-C-OH\\|\\CH_2OPO_3^{2-}\end{array}$$

核糖-5-磷酸　　　　　　　核酮糖-5-磷酸　　　　　　　木酮糖-5-磷酸

③木酮糖-5-磷酸在转酮酶作用下,将两碳单位转移到核糖-5-磷酸上生成景天庚酮糖-7-磷酸,自身则形成甘油醛-3-磷酸。

$$\begin{array}{c}CH_2OH\\|\\C=O\\|\\HO-C-H\\|\\H-C-OH\\|\\CH_2OPO_3^{2-}\end{array} + \begin{array}{c}O\diagdown\!\!/H\\C\\|\\H-C-OH\\|\\H-C-OH\\|\\H-C-OH\\|\\CH_2OPO_3^{2-}\end{array} \underset{\text{转酮酶}}{\overset{TPP}{\rightleftharpoons}} \begin{array}{c}O\diagdown\!\!/H\\C\\|\\H-C-OH\\|\\CH_2OPO_3^{2-}\end{array} + \begin{array}{c}CH_2OH\\|\\C=O\\|\\HO-C-H\\|\\H-C-OH\\|\\H-C-OH\\|\\CH_2OPO_3^{2-}\end{array}$$

木酮糖-5-磷酸　　　核糖-5-磷酸　　　　　　　甘油醛-3-磷酸　　景天庚酮糖-7-磷酸

④景天庚酮糖-7-磷酸在转醛酶作用下,转移三碳单位至甘油醛-3-磷酸上生成果糖-6-磷酸,自身转变为赤藓糖-4-磷酸。

$$\begin{array}{c}CH_2OH\\|\\C=O\\|\\HO-C-H\\|\\H-C-OH\\|\\H-C-OH\\|\\H-C-OH\\|\\CH_2OPO_3^{2-}\end{array} + \begin{array}{c}O\diagdown\!\!/H\\C\\|\\H-C-OH\\|\\CH_2OPO_3^{2-}\end{array} \underset{\text{转醛酶}}{\rightleftharpoons} \begin{array}{c}O\diagdown\!\!/H\\C\\|\\H-C-OH\\|\\H-C-OH\\|\\CH_2OPO_3^{2-}\end{array} + \begin{array}{c}CH_2OH\\|\\C=O\\|\\HO-C-H\\|\\H-C-OH\\|\\CH_2OPO_3^{2-}\end{array}$$

景天庚酮糖-7-磷酸　　甘油醛-3-磷酸　　　　　赤藓糖-4-磷酸　　　果糖-6-磷酸

⑤木酮糖-5-磷酸在转酮酶作用下,将两碳单位转移到赤藓糖-4-磷酸上形成果糖-6-磷酸和甘油醛-3-磷酸。

$$\underset{\text{木酮糖-5-磷酸}}{\begin{array}{c}CH_2OH\\|\\C=O\\|\\HO-C-H\\|\\H-C-OH\\|\\CH_2OPO_3^{2-}\end{array}} + \underset{\text{赤藓糖-4-磷酸}}{\begin{array}{c}O\\\|\\C-H\\|\\H-C-OH\\|\\H-C-OH\\|\\CH_2OPO_3^{2-}\end{array}} \underset{\text{转酮酶}}{\overset{TPP}{\rightleftharpoons}} \underset{\text{甘油醛-3-磷酸}}{\begin{array}{c}O\\\|\\C-H\\|\\H-C-OH\\|\\CH_2OPO_3^{2-}\end{array}} + \underset{\text{果糖-6-磷酸}}{\begin{array}{c}CH_2OH\\|\\C=O\\|\\HO-C-H\\|\\H-C-OH\\|\\H-C-OH\\|\\CH_2OPO_3^{2-}\end{array}}$$

果糖-6-磷酸可以在葡萄糖磷酸异构酶作用下生成葡萄糖-6-磷酸,而2个甘油醛-3-磷酸也可以沿糖异生途径生成葡萄糖-6-磷酸。因此戊糖磷酸途径可以表示为:

6 葡萄糖-6-磷酸 + 7H$_2$O + 12NADP$^+$ ⟶ 5 葡萄糖-6-磷酸 + 6CO$_2$ + 12NADPH + 12H$^+$ + Pi

即通过戊糖磷酸途径,一个葡萄糖-6-磷酸完全氧化分解为 6CO$_2$、1 个磷酸,并产生 12 个 NADPH + H$^+$。

(二)戊糖磷酸途径的生理意义

(1)5-磷酸核糖的生成,此途径是葡萄糖在体内生成5-磷酸核糖的唯一途径,故命名为磷酸戊糖途径,体内需要的5-磷酸核糖可通过磷酸戊糖途径的氧化阶段不可逆反应过程生成,也可经非氧化阶段的可逆反应过程生成,而在人体内主要由氧化阶段生成,5-磷酸核糖是合成核苷酸辅酶及核酸的主要原料,故损伤后修复再生的组织(如梗死的心肌、部分切除后的肝脏),此代谢途径都比较活跃。

(2)NADPH + H$^+$ 与 NADH + H$^+$ 不同,它携带的氢不是通过呼吸链氧化磷酸化生成 ATP,而是作为供氢体参与许多代谢反应,具有多种不同的生理意义。

①作为供氢体,参与体内多种生物合成反应,例如脂肪酸、胆固醇和类固醇激素的生物合成,都需要大量的 NADPH + H$^+$,因此磷酸戊糖通路在合成脂肪及固醇类化合物的肝、肾上腺、性腺等组织中特别旺盛。

②NADPH + H$^+$ 是谷胱甘肽还原酶的辅酶,对维持还原型谷胱甘肽(GSH)的正常含量有很重要的作用,GSH 能保护某些蛋白质中的巯基,如红细胞膜和血红蛋白上的 SH 基,因此缺乏 6-磷酸葡萄糖脱氢酶的人,因 NADPH + H$^+$ 缺乏,GSH 含量过低,红细胞易于破坏而发生溶血性贫血。

③NADPH + H$^+$ 参与肝脏生物转化反应,肝细胞内质网含有以 NADPH + H$^+$ 为供氢体的单加氧酶体系参与激素、药物、毒物的生物转化过程。

④NADPH + H$^+$ 参与体内嗜中性粒细胞和巨噬细胞产生离子态氧的反应,因而有杀菌作用。

(三)戊糖磷酸途径的调控

虽然 6-磷酸葡萄糖脱氢酶是磷酸戊糖途径的限速酶,但是磷酸戊糖途径的调节主要是通过底物和产物浓度的变化实现的。它是一"旁路",当机体需要 NADPH 和核糖磷酸的时候,葡萄糖就会流入这一途径,特别是在脂肪酸和固醇合成发生的地方。

第三节　糖的合成代谢

一、糖原的合成代谢

由葡萄糖(包括少量果糖和半乳糖)合成糖原的过程称为糖原合成,反应在细胞质中进行,需要消耗 ATP 和 UTP,合成反应包括以下几个步骤:

(1) 葡萄糖在己糖激酶的作用下消耗 ATP 生成葡萄糖 – 6 – 磷酸,再在葡萄糖磷酸变位酶作用下转化为葡萄糖 – 1 – 磷酸。

(2) 葡萄糖 – 1 – 磷酸在 UDPG 焦磷酸化酶作用下生成 UDPG,同时释放出焦磷酸。

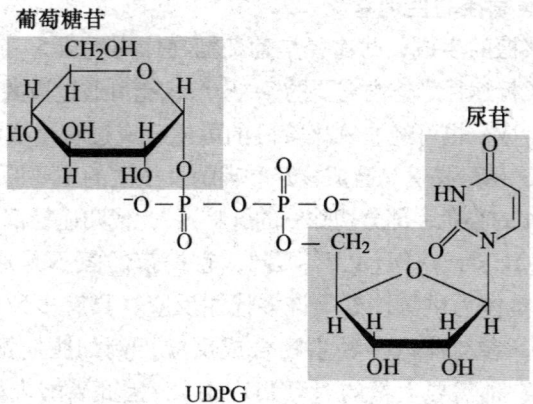

(3) 在糖原合成酶的催化下,UDPG 将葡萄糖残基加到糖原引物非还原性末端。

糖原合成酶催化的糖原合成反应不能从头开始合成第一个糖分子,需要至少含 4 个葡萄糖残基的 α – 1, 4 – 多聚葡萄糖作为引物,在其非还原性末端与 UDPG 反应,UDPG 上的葡萄糖基 C_1 与糖原分子非还原末端 C_4 形成 α – 1, 4 – 糖苷链,使糖原增加一个葡萄糖单位(图 10 – 6)。UDPG 是活泼葡萄糖基的供体,其生成过程需消耗 UTP,故糖原合成是耗能过程,糖原合成酶只能促成 α – 1, 4 – 糖苷键,因此该酶催化反应生成的是由 α – 1, 4 – 糖苷键相连构成的直链多糖分子。

机体内存在一种特殊蛋白质称为糖原蛋白,可作为葡萄糖基的受体,从头开始合成第一个糖原分子的葡萄糖,催化此反应的酶是糖原起始合成酶,进而合成一寡糖链作为引物,再继续由糖原合成酶催化合成糖。

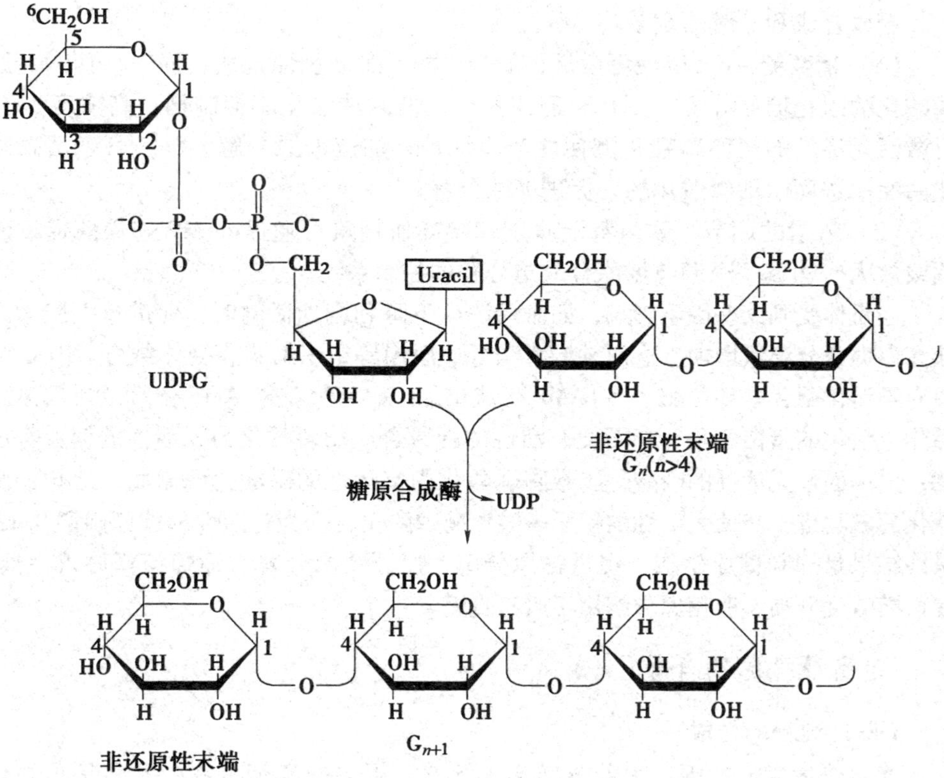

图 10-6 糖原合成酶作用机理

（4）由分支酶催化，形成糖原的分支。

分支酶将一个糖链上的第 5~8 个葡萄糖残基寡糖直链转到糖链内部糖原子上以 α-1,6-糖苷键相连，生成分支糖链，在其非还原性末端可继续由糖原合成酶催化进行糖链的延长（图 10-7）。多分支可增加糖原水溶性并有利于其贮存，同时在糖原分解时可从多个非还原性末端同时开始，提高合成及分解速度。

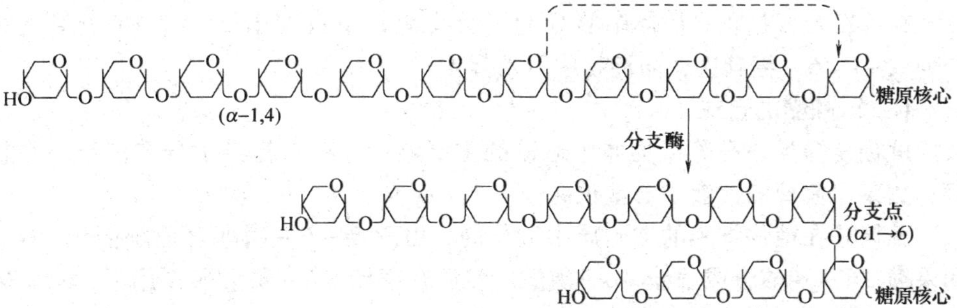

图 10-7 分支酶的作用原理

糖原合成和分解的调节：

（1）葡萄糖-6-磷酸可激活糖原合成酶，刺激糖原合成，同时，抑制糖原磷酸化酶阻止糖原分解，ATP和葡萄糖也是糖原磷酸化酶抑制剂，高浓度AMP可激活无活性的糖原磷酸化酶使之产生活性，加速糖原分解。Ca^{2+}可激活磷酸化酶激酶进而激活磷酸化酶，促进糖原分解。

（2）激素的调节　体内肾上腺素和胰高血糖素可通过cAMP连锁酶促反应逐级放大，构成一个调节糖原合成与分解的控制系统。

当机体受到某些因素影响，如血糖浓度下降和剧烈活动时，促进肾上腺素和胰高血糖素分泌量增加，这两种激素与肝或肌肉等组织细胞膜受体结合，由G蛋白介导活化腺苷酸环化酶，使cAMP生成增加，cAMP又使cAMP依赖的蛋白激酶活化，活化的蛋白激酶一方面使有活性的糖原合成酶磷酸化为无活性的糖原合成酶；另一面使无活性的磷酸化酶激酶磷酸化为有活性的磷酸化酶激酶，活化的磷酸化酶激酶进一步使无活性的糖原磷酸化酶磷酸化转变为有活性的糖原磷酸化酶，最终结果是抑制糖原生成，促进糖原分解，使肝糖原分解为葡萄糖释放入血液，使血糖浓度升高，肌糖原分解用于肌肉收缩。

二、淀粉及蔗糖的合成

（一）淀粉的合成

光合作用生成的糖，大部分转化为淀粉，很多的高等植物，尤其是谷类作物的籽粒等贮藏组织中都贮存有丰富的淀粉。

淀粉的合成场所是在质体的基质内，在淀粉合成酶、Q酶作用下完成的。在植物体内合成淀粉时，葡萄糖残基的供体主要是ADPG而非UDPG，淀粉合成酶催化ADPG上的葡萄糖残基转移到已有淀粉或麦芽糖的非还原性末端。该酶上有两个葡萄糖苷转移酶活性位点交替地与合成中的淀粉的非还原性末端相结合。另一个则与葡萄糖残基的非还原性末端相结合，同时通过两个活性位点间的α-1，4-糖苷键转移使得淀粉链延长。在淀粉合成酶的作用下只能形成直链淀粉。

在淀粉合成过程，质体中的Q酶（分支酶）负责催化α-1，4-糖苷键转变为α-1，6-糖苷键，向淀粉中引入分支。

（二）蔗糖的合成

蔗糖是糖类在高等植物体中运输的主要形式，在植物界中分布广泛，在甘蔗、甜菜、菠萝的汁液中含量很高。

蔗糖是在植物细胞的细胞质中进行的，由蔗糖-6-磷酸合成酶催化UDPG和果糖-6-磷酸合成蔗糖-6-磷酸。然后在蔗糖-6-磷酸酶作用下，水解磷酸，形成蔗糖（图10-8）。

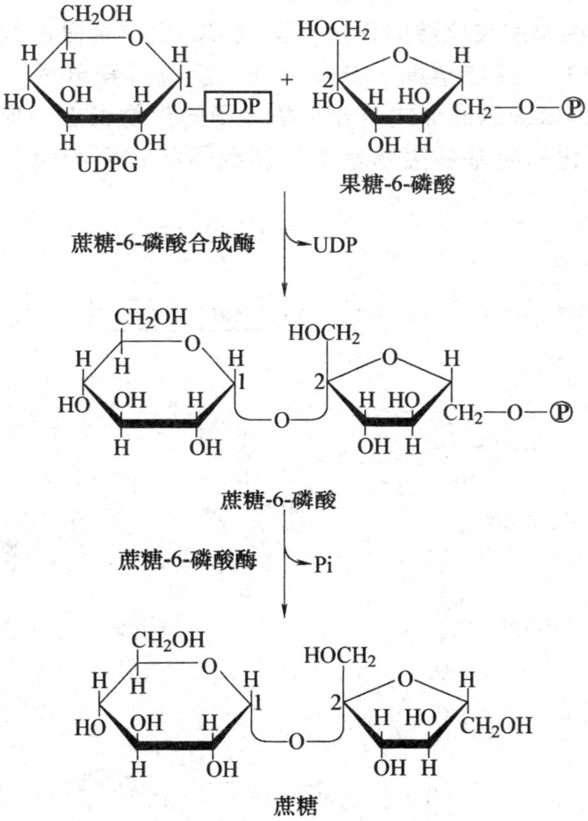

图 10-8　蔗糖磷酸合成过程

第四节
糖异生作用

糖异生：由简单的非糖前体（乳酸、甘油、生糖氨基酸等）在肝脏及肾脏中转变为糖（葡萄糖或糖原）的过程。

一、糖异生的过程

各类非糖物质转化为丙酮酸，再沿酵解途径的逆反应生成糖。但在酵解过程中由于存在三步不可逆的反应，因此糖异生过程并不完全是酵解途径的逆反应。其反应过程如下：

（1）由丙酮酸转变为烯醇式丙酮酸磷酸。

在酵解过程中丙酮酸激酶催化烯醇式丙酮酸磷酸生成丙酮酸和 ATP，该反应释放出大量能量，是一步不可逆的反应。在糖异生过程中，由丙酮酸转变为烯醇式丙酮酸磷酸是由两步反应来完成的。

①丙酮酸在丙酮酸羧化酶的作用下固定CO_2生成草酰乙酸：丙酮酸羧化酶的辅酶是生物素，反应消耗1分子ATP，反应过程分两步进行：首先在ATP作用下，CO_2以羧基的形式结合在酶分子的生物素上，形成活化的羧化生物素。随后活化的羧基从生物素上转移到烯醇式丙酮酸上生成草酰乙酸（图10-9）。

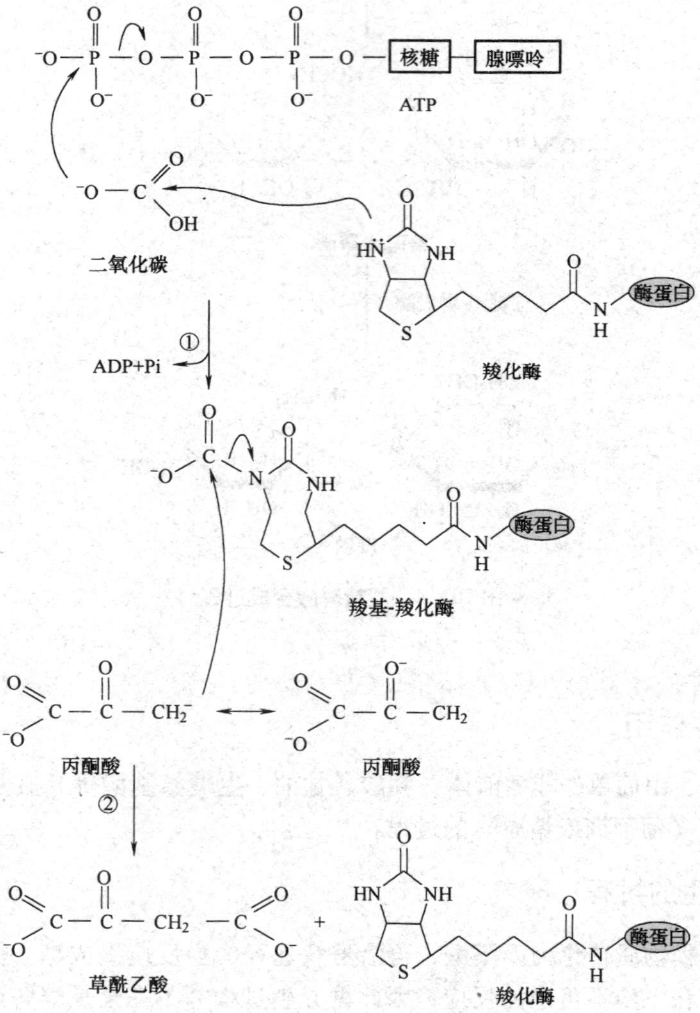

图10-9　丙酮酸羧化酶的作用机理

丙酮酸羧化酶仅存在于线粒体内，故胞液中的丙酮酸必须进入线粒体，才能羧化生成草酰乙酸。

②草酰乙酸在烯醇式丙酮酸磷酸羧激酶（PEP）的作用下生成烯醇式丙酮酸磷酸，该反应需要消耗 1 分子的 GTP（图 10 – 10）。

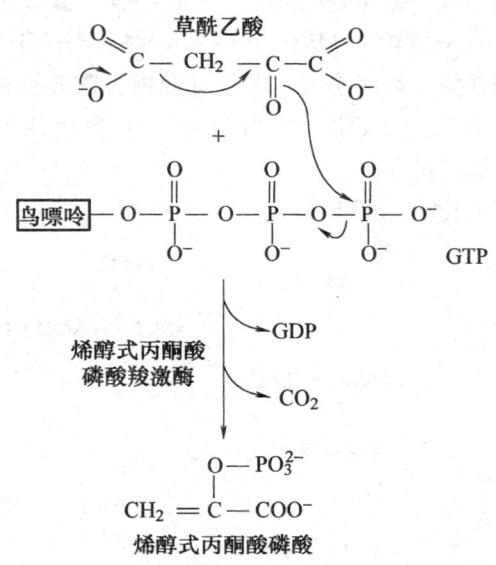

图 10 – 10　丙酮酸磷酸羧激酶的作用机理

磷酸烯醇式丙酮酸羧激酶在线粒体和胞液中都存在，因此草酰乙酸可在线粒体中直接转变为磷酸烯醇式丙酮酸再进入胞液，也可在胞液中转变成磷酸烯醇式丙酮酸。但是，草酰乙酸不能直接透过线粒体，需借助两种方式将其转运入胞液：一种是经苹果酸脱氢酶作用，将其还原成苹果酸，然后再通过线粒体膜进入胞液，再由胞液中苹果酸脱氢酶将苹果酸脱氢氧化为草酰乙酸而进入糖异生反应途径；另一种方式是经谷草转氨酶作用，生成天冬氨酸后再逸出线粒体，进入胞液的天冬氨酸再经胞液中谷草转氨酶的催化而恢复生成草酰乙酸。

$$丙酮酸 + ATP + GTP + CO_2 \longrightarrow 烯醇式丙酮酸磷酸 + ADP + GDP + Pi + 2H^+$$

2 分子烯醇式丙酮酸磷酸经糖酵解反应的逆反应生成果糖 – 1，6 – 二磷酸，这时遇到酵解反应中的第二个不可逆反应。

（2）果糖 – 1，6 – 二磷酸酶催化果糖 – 1，6 – 二磷酸生成果糖 – 6 – 磷酸，该反应是一个放能反应，容易进行。

$$果糖 – 1，6 – 二磷酸 + H_2O \xrightarrow{果糖 – 1，6 – 二磷酸酶} 果糖 – 6 – 磷酸 + Pi$$

（3）葡萄糖 – 6 – 磷酸在葡萄糖 – 6 – 磷酸酶催化下水解为葡萄糖。

$$葡萄糖 – 6 – 磷酸 + H_2O \xrightarrow{葡萄糖 – 6 – 磷酸酶} 葡萄糖 + Pi$$

二、糖异生反应总览

由两分子丙酮酸形成一分子葡萄糖的总反应可用下式表示：

2 丙酮酸 +4ATP +2GTP +2NADH +6H_2O ⟶ 葡萄糖 +4ADP +2GDP +2Pi +2NAD +2H

从两分子丙酮酸开始，最终合成一分子葡萄糖，需要消耗 6 分子 ATP/GTP。相比糖酵解过程能净产生 2ATP，葡萄糖异生需要消耗 4 个额外的高能键（ATP），糖异生是耗能的过程。

糖异生与糖酵解的比较见图 10-11。

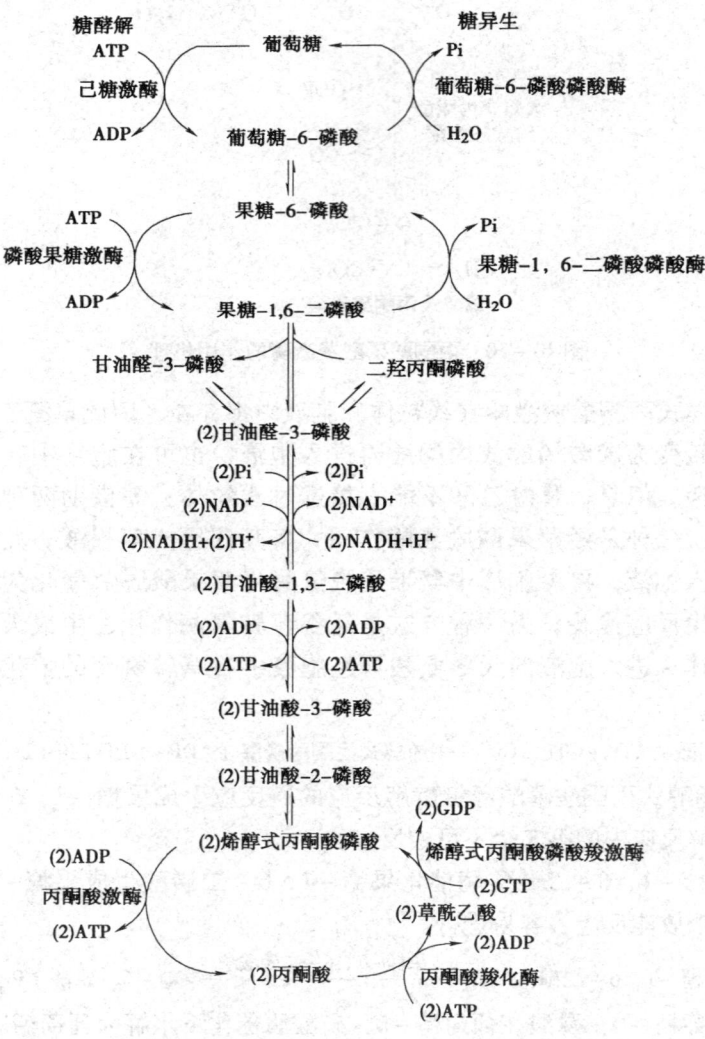

图 10-11　糖酵解与糖异生途径比较

糖异生的前体包括：

（1）凡是能生成丙酮酸的物质都可以变成葡萄糖。例如三羧酸循环的中间物，柠檬酸、异柠檬酸、α-酮戊二酸、琥珀酸、延胡索酸和苹果酸都可以转变成草酰乙酸而进入糖异生途径。

（2）大多数氨基酸是生糖氨基酸，如丙氨酸、谷氨酸、天冬氨酸、丝氨酸、半胱氨酸、甘氨酸、精氨酸、组氨酸、苏氨酸、脯氨酸、谷胺酰胺、天冬酰胺、甲硫氨酸、缬氨酸等，它们可转化成丙酮酸、α-酮戊二酸、草酰乙酸等三羧酸循环中间物参加糖异生途径。

（3）乳酸循环：剧烈运动时产生的大量乳酸会迅速扩散到血液，随血液流至肝脏，先氧化成丙酮酸，再经过糖异生作用转变为葡萄糖，进而补充血糖，也可重新合成肌糖原被贮存起来。这一乳酸——葡萄糖的循环过程称为科里循环。

（4）反刍动物糖异生途径十分活跃，牛胃中的细菌分解纤维素成为乙酸、丙酸、丁酸等奇数脂肪酸，可转变成为琥珀酰-CoA参加糖异生途径合成葡萄糖。

总之，糖异生并不是糖酵解的简单逆转。虽然由丙酮酸开始的糖异生利用了糖酵解中的七步平衡反应的逆反应，但还必须利用另外四步酵解中不曾出现的酶促反应，绕过酵解过程中不可逆的三个反应。糖异生保证了机体的血糖水平处于正常水平。糖异生的主要器官是肝。肾在正常情况下糖异生能力只有肝的十分之一，但长期饥饿时肾糖异生能力可大为增强。

思考与练习

一、名词解释

糖异生 Q酶 酵解 糖的有氧氧化 磷酸戊糖途径 三羧酸循环 乙醛酸循环

二、简答题

1. 试说明糖异生的过程。
2. 为什么说三羧酸循环是糖、脂和蛋白质三大物质代谢的共同通路？
3. 糖酵解的过程是怎样的？
4. 什么是乙醛酸循环？有何意义？
5. 磷酸戊糖途径过程是怎样的？有什么生理意义？
6. TCA循环的过程是怎样的？
7. 试说明糖原的合成过程。

实验十九 发酵过程中无机磷的利用

目的要求

（1）了解发酵过程中无机磷的作用。
（2）掌握定磷法的原理和操作技术。

实验原理

酵母能使蔗糖和葡萄糖发酵产生乙醇和二氧化碳，此过程与无机磷将糖磷酸化有关。

本实验利用无机磷与钼酸形成的磷钼酸络合物能被还原剂 $\alpha-1,2,4-$氨基萘酚磺酸钠还原成钼蓝的原理来测定发酵前后反应混合物中无机磷的含量，用以观察发酵过程中无机磷的消耗。

试剂和器材

1. 试剂

蔗糖；5%三氯乙酸；3mol/L 硫酸和 2.5%钼酸铵等体积混合液。

磷酸盐溶液：称取 $Na_2HPO_4 \cdot 12H_2O$ 120.7g（或 $Na_2HPO_4 \cdot 2H_2O$ 60g）和 KH_2PO_4 20g 溶解于蒸馏水中，定容至 1000mL，在冰箱中贮存备用。临用前稀释适当倍数。

标准磷酸盐溶液：将磷酸二氢钾（KH_2PO_4）在 110℃烘箱中烘干 2h，冷却后准确称取 0.1098g，用蒸馏水溶解，定容到 1000mL，成为每毫升溶液含 25μg 无机磷的标准磷酸盐溶液。

$\alpha-1,2,4-$氨基萘酚磺酸溶液：将 0.25g $\alpha-1,2,4-$氨基萘酚磺酸、15g 亚硫酸氢钠及 0.5g 亚硫酸钠溶于 100mL 蒸馏水中。使用前稀释三倍。

2. 材料

新鲜啤酒酵母。

3. 器材

试管 1.5cm×15cm(×15)；移液管 0.2mL(×2)，0.5mL(×2)，1mL(×2)，5mL(×3)；锥形瓶 50mL(×1)；水浴锅；研钵；滤纸；分光光度计。

操作方法

1. 制作标准曲线

取 6 支试管编号后，按下表顺序加入试剂：

管号	0	1	2	3	4	5
标准磷酸盐溶液/mL	0	0.2	0.4	0.6	0.8	1.0
含磷量/μg	0	5	10	15	20	25
蒸馏水/mL	3.0	2.8	2.6	2.4	2.2	2.0
钼铵酸-硫酸混合液/mL	2.5	2.5	2.5	2.5	2.5	2.5
α-1,2,4-氨基萘酚磺酸钠溶液/mL	0.5	0.5	0.5	0.5	0.5	0.5
充分混匀后，37℃水浴保温10min						
A_{600}						

绘制标准曲线：以 A_{600} 为纵坐标，含磷量为横坐标，在坐标纸上绘制标准曲线。

2. 酵母发酵

称取 2~4g 新鲜酵母和 1g 蔗糖，放入研钵内仔细研碎。加入 5mL 蒸馏水和 5mL 磷酸盐溶液研磨均匀。将匀浆转移至 50mL 锥形瓶中并立即取出 0.5mL 均匀的悬浮液，加入到已盛有 3.5mL 三氯乙酸溶液的试管中，摇匀作为试样 1。将锥形瓶放入 37℃ 恒温水浴中，每隔 30min 取出 0.5mL 悬浮液，立即加入已盛有 3.5mL 三氯乙酸溶液的试管中，摇匀。共取三次，作为试样 2，3，4。将每个试样过滤后，得无蛋白滤液备用。

3. 无机磷的测定

取 5 支干燥洁净的试管，编号后按下表加入各种溶液：

管号	1	2	3	4	5
发酵时间/min	0	30	60	90	—
无蛋白滤液/mL	0.1	0.1	0.1	0.1	—
蒸馏水/mL	2.9	2.9	2.9	2.9	2.9
钼铵酸-硫酸混合液/mL	2.5	2.5	2.5	2.5	2.5
α-1,2,4-氨基萘酚磺酸钠溶液/mL	0.5	0.5	0.5	0.5	0.5
充分混匀后，37℃水浴保温10min					
A_{600}					

从标准曲线上查出各试样的无机磷含量，以试样 1 的无机磷含量为 100%，计算酵母发酵 30、60 和 90min 后消耗无机磷的相对百分数。

注意事项

在本实验的预备实验中,应首先摸索酵母的用量及磷酸盐的稀释倍数,使光吸收值在适当的范围内。

思考题

本实验如何观察发酵过程中无机磷的消耗?

第十一章
脂类代谢

1. 了解脂质的组成、种类和生理功能及在体内的消化与吸收过程。
2. 掌握脂肪酸的 β - 氧化途径和从头合成途径。
3. 熟悉不饱和脂肪酸的合成过程。

第一节
脂质的消化、吸收与转运

一、脂质的消化

正常人每人每天从食物中获取 60～150g 脂类，其中甘油三酯占 90% 以上，还有少量的磷脂、胆固醇及其酯和一些游离脂肪酸（FFA）。食物进入口腔后脂质的消化就已开始，唾液腺分泌的脂肪酶可水解部分脂肪。对成人来说这种消化能力很弱，而婴儿口腔中的脂肪酶则可有效地分解乳中的短链和中链脂肪酸。脂肪的消化在胃内很有限，主要消化场所是小肠。脂类不溶于水，必须在小肠经胆汁中胆汁酸盐的作用，乳化并分散成细小的微团后，才能被消化酶消化。胰液及胆汁均分泌进入十二指肠，因此小肠上段是脂类消化的主要场所。胆汁酸盐是较强的乳化剂，能降低油与水相之间的界面张力，使脂肪及胆固醇酯等疏水的脂质乳化成细小微团，增加消化酶与脂质的接触面积，有利于脂肪及类脂的消化及吸收。胰液中消化脂类的酶有胰脂酶、磷脂酶 A_2、胆固醇酯酶及辅脂酶。胰脂酶特异催化甘油三酯的 1、3 位酯键水解，生成 2 - 甘油单酯及 2 分子脂肪酸。胰脂酶必须吸附在乳化脂肪微团的水油界面上，才能作用于微团内的甘油三酯。辅脂酶是胰脂酶对脂肪消化不可缺少的蛋白质辅因子。胰磷脂酶 A_2 催化磷脂 2 位酯键水解，生成脂肪酸及溶血磷脂。胆固醇酯酶促进胆固醇酯水解生成游离胆固醇及脂酸。脂肪及类脂的消化产物包括甘油一酯、脂酸、胆固醇及溶血磷脂等可与胆汁酸盐乳化成更小的混合微团。这种微团体积更小，极性更大，易于穿过小肠黏膜细胞表面的水屏障。

二、脂质的吸收

脂类消化产物主要在十二指肠下段及空肠上段吸收。中链脂肪酸（6~10C）及短链脂肪酸（2~4C）构成的甘油三酯，经胆汁酸盐乳化后即可被吸收。在肠黏膜细胞内脂肪酶的作用下，水解为脂肪酸及甘油，通过门静脉进入血液循环。长链脂肪酸（12~26C）及2-甘油单酯吸收进入肠黏膜细胞后，在光面内质网脂酰-CoA转移酶的催化下，由ATP供给能量，2-甘油单酯与2分子脂酰-CoA，再合成甘油三酯。后者再与粗面内质网合成的载脂蛋白以及磷脂、胆固醇结合成乳糜微粒，经淋巴进入血循环。血中的乳糜微粒是一种颗粒最大、密度最低的脂蛋白，是食物脂肪的主要运输形式，随血液流遍全身以满足机体对脂肪和能量的需要，最终被肝脏吸收。食物脂肪的吸收率一般在80%以上，其中最高的如菜籽油可达99%。

磷脂的消化吸收和甘油三酯相似。胆固醇可直接被吸收，如果食物中的胆固醇和其它脂类呈结合状态，则先被酶水解成游离的胆固醇后再被吸收。胆固醇是胆汁酸的主要成分，胆汁酸在乳化脂肪后一部分被小肠吸收，由血液到肝脏和胆囊被重新利用；另一部分与食物中未被吸收的胆固醇一起被膳食纤维（主要为可溶性纤维素）吸附，由粪便排出体外。

三、载脂蛋白与脂类的转运

脂类在动物体内的转运是比较复杂的，无论是从肠道吸收的脂类，还是机体自身的组织、肝或脂肪组织合成的脂类，都要通过血液在体内转运。除了游离脂肪酸是和血浆清蛋白结合，形成可溶性复合体运输以外，其余的都是以血浆脂蛋白的形式运输的。

血浆脂蛋白主要有载脂蛋白、甘油三酯、磷脂、胆固醇及其酯等成分。不同种类的血浆脂蛋白具有大致相似的球状结构。疏水的甘油三酯、胆固醇酯常处于球的内核中，而兼有极性与非极性基团的载脂蛋白、磷脂和胆固醇则以单分子层覆盖于脂蛋白的球表面，其非极性基团朝向疏水的内核，而极性的基团则朝向脂蛋白球的外侧，因而疏水的脂质可以在血浆的水相中运输。根据其密度大小，可以把血浆脂蛋白分为乳糜微粒（CM）、极低密度脂蛋白（VLDL）、低密度脂蛋白（LDL）和高密度脂蛋白（HDL）四类。除此以外，还有中密度脂蛋白（IDL），它是VLDL在血浆中的代谢产物。从乳糜微粒至高密度脂蛋白，其组成中的蛋白质含量升高，脂类下降，因此密度上升。

已知参与脂蛋白形成的载脂蛋白（apoprotein，apo）有 apoA、apoB、apoC、apoD 和 apoE 等类型。每类中又有不同的种类，已知有近 20 种。不同的脂蛋白含有不同的载脂蛋白，而不同的载脂蛋白又有不同的功能，但其主要功能是结合和转运脂质，乳糜微粒（CM）是运输外源甘油三酯和胆固醇酯的脂蛋白形式；极低密度脂蛋白（VLDL）的功能与 CM 相似，其不同之处是把内源的，即肝内合成的甘油三酯、磷脂、胆固醇与 apo B100、apoE 等载脂蛋白结合形成脂蛋白，运到肝外组织去贮存或利用；低密度脂蛋白（LDL）是由 CM 代谢的残余与 VLDL 的代谢产物合并而成，富含胆固醇酯，因此它是向组织转运肝脏合成的内源胆固醇的主要形式；高密度脂蛋白（HDL）的作用与 LDL 基本相反，它是机体胆固醇的"清扫机"，负责把胆固醇运回肝脏代谢。

近年来发现载脂蛋白还参与脂蛋白代谢关键酶活性的调节，参与脂蛋白受体的识别等。例如，apo CⅡ是脂蛋白脂肪酶（LPL）的激活剂，该酶催化 CM 和 VLDL 中的甘油三酯水解为甘油和脂肪酸，在 CM 和 VLDL 的代谢中起关键性作用。

第二节
甘油三酯的分解代谢

一、脂肪的动员

脂肪的降解是经过脂肪酶催化水解的。组织中有三种脂肪酶，逐步把脂肪水解成甘油和脂肪酸。这三种酶是脂肪酶、甘油二酯脂肪酶、甘油单酯脂肪酶，其水解如下：

$$\text{甘油三酯} \xrightarrow[\text{H}_2\text{O}]{\text{脂肪酶}} \text{甘油二酯} + R_3\text{COOH（脂肪酸）}$$

$$\text{甘油二酯} \xrightarrow[\text{H}_2\text{O}]{\text{甘油二酯脂肪酶}} \text{甘油单酯} + R_1\text{COOH（脂肪酸）}$$

$$\text{甘油单酯} \xrightarrow[\text{H}_2\text{O}]{\text{甘油单酯脂肪酶}} \text{甘油} + R_2\text{COOH（脂肪酸）}$$

其中对激素敏感的脂肪酶是限速酶。肾上腺素、高血糖素、肾上腺皮质激素等可加速脂解作用，胰岛素、前列腺素 E1 作用相反，具有抗脂解作用。

二、甘油的氧化

甘油经下列途径和相应的酶催化，形成糖酵解中间产物磷酸二羟丙酮。反应如下：

$$\text{甘油} \xrightarrow[\text{甘油激酶}]{+ATP} \text{3-磷酸甘油} + ADP$$

$$\text{3-磷酸甘油} \xrightarrow[\text{磷酸甘油脱氢酶}]{+NAD^+} \text{磷酸二羟丙酮} + NADH + H^+$$

三、饱和脂肪酸的 β - 氧化

细胞中的脂肪酸除了一小部分重新合成脂肪作为贮脂外，大部分氧化供能以满足体内能量需要。脂肪酸氧化分解存在 β - 氧化、α - 氧化和 ω - 氧化等几种不同的代谢途径，但以 β - 氧化为主。

（一）β - 氧化的实验证据

早在 20 世纪初，脂肪酸的降解已经成为探讨的对象。Knoop 于 1904 年开始用苯环作为标记，追踪脂肪酸在动物体内的转变过程。当时已知动物体缺乏降解苯环的能力，部分苯环化合物仍保持着环的形式被排出体外。Knoop 用五种含碳原子数目不同的苯脂酸（即苯甲酸、苯乙酸、苯丙酸、苯丁酸及苯戊酸）饲养动物，收集尿液，然后分析尿中带有苯环的物质。结果发现动物进食的苯脂酸虽然有五种，而它们的代谢产物只有苯甲酸和苯乙酸两种，苯甲酸和苯乙酸以它们的甘氨酸结合物——马尿酸和苯乙尿酸的形式从尿中排出（表 11 - 1）。换言之，动物进食的苯脂酸含有奇数碳原子（苯基的碳原子不计），则排出马尿酸，而含有偶数碳原子，则排出苯乙尿酸。

Knoop 在上述实验的基础上提出了脂肪酸的 β - 氧化学说，他推论脂肪酸氧化是从羧基端的 β - 位碳原子开始，每次分解出一个二碳单位。脂代谢有关酶的分离纯化、辅助因素的分析以及同位素的应用进一步阐明了脂肪酸的 β - 氧化机制。

表 11-1　　　　　　　　　　　苯基脂肪酸氧化实验

给予的化合物	中间产物	尿中排泄物
C₆H₅—COOH	体内不降解	C₆H₅—CONHCH₂COOH 马尿酸
C₆H₅—CH₂COOH	体内不降解	C₆H₅—CH₂CONHCH₂COOH 苯乙尿酸
C₆H₅—CH₂CH₂COOH	C₆H₅—COOH	C₆H₅—CONHCH₂COOH 马尿酸
C₆H₅—CH₂CH₂CH₂COOH	C₆H₅—CH₂COOH	C₆H₅—CH₂CONHCH₂COOH 苯乙尿酸
C₆H₅—CH₂CH₂CH₂CH₂COOH	C₆H₅—CH₂CH₂COOH ↓ C₆H₅—COOH	C₆H₅—CONHCH₂COOH 马尿酸

（二）β-氧化的反应历程

1. 脂肪酸的活化

脂肪酸在细胞质中首先被活化，然后再进入线粒体内氧化。活化过程实际上就是把脂肪酸转变为脂酰-CoA。在细胞内有两类活化脂肪酸的酶：①内质网脂酰脂酰-CoA 合成酶也称硫激酶，可活化 12 个碳原子以上的长链脂肪酸；②线粒体脂酰-CoA 合成酶，可活化具有 4~10 个碳原子的中链或短链脂肪酸。催化的反应需 ATP 参加，总反应式是：

$$R-\overset{O}{\underset{\|}{C}}-O^- + ATP + HS-CoA \underset{Mg^{2+}}{\rightleftharpoons} R-\overset{O}{\underset{\|}{C}}-SCoA + PPi + AMP$$

形成 1 个高能硫酯键需要消耗 2 个高能磷酸键。由于机体内有焦磷酸酶可迅速水解反应生成的焦磷酸，生成水和无机磷，保证反应自左向右几乎不可逆地进行。

2. 脂酰辅酶 A 向线粒体基质的转移

脂肪酸的 β-氧化酶系都存在于线粒体中。在线粒体外合成的脂酰-CoA 中，中、短碳链的可以直接穿过线粒体膜进入线粒体基质中，而长碳链的不能穿过线粒体膜，需要肉碱作为载体，将脂肪酸以脂酰基的形式从线粒体膜外转运到膜内。肉碱即 L-β-羟基-γ-三甲氨基丁酸,由赖氨酸衍生而成,它在线粒体膜外侧与脂酰-CoA 结合生成脂酰肉碱,催化该反应的酶为脂酰肉碱转移酶 I。反应如下:

$$CH_3-\overset{CH_3}{\underset{CH_3}{N^+}}-CH_2-\underset{OH}{\overset{肉碱}{CH}}-CH_2-\overset{O}{\overset{\|}{C}}-O^- + R-\overset{\overset{脂酰-CoA}{O}}{\overset{\|}{C}}-SCoA \rightleftharpoons$$

$$CH_3-\overset{CH_3}{\underset{CH_3}{N^+}}-CH_2-\underset{\underset{R}{\overset{|}{O-C=O}}}{CH}-CH_2-\overset{O}{\overset{\|}{C}}-O^- + HS-CoA$$

脂酰肉碱   CoA

脂酰肉碱通过线粒体内膜的移位酶穿过内膜,脂酰基与线粒体基质中的 CoA 结合,重新生成脂酰-CoA,释放肉碱。线粒体内膜内侧的脂酰肉碱转移酶 II 催化此反应。最后肉碱经移位酶协助又回到细胞质中(图 11-1)。

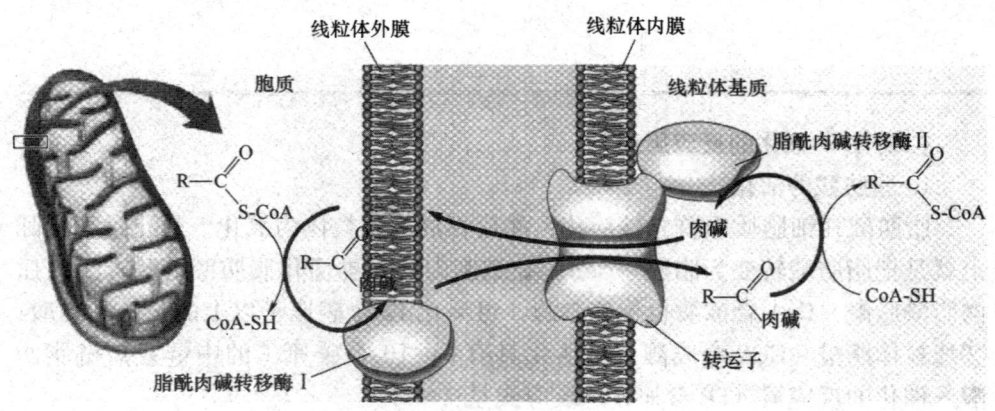

图 11-1   脂酰-CoA 的穿膜运输

以上转运机制,首先在动物细胞中被证实,目前认为在植物细胞中,包括脂酰-CoA 进入过氧化物酶体,也存在类似转移机制,但脂肪酸在乙醛酸体中的 β-氧化不涉及转运问题。

3. 脂肪酸 β-氧化的步骤

脂酰-CoA 在线粒体基质中进行 β-氧化。β-氧化作用是脂肪酸在一系列酶的作用下,在 α-碳原子和 β-碳原子之间断裂,β-碳原子氧化成羧基,生成乙酰-CoA 和较原来少 2 个碳原子的脂肪酸的过程。β-氧化包括四个循环的

步骤:

(1) 脂酰-CoA 的 $\alpha-\beta$ 脱氢作用 脂酰-CoA 在脂酰-CoA 脱氢酶的催化下,在 α 碳与 β 碳之间脱氢,生成反-α,β-烯脂酰-CoA (Δ^2-反-烯脂酰-CoA)。

$$R-CH_2-CH_2-CH_2-\overset{O}{\underset{}{C}}-SCoA \xrightarrow[]{FAD \quad FADH_2} R-CH_2-\overset{H}{\underset{H}{C}}=\overset{}{C}-\overset{O}{\underset{}{C}}-SCoA$$

脂酰-CoA   反-α,β-烯脂酰-CoA

(2) 反-α,β-烯脂酰-CoA 的水化 在烯脂酰-CoA 水化酶的催化下,反-α,β-烯脂酰-CoA 的双键上加上 1 分子水形成 L-β-羟脂酰-CoA。该酶专一性强,仅催化反式 Δ^2-烯脂酰辅酶 A 的水化。

$$R-\overset{H}{\underset{H}{C}}=\overset{}{C}-\overset{O}{\underset{}{C}}-SCoA \xrightleftharpoons[-H_2O]{+H_2O} R-\overset{OH}{\underset{H}{C}}-\overset{H}{\underset{H}{C}}-\overset{O}{\underset{}{C}}-SCoA$$

反-α,β-烯脂酰-CoA   L-β-羟脂酰-CoA

(3) L-β-羟脂酰-CoA 的脱氢 经 L-β-羟脂酰-CoA 脱氢酶催化,在 L-β-羟脂酰-CoA 的 C3 的羟基上脱氢氧化成 β-酮脂酰-CoA。此酶以 NAD^+ 为辅酶。该酶只对 L-型底物有活性。

$$R-\overset{OH}{\underset{H}{C}}-\overset{H}{\underset{H}{C}}-\overset{O}{\underset{}{C}}-SCoA \xrightleftharpoons[]{NAD^+ \quad NADH+H^+} R-\overset{O}{\underset{}{C}}-CH_2-\overset{O}{\underset{}{C}}-SCoA$$

L-β-羟脂酰-CoA β-酮脂酰-CoA

(4) β-酮脂酰-CoA 的硫解 在硫解酶即酮脂酰硫解酶催化下,β-酮脂酰-CoA 被第二个辅酶 A 分子硫解,产生乙酰-CoA 和比原来少两个碳原子的脂酰-CoA。

$$R-\overset{O}{\underset{}{C}}-CH_2-\overset{O}{\underset{}{C}}-SCoA + HS-CoA \rightleftharpoons RH_2C-\overset{O}{\underset{}{C}}-SCoA + H_3C-\overset{O}{\underset{}{C}}-SCoA$$

β-酮脂酰-CoA   脂酰-CoA   乙酰-CoA

β-氧化过程包括脱氢、水化、再脱氢、硫解四个重复步骤。生成的较原来少2个碳原子的脂酰-CoA重复上述4个过程,直至全部生成乙酰-CoA。生成的乙酰-CoA可以彻底氧化生成CO_2及H_2O,也可以参与其它合成代谢。

4. 脂肪酸β-氧化过程的计量

(1) 反应方程式 反应若以软脂酸(十六碳酸)为例,经过1次活化和7次β-氧化,生成8分子乙酰-CoA,其总的反应方程式为:

$$C_{15}H_{31}COOH + 8CoA-SH + 7FAD + 7NAD^+ + 7H_2O + ATP \longrightarrow$$
$$8\text{乙酰}-CoA + 7FADH_2 + 7NADH + 7H^+ + AMP + PPi$$

(2) 能量计量 以软脂酸(十六碳酸)为例,若生成的乙酰-CoA进入三羧酸循环彻底氧化分解,则1分子乙酰-CoA可以产生10分子ATP,1分子的$FADH_2$和$NADH+H^+$进入电子传递链分别产生1.5分子ATP和2.5分子ATP,脂肪酸活化消耗了2分子ATP,那么生成的净能量为:

$$10 \times 8 + (1.5 + 2.5) \times 7 - 2 = 106 \text{ ATP}$$

当软脂酸在体外燃烧时,自由能的变化是-9790.56kJ/mol,ATP水解为ADP和Pi时,自由能的变化为-30.54kJ/mol。1分子软脂酸净生成106个ATP,可产生$30.54 \times 106 = 3237.24$kJ的能量。因此在软脂酸彻底氧化时约有33%的能量贮存于ATP中。

(三) 不饱和脂肪酸的β-氧化途径

不饱和脂肪酸的氧化途径和上述饱和脂肪酸的β-氧化途径基本相同,只是由于双键的存在,还需要其它酶的参与。现以油酸和亚油酸为例加以说明。

1. 单不饱和脂肪酸的氧化

油酸($18:1\Delta^9$)分子内的双键为顺式构型,在经过活化和3轮β-氧化后生成Δ^3-顺-十二烯脂酰-CoA。烯脂酰-CoA水化酶的底物要求为反式构型,此时由烯脂酰-CoA异构酶参与,催化Δ^3-顺-十二烯脂酰-CoA异构为Δ^2-反-十二烯脂酰-CoA,从而消除底物障碍,再经5轮β-氧化后生成乙酰-CoA。

2. 多不饱和脂肪酸的氧化

亚油酸($18:2\Delta^{9,12}$)氧化时,先经活化、3轮β-氧化、1次异构、再1轮β-氧化,接着进入下一轮β-氧化的第一次脱氢,产物是Δ^2-反-Δ^4-顺-十碳二烯脂酰-CoA,此时由2,4-二烯脂酰-CoA还原酶催化,生成Δ^3-反-十烯脂酰-CoA,之后再一次异构化转变成Δ^2-反-十烯脂酰-CoA,接下来再经4轮β-氧化后全部转变成乙酰-CoA。见图11-2。

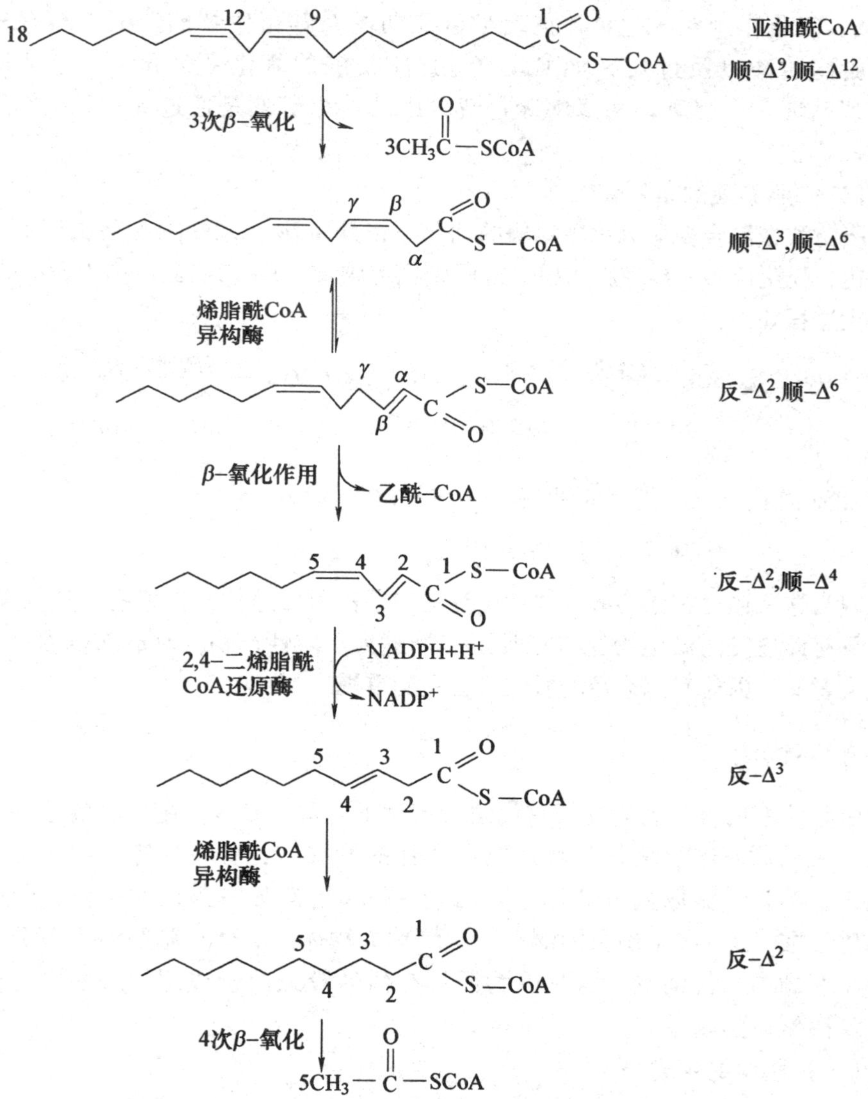

图 11-2 多不饱和脂肪酸氧化

四、脂肪酸的其它氧化代谢途径

(一) 脂肪酸的 α-氧化

α-氧化是指氧化 α-碳原子,并脱去羧基生成少一个碳的脂肪酸,其反应如下:

$$RCH_2COOH \xrightarrow{\text{加单氧酶}} RCHOHCOOH \xrightarrow[2H]{\text{脱氢酶}} RCOCOOH \xrightarrow[CO_2]{\text{脱羧酶}} RCOOH$$

N脂肪酸　　　　　α-羟脂酸　　　　α-酮脂酸　　(N-1)脂肪酸

α-氧化作用对于生物体内奇数碳脂肪酸及其衍生物的形成，对含甲基的支链脂肪酸以及过长（如 C_{22}、C_{24}）脂肪酸的氧化降解起十分重要的作用。现已证实，哺乳动物降解绿色蔬菜中的叶绿醇就是通过 α-氧化作用实现的。

（二）脂肪酸的 ω-氧化

脂肪酸在混合功能氧化酶等酶的催化下，其 ω 碳（末端的甲基碳）原子发生氧化，先生成 ω-羟基脂肪酸，继而氧化生成 α，ω-二羧酸，称为 ω-氧化。其反应过程如下：

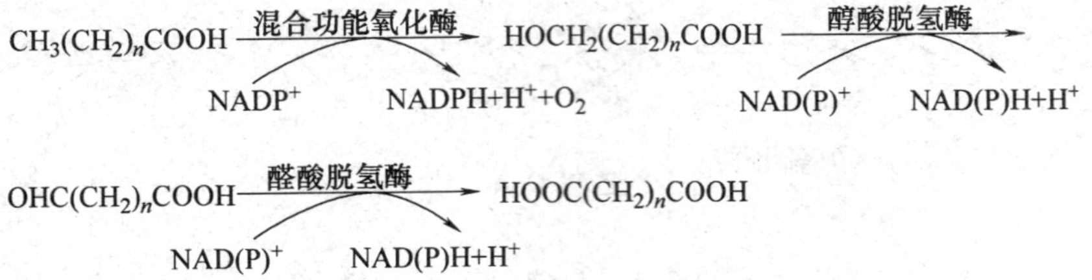

$$CH_3(CH_2)_nCOOH \xrightarrow[NADP^+ \quad NADPH+H^++O_2]{\text{混合功能氧化酶}} HOCH_2(CH_2)_nCOOH \xrightarrow[NAD(P)^+ \quad NAD(P)H+H^+]{\text{醇酸脱氢酶}}$$

$$OHC(CH_2)_nCOOH \xrightarrow[NAD(P)^+ \quad NAD(P)H+H^+]{\text{醛酸脱氢酶}} HOOC(CH_2)_nCOOH$$

因为这一途径在脂肪酸分解代谢过程中不占重要地位而被忽视，现在发现，部分具有此途径的微生物能将烃类迅速降解为水溶性产物，对清除石油污染具有重大意义，因此对此途径的研究日益受到重视。

五、酮体代谢

由脂肪酸的 β-氧化及其它代谢所产生的乙酰-CoA，在一般的细胞中可进入三羧酸循环进行氧化分解；但在动物的肝脏、肾脏、脑等组织中，尤其在饥饿、禁食、糖尿病等情形下，乙酰-CoA 还有另一条代谢去路，最终生成乙酰乙酸、β-羟丁酸及丙酮，三者统称为酮体。酮体是脂肪酸在肝分解氧化时特有的中间代谢物，这是因为肝具有活性较强的合成酮体的酶系，而又缺乏利用酮体的酶系。

（一）酮体的生成

脂肪酸在线粒体中经 β-氧化生成的大量乙酰-CoA 是合成酮体的原料。合成在线粒体内酶的催化下，分三步进行：

（1）2 分子乙酰-CoA 在肝线粒体乙酰乙酰-CoA 硫解酶的作用下，缩合成乙酰乙酰-CoA，并释放出 1 分子 CoA-SH。

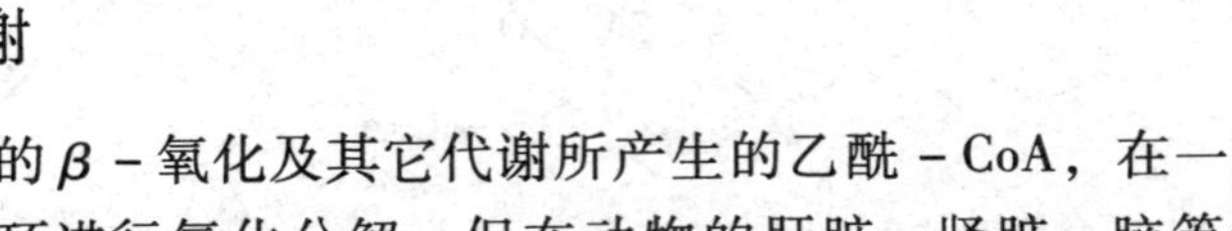

$$2CH_3-\underset{O}{\overset{\|}{C}}-SCoA \xrightarrow{HSCoA} CH_3-\underset{O}{\overset{\|}{C}}-CH_2-\underset{O}{\overset{\|}{C}}-SCoA$$

乙酰-CoA　　　　　　　　　　　乙酰乙酰-CoA

（2）乙酰乙酰-CoA 在羟甲基戊二酸单酰-CoA 合成酶的催化下，再与 1

分子乙酰-CoA 缩合生成羟甲基戊二酸单酰-CoA，并释放出 1 分子 CoA-SH。

$$CH_3-\overset{O}{\underset{}{C}}-CH_2-\overset{O}{\underset{}{C}}-SCoA \xrightarrow[HSCoA]{H_2O} {}^-OOCCH_2-\underset{CH_3}{\overset{}{C}}-CH_2-\overset{O}{\underset{}{C}}-SCoA$$

乙酰乙酰-CoA　　　　　　　　　β-羟-β-甲基戊二酸单酰-CoA

（3）羟甲基戊二酸单酰-CoA 在 HMG-CoA 裂解酶的作用下，裂解生成乙酰乙酸和乙酰 CoA。

$${}^-OOCCH_2-\underset{CH_3}{\overset{}{C}}-CH_2-\overset{O}{\underset{}{C}}-SCoA \longrightarrow CH_3-\overset{O}{\underset{}{C}}-CH_2COO^- + CH_3-\overset{O}{\underset{}{C}}-SCoA$$

β-羟-β-甲基戊二酸单酰-CoA　　　　乙酰乙酸　　　　乙酰-CoA

（4）生成的乙酰乙酸一部分可还原成 β-羟基丁酸，反应由 β-羟基丁酸脱氢酶催化；也有极少一部分可脱羧形成丙酮，反应可自发进行，也可由乙酰乙酸脱羧酶催化。

$$CH_3-\overset{O}{\underset{}{C}}-CH_2COO^- \begin{array}{c} \xrightarrow{CO_2} CH_3-\overset{O}{\underset{}{C}}-CH_3 \quad 丙酮 \\ \xrightarrow[NAD^+]{NADH+H^+} CH_3-\underset{OH}{\overset{}{CH}}-CH_2-COO^- \quad β-羟基丁酸 \end{array}$$

乙酰乙酸

肝线粒体内含有各种合成酮体的酶类，尤其是 HMG-CoA 合成酶，因此生成酮体是肝特有的功能。但是肝氧化酮体的酶活性很低，因此肝不能氧化酮体。肝产生的酮体，透过细胞膜进入血液，运输到肝外组织进一步分解氧化。

（二）酮体的利用

肝外许多组织具有活性很强的利用酮体的酶。

（1）琥珀酰-CoA 转硫酶　心、肾、脑及骨骼肌的线粒体具有较高的琥珀酰-CoA 转硫酶活性。在有琥珀酰-CoA 存在时，此酶能使乙酰乙酸活化，生成乙酰乙酰 CoA。

（2）乙酰乙酰-CoA 硫解酶　心、肾、脑及骨骼肌线粒体中还有乙酰乙酰-CoA 硫解酶，使乙酰乙酰-CoA 硫解，生成 2 分子乙酰 CoA，后者即可进入三羧酸循环彻底氧化。

（3）乙酰乙酰硫激酶　肾、心和脑的线粒体中尚有乙酰乙酰硫激酶，可直接活化乙酰乙酸生成乙酰乙酰-CoA，后者在硫解酶的作用下硫解为 2 分子乙酰-CoA。

（4）β-羟基丁酸在 β-羟丁酸脱氢酶的催化下，生成乙酰乙酸，然后再转变成乙酰 CoA 而被氧化；部分丙酮可在一系列酶作用下转变为丙酮酸或乳酸，进而异生成糖。这是脂肪酸的碳原子转变成糖的一个途径。

总之，肝是生成酮体的器官，但不能利用酮体；肝外组织不能生成酮体，却可以利用酮体。

（三）酮体生成的生理意义

酮体是脂肪酸在肝内正常的中间代谢产物，是肝输出能源的一种形式。酮体溶于水，分子小，能通过血脑屏障及肌肉毛细血管壁，是肌肉尤其是脑组织的重要能源。脑组织不能氧化脂肪酸，却能利用酮体。长期饥饿、糖供应不足时酮体可以代替葡萄糖成为脑组织及肌肉的主要能源。

正常情况下，血中仅含有少量酮体，为 0.03～0.5mmol/L。在饥饿、高脂低糖膳食及糖尿病时，脂肪酸动员加强，酮体生成增加。尤其在未控制糖尿病患者，血液酮体的含量可高出正常情况的数十倍，这时丙酮约占酮体总量的一半。酮体生成超过肝外组织利用的能力，引起血中酮体升高，可导致酮症酸中毒，并随尿排出，引起酮尿症。

第三节　脂类的合成代谢

脂肪合成的原料为甘油和脂肪酸，其直接原料是 3-磷酸甘油和脂酰-CoA。

一、甘油的来源

在生物体内，甘油的来源主要有两种途径，一是糖酵解的中间产物磷酸二羟丙酮在 3-磷酸甘油醛脱氢酶的催化下生成 3-磷酸甘油，后者在磷酸酶的作用下水解生成甘油。另一种则来自于脂肪的降解。

$$\begin{array}{c}CH_2OH\\|\\C=O\\|\\CH_2OPO_3\end{array} \underset{}{\overset{NADH+H^+ \quad NAD^+}{\rightleftarrows}} \begin{array}{c}CH_2OH\\|\\CHOH\\|\\CH_2OPO_3\end{array} \overset{H_2O \quad Pi}{\longrightarrow} \begin{array}{c}CH_2OH\\|\\CHOH\\|\\CH_2OH\end{array}$$

磷酸二羟丙酮　　　　　　3-磷酸甘油　　　　　　甘油

但是实际合成脂肪时需要的原料是 3-磷酸甘油。脂肪降解生成的甘油需要在 ATP 参与下经甘油激酶催化而形成 3-磷酸甘油。

二、脂肪酸的合成

脂肪酸的合成是和氧化降解完全不同的过程，包括饱和脂肪酸的从头合成、脂肪酸碳链的延长和不饱和脂肪酸的合成几种不同情况。

(一) 饱和脂肪酸的从头合成

饱和脂肪酸的从头合成在动物体内是在细胞胞液内进行的,下面以软脂酸为例说明饱和脂肪酸从头合成的过程。

1. 乙酰 – CoA 的来源及转运

脂肪酸合成的碳源为乙酰 – CoA,它主要来自线粒体内丙酮酸氧化脱羧、脂肪酸的 β – 氧化以及氨基酸氧化等过程。乙酰 – CoA 不能自由穿过线粒体内膜,需要借助一个"柠檬酸穿梭"系统才能进入胞液中。在线粒体基质中,乙酰 – CoA 与草酰乙酸缩合生成柠檬酸,通过线粒体内膜上的三羧酸载体进入胞液中;在胞液中由柠檬酸裂解酶催化分解成草酰乙酸和乙酰 – CoA,后者用于脂肪的合成。具体过程见图 11 – 3。

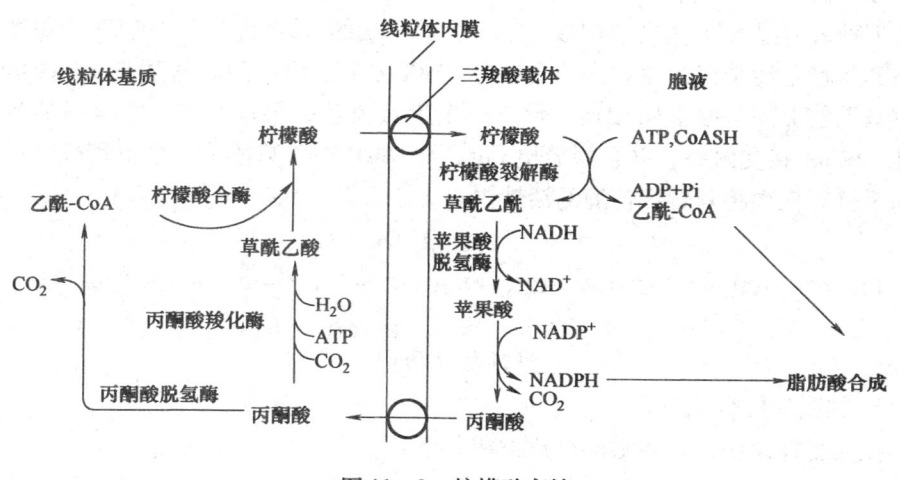

图 11 – 3 柠檬酸穿梭

2. 丙二酸单酰 – CoA 的形成

乙酰 – CoA 是合成脂肪酸的引物,以软脂酸为例,所需的 8 个乙酰 – CoA 单位中,只有一个是以乙酰辅酶 A 的形式参与,其余 7 个皆以丙二酸单酰 – CoA 的形式参与,脂肪酸合成中,每次延长都需要丙二酸单酰 – CoA 参加。丙二酸单酰 – CoA 是由乙酰 – CoA 和 HCO_3^- 羧化形成的。

$$CH_3-\overset{O}{\underset{\|}{C}}-SCoA + H^+ + ATP + HCO_3^- \longrightarrow HOOC-CH_2-\overset{O}{\underset{\|}{C}}-SCoA + ADP + Pi$$

上述反应由乙酰 – CoA 羧化酶催化,以生物素作为辅基。该酶为变构酶,是脂肪酸合成的限速酶,柠檬酸能变构激活该酶,而软脂酰 – CoA 则起抑制作用。在原核生物中,它由生物素羧化酶、羧基转移酶和生物素羧基载体蛋白(BCCP)三种成分组成。乙酰 – CoA 羧化作用的机制可以简单表示如下:

$$\text{HCO}_3^- + \text{H}^+ \quad \text{BCCP} \qquad \text{HOOCCH}_2\overset{\overset{O}{\|}}{C}-\text{SCoA}$$

$$\text{生物素} \quad \text{羧化酶} \quad \text{羧基} \quad \text{转移酶}$$

$$\text{ADP+Pi} \quad \text{BCCP}-\text{CO}_2 \quad \text{CH}_3-\overset{\overset{O}{\|}}{C}-\text{SCoA}$$

3. 脂肪酸合成酶复合体

脂肪酸的从头合成需要脂肪酸合酶系统催化。该系统为一多酶复合体，由 1 种载体蛋白和 6 种酶组成，分别是脂酰基载体蛋白（ACP）、ACP-脂酰基转移酶、丙二酸单酰-CoA-ACP 转移酶、β-酮脂酰-ACP 合成酶、β-酮脂酰-ACP 还原酶、β-羟脂酰-ACP 脱水酶和烯脂酰-ACP 还原酶。在大肠杆菌中，上述 7 种蛋白以 ACP 为中心围成一簇。大肠杆菌的 ACP 是一个含有 77 个氨基酸残基的热稳定性蛋白，相对分子质量为 10000，蛋白质中的丝氨酸与 4-磷酸泛酰巯基乙胺上的磷酸基团相连，形成一个带有巯基的柔性长链，它可以从各种酰基-SCoA 接受酰基，并且释放出 CoASH。ACP 的巯基像是一个携带酰基的转动的手臂，依次将其转到各酶的活性中心。

$$\text{HS}-\text{CH}_2-\text{CH}_2-\underset{H}{N}-\overset{\overset{O}{\|}}{C}-\text{CH}_2-\text{CH}_2-\underset{H}{N}-\overset{\overset{O}{\|}}{C}-\underset{\underset{CH_3}{|}}{\overset{\overset{OH}{|}}{C}}-\underset{\underset{CH_3}{|}}{\overset{\overset{CH_3}{|}}{C}}-\text{CH}_2-\overset{\overset{O}{\|}}{\underset{\underset{O^-}{|}}{P}}-O-\text{CH}_2-\text{Ser}-\text{ACP}$$

酰基载体蛋白

4. 软脂酸的合成过程

在大肠杆菌中，软脂酸的合成过程如下：

（1）乙酰基转移反应　乙酰-CoA 在 ACP-脂酰基转移酶的催化下，将乙酰基团转移到 ACP 的巯基上，接着又转移到 β-酮脂酰-ACP 合成酶的半胱氨酸巯基（表示为：合成酶-SH）上：

$$\text{CH}_3\overset{\overset{O}{\|}}{C}-\text{S}-\text{CoA} + \text{ACP}-\text{SH} \rightleftharpoons \text{CH}_3\overset{\overset{O}{\|}}{C}-\text{S}-\text{ACP} + \text{CoA}-\text{SH}$$

乙酰-CoA　　　　　　　　　　　乙酰-ACP

$$\text{CH}_3\overset{\overset{O}{\|}}{C}-\text{S}-\text{ACP} + \text{合成酶}-\text{SH} \rightleftharpoons \text{CH}_3\overset{\overset{O}{\|}}{C}-\text{S}-\text{合成酶} + \text{ACP}-\text{SH}$$

（2）丙二酸单酰基转移反应　在丙二酸单酰-CoA-ACP 转移酶的催化下，将丙二酸单酰-CoA 的丙二酸单酰基转移至 ACP 上，生成丙二酸单酰-ACP：

$$^-\text{OOC}-\text{CH}_2-\overset{\overset{O}{\|}}{C}-\text{SCoA} + \text{ACP}-\text{SH} \rightleftharpoons {^-\text{OOC}}-\text{CH}_2-\overset{\overset{O}{\|}}{C}-\text{SACP} + \text{CoASH}$$

丙二酸单酰-CoA　　　　　　　　　丙二酸单酰-ACP

（3）缩合反应　β-酮脂酰-ACP 合成酶上的乙酰基与 ACP 上的丙二酸单酰基在 β-酮脂酰-ACP 合成酶的催化下缩合生成乙酰乙酰-ACP，同时丙二酸单酰基上的自由羧基脱羧放出 1 分子 CO_2：

$$\text{合成酶—S}\begin{array}{c}CH_3\\|\\-C=O\end{array} + HOOCCH_2\overset{O}{C}-SACP \xrightarrow{CO_2\ SH-\text{合成酶}} CH_3\overset{O}{C}CH_2\overset{O}{C}-SACP$$
乙酰乙酰-ACP

（4）还原反应　在 β-酮脂酰-ACP 还原酶的催化下，由 NADPH 提供还原力将乙酰乙酰-ACP 还原成 β-羟丁酰-ACP：

$$CH_3\overset{O}{C}CH_2\overset{O}{C}-SACP + NADPH + H^+ \longrightarrow CH_3\overset{OH}{C}HCH_2\overset{O}{C}-SACP + NADP^+$$
乙酰乙酰-ACP　　　　　　　　　　　D-β-羟丁酰-ACP

（5）脱水反应　在 β-羟脂酰-ACP 脱水酶的催化下，β-羟丁酰-ACP 的 α、β 碳原子之间脱水生成 Δ^2-反-丁烯酰-ACP（巴豆酰-ACP）：

$$CH_3\overset{OH}{C}HCH_2\overset{O}{C}-SACP \longrightarrow \underset{CH_3}{\overset{H}{C}}=\overset{H}{C}-\overset{O}{C}-SACP + H_2O$$
D-β-羟丁酰-ACP　　　　巴豆酰-ACP

（6）再还原反应　在 β-烯脂酰-ACP 还原酶的催化下，再由 NADPH 提供还原力，将 Δ^2-反-丁烯酰-ACP 还原成丁酰-ACP：

$$\underset{CH_3}{\overset{H}{C}}=\overset{H}{C}-\overset{O}{C}-SACP + NADPH + H^+ \rightleftharpoons CH_3CH_2CH_2\overset{O}{C}-SACP + NADP^+$$
丁酰-ACP

丁酰-ACP 继续与丙二酸单酰-ACP 重复上述缩合、还原、脱水、再还原的反应，直至生成软脂酰-ACP。由于 β-酮脂酰-ACP 合成酶仅对 14C 及 14C 以下的脂酰-ACP 有催化活性，所以从头合成只能合成 16C 和 16C 以下的饱和脂酰-ACP。上述合成的软脂酰-ACP 由硫酯酶催化水解去掉 ACP，从而生成软脂酸。由乙酰-CoA 合成软脂酸的总反应式如下：

8 乙酰-CoA + 14NADPH + 14H$^+$ + ATP $\longrightarrow$ 软脂酸 + 8HSCoA + 14NADP$^+$ + 7ADP + 7Pi + 7H$_2$O

实验证明，反应中需要的 NADPH 约 60% 来自于磷酸戊糖途径，其它的可由糖酵解中生成的 NADH 间接转化提供。

（二）脂肪酸碳链的延长

在动物体内，脂肪酸链的延长有两条途径：一条在内质网膜上，一条在线粒体中。延长时均以脂酰-CoA 作为二碳单位的受体，所以软脂酸必须在脂酰-CoA合成酶的催化下先形成软脂酰-CoA：

$$软脂酸 + CoASH + ATP \longrightarrow 软脂酰-CoA + AMP + PPi$$

哺乳动物细胞的内质网能够以饱和或不饱和长链脂肪酸作为引物，如软脂酰-CoA和硬脂酰-CoA、油酸、亚油酸等，以丙二酸单酰辅酶A作为二碳单位供体，以NADPH为氢的供体，以CoA代替ACP作为酰基载体，从羧基末端延长，其中间过程与脂肪酸合成酶系相同，生成硬脂酰-CoA，重复上述过程可以得到更长的脂肪酸。在线粒体内的延长反应，几乎是β-氧化的逆过程，区别在于催化最后一步反应的酶和还原剂，延伸系统中由烯脂酰还原酶催化，而且所有的还原剂均为NADPH，其它均相同，二碳单位的供体也是乙酰-CoA。

（三）不饱和脂肪酸的合成

在有O_2和NADPH同时存在的条件下，饱和脂酰-CoA（或ACP）经去饱和酶系催化，首先在9、10碳原子之间脱氢生成单烯不饱和脂肪酸，即Δ^9-单烯脂肪酸。在动物细胞中，去饱和酶系存在于内质网膜上，由3种酶组成，分别是NADPH-细胞色素b_5还原酶、细胞色素b_5、去饱和酶又称末端氰化物敏感因子（CSF）。电子由NADPH开始传递，到去饱和酶，最后使饱和脂酰-CoA先羟化再脱水，从而生成相应的不饱和脂酰-CoA（图11-4）。

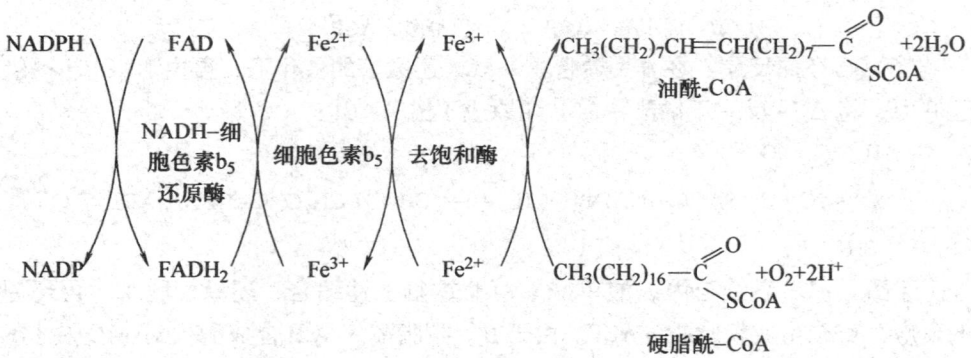

图11-4 动物组织脂肪酸去饱和电子传递途径

三、三脂酰甘油（脂肪）的合成

三酰甘油由脂酰-CoA和3-磷酸甘油合成。3-磷酸甘油的来源前已述及，脂酰-CoA则由脂肪酸与CoA在脂酰-CoA合成酶的催化下生成。三酰甘油的合成分为以下三个步骤。

（一）磷脂酸的生成

3-磷酸甘油在磷酸甘油脂酰转移酶的催化下分别与2分子脂酰-CoA缩合生成磷脂酸：

$$\underset{\text{3-磷酸甘油}}{\begin{matrix}CH_2OH\\CHOH\\CH_2O-\textcircled{P}\end{matrix}} \xrightarrow[\quad\quad\quad]{R_1-\overset{O}{\overset{\|}{C}}-SCoA\quad CoASH} \underset{\text{溶血磷脂酸}}{\begin{matrix}CH_2O-\overset{O}{\overset{\|}{C}}-R_1\\CHOH\\CH_2O-\textcircled{P}\end{matrix}} \xrightarrow[\quad\quad\quad]{R_2-\overset{O}{\overset{\|}{C}}-SCoA\quad CoASH} \underset{\text{磷脂酸}}{\begin{matrix}CH_2O-\overset{O}{\overset{\|}{C}}-R_1\\R_2-\overset{O}{\overset{\|}{C}}-OCH\\CH_2O-\textcircled{P}\end{matrix}}$$

（二）二酰甘油的生成

磷脂酸在磷酸酶催化下脱去磷酸生成二酰甘油：

$$\underset{\text{磷脂酸}}{\begin{matrix}CH_2O-\overset{O}{\overset{\|}{C}}-R_1\\R_2-\overset{O}{\overset{\|}{C}}-OCH\\CH_2O-\textcircled{P}\end{matrix}} \xrightarrow[\quad\quad\quad]{H_2O\quad Pi} \underset{\text{二酰甘油}}{\begin{matrix}CH_2O-\overset{O}{\overset{\|}{C}}-R_1\\R_2-\overset{O}{\overset{\|}{C}}-OCH\\CH_2OH\end{matrix}}$$

（三）三酰甘油的生成

二酰甘油在二酰甘油脂酰转移酶的催化下与一分子脂酰 – CoA 缩合生成三酰甘油：

$$\underset{\text{二酰甘油}}{\begin{matrix}CH_2O-\overset{O}{\overset{\|}{C}}-R_1\\R_2-\overset{O}{\overset{\|}{C}}-OCH\\CH_2OH\end{matrix}} \xrightarrow[\quad\quad\quad]{R_3-\overset{O}{\overset{\|}{C}}-SCoA\quad CoASH} \underset{\text{三酰甘油}}{\begin{matrix}CH_2O-\overset{O}{\overset{\|}{C}}-R_1\\R_2-\overset{O}{\overset{\|}{C}}-OCH\\CH_2O-\overset{O}{\overset{\|}{C}}-R_3\end{matrix}}$$

第四节 磷脂代谢

甘油磷脂（简称磷脂）是细胞膜、细胞器膜的主要组成成分，是最主要的一类磷脂。甘油磷脂种类繁多，体内周转更新快，现简单介绍如下。

一、甘油磷脂的降解

生物体内存在着对磷脂分子的不同部位进行水解的磷脂酶。参与磷脂分解

的酶主要有磷脂酶 A_1、磷脂酶 A_2、磷脂酶 C、磷脂酶 D 等，以卵磷脂为例，其作用方式如下所示：

$$R_2-\overset{O}{\underset{②}{C}}-O-\underset{\underset{CH_2-O-\underset{O^-}{\overset{③\ ④}{\underset{\|}{P}}}-OCH_2CH_2N^+(CH_3)_3}{|}}{\overset{CH_2O-\overset{①}{\overset{O}{\|}}-R_1}{|}}CH$$

(1) **磷脂酶 A_1** 广泛分布于动物细胞的细胞器、微粒体中，可专一地水解磷脂分子内①位的酯键，水解产物是 2 - 脂酰甘油磷酸胆碱和脂肪酸。

(2) **磷脂酶 A_2** 大量存在于蛇毒、蝎毒和蜂毒中，也常以酶原形式存在于动物的胰脏内，作用于卵磷脂②位的酯键，生成二酰甘油和磷酸胆碱。胰磷脂酶 A_2 以酶原形式存在，可防止细胞内甘油磷脂遭降解，胰脏的磷脂酶 A_2 催化反应需 Ca^{2+} 参加。

(3) **磷脂酶 C** 主要存在于动物脑、蛇毒和一些微生物分泌的毒素中，主要作用于③位置，生成二酰甘油和磷酸胆碱。

(4) **磷脂酶 D** 主要存在于高等植物组织中，作用于卵磷脂④位置，水解产物是磷脂酸和胆碱。反应时需要 Ca^{2+} 参与。

水解脱去一个脂酰基的磷脂称为溶血磷脂，溶血磷脂酶分为 L_1 和 L_2 两种，分别作用于 1 - 脂酰甘油磷酸胆碱的①位和 2 - 脂酰甘油磷酸胆碱的②位酯键，生成 3 - 甘油磷酸胆碱和相应的脂肪酸。

甘油磷脂的水解产物甘油和磷酸可参加糖代谢，脂肪酸可进一步被氧化，各种氨基醇可以参加磷脂的再合成，胆碱还可通过转甲基作用变为其它物质。

二、甘油磷脂的合成

甘油磷脂生物合成的前期阶段与三酰甘油的合成相似，均需要合成磷脂酸作为前体，以胞嘧啶核苷二磷酸（CDP）作为基团转移时的活化载体，具体又分为两种途径：

1. CDP - 二酰甘油途径

在细菌和一些低等真核生物中，所有的磷脂均是由该途径来合成的。首先磷脂酸在胞苷酰转移酶的催化下，与 CTP 反应活化生成 CDP - 二酰甘油，接着在磷脂酰丝氨酸合酶的催化下，由丝氨酸取代 CDP - 二酰甘油中的 CMP 基团，生成磷脂酰丝氨酸，最后由磷脂酰丝氨酸脱羧酶催化脱羧生成磷脂酰乙醇胺。

2. CDP-乙醇胺途径

乙醇胺首先在乙醇胺激酶的催化下,与 ATP 生成磷酸乙醇胺,接着在胞苷转移酶的催化下与 CTP 生成 CDP-乙醇胺;另一方面磷脂酸水解生成二酰甘油,然后与 CDP-乙醇胺由磷酸乙醇胺转移酶催化最终生成磷脂酰乙醇胺。反应如图 11-5 所示。

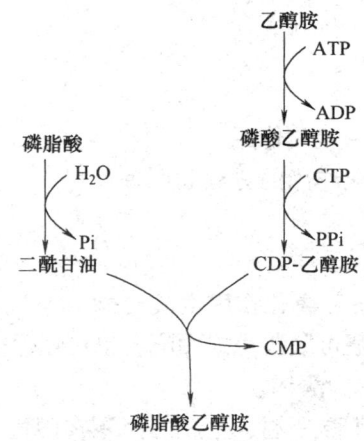

图 11-5 CDP-乙醇胺途径

磷脂酰乙醇胺由 S-腺苷甲硫氨酸作为甲基供体,经磷脂酰乙醇胺甲基转移酶催化,可以生成磷脂酰胆碱;与丝氨酸反应可以生成磷脂酰丝氨酸。

磷脂酰乙醇胺 + 3S-腺苷甲硫氨酸 ⟶ 磷脂酰胆碱 + 3S-腺苷同型半胱氨酸

磷脂酰乙醇胺 + 丝氨酸 ⟶ 磷脂酰丝氨酸 + 乙醇胺

在高等动植物,尤其在哺乳动物中,除了磷脂酰丝氨酸、磷脂酰乙醇胺和磷脂酰胆碱三种甘油磷脂可由上述两种途径合成外,其余的甘油磷脂都是利用 CDP-二酰甘油途径合成的。此外,在真核生物中合成磷脂的场所是在内质网膜上。

思考与练习

一、名词解释

脂肪酸的 β-氧化　必需脂肪酸　脂肪酸的 α-氧化　酮体

二、简答题

1. 血浆脂蛋白有哪几类?各有何生理功能?
2. 胞液中的长链脂肪酸是如何进入线粒体的?
3. 试计算硬脂酸(18碳酸)彻底氧化分解时生成的 ATP 的数量。

实验二十　酮体的生成

目的要求

（1）了解脂肪酸的 β - 氧化作用。
（2）掌握测定 β - 氧化作用的方法和原理。

实验原理

在肝脏中，脂肪酸经 β - 氧化作用生成乙酰 - CoA。乙酰 - CoA 经酮体代谢可生成乙酰乙酸。乙酰乙酸可脱羧生成丙酮，也可还原生成 β - 羟丁酸。乙酰乙酸、β - 羟丁酸和丙酮总称为酮体。

本实验用新鲜肝糜与丁酸保温，生成的丙酮在碱性条件下，与碘生成碘仿。反应式如下：

$$2NaOH + I_2 \longrightarrow NaIO + NaI + H_2O$$

$$CH_3COCH_3 + 3NaIO \longrightarrow CHI_3（碘仿）+ CH_3COONa + 2NaOH$$

剩余的碘，可以用标准硫代硫酸钠滴定。

$$NaIO + NaI + 2HCl \longrightarrow I_2 + 2NaCl + 2H_2O$$

$$I_2 + 2Na_2S_2O_3 \longrightarrow Na_2S_4O_6 + 2NaI$$

根据滴定样品与滴定对照所消耗的硫代硫酸钠溶液体积之差，可以计算由丁酸氧化生成的丙酮的量。

试剂和器材

1. 试剂

0.1%淀粉溶液；0.9%氯化钠溶液；15%三氯乙酸溶液；10%氢氧化钠溶液；10%盐酸溶液。

0.5mol/L 丁酸溶液：取 5mL 丁酸溶于 100mL 0.5mol/L 氢氧化钠溶液中。

0.1mol/L 碘溶液：称取 12.7g 碘和约 25g 碘化钾溶于水中，稀释到 1000mL，混匀，用标准 0.05mol/L 硫代硫酸钠溶液标定。

标准 0.01mol/L 硫代硫酸钠溶液：临用时将已标定的 0.05mol/L 硫代硫酸钠溶液稀释成 0.01mol/L。

1/15mol/L pH7.6 磷酸盐缓冲液：1/15mol/L 磷酸氢二钠溶液 86.8mL 与 1/15mol/L 磷酸二氢钠溶液 13.2mL 混合。

2. 材料

新鲜猪肝。

3. 器材

锥形瓶 50mL（×2）；移液管 5mL（×5），2mL（×5）；微量滴定管 5mL（×1）；漏斗；恒温水浴锅。

操作方法

1. 肝糜的制备

称取肝组织 5g 置于研钵中，加少量 0.9% 氯化钠溶液，研磨成细浆；再加入 0.9% 氯化钠溶液至总体积为 10mL。

2. β-氧化作用

取 2 个 50mL 锥形瓶，各加入 3mL 1/15mol/L pH7.6 磷酸盐缓冲液。向其中一个锥形瓶中加入 2mL 0.5mol/L 的丁酸，另一个锥形瓶作为对照，不加丁酸。然后各加入 2mL 肝组织糜。混匀，置于 37℃ 恒温水浴中保温。

3. 沉淀蛋白质

保温 1.5h 后，取出锥形瓶，各加入 3mL 15% 三氯乙酸溶液，在对照瓶内追加 2mL 0.5mol/L 丁酸，混匀，静置 15min 后过滤，将滤液分别收集在两个试管中。

4. 酮体的测定

吸取 2 种滤液各 2mL 分别放入另两个锥形瓶中，再各加 3mL 0.1mol/L 碘溶液和 3mL 10% 氢氧化钠溶液。摇匀后，静置 10min。加入 3mL 10% 盐酸溶液中和。然后用 0.01mol/L 标准硫代硫酸钠溶液滴定剩余的碘。滴定至浅黄色时，加入 3 滴淀粉溶液作为指示剂。摇匀，并继续滴到蓝色消失。记录滴定样品与对照所用的硫代硫酸钠溶液的体积（mL），并按下式计算样品中的丙酮含量。

结果计算

$$\text{肝脏中的丙酮含量（mmol/g）} = (A - B) \times C/6$$

式中　A——滴定对照所消耗的 0.01mol/L 硫代硫酸钠溶液的体积，mL

B——滴定样品所消耗的 0.01mol/L 硫代硫酸钠溶液的体积，mL

C——$Na_2S_2O_3$ 为标准硫代硫酸钠溶液的浓度，mol/L

注意事项

肝糜必须新鲜，放置过久则失去氧化脂肪酸的能力。

思考题

（1）什么是酮体？

（2）本实验如何计算样品中的丙酮含量？

第十二章
氨基酸代谢

1. 掌握氨基酸的一般代谢过程，了解个别氨基酸代谢过程。
2. 熟悉蛋白质的营养作用及蛋白质的酶促降解。
3. 熟悉外源蛋白质的消化吸收过程。

第一节 蛋白质的营养作用

一、蛋白质需要量

（一）氮平衡

通常以氮平衡来测试人体蛋白质需要量和评价人体蛋白质的营养状况，实际上是指蛋白质摄取量与排出量之间的对比关系。因为食物中的含氮物质主要是蛋白质，所以氮平衡是考察机体组织蛋白质分解与摄入蛋白质之间关系的重要指标，也是研究蛋白质营养价值和需要量以及判断机体组织生长情况的重要参数之一。由于直接测定食物中和体内消耗的蛋白质有很多困难，各种食物蛋白质的含氮量相当接近（约为16%），一般食物中的含氮物质又大部分是蛋白质，所以常用测定含氮量的方法间接了解蛋白质的平衡情况。氮平衡可用下式表示：摄入氮（I）= 尿氮（U）+ 粪氮（F）+ 皮肤及其它途径排出的氮（S）。

1. 总氮平衡

总氮平衡即摄入的氮量与排出的氮量相等时的氮平衡状态。总氮平衡说明组织蛋白质的分解与合成处于动态平衡状态。正常成人不再生长发育，每日进食的蛋白质主要用来维持组织的修补和更新。当膳食蛋白质供应适当时，其氮的摄入量和排出量相等。摄入机体的蛋白质除了用于补充分解了的组织蛋白以外，余下的部分或氧化分解、提供能量，或经过各种途径排出体外。

2. 正氮平衡

正氮平衡即摄入的氮量多于排出的氮量时的氮平衡状态。这说明摄入的蛋白质，除用于补充分解了的组织蛋白外，还有新的合成组织蛋白出现，并被保留在机体中。

一般说来，儿童、孕妇以及初愈病人体内正在生长新组织，其摄入的蛋白质有一部分变成新组织。此时，氮的摄食量必定大于排出量，往往会出现正氮平衡的状态。

3. 负氮平衡

负氮平衡即摄入的氮量少于排出的氮量时的氮平衡状态，即机体内蛋白质的分解量多于合成量。一般在慢性消耗性病变、组织损伤以及蛋白摄入量过少时，往往会出现这种负氮平衡状态。

实际上，无论是体重还是氮平衡都不是绝对的平衡。一天内，在进食时氮平衡是正的，晚上不进食则是负的，超过24h这种波动就比较平稳。此外，机体在一定限度内对氮平衡具有调节作用。健康成人每日进食蛋白质有所增减时，其体内蛋白质的分解速度及随尿排出的氮量也随之增减。如进食高蛋白膳食时尿中排出的氮量增加，反之则减少。但若长期进食低蛋白质膳食，因体内蛋白质仍要分解，故易出现氮的负平衡；若摄食蛋白质的量太大，机体利用不了，甚至反而加重消化器官及肾脏等的负担。

4. 必然丢失氮

健康成人当给以无氮膳食时，体内蛋白质的合成与分解仍继续进行。被分解的氨基酸可再用于合成，并且此过程很有效。但是，也有少部分氨基酸被分解、代谢成尿氮化合物（尿内源氮），粪中也有一定的损失（粪代谢氮）。最初尿氮明显下降，以后长时间缓慢下降到相对稳定。根据大量研究结果表明，食用无氮膳食 10~14d 后平均每天尿氮排出量为 37mg/kg；粪氮约为 12mg/kg；至于由皮肤及其它次要途径损失的氮量根据 1985 年 WHO 的规定：成人每天为 8mg/kg，12 岁以下的儿童每天为 10mg/kg，即每日氮的损失总量约为 57mg/kg。这种在无蛋白膳食时所丢失的氮量称之为必然丢失氮（或必要的氮损失）。一个成年人在摄食无氮食物时，若膳食蛋白质被完全利用，则相当于每日排出 0.36g/kg 的食物蛋白质。据此，成人每千克体重摄食 0.36g 膳食蛋白质应能补偿必然丢失的氮量，并达到氮平衡。

（二）蛋白质需要量（DRI）

根据测定，体重 60kg 的正常成人在食用不含蛋白质膳食时，每天排氮量约 3.18g，相当于分解 20g 蛋白质。这个数据不代表进食蛋白质时体内蛋白质的分解量。由于食物蛋白质与人体蛋白质组成的差异，吸收的氨基酸仅有部分用于合成组织蛋白质，故每天至少需要食入一般食物蛋白质 30~45g 才能维持氮的总平衡。我国营养学会推荐正常成人每日蛋白质的需要量为80g，如需维持氮的正平衡蛋白质供应量应增加。

世界各国对蛋白质摄入量没有一个统一标准。1985年FAO/WHO提出，成年人不分男女蛋白质的需要量为0.75g/(kg·d)，这是按照优质蛋白质计算的结果。我国居民的食物摄入目前仍以植物蛋白质为主，蛋白质质量不如动物蛋白高，因此蛋白质推荐量应适当高于此标准。依照中国人的饮食习惯和膳食构成以及各年龄段人群的蛋白质代谢特点，中国营养学会2000年提出的膳食蛋白质参考摄入量中的中国居民膳食蛋白质推荐摄入量（RNI）。按此推荐量摄入蛋白质是较为安全和可靠的。

从能量角度来说，蛋白质供给体内的热量占总热量的11%~14%为好，其中成人为11%~12%；儿童和青少年因处于生长发育时期应适当高些，为13%~14%；老年人为15%，可防止负氮平衡出现。不过，蛋白质的需要量与能量不同，满足蛋白质的需要和大量摄食蛋白质引起有害作用的量相差甚大。一般情况下，一个健康人摄取比推荐的摄入量高2~3倍的蛋白质均无不利影响。

（三）氨基酸需要量

1985年，FAO/WHO/UNU专家委员会对不同研究资料进行了归纳，提出了不同年龄组人群对必需氨基酸需要量的估计值。关于组氨酸，过去认为只是婴幼儿的必需氨基酸，但近年的研究认为组氨酸也是成人的必需氨基酸。

二、蛋白质的营养价值

食物蛋白质的营养价值主要包括含量和质量，更主要指质量。含量高、质量好的食物蛋白质营养价值高，反之则低。食物蛋白质的营养价值主要取决于其在人体内的消化吸收率，利用率又取决于必需氨基酸组成。必需氨基酸组成接近人体需要者，利用率和营养价值均高；反之则低。

例如，蛋类蛋白质的消化率为98%，大豆整粒进食的蛋白质消化率仅为60%；加工成豆浆可提高至90%以上，乳制品类蛋白质的消化率为97%，肉类蛋白质为92%~94%，米饭及面制品蛋白质为80%，马铃薯为74%，玉米面窝头为66%，动物性蛋白质的消化率一般较植物蛋白质高。

人体日常所需蛋白质的来源主要是依靠食物。畜、禽肉类和水产类，其蛋白质含量一般为10%~20%，鲜乳类为1.5%~3.8%；蛋类为11%~14%，干豆类为20%~40%，是植物性食物中含量较高的；坚果类如花生、核桃、莲子等也含有15%~30%的蛋白质，谷类一般含蛋白质6%~8%，薯类含2%~3%。

一般人群每日需要蛋白质每千克体重1.2~1.5g。有些患病者从膳食中难以达到要求，小儿、青少年生长发育、老年人进食少者，都可以加服蛋白质粉饮品满足蛋白质的需求。

蛋白质是生命不可缺少的物质，约占人体体重的20%，它每天都处在不断的合成与分解动态平衡之中，每天约有3%的蛋白质参与构成新组织，完成人体的各种生理活动。氨基酸在体内不能贮存，当人体缺乏食物蛋白质时，骨骼肌的肌肉蛋白质分解氨基酸作为原料供应肝脏合成新的蛋白质。蛋白质缺乏就会疲乏、消瘦、浮肿，长期严重缺乏可造成死亡；儿童缺乏蛋白质，生长发育会受到严重影响。所以必须每天补充食物蛋白质。

三、蛋白质的肠中腐败作用

蛋白质在肠道中不能完全被消化吸收，肠道细菌对肠道中未消化及未吸收的蛋白质或蛋白质消化产物的分解作用，称为腐败作用，包括水解、氧化、还原、脱羧、脱氨、脱硫基等反应，可产生胺、醇、酚、吲哚、甲基吲哚、硫化氢、甲烷、氨、二氧化碳、脂肪酸和某些维生素等物质。除少量脂肪酸及维生素外，大部分对人体有毒性。正常情况下，上述有害腐败产物大部分随粪便排出，少量被吸收后，经肝脏代谢解除其毒性。当肠梗阻时，腐败时间延长，腐败产物吸收入血增加，如在肝脏内解毒不完全，可导致机体中毒。

（一）胺类的生成

氨基酸在细菌氨基酸脱羧酶的作用下，脱羧基生成胺类，如精氨酸和鸟氨酸脱羧生成腐胺、赖氨酸脱羧生成尸胺、组氨酸脱羧生成组胺等。对于人体，胺是有毒的，如组胺具有降低血压作用；酪胺及色胺则有升高血压的作用等。若未经肝脏分解的酪胺和苯乙胺进入脑组织，则可经羟化而形成化学结构与儿茶酚胺类似的假神经递质，肝功能障碍，假神经递质增多，干扰儿茶酚胺正常神经递质作用，而使大脑发生异常抑制，这可能是肝昏迷症状产生的原因之一。

（二）苯酚的生成

酪氨酸经脱氨基、氧化及脱羧等作用，最后生成苯酚，再经氧化等转变为甲苯酚及苯酚。

（三）吲哚及甲基吲哚的生成

酪氨酸也可先脱羧生成酪胺，由色氨酸脱羧酶产生的色胺可被分解为吲哚和甲基吲哚。这两类物质是粪便臭味的主要来源。

（四）硫化氢的生成

半胱氨酸在肠道细菌脱硫化氢酶的作用下，直接产生硫化氢。

（五）氨的生成

未被吸收的氨基酸在肠道细菌的作用下脱氨基生成氨。血液中的尿素可透过肠黏膜进入肠道，在肠黏膜及细菌脲酶的作用下，尿素被分解为氨，是肠道氨的另一来源。这些氨均可被吸收入血在肝脏合成尿素。降低肠道的 pH，可减少氨的吸收。

第二节
蛋白质的酶促降解

一、内源蛋白质的降解

体内蛋白质在不断更新，原有蛋白不断分解，产生的氨基酸可被再利用，成为新蛋白合成的原料，也可以进一步氧化供能。

动物组织中有各种组织蛋白酶，这类酶也能将细胞自身的蛋白质水解成氨基酸，但不同于消化道中的蛋白水解酶。正常组织内，蛋白质的分解速度与组织的生理活动是相适应的，例如正在生长的儿童组织细胞中的蛋白质的合成大于分解，但饥饿者或患消耗性疾病的病人的蛋白质的分解就显著地加强。动物死后，组织蛋白酶可使组织自溶。尸体的腐烂显然与此酶有关。

高等植物体中也含有蛋白酶类，种籽及幼苗内都含有活性蛋白酶，叶和幼芽中也有蛋白酶，某些植物的果实中含有丰富的蛋白酶，如木瓜中的木瓜蛋白酶、菠萝中的菠萝蛋白酶、无花果中的无花果蛋白酶等都可使蛋白质水解。植物组织中的蛋白酶，其水解作用以种子萌芽时为最旺盛。发芽时，胚乳中贮存的蛋白质在蛋白酶催化下水解成氨基酸，当这些氨基酸运输到胚，胚则利用来重新合成蛋白质，以组成植物自身的细胞。微生物也含有蛋白酶，能将蛋白质水解为氨基酸。

二、外源蛋白质的消化吸收

膳食给人体提供各类蛋白质，在胃肠道内，通过各种酶的联合作用分解成氨基酸。蛋白质在胃肠道内消化过程简述如下。

食物中蛋白质经口腔加温，进入胃后，胃黏膜分泌胃泌素，刺激胃腺的腔壁细胞分泌盐酸和主细胞分泌胃蛋白酶原。无活性的胃蛋白酶原经激活转变成胃蛋白酶。胃蛋白酶将食物蛋白质水解成大小不等的多肽片段，随食糜流入小肠，触发小肠分泌胰泌素。胰泌素刺激胰腺分泌碳酸氢盐进入小肠，中和胃内容物中的盐酸，pH 达 7.0 左右。同时小肠上段的十二指肠释放出肠促胰酶肽，以刺激胰腺分泌一系列胰酶酶原，其中有胰蛋白酶原、胰凝乳蛋白酶原和羧肽酶原等。在十二指肠内，胰蛋白酶原经小肠细胞分泌的肠激酶作用，转变成有活性的胰蛋白酶，催化其它胰酶原激活。这些胰酶将肽片段混合物分别水解成更短的肽。小肠内生成的短肽由羧肽酶从肽的 C 端降解，氨肽酶从 N 端降解，如此经多种酶联合催化，食糜中的蛋白质降解成氨基酸混合物，再由肠黏膜上皮细胞吸收进入机体。游离氨基酸进入血液循环输送到肝脏。

食物中蛋白质进入人体后，首先在消化道中被水解为氨基酸，通过血液运输供给细胞合成蛋白质或转变为其它含氮化合物如卟啉、激素、嘌呤、嘧啶等，也有部分氨基酸经脱氨基后进一步氧化供能，脱掉的氨则以尿素的形式排出体外。

胃肠道几乎能把大多数动物性食物的球状蛋白完全水解，一些纤维状蛋白，例如角蛋白只能部分水解。植物性蛋白质，如谷类种子蛋白，因为这些蛋白质往往被纤维素包裹着，胃肠道不能完全将它消化。

就高等动物来说，外界食物蛋白质经消化吸收的氨基酸和体内合成及组织蛋白质经降解的氨基酸，共同组成体内氨基酸代谢库。氨基酸代谢库中的氨基酸大部分用以合成蛋白质，一部分可以作为能源，体内有一些非蛋白质的含氮化合物也是以某些氨基酸作为合成的原料（图12-1）。

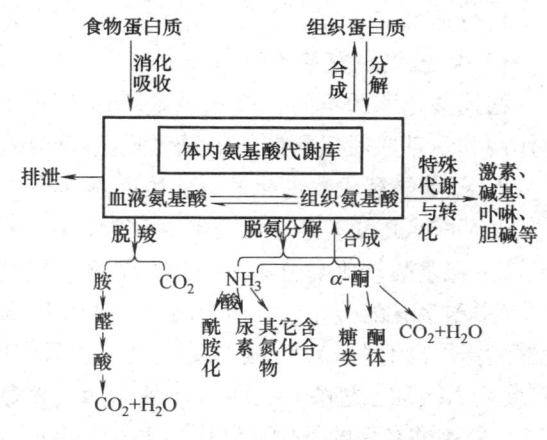

图 12-1　氨基酸代谢概况

第三节
氨基酸的分解代谢

从氨基酸的结构上看，除了侧链 R-基团不同外，均有 α-氨基和 α-羧基。氨基酸在体内的分解代谢实际上就是氨基、羧基和 R-基团的代谢。氨基酸分解代谢的主要途径是脱氨基生成氨和相应的 α-酮酸；氨基酸的另一条分解途径是脱羧基生成 CO_2 和胺。胺在体内可经胺氧化酶作用，进一步分解生成氨和相应的醛和酸。氨对人体来说是有害的物质，在体内主要合成尿素排出体外，还可以合成其它含氮物质（包括非必需氨基酸、谷氨酰胺等），少量的氨可直接经尿排出。R-基团部分生成的酮酸可进一步氧化分解生成 CO_2，见图 12-2。

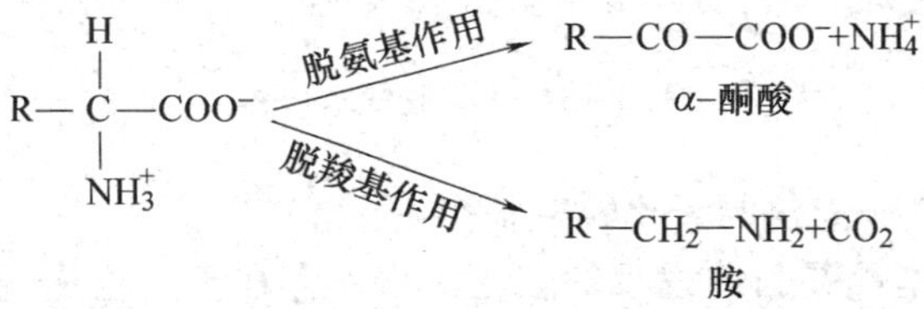

$$R-\underset{NH_3^+}{\underset{|}{\overset{H}{\overset{|}{C}}}}-COO^- \quad \xrightarrow{\text{脱氨基作用}} \quad R-CO-COO^- + NH_4^+ \text{（α-酮酸）}$$

$$\xrightarrow{\text{脱羧基作用}} \quad R-CH_2-NH_2 + CO_2 \text{（胺）}$$

图 12-2　氨基酸分解代谢

其中以脱氨基作用为主要代谢途径。

一、氨基酸的脱氨基作用

氨基酸脱去氨基生成 α-酮酸的过程称为脱氨基作用。脱氨基作用是氨基酸分解代谢的最主要反应。机体内氨基酸的脱氨基方式主要有氧化脱氨基、非氧化脱氨基、转氨基、联合脱氨基及脱酰胺基作用等几种方式。

现分述如下。

(一) 氧化脱氨基作用

根据催化酶的不同，氧化脱氨基作用可分为氨基酸氧化酶催化的氧化脱氨基作用和氨基酸脱氢酶催化的氧化脱氨基作用。

1. 氨基酸氧化酶催化的氧化脱氨基作用

氨基酸氧化酶有 L-氨基酸氧化酶、D-氨基酸氧化酶、专一性氨基酸氧化酶。L-氨基酸氧化酶分布不普遍，最适 pH = 10，活力低，辅基为 FMN 或 FAD；D-氨基酸氧化酶分布广，活力高，辅基为 FAD，但体内 D-氨基酸不多，因此这个酶的作用也不大；专一性氨基酸氧化酶只作用于单一种氨基酸，如 Gly 氧化酶（产物为 NH_3 和乙醛酸）、D-Asp 氧化酶（产物为 NH_3 和草酰乙酸）等，辅基为 FAD。氨基酸在酶的催化下氧化生成 α-酮酸，称氧化脱氨基作用。反应式如下：

$$2RCHCOO^- + O_2 \longrightarrow 2RC-COO^- + 2NH_4^+$$
$$\underset{NH_3^+}{} \qquad \underset{O}{}$$

氨基酸氧化酶催化的氧化脱氨基作用实际上包括脱氢和水解两个过程，如图 12-3 所示。

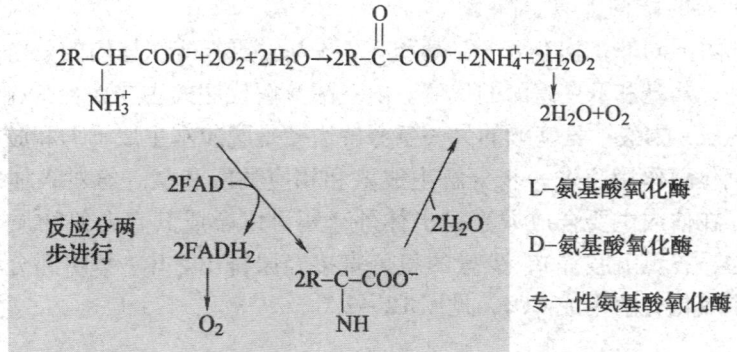

图 12-3 氧化脱氨基作用

2. 氨基酸脱氢酶催化的氧化脱氨基作用

L-谷氨酸脱氢酶是目前发现的广泛而唯一存在于生物体内的专一性高活性的氨基酸脱氢酶；它是不需氧脱氢酶，其辅酶是 NAD^+ 或 $NADP^+$。L-谷氨酸脱氢酶是一种别构酶，ATP、GTP、NADH 是别构抑制剂，ADP、GDP 是别构激活剂。当 ATP、GTP 不足时，谷氨酸氧化脱氨作用加速，从而调节氨基酸氧化分解，供给机体所需能量。此酶在动植物、微生物中普遍存在，且活性很强。该酶主要存在于真核细胞的线粒体中，酶的专一性很高，尤其在动物肝细胞中。

$$\text{谷氨酸} + H_2O \underset{\text{谷氨酸脱氢酶}}{\xrightleftharpoons[NAD(P)H+H^+]{NAD(P)^+}} \alpha\text{-酮戊二酸} + NH_4^+$$

×：抑制；△：激活

（二）转氨作用

在转氨酶的作用下，某一氨基酸去掉 α-氨基生成相应的 α-酮酸，而另一种 α-酮酸得到此氨基生成相应的氨基酸的过程，称为转氨基作用。

$$\underset{\text{COOH}}{\overset{R_1}{H-C-NH_2}} + \underset{\text{COOH}}{\overset{R_2}{C=O}} \xrightleftharpoons[]{\text{转氨酶}} \underset{\text{COOH}}{\overset{R_1}{C=O}} + \underset{\text{COOH}}{\overset{R_2}{H-C-NH_2}}$$

大多数氨基酸可参与转氨基作用，但赖氨酸、脯氨酸、羟脯氨酸除外。转氨酶种类很多，在动植物组织和微生物中分布也广，而且在真核生物细胞质和线粒体内都可进行转氨基作用，不同氨基酸与 α-酮酸之间的转氨基作用只能由专一的转氨酶催化。体内有两种重要的转氨酶：谷丙转氨酶和谷草转氨酶，见图 12-4。

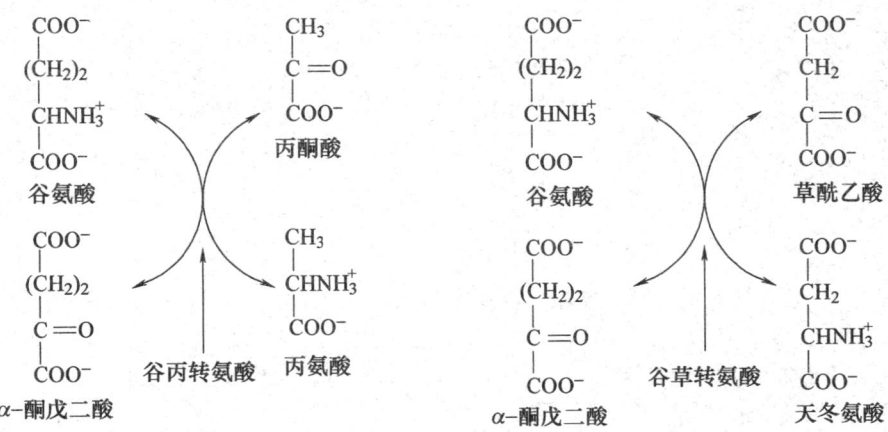

图 12-4　体内重要转氨酶的转氨作用

在不同动物或人体组织中，这两种转氨酶活力又各不相同（表 12-1），谷草转氨酶（简称 GOT）以心脏中活力最大，其次为肝脏。谷丙转氨酶（简称

GPT）则以肝脏中活力最大，当肝细胞损伤时，酶就释放到血液内，于是血液内酶的活力明显地增加，早期肝炎患者的酶活力大大高于正常人，因此临床上常以此来推断肝功能的正常与否，有助于肝脏疾病的诊断。

表12-1　　正常人各组织 GOT 及 GPT 活性（单位/g 湿组织）

组织	GOT	GPT	组织	GOT	GPT
心	156000	7100	胰腺	28000	2000
肝	142000	44000	脾	14000	1200
骨骼肌	99000	4800	肺	10000	700
肾	91000	19000	血清	20	16

所有的转氨酶均有相同的辅基和相同的作用机制，辅酶都是磷酸吡哆醛（PLP）。在转氨酶的底物不存在时，PLP 的醛基和酶活性位点赖氨酸的 ε - 氨基形成共价西佛碱连接。氨基酸底物存在时，氨基酸的 α - 氨基与 PLP 的醛基形成新的西佛碱连接，见图 12-5。

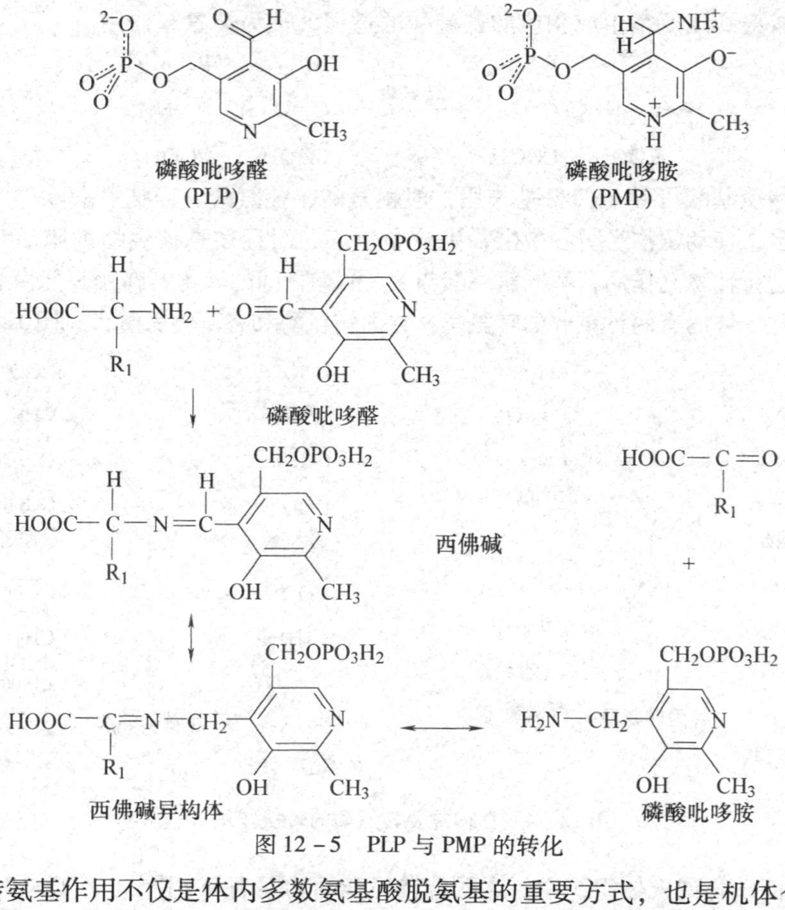

图 12-5　PLP 与 PMP 的转化

转氨基作用不仅是体内多数氨基酸脱氨基的重要方式，也是机体合成非必需氨基酸的重要途径。转氨作用虽然普遍，但是未能真正脱氨，而主要是转给

α-酮戊二酸生成谷氨酸；通过此种方式并未能产生游离的氨。

（三）联合脱氨作用

生物体内L-氨基酸氧化酶活力不高，但L-谷氨酸脱氢酶的活力很强，转氨酶又普遍存在。因此一般认为L-氨基酸在体内往往不是直接氧化脱氨，而是先与α-酮戊二酸经转氨作用变为相应的酮酸及谷氨酸，谷氨酸再经谷氨酸脱氢酶作用重新变成α-酮戊二酸，同时放出氨，这种脱氨作用与转氨作用配合进行的方式称联合脱氨作用。动物体内大部分氨基酸是通过这种方式脱去氨基的，其反应式表示如图12-6所示。

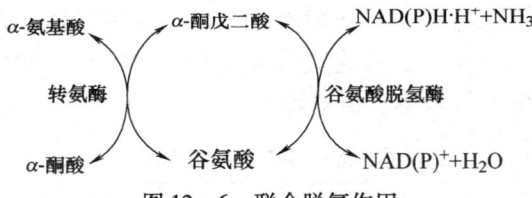

图12-6 联合脱氨作用

此种方式既是氨基酸脱氨的主要方式，也是体内合成非必需氨基酸的主要方式，主要在肝、肾组织进行。

但有实验表明：L-谷氨酸脱氢酶的作用主要是催化谷氨酸合成；肝脏组织加入谷氨酸后，只有10%发生脱氨；另外哺乳动物骨骼肌中L-谷氨酸脱氢酶含量很少。由此看来，以谷氨酸脱氢酶为中心的联合脱氨基作用，似乎并不是所有组织细胞的主要脱氨基方式。近年来研究表明：氨基酸的脱氨作用在脑、骨骼肌、心肌等组织中主要是通过嘌呤核苷酸循环进行的，其过程如下（图12-7）。

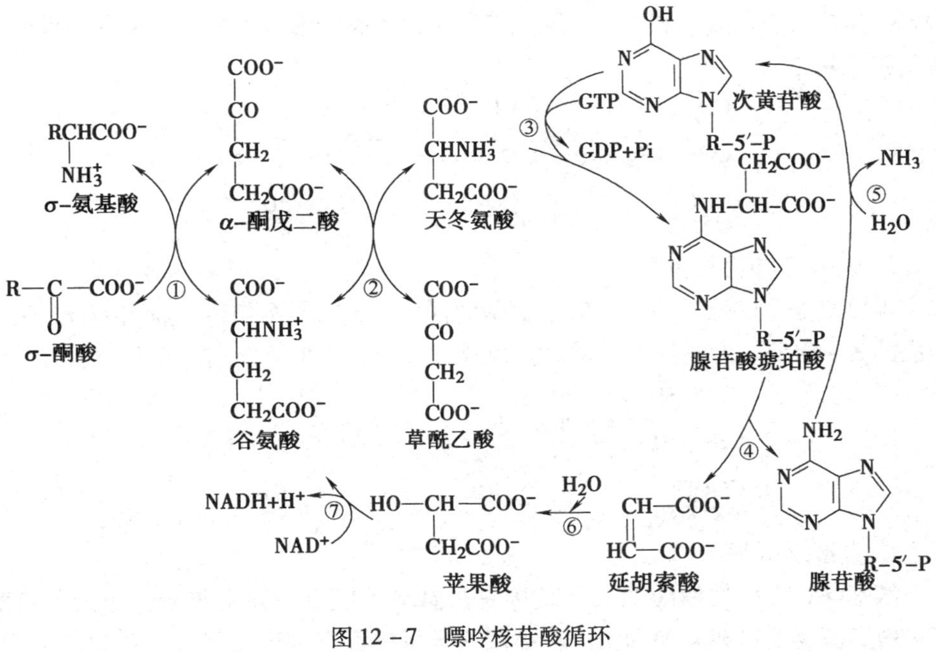

图12-7 嘌呤核苷酸循环

天冬氨酸在腺苷酸琥珀酸合成酶作用下，由 GTP 供能，与次黄苷酸缩合成腺苷酸琥珀酸，然后在腺苷琥珀酸裂解酶催化下生成腺苷酸和延胡索酸。随后，腺苷酸在腺苷酸脱氨酶催化下脱去氨基，重新形成了次黄苷酸。而延胡索酸则经过 TCA 循环生成草酰乙酸，再通过转氨作用接受谷氨酸的氨基重新形成天冬氨酸。在这里次黄苷酸与 α - 酮戊二酸相似，起了传递氨基的作用，因此嘌呤核苷酸循环的实质也是转氨基和脱氨基联合进行的。

（四）**氨基酸的非氧化脱氨作用**

某些氨基酸还可以进行非氧化脱氨基作用。这种脱氨基方式主要在微生物体内进行，动物体内较少。非氧化脱氨基作用又可区分为脱水脱氨基、脱硫化氢脱氨基、直接脱氨基和水解脱氨基等 4 种方式，见表 12 - 2。

表 12 - 2　　　　　　氨基酸的非氧化脱氨作用

脱氨方式	其它底物	参与催化的酶	产物
还原脱氨	还原型辅酶	氢化酶	脂肪酸 + NH_3
水解脱氨	H_2O	水解酶	羟酸 + NH_3
脱水脱氨	H_2O	脱水酶	α - 酮酸 + NH_3 + H_2O
脱硫基脱氨	H_2O	脱硫基酶	丙酮酸 + H_2S + NH_3
减饱和脱氨		胺裂解酶	烯酸 + NH_3
脱酰胺基作用		酰胺酶	Glu（Asp）+ NH_3

1. 脱水脱氨基

含羟基的氨基酸（如丝氨酸、苏氨酸）在脱水酶的催化下，脱去 1 分子水和氨，生成相应的 α - 酮酸。磷酸吡哆醛是脱水酶的辅基，大肠杆菌及酵母中均有此脱氨基方式。

$$\begin{array}{c} CH_2-OH \\ | \\ CH-NH_2 \\ | \\ COOH \\ \text{丝氨酸} \end{array} \xrightarrow[-H_2O]{\text{脱水酶}} \begin{array}{c} CH_3 \\ | \\ C=NH \\ | \\ COOH \end{array} \xrightarrow{+H_2O} \begin{array}{c} CH_3 \\ | \\ C=O \\ | \\ COOH \\ \text{丙酮酸} \end{array} + NH_3$$

2. 脱硫化氢脱氨基

半胱氨酸上的巯基在氨基酸脱硫基酶催化下，与脱水类似，脱去 H_2S，生成相应的 α - 酮酸。大肠杆菌、枯草杆菌及酵母均有此脱氨方式。

$$\begin{array}{c} CH_2-SH \\ | \\ CH-NH_2 \\ | \\ COOH \\ \text{半胱氨酸} \end{array} \xrightarrow[-H_2S]{\text{脱硫基酶}} \begin{array}{c} CH_3 \\ | \\ C=NH \\ | \\ COOH \end{array} \xrightarrow{+H_2O} \begin{array}{c} CH_3 \\ | \\ C=O \\ | \\ COOH \\ \text{丙酮酸} \end{array} + NH_3$$

3. 直接脱氨基

氨基酸在专一性酶的催化下直接脱去氨基生成不饱和脂肪酸，如天冬氨酸直接脱氨基生成延胡索酸和氨。在细菌和酵母中都存在这一反应，该反应可逆，其逆反应也是同化氨的途径。

$$\underset{\text{天冬氨酸}}{\begin{array}{c} COOH \\ | \\ CH_2 \\ | \\ CH-NH_2 \\ | \\ COOH \end{array}} \xrightarrow{\text{天冬氨酸酶}} \underset{\text{延胡索酸}}{\begin{array}{c} HOOC-CH \\ \| \\ HC-COOH \end{array}} + NH_3$$

4. 还原性脱氨基

在无氧条件下，一些含有氢化酶的专性厌氧菌（如梭状芽孢杆菌）和一些兼性厌氧微生物能利用还原脱氨基反应使氨基酸加氢脱氨基，生成饱和脂肪酸和氨，如大肠杆菌可将甘氨酸还原脱氨，生成乙酸。

$$NH_2-CH_2-COOH + NADH + H^+ \longrightarrow CH_3-COOH + NAD^+ + NH_3$$

二、氨基酸的脱羧基作用

氨基酸在氨基酸脱羧酶催化下进行脱羧作用，生产 CO_2 和伯胺类化合物。除组氨酸外，此反应均需磷酸吡哆醛作为辅酶。氨基酸的脱羧作用，在微生物中很普遍，在高等动植物组织内也有此作用，但不是氨基酸代谢的主要方式。

氨基酸脱羧酶的专一性很高，除个别脱羧酶外，一种氨基酸脱羧酶一般只对一种氨基酸作用。动物体内的氨基酸脱羧产生的胺类多数有毒性，少数具有特殊的生理作用，其中有些是组成某些维生素或激素的成分，有些直接行使生理功能，如 γ - 氨基丁酸（GABA）就是谷氨酸经谷氨酸脱羧酶催化脱羧的产物，属于抑制性神经递质，具有抑制突触传导的作用。

$$\underset{\text{谷氨酸}}{\begin{array}{c} COO^- \\ | \\ (CH_2)_2 \\ | \\ CHNH_3^+ \\ | \\ COO^- \end{array}} \longrightarrow \underset{\gamma\text{-氨基丁酸}}{\begin{array}{c} COO^- \\ | \\ (CH_2)_2 \\ | \\ CH_2NH_3^+ \end{array}} + CO_2$$

天冬氨酸脱羧酶促使天冬氨酸脱羧形成 β - 丙氨酸，它是维生素泛酸的组成成分。

$$\underset{\text{组氨酸}}{\begin{array}{c} HC-C-CH_2-CH-COO^- \\ |\quad\quad | \quad\quad\quad\quad | \\ HN^+\; NH \quad\quad\quad NH_3^+ \\ \diagdown\,\diagup \\ C \\ | \\ H \end{array}} \longrightarrow \underset{\text{组胺}}{\begin{array}{c} HC-C-CH_2CH_2NH_2 \\ |\quad\quad | \\ HN^+\; NH \\ \diagdown\,\diagup \\ C \\ | \\ H \end{array}} + CO_2$$

组氨酸的脱羧形成的组胺可使血管舒张、降低血压，是强烈的血管舒张剂，可增加毛细血管的通透性，还可刺激胃蛋白酶及胃酸的分泌。而酪氨酸的脱羧形成的酪胺则可使血压升高。

$$HO-\underset{}{\bigcirc}-CH_2-\underset{NH_3^+}{CHCOO^-} \longrightarrow HO-\underset{}{\bigcirc}-CH_2CH_2NH_2+CO_2$$

酪氨酸　　　　　　　　　　　　　　　酪胺

如果体内生成大量胺类，能引起神经或心血管等系统的功能紊乱，但体内的胺可随尿直接排出，也可以在胺氧化酶作用下氧化成醛，继而醛氧化成脂肪酸，再经脂肪酸代谢途径分解成二氧化碳和水。

三、氨的代谢去路

氨基酸经脱氨基作用产生氨，在 pH 7.4 时主要以 NH_4^+ 形式存在。氨具有毒性。高等动物的脑组织对氨相对敏感，正常人的血氨浓度 < 0.1mg/100mL，当血氨浓度达到1% 时，就会引起中枢神经系统中毒。氨的毒性并不完全在于它的碱性，而是造成脑组织中的 α – 酮戊二酸不足，导致三羧酸循环无法正常运转，ATP 生成受阻，从而引起脑功能受损。氨基在体内的代谢去路有两条，一是重新被利用（氨的同化与贮存），另外则是形成尿素排出体外。

（一）氨的重新利用

（1）重新合成氨基酸　通过谷氨酸脱氢反应的逆反应合成谷氨酸。

（2）合成氨甲酰磷酸，然后参与核苷酸的合成（详见第十三章）。

（3）贮氨——酰胺氨基酸（Gln，Asn）的合成　氨基酸脱氨作用所产生的氨可以酰胺的形式贮藏于体内。如谷氨酰胺和天冬酰胺不仅是合成蛋白质的原料，也可在血液中转移氨，是体内解除氨毒的重要方式。存在于脑、肝脏及肌肉等细胞组织中的谷氨酰胺合成酶，能催化谷氨酸与氨作用合成谷氨酰胺，此反应需要 ATP 参加。

（二）尿素的合成

1. 含氮废物的排泄

动物体内氨基酸氧化脱氨基作用产生的氨不能大量积累，必须向体外排泄，但各种动物排泄氨的方式则不尽相同。在进化过程中，由于外界生活环境的改变，各种动物在解除氨毒的机制上就有所不同。水生动物体内及体外水的供应都极充足，其脱氨作用所产生的氨可随水直接排出体外，因此水生动物主要是排氨的。鸟类及生活在比较干燥环境中的爬虫类，由于水的供应困难，所以将氨转变成溶解度较小的尿酸，再以固态形式排出体外。两栖类、人、哺乳类动物体内水的供应不太欠缺，则是将氨转变为溶解度较大的尿素排出。

2. 尿素的合成

（1）尿素的合成部位　Hans Krebs, Kurt Hehseleit（1932）发现，氨基酸代

谢产生的氨在肝脏中合成尿素而解毒，这一过程是通过精氨酸酶水解精氨酸为尿素而实现的。因此肝脏是生成尿素的主要器官。

（2）尿素的生成机制——鸟氨酸循环　尿素的合成不是一步完成，而是通过鸟氨酸循环的过程形成的。此循环可分成三个阶段：第一阶段为鸟氨酸与二氧化碳和氨作用，合成瓜氨酸；第二阶段为瓜氨酸与氨作用，合成精氨酸；第三阶段为精氨酸被肝脏中精氨酸酶水解产生尿素和重新放出鸟氨酸。反应从鸟氨酸开始，结果又重新产生鸟氨酸，称鸟氨酸循环（又称尿素循环）。其过程如（图12-8）。

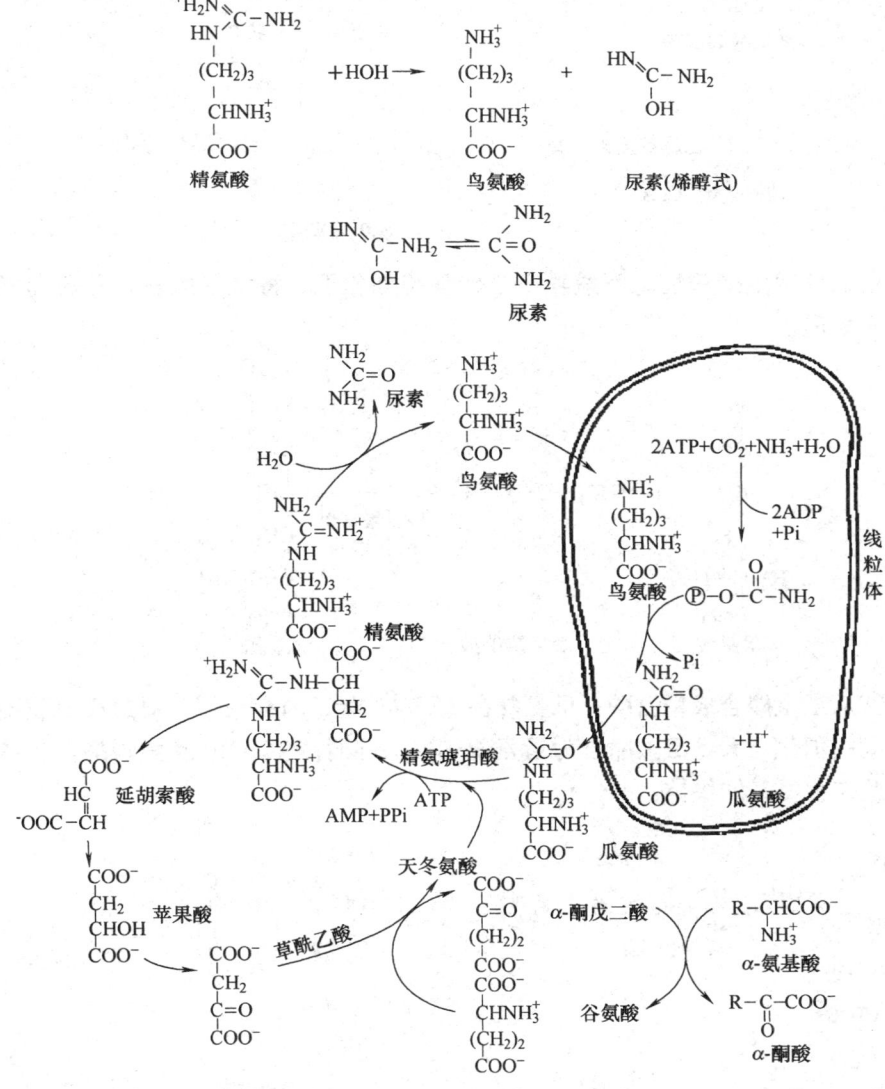

图12-8　鸟氨酸循环图

①从鸟氨酸合成瓜氨酸：在这一过程中需要一分子 NH_3 和一分子 CO_2。NH_3 来源于谷氨酸的氧化脱氨作用，而 CO_2 是糖的代谢产物，二者在 ATP 存在下首先合成氨甲酰磷酸，催化此反应的酶为氨甲酰磷酸合成酶，N-乙酰谷氨酸作为别构激活剂参加反应。

然后氨甲酰磷酸在鸟氨酸氨甲酰转移酶催化下，将氨甲酰基转移给鸟氨酸形成瓜氨酸。

②从瓜氨酸合成精氨酸：瓜氨酸在 ATP 与 Mg^{2+} 的存在下，通过精氨琥珀酸合成酶的催化与天冬氨酸缩合为精氨琥珀酸，同时产生 AMP 及焦磷酸。天冬氨酸在此作为氨基的供体。

精氨琥珀酸通过精氨琥珀酸裂合酶的催化形成精氨酸和延胡索酸。延胡索酸经三羧酸循环变为草酰乙酸。草酰乙酸与谷氨酸进行转氨作用又可变回天冬氨酸。

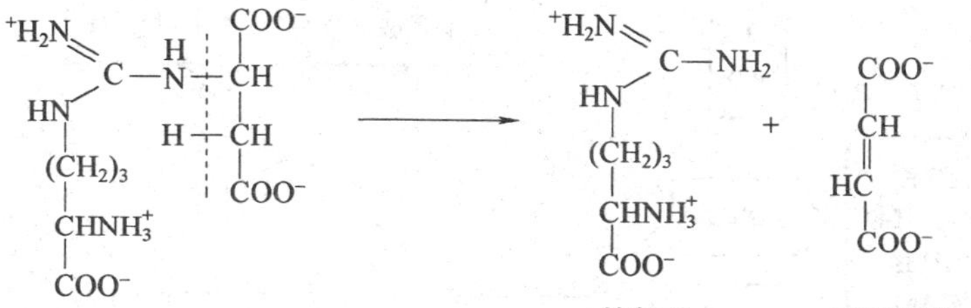

③精氨酸水解生成尿素：精氨酸在精氨酸酶的催化下水解产生尿素和鸟氨酸。此酶的专一性很高，只对 L-精氨酸有作用，存在于排尿素动物的肝脏中。

鸟氨酸循环不但消除氨毒，还消耗了一部分体内不需要的 CO_2。尿素是哺乳动物的蛋白质代谢的最终产物。尿素氮占尿中排出的总氮量的 90%，在蛋白质营养不足时，可降低至 40%~50%。

该循环中使用了 4 个"高能"磷酸键（3 个 ATP 参与，形成 2ADP，1AMP）；两个氨基：一个来自氨，另一个来自天冬氨酸，一个碳原子来自 HCO_3^-。

四、α-酮酸的氧化代谢

α-氨基酸经联合脱氨基作用或其它脱氨基方式生成的 α-酮酸有以下去路。

（1）重新氨基化生成营养非必需氨基酸

（2）氧化生成 CO_2 和水　α-酮酸先转变成丙酮酸、乙酰-CoA 或三羧酸循环的中间产物，可经过三羧酸循环彻底氧化分解，产生 ATP 供能。氨基酸可作为能源物质，但此作用可被糖、脂肪替代。

（3）转变生成糖和脂肪　多数氨基酸能生成丙酮酸或三羧酸循环的中间产物，再经糖异生途径生成葡萄糖，这些氨基酸称为生糖氨基酸。亮氨酸能生成乙酰-CoA 转变为酮体，称为生酮氨基酸。少数氨基酸既能生成丙酮酸或三羧酸循环的中间产物，也能生成乙酰-CoA，这些氨基酸称为生糖兼生酮氨基酸。也可通过上述反应的逆过程合成营养非必需氨基酸。凡能生成乙酰-CoA 的氨基酸均能参与脂肪酸和脂肪的合成。

氨基酸与糖和脂肪的相互关联及共同的中间代谢产物如图 12-9 和表 12-3 所示。

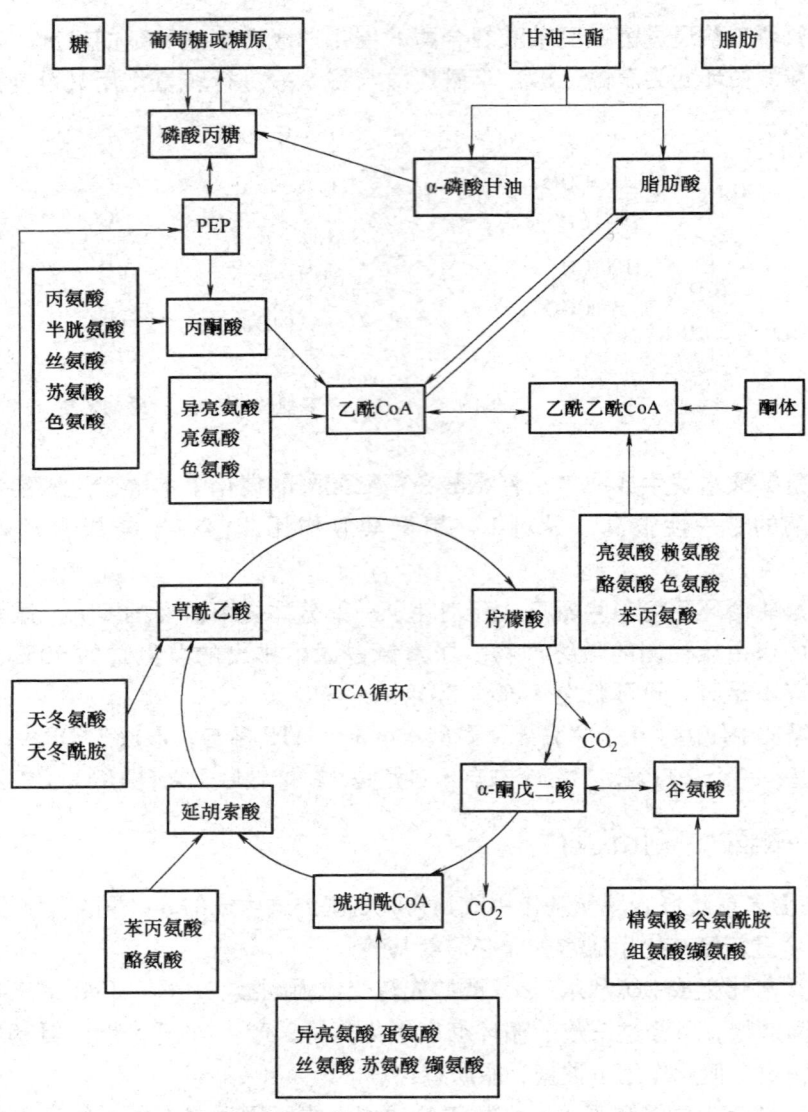

图 12-9 糖、脂、氨基酸代谢相互关联图

表 12-3 氨基酸与糖和脂肪的共同中间代谢产物

氨基酸名称	共同中间代谢产物	生糖或生酮氨基酸
天冬氨酸	草酰乙酸	生糖
天冬酰胺	草酰乙酸	生糖
丝氨酸	丙酮酸	生糖

续表

氨基酸名称	共同中间代谢产物	生糖或生酮氨基酸
甘氨酸	丙酮酸	生糖
苏氨酸	丙酮酸、琥珀酰-CoA	生糖
丙氨酸	丙酮酸	生糖
半胱、胱氨酸	丙酮酸	生糖
谷氨酸	α-酮戊二酸	生糖
谷氨酰胺	α-酮戊二酸	生糖
组氨酸	α-酮戊二酸	生糖
精氨酸	α-酮戊二酸	生糖
脯氨酸	α-酮戊二酸	生糖
缬氨酸	琥珀酰-CoA	生糖
甲硫氨酸	琥珀酰-CoA	生糖
亮氨酸	乙酰乙酸、乙酰-CoA	生酮
赖氨酸	乙酰乙酰-CoA	生酮
异亮氨酸	琥珀酰-CoA、乙酰-CoA	生糖兼生酮
酪氨酸	乙酰乙酸、延胡索酸	生糖兼生酮
苯丙氨酸	乙酰乙酸、延胡索酸	生糖兼生酮
色氨酸	乙酰乙酸-CoA、丙酮酸	生酮兼生糖

五、一碳单位

(一) 概念和形式

1. 概念

某些氨基酸在分解代谢过程中可以产生含有一个碳原子的基团，称为一碳单位，这些基团通常由其载体携带参加代谢反应。有关一碳单位的生成和转移的代谢称为一碳单位代谢。

2. 载体

一碳单位不能游离存在，通常由其载体携带，常见的载体有四氢叶酸（FH_4）和 S-腺苷同型半胱氨酸，有时也可为维生素 B_{12}。CO_2 不属于一碳单位。

四氢叶酸是由维生素叶酸转变而来的。叶酸在二氢叶酸还原酶的催化下，由 $NADPH^+$ 作供氢体，加氢还原生成 7,8-二氢叶酸（FH_4），进一步还原生成 5,6,7,8-四氢叶酸。一碳单位通常结合在四氢叶酸分子的第 5 和第 10 位氮原子上，以 N^5 和 N^{10} 表示。

3. 形式

一碳单位包括甲酰基（—CHO）、亚氨甲基（—CH=NH）、次甲基

$$\text{5,6,7,8-四氢叶酸(FH}_4\text{)}$$

(—CH=)、亚甲基（—CH$_2$—）和甲基（—CH$_3$）。

常见的一碳单位的四氢叶酸衍生物有：

(1) N^{10}-甲酰四氢叶酸（N^{10}-CHO-FH$_4$）。

(2) N^5-亚氨甲基四氢叶酸（N^5-CH=NH-FH$_4$）。

(3) N^5,N^{10}-甲烯基四氢叶酸（N^5,N^{10}-CH$_2$-FH$_4$）。

(4) N^5,N^{10}-次甲基四氢叶酸（N^5,N^{10}=CH-FH$_4$）。

(5) N^5-甲基四氢叶酸（N^5-CH$_3$-FH$_4$）。

（二）一碳单位来源

(1) 甘氨酸裂解酶裂解甘氨酸，生成甲烯基四氢叶酸和二氧化碳及氨。甘氨酸脱氨生成的乙醛酸可产生次甲基四氢叶酸，乙醛酸氧化生成的甲酸可生成甲酰基四氢叶酸。

$$H_2N-CH_2-COOH + FH_4 \xrightarrow[NAP^+ \quad NADH+H^+]{\text{甘氨酸裂解酶}} N^5,N^{10}-CH_2-FH_4 + CO_2 + NH_3$$

甘氨酸　　　　　　　　　　　　　　　　N^5,N^{10}-甲烯四氢叶酸

(2) 苏氨酸可分解产生甘氨酸，形成一碳单位。

(3) 丝氨酸的β-碳可转移到四氢叶酸上，生成亚甲基四氢叶酸和甘氨酸。

$$HO-CH_2-\underset{NH_2}{CH}-COOH + FH_4 \xrightarrow[-H_2O]{\text{羟甲基转移酶}} N^5,N^{10}-CH_2-FH_4 + H_2N-CH_2-COOH$$

丝氨酸　　　　　　　　　　　　　　　　　N^5,N^{10}-甲烯四氢叶酸　　甘氨酸

(4) 组氨酸分解时产生亚氨甲酰谷氨酸，生成亚氨甲基四氢叶酸。脱氨后产生次甲基四氢叶酸。

（5）S-腺苷甲硫氨酸可提供甲基　甲硫氨酸生成的 S-腺苷甲硫氨酸可提供甲基，产生的高半胱氨酸可从四氢叶酸接受甲基形成甲硫氨酸，可供给 50 种受体。

甲硫氨酸是体内重要的甲基化试剂，可以为很多化合物提供甲基，但甲硫氨酸首先要形成其活化形式 S-腺苷甲硫氨酸才能被转甲基酶催化，将甲基转移给受体。虽然甲硫氨酸可以为许多甲基化合物提供甲基，但甲硫氨酸的甲基只能由极少数反应供给，主要是 N^5-甲基四氢叶酸上的甲基转移到高半胱氨酸的分子上。整个反应是一个循环反应，需要消耗能量。

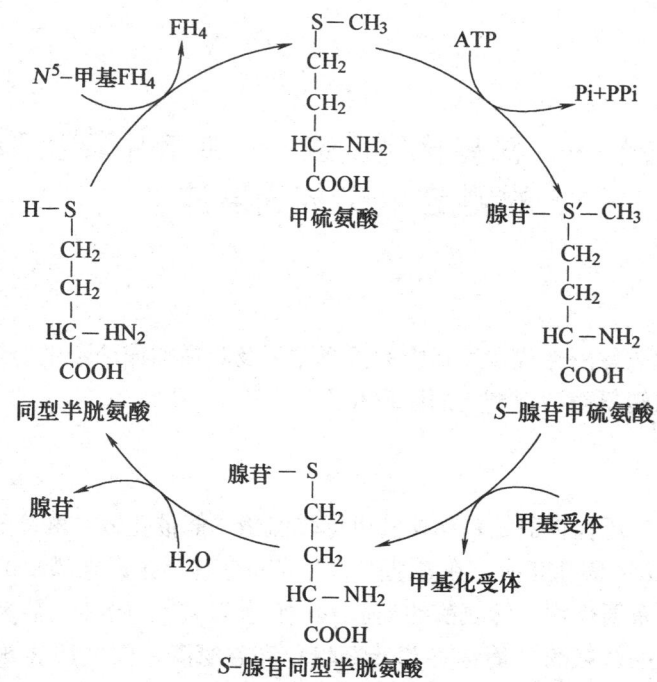

（三）一碳单位的生理功能

一碳单位是合成嘌呤核苷酸和嘧啶核苷酸的原料，与 DNA、RNA 的合成关系密切，如 $N^5,N^{10}-CH_2-FH_4$ 直接提供甲基用于 dUMP 向 dTMP 的转化，$N^{10}-CHO-FH_4$ 和 $N^5,N^{10}=CH-FH_4$ 分别参与嘌呤碱中 C_2、C_8 原子的生成。

一碳单位代谢将氨基酸与核苷酸代谢及一些重要物质的生物合成联系起来。叶酸缺乏，产生巨幼红细胞性贫血。磺胺药及某抗癌药（氨甲蝶呤等）正是分别通过干扰细菌及瘤细胞的叶酸、四氢叶酸合成，进而影响核酸合成而发挥药理作用的（详见第十三章）。

思考与练习

一、名词解释

必需氨基酸　氨基酸代谢库　脱氨基作用　转氨基作用　联合脱氨基作用　生糖氨基酸　生酮氨基酸　一碳单位　四氢叶酸　S-腺苷甲硫氨酸

二、简答题

简述体内联合脱氨基作用的特点和意义？

技能训练

实验二十一　氨基移换反应——血液中转氨酶活力的测定（分光光度法）

目的要求

（1）了解转氨酶在代谢过程中的重要作用及其在临床诊断中的意义。

（2）学习转氨酶活力测定的原理和方法。

实验原理

生物体内广泛存在的氨基移换酶也称转氨酶，能催化 α-氨基酸的 α-氨基与 α-酮酸的 α-酮基互换，在氨基酸的合成和分解、尿素和嘌呤的合成等中间代谢过程中有重要作用。转氨酶的最适 pH 接近 7.4，它的种类甚多，其中以谷氨酸-草酰乙酸转氨酶（简称谷草转氨酶）和谷氨酸-丙酮酸转氨酶（简称谷草转氨酶）的活力最强。它们催化的反应如下：

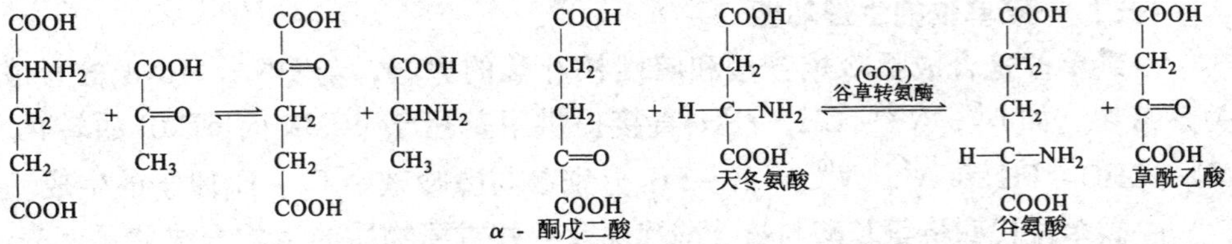

正常人血清中只含有少量转氨酶。当发生肝炎、心肌梗死等病患时，血清中转氨酶活力常显著增加，所以在临床诊断上转氨酶活力的测定有重要意义。

测定转氨酶活力的方法很多，本实验采用分光光度法。谷丙转氨酶作用于丙氨酸和 α-酮戊二酸后，生成的丙酮酸与 2,4-二硝基苯肼作用生成丙酮酸 2,4-二硝基苯腙。

丙酮酸2,4-二硝基苯腙加碱处理后呈棕色,可用分光光度法测定。从丙酮酸2,4-二硝基苯腙的生成量,可以计算酶的活力。

$$\begin{array}{c} COOH \\ | \\ C=O \\ | \\ CH_3 \end{array} + H_2N-NH-\!\!\!\!\bigcirc\!\!\!\!\begin{array}{c} \\ NO_2 \\ \\ NO_2 \end{array} \longrightarrow \begin{array}{c} COOH \\ | \\ C=N-NH-\!\!\!\!\bigcirc\!\!\!\!\begin{array}{c} \\ NO_2 \\ \\ NO_2 \end{array} \\ | \\ CH_3 \end{array} + H_2O$$

试剂和器材

1. 试剂

（1）0.1mol/L 磷酸缓冲液（pH 7.4）

A 液：0.2mol/L 磷酸二氢钠：$NaH_2PO_4 \cdot 2H_2O$ 31.21g 溶于1L水中。

B 液：0.2mol/L 磷酸氢二钠：$Na_2HPO_4 \cdot 12H_2O$ 71.64g 溶于1L水中。

使用时，81mL B 液加 19mL A 液再加入 100mL 水。

（2）2.0μmol/mL 丙酮酸钠标准溶液　取分析纯丙酮酸钠 11mg 溶解于 50mL 磷酸钠缓冲液内。

（3）谷丙转氨酶底物　分析纯 α-酮戊二酸 29.2mg，DL-丙氨酸 1.78g 加入 10mL 1mol/L 氢氧化钠，使之完全溶解。用氢氧化钠或盐酸调 pH 至 7.4 后，加上述磷酸缓冲液至 100mL。然后加氯仿数滴防腐。此溶液每毫升含 α-酮戊二酸 2.0μmol，丙氨酸 200μmol。在冰箱内可保存一周。

（4）2,4-二硝基苯肼溶液　在 200mL 锥形瓶内放入分析纯 2,4-二硝基苯肼 19.8mg，加入 100mL 1mol/L 的盐酸。把锥形瓶放在暗处并不时摇动，待 2,4-二硝基苯肼全部溶解后，滤入棕色玻璃瓶内，置于冰箱中保存。

（5）0.4mol/L 氢氧化钠溶液　16g 氢氧化钠溶于 1000mL 水中。

2. 材料

人血清。

3. 器材

试管 1.5cm×15cm（×8）；恒温水浴；移液管 0.5mL（×4），0.2mL（×2），5mL（×1）。

操作方法

1. 丙酮酸标准曲线绘制

试管编号	0	1	2	3	4	5
丙酮酸钠标准液/mL	0	0.05	0.10	0.15	0.20	0.25
谷丙转氨酶底物/mL	0.50	0.45	0.40	0.35	0.30	0.25

续表

试管编号	0	1	2	3	4	5
磷酸缓冲液（pH 7.4）	0.10	0.10	0.10	0.10	0.10	0.10
37℃恒温水浴中保温10min						
2,4-二硝基苯肼/mL	0.50	0.50	0.50	0.50	0.50	0.50
37℃恒温水浴中保温20min						
0.4mol/L NaOH/mL	5.0	5.0	5.0	5.0	5.0	5.0
室温静置30min						
A_{520}						

取试管6支，分别标上0、1、2、3、4、5共六个号，按上表加入各试剂。先将试管置于37℃恒温水浴中保温10min以平衡内外温度，向各试管内加入0.5mL 2,4-二硝基苯肼溶液后再保温20min，最后，分别向各管内加入0.4mol/L氢氧化钠溶液5mL。在室温下静置30min，测定A_{520}的吸光度。制作标准曲线。

2. 转氨酶活力的测定

取3支试管，按下表加入各溶液。

试管编号	0	1	2
谷丙转氨酶底物/mL	0.50	0.50	0.50
37℃恒温水浴中保温10min			
人血清/mL	0.00	0.10	0.10
37℃恒温水浴中保温60min			
2,4-二硝基苯肼/mL	0.50	0.50	0.50
0.4N NaOH/mL	5.0	5.0	5.0
室温静置30min			
A_{520}			

从标准曲线上查出相当于丙酮酸的微摩尔数（用1μmol丙酮酸代表1个活力单位），计算每100mL血清中的转氨酶活力单位数。

注意事项

（1）此法极为灵敏，要注意各物质的加量，并确保反应条件的一致。

（2）反应底物的配制中若使用L-丙氨酸则用量减半。

（3）酶活力测定中，加入2,4-二硝基苯肼后要在0号试管中补加0.1mL血清。

（4）2,4-二硝基苯肼可与有酮基的化合物作用形成苯腙。底物中的α-

酮戊二酸与 2,4 - 二硝基苯肼反应,生成 α - 酮戊二酸苯腙。因此,在制作标准曲线时,须加入一定量的底物(内含 α - 酮戊二酸)以抵消由 α - 酮戊二酸产生的消光影响。

思考题

转氨酶在代谢过程中的重要作用及在临床诊断中的意义有哪些?

第十三章
核苷酸代谢

1. 熟悉核酸的酶促降解、嘌呤和嘧啶的降解。
2. 掌握核糖核苷酸的从头合成和补救途径，脱氧核糖核苷酸的合成方式。
3. 了解核苷酸的抗代谢物及其作用机制。

第一节
核酸的分解代谢

一、核酸的酶促降解

生物体内的核酸基本上以核蛋白的形式存在，核蛋白在胃肠道内经胃酸及蛋白酶的作用分解为核酸（DNA 与 RNA）和蛋白质。核酸在小肠内受到胰液中的核酸酶（含 DNA 酶和 RNA 酶）、肠液中的多核苷酸酶作用，生成单核苷酸。单核苷酸进一步分解为核苷和磷酸。核苷酸及其水解产物均可被细胞吸收利用或在细胞内进一步分解。但要注意，食物来源的嘌呤和嘧啶实际上很少被利用，只有戊糖和磷酸可被机体利用。所有生物的细胞都含有与核酸代谢有关的酶类，它们可以分解细胞内的各种核酸，促进核酸的分解更新，其中间产物在某些情况下可被再度利用。

核酸降解的第一步是水解连接核苷酸之间的磷酸二脂键，形成相对分子质量较小的寡核苷酸和单核苷酸。生物体内降解核酸的酶很多，其作用特点不同。凡能水解核酸的酶均称为核酸酶，水解核糖核酸二脂键的酶称为核糖核酸酶（RNase），水解脱氧核糖核酸二脂键的酶称为脱氧核糖核酸酶（DNase）。按作用位置分为核酸外切酶和核酸内切酶。核酸外切酶作用于核酸链的末端，将核苷酸逐个地水解下来。有的核酸酶只作用与核糖核酸，有的只作用于脱氧核糖核酸，有的对二者均起作用，例如核酸酶 S1 对 DNA 和 RNA 均起作用。有的核酸酶只对单股核酸起作用，有的核酸酶可以作用于双股核酸。

胰核糖核酸酶 A 是一种被详细研究和广泛应用的核酸内切酶。该酶催化核糖核酸多聚核苷酸链内核苷酸 C-3′位磷酸基与相邻核苷酸 C-5′位-OH 之间的脂键水解，产生 3′端含磷酸基的寡核苷酸片段。

二、核苷酸的降解

核苷酸在核苷酸酶的作用下水解生成核苷和磷酸。某些非特异性的酶对一切核苷酸都起作用，无论磷酸基在核苷的 2′，3′或 5′位置上都可以被水解下来。某些特异性强的酶只能水解 3′-核苷酸或 5′-核苷酸，分别称为 3′-核苷酸酶或 5′-核苷酸酶：

$$核苷酸 + H_2O \xrightarrow{核苷酸酶} 核苷 + 磷酸$$

核苷经核苷酶作用分解为含氮碱和戊糖。分解核苷的酶有两类：一类是核苷水解酶，另一类是核苷酸酸化酶。前者分解核苷生成含氮碱和戊糖；后者生成含氮碱和戊糖的磷酸酯：

$$核苷 + H_2O \xrightarrow{核苷水解酶} 嘌呤碱或嘧啶碱 + 戊糖$$

$$核苷 + H_2O \xrightarrow{核苷磷酸化酶} 嘌呤碱或嘧啶碱 + 戊糖-1-磷酸$$

核苷酶主要存在于植物和微生物中，只作用于核糖核苷，对脱氧核糖核苷不起作用，反应是不可逆的。核苷磷酸化酶存在比较广泛，催化的反应是可逆的。不同来源的酶对底物的要求不一样，有的能作用于核苷和脱氧核苷，有的则对戊糖有特殊要求。

核苷酸水解产物嘌呤碱和嘧啶碱还可以继续分解。

三、嘌呤碱的分解

嘌呤碱的分解首先是在脱氨酶的作用下水解脱去氨基，使腺嘌呤转化为次黄嘌呤，鸟嘌呤转化为黄嘌呤。动物组织中腺嘌呤脱氨酶含量极少，而腺苷脱氨酶和腺苷酸脱氨酶活性极高，因此腺嘌呤的脱氨基主要在核苷和核苷酸水平进行。鸟嘌呤脱氨酶分布较广，故鸟嘌呤的脱氨基主要在碱基水平。次黄嘌呤核苷、黄嘌呤核苷和腺嘌呤核苷均可在嘌呤核苷磷酸酶（PNP）作用下，加磷酸脱糖基，分别生成次黄嘌呤、黄嘌呤和腺嘌呤。次黄嘌呤可在黄嘌呤氧化酶的作用下生成黄嘌呤，鸟嘌呤在鸟嘌呤脱氨酶的作用下生成黄嘌呤，黄嘌呤在黄嘌呤氧化酶的作用下氧化为尿酸（图 13-1）。在某些生物体内，嘌呤的脱氨基和氧化作用可同时在核苷酸、核苷和碱基三个水平进行。

不同生物分解嘌呤碱的终产物不一样，但所有生物均可以通过氧化和脱氨基，将嘌呤转化为尿酸。人类、灵长类、鸟类和某些爬行类动物的嘌呤代谢一般止于尿酸，大多数生物能继续分解尿酸，灵长类以外的哺乳动物可生成尿囊

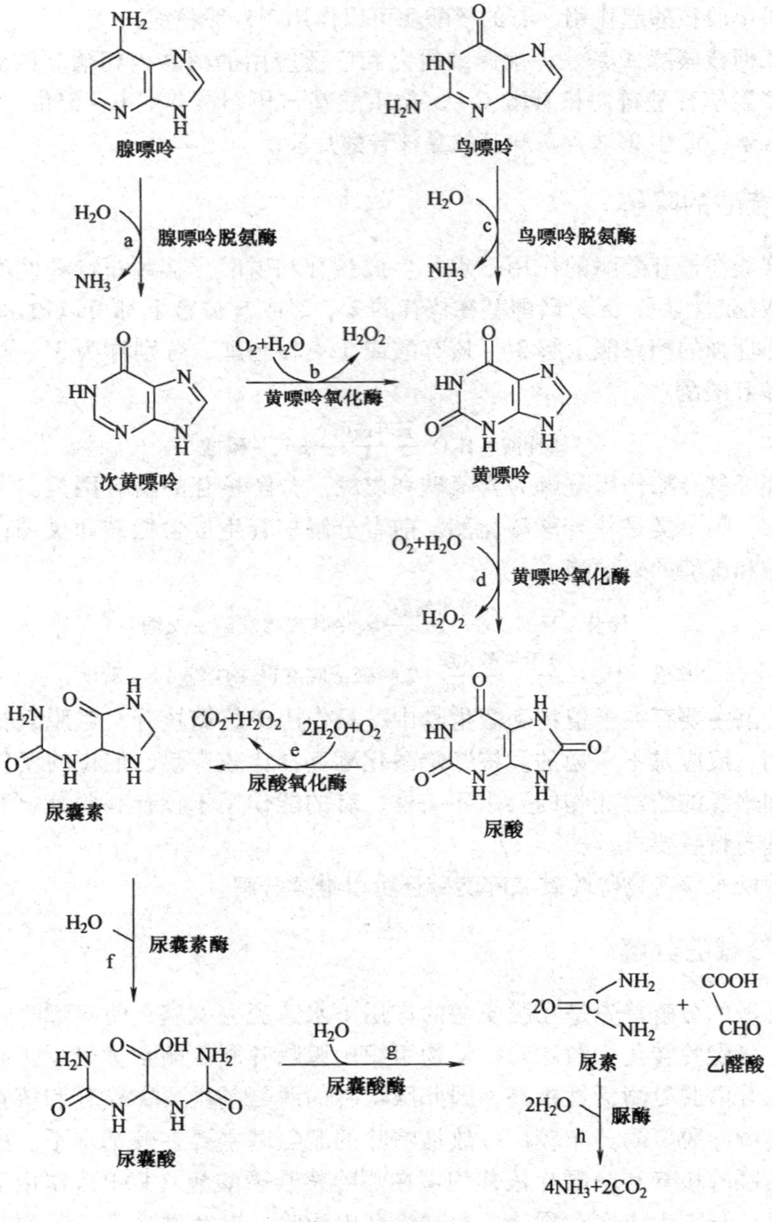

图 13-1 嘌呤碱的分解代谢

素，大多数鱼类则可进一步生成尿素，一些海洋无脊椎动物可生成氮。例如微生物能将嘌呤分解成氮、CO_2 及一些有机酸。

$$\text{尿酸} \xrightarrow{\text{尿酸氧化酶}} \text{尿囊素} \xrightarrow{\text{尿囊素酶}} \text{尿囊酸} \xrightarrow{\text{尿囊酸酶}} \text{尿素}$$

人体内的嘌呤合成和分解速度呈动态平衡，血中尿酸水平为 0.12~

0.36mmol/L,随尿液排出的尿酸量一般也是恒定的。当血液中尿酸含量超过470mmol/L时,由于尿酸溶解度很低,尿酸以钠盐的形式沉淀在软组织和软骨关节等处,形成尿酸结石及关节炎,这种疾病称痛风症。治疗痛风症的药物别嘌呤醇是次黄嘌呤的类似物,可与次黄嘌呤竞争结合黄嘌呤氧化酶。别嘌呤醇氧化的产物是别黄嘌呤,后者结构与黄嘌呤相似,可牢固地与黄嘌呤氧化酶结合,从而抑制该酶的活性,使次黄嘌呤转变为尿酸的量减少,使尿酸结石不能形成,达到治疗目的。

四、嘧啶碱的分解

嘧啶碱的分解比较复杂,不同种类的生物,分解过程也不完全一样(图13-2)。哺乳动物嘧啶碱的分解主要在肝脏进行。嘧啶碱的分解首先也是脱氨基,胞嘧啶在嘧啶脱氨酶的作用下脱去氨基转变为尿嘧啶。尿嘧啶在二氢尿嘧啶脱氢酶的作用下还原为二氢尿嘧啶,然后在二氢嘧啶酶的作用下水解开环生成 β - 脲基丙酸。后者在脲基丙酸酶的催化下脱羧、脱氨转变为 β - 丙氨酸。β - 丙氨酸脱去氨基,参与有机酸代谢。β - 丙氨酸也可参与泛酸及 CoA 的合成。

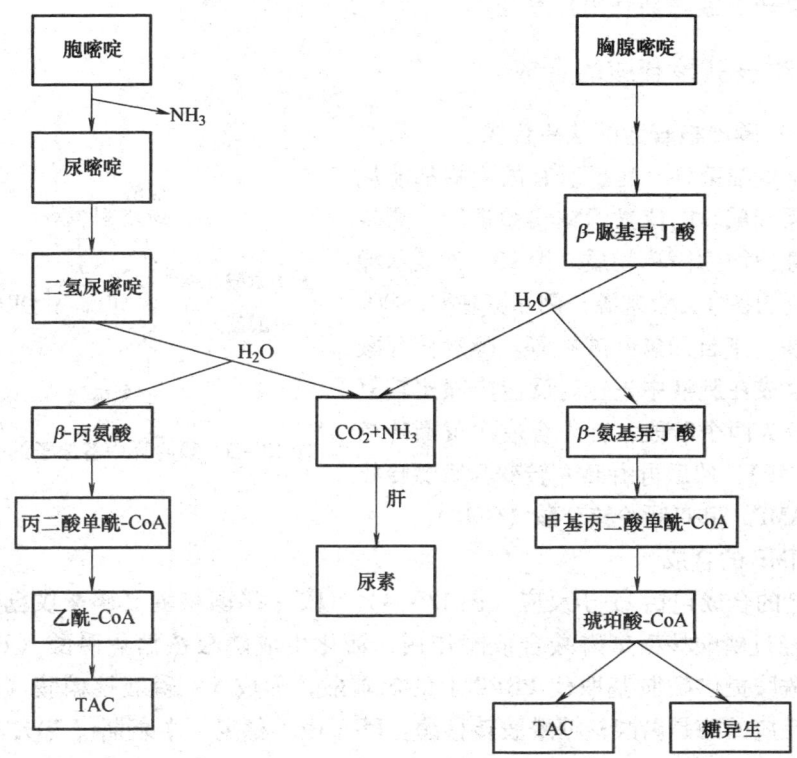

图13-2 嘧啶核苷酸的分解

胸腺嘧啶在二氢尿嘧啶脱氢酶的作用下还原为二氢胸腺嘧啶，经二氢胸腺嘧啶酶水解为 β - 脲基异丁酸，再由 β - 脲基丙酸酶催化为 β - 氨基异丁酸。β - 氨基异丁酸进一步生成甲基丙二酰 - 半醛，后者转变为琥珀酰 - CoA 进入三羧酸循环。β - 氨基异丁酸也可随尿排除一部分，摄入 DNA 含量丰富的食物时，尿中 β - 氨基异丁酸含量增多。

第二节 核苷酸的生物合成

动物、植物和微生物通常都能合成各种嘌呤和嘧啶核苷酸。核苷酸的生物合成有两条基本途径：

第一，利用核糖磷酸、某些氨基酸、CO_2 和 NH_3 等简单物质为原料，经一系列酶促合成反应合成核苷酸，此途径不经过碱基、核苷的中间阶段，称为从头合成途径。

第二，利用体内游离的碱基或核苷，经过简单的反应过程合成核苷酸，称为补救合成（或重新利用）途径。

一、嘌呤核糖核苷酸的合成

（一）嘌呤核苷酸的从头合成

除某些细菌外，几乎所有的生物都能从头合成嘌呤碱。同位素示踪实验证明，嘌呤碱的前身物均为简单物质。图 13 - 3 表示嘌呤环合成的各种元素来源，例如氨基酸、CO_2 及甲酰基（来自四氢叶酸）等。嘌呤核苷酸的从头合成在胞液中进行。反应步骤比较复杂，可分为两个阶段：首先合成次黄嘌呤核苷酸（IMP），然后再由 IMP 转变为腺嘌呤核苷酸（AMP）和鸟嘌呤核苷酸（GMP）。

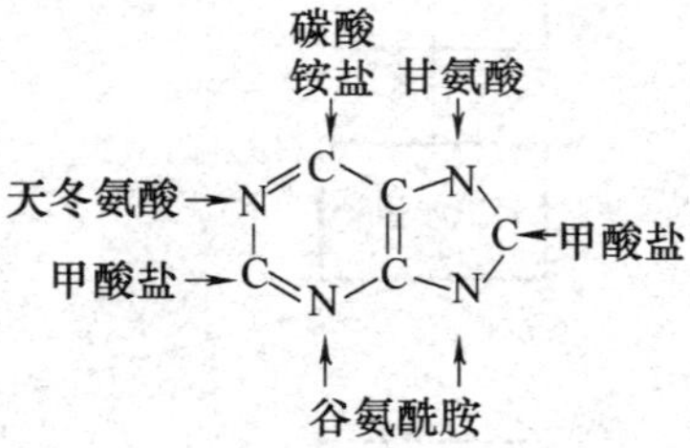

图 13 - 3　嘌呤环中各原子的来源

1. IMP 的合成

IMP 的合成包括 11 步反应（图 13 - 4）。①5 - 磷酸核糖（磷酸戊糖途径中产生）经过磷酸核糖焦磷酸合成酶作用，活化生成磷酸核糖焦磷酸（PRPP）；②谷氨酰胺提供酰胺基取代 PRPP 上的焦磷酸，形成 5 - 磷酸核糖胺（PRA），催化此反应的酶是磷酸核糖酰胺转移酶。PRA 极不稳定，半衰期仅 30s；③PRA 在 ATP 参与下与甘氨酸合成甘氨酰胺核苷酸（GAR）；④GAR 进一步生成甲酰甘氨酰胺核苷酸（FGAR）。反应中甲酰基的供体是 N^{10} - 甲酰基四氢叶酸。催化反应的酶是 GAR 甲酰基转移酶。经过这步反应，嘌呤环的骨架 4，5，7，8，9 位已经形成；⑤谷氨酰胺提供酰胺氮，在 ATP 参与下，使 FGAR 生成的甲酰甘氨咪核苷酸（FGAM）；⑥FGAM 环化形成 5 - 氨基咪唑核苷酸（AIR），此反应也需要 ATP 的参与。至此，嘌呤环中的咪唑环形成；⑦CO_2 到咪唑环上，作为嘌呤碱中 C - 6 的来源，生成 5 - 氨基咪唑和 4 - 羧酸核苷酸（CAIR）；⑧天冬氨酸提供嘌呤环 N - 1，使 CAIR 生成 5 - 氨基咪唑 - 4 - （N - 琥珀基）甲酰胺核苷酸（SAICAR）。反应由 SAICAR 合成酶催化，ATP 供能，Mg^{2+} 参与反应；⑨SAICAR 在腺苷琥珀酸裂解酶催化下脱掉延胡索酸，生成 5 - 氨基咪唑 - 4 - 甲酰胺核苷酸（AICAR）；⑩N^{10} - 甲酰四氢叶酸提供一碳单位，使 AICAR 甲酰化，生成 5 - 甲酰胺基咪唑 - 4 - 甲酰胺核苷酸（FAICAR）；⑪FAICAR 脱水环化，生成 IMP。

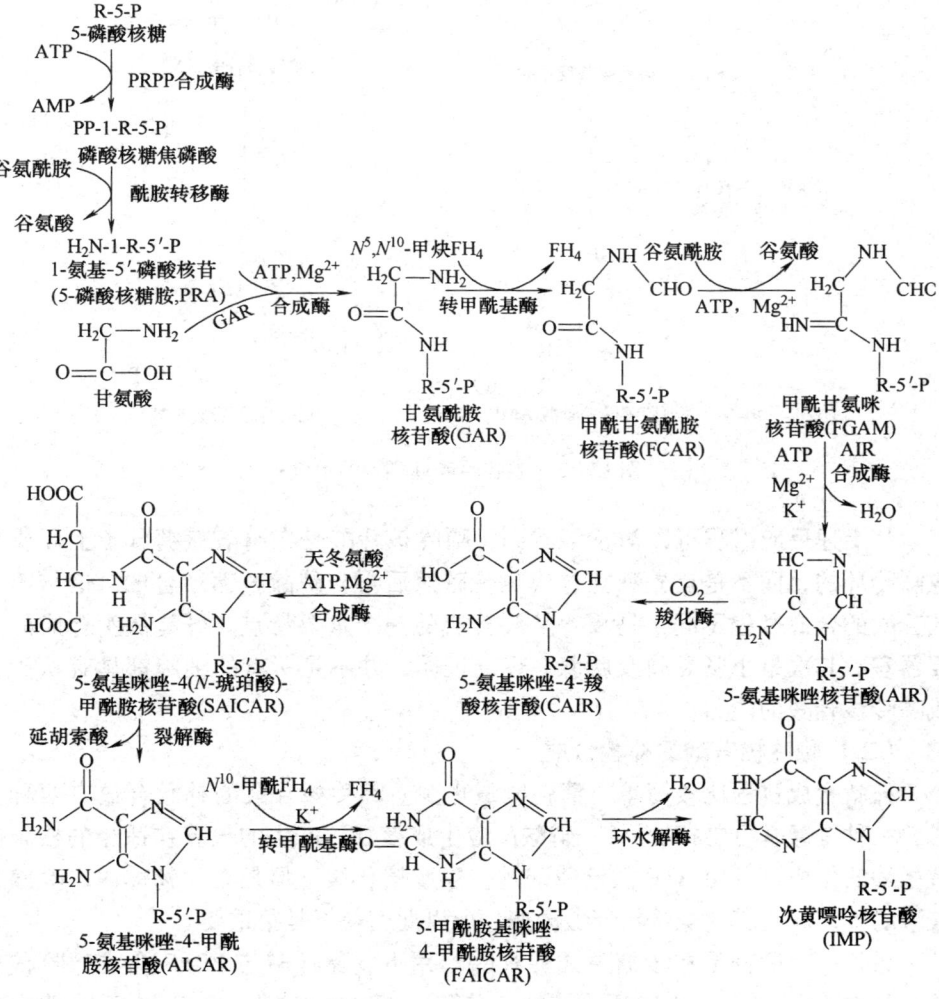

图 13 - 4　次黄嘌呤核苷酸的生物合成

2. AMP 和 GMP 的生成

IMP 虽然不是核酸分子的主要组成成分，但它是嘌呤核苷酸合成的重要中间产物，IMP 可以分别转变成 AMP 和 GMP（图 13 - 5）。AMP 和 GMP 在激酶的作用下，经过两步磷酸化反应，进一步分别生成 ATP 和 GTP。

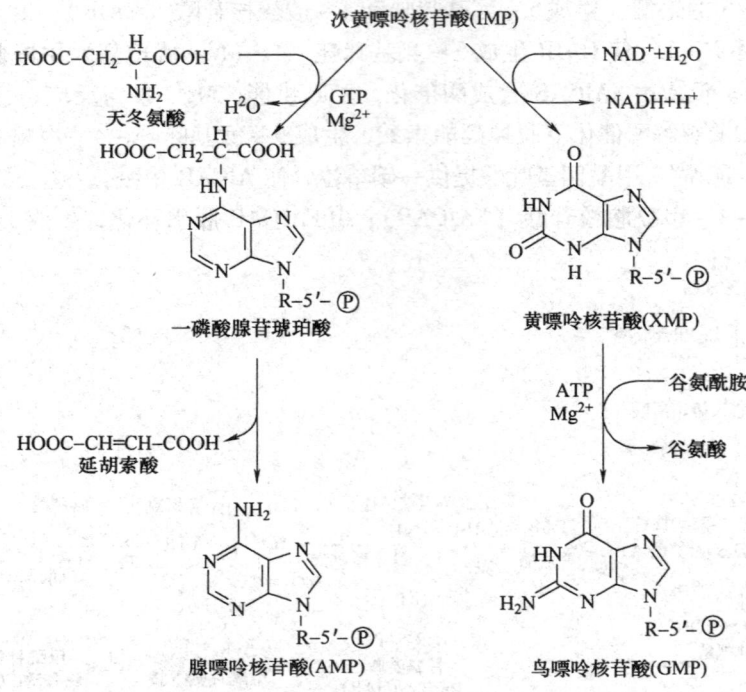

图 13 - 5　腺嘌呤和鸟嘌呤的生成

从上述反应过程可以清楚地看到，嘌呤核苷酸是在磷酸核糖分子上逐步合成嘌呤环的，而不是首先独立合成嘌呤碱然后再与磷酸核糖结合的。这与嘧啶核苷酸的合成过程不同，是嘌呤从头合成的一个重要特点。肝是从头合成的主要器官，其次是小肠黏膜及胸腺。现已证明，并不是所有的细胞都具有从头合成嘌呤核苷酸的能力。

（二）嘌呤核苷酸的补救合成

补救合成过程比较简单，消耗能量也少。嘌呤核苷酸的补救合成有两种方式。一种是碱基可与核糖 - 1 - 磷酸反应生成核苷，产生的核苷在适当的核苷磷酸激酶的作用下，由 ATP 供给磷酸基，生成核苷酸。但是在生物体内，除腺苷酸激酶外，缺乏其它嘌呤核苷酸激酶，所以此途径不是很重要。

另外一个途径是在核糖磷酸转移酶作用下，嘌呤碱与 PRPP 合成嘌呤核苷酸。其中 AMP 的合成由腺嘌呤核糖转移酶（APRT）催化，IMP 和 GMP 均由次黄嘌呤 - 鸟嘌呤磷酸核糖转移酶（HGPRT）催化。

$$\text{腺嘌呤} + \text{PRPP} \xrightarrow{\text{APRT}} \text{AMP} + \text{PPi}$$

$$\text{次黄嘌呤} + \text{PRPP} \xrightarrow{\text{HGPRT}} \text{IMP（GMP）} + \text{PPi}$$

嘌呤核苷酸的补救合成的意义在于可以节省从头合成时能量的消耗和一些氨基酸的消耗。此外，体内某些组织器官，例如脑、骨髓等，不能从头合成嘌呤核苷酸，只能进行嘌呤核苷酸的补救合成。

（三）嘌呤核苷酸合成的调节

嘌呤核苷酸的合成速度精确地调节，一方面要满足合成核酸的需要，同时又不能过多，以节省营养物质和能量消耗。调节的机制是反馈调节。调节发生在下列部位（图13-6）。

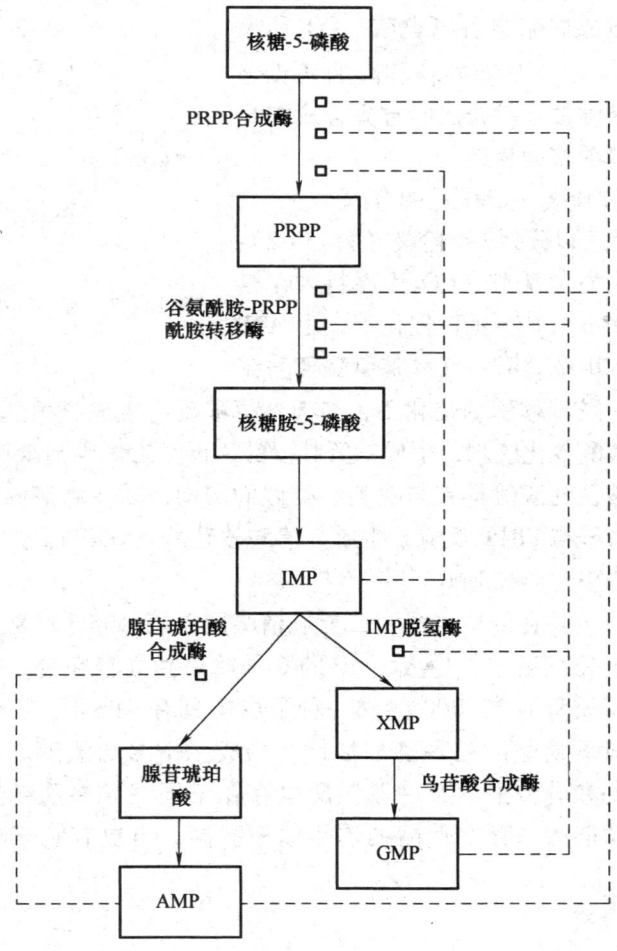

图13-6 嘌呤核苷酸合成的调控

合成过程中的酶 PRPP 合成酶和 PRPP 酰胺转移酶均可被合成产物 IMP、AMP、GMP 等抑制。研究发现，PRPP 酰胺转移酶是一类别构酶，其活性形式为单体，非活性形式为二聚体。过量的 AMP、GMP 及 IMP 等均能使其由单体转变为二聚体。PRPP 则相反，可使其由二聚体变为单体，增强酶的活性。

在形成 AMP 和 GMP 的过程中，过量的 AMP 控制 AMP 的形成，而不影响 GMP 的生成；同样，过量的 GMP 控制 GMP 的形成，而不影响 AMP 的生成。另外，IMP 转变为 AMP 时需要 GTP，而 IMP 转变为 GMP 时需要 AMP。GTP 可以促进 AMP 的生成，而 ATP 可以促进 GMP 的生产。这种交叉调节对维持 ATP 和 GTP 浓度的平衡具有重要意义。

二、嘧啶核糖核苷酸的合成

（一）嘧啶核苷酸的从头合成

嘧啶环合成原料来自谷氨酰胺、CO_2 和天冬氨酸（图 13-7）。与嘌呤核苷酸的从头合成途径不同，嘧啶核苷酸合成时首先合成嘧啶环，然后再与磷酸核糖相连。

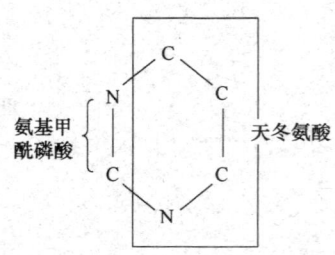

图 13-7 嘧啶环中各原子来源

1. 尿嘧啶核苷酸（UMP）的合成

UMP 的合成可以分为 3 个阶段（图 13-8）：①在胞液中，由谷氨酰胺、CO_2 为原料，在氨甲酰磷酸合成酶Ⅱ（CPSⅡ）催化下，由 ATP 供能，合成氨基甲酰磷酸；②氨基甲酰磷酸在天冬氨酸氨基甲酰转移酶的催化下，与天冬氨酸反应生成氨甲酰天冬氨酸。后者经二氢乳清酸酶催化脱水，生成二氢乳清酸，再经二氢乳清酸脱氢酶的作用，脱氢生成乳清酸，乳清酸具有与嘧啶环类似的结构；③在乳清酸磷酸核糖转移酶催化下，乳清酸与 PRPP 反应，生成乳清酸核苷酸（OMP）。后者再由乳清酸脱羧酶催化脱去羧基形成 UMP。

嘧啶核苷酸主要在肝中合成，二氢乳清酸脱氢酶分布于线粒体中，其它酶存在于胞液中。在细菌中，生成 UMP 的 6 种酶是独立存在的，但是在真核细胞中，相对分子质量为 250000 的同一种蛋白质具有 CPSⅡ、天冬氨酸氨基甲酰转移酶和二氢乳清酸酶三种酶的活性，构成一个多功能酶。另外，乳清酸磷酸核糖转移酶和乳清酸核苷酸脱羧酶也存在于同一条多肽链上，构成一个多功能酶。多功能酶的存在使酶的催化效率提高，也更有利于核苷酸合成过程的调控。

2. CTP 的合成

UMP 通过尿苷酸激酶和二磷酸核苷激酶的连续作用，生成三磷酸尿苷（UTP）。UTP 在 CTP 合成酶的催化下，消耗一分子 ATP，从谷氨酰胺接受氨基，生成三磷酸胞苷（CTP）（图 13-9）。

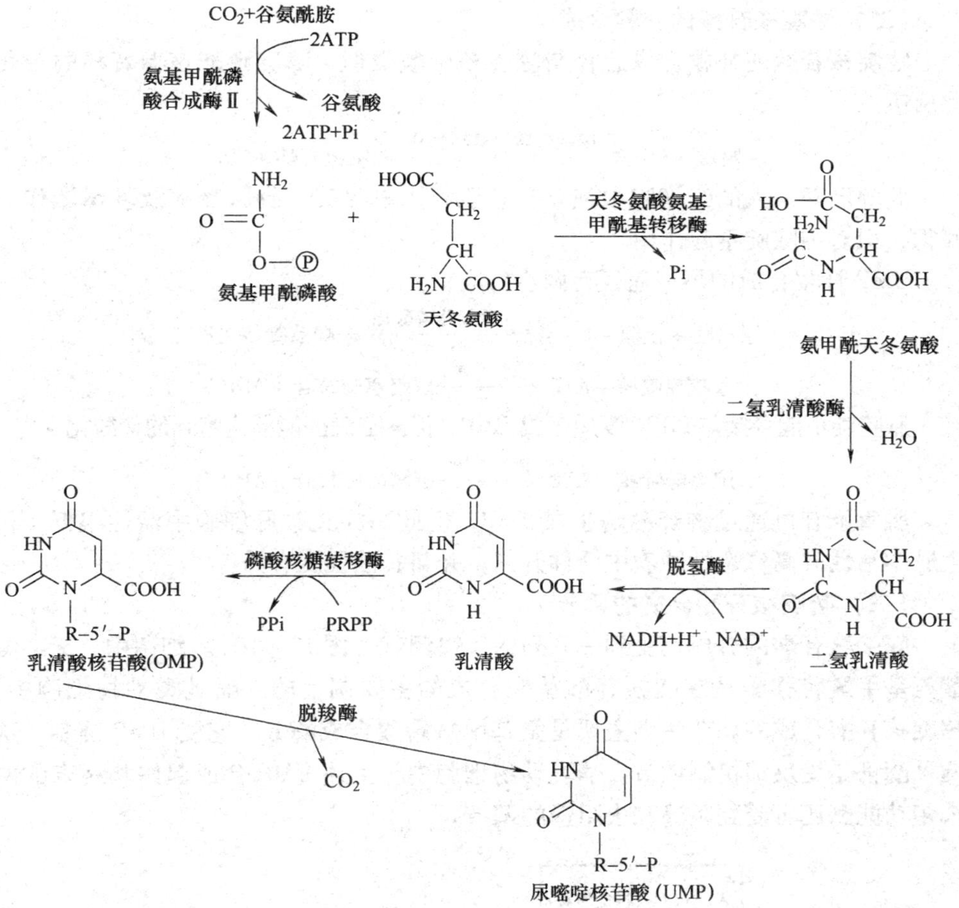

图 13-8　UMP 的合成

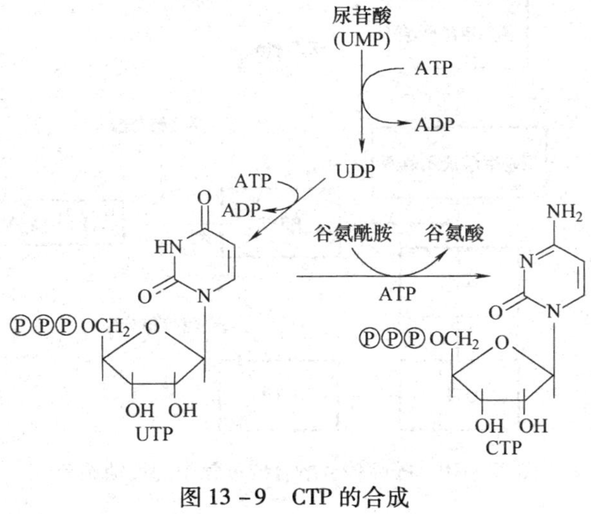

图 13-9　CTP 的合成

(二) 嘧啶核苷酸的补救合成

嘧啶核苷酸的补救合成途径与嘌呤核苷酸类似。嘧啶磷酸核糖转移酶催化此反应：

$$嘧啶 + PRPP \xrightarrow{嘧啶磷酸核糖转移酶} 嘧啶核苷酸 + PPi$$

此酶已经从人的红细胞中纯化，它能利用尿嘧啶、胸腺嘧啶及乳清酸作为底物，但对胞嘧啶不起作用。

UMP 补救合成的另一途径有两步反应：

$$尿嘧啶 + 核糖-1-磷酸 \xrightarrow{尿苷磷酸化} 尿嘧啶核 + Pi$$

$$尿嘧啶核 + ATP \xrightarrow{尿苷激} 尿嘧啶核苷 + ADP$$

胞嘧啶不能直接与 PRPP 反应生成 CMP，但尿苷激酶能催化胞苷的磷酸化反应：

$$胞嘧啶核 + ATP \xrightarrow{尿苷激} 胞嘧啶核苷 + ADP$$

脱氧胸苷可通过胸苷激酶生成 TMP，但此酶在正常肝细胞中活性很低，再生肝中活性升高，恶性肿瘤中活性升高，并与恶性程度有关。

(三) 嘧啶核苷酸合成的调节

嘧啶核苷酸的合成也受到一系列的反馈调节（图 13-10）。细菌中，天冬氨酸氨基甲酰转移酶是嘧啶核苷酸从头合成的主要调节酶。哺乳类动物细胞中，嘧啶核苷酸合成的调节酶则主要是氨基甲酰磷酸合成酶Ⅱ，它受 UMP 抑制。这两种酶都是受反馈机制调节。哺乳动物细胞中，上述 UMP 合成起始和终末的两个多功能酶还可受到阻遏和去阻遏的调节。

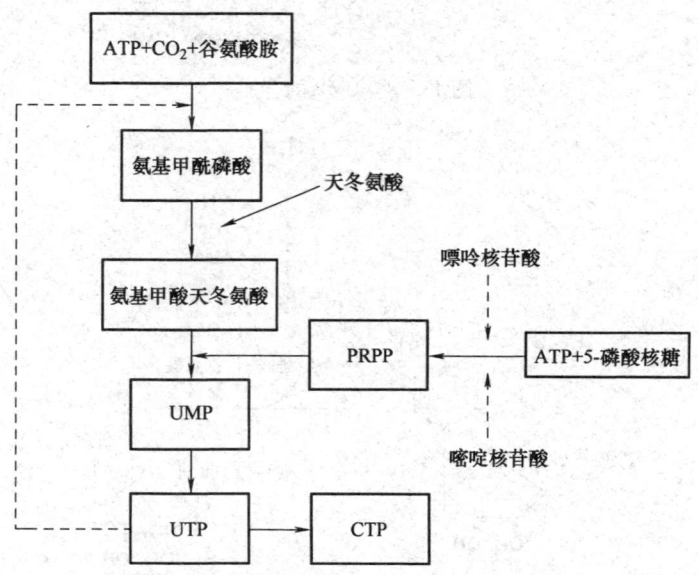

图 13-10　嘧啶核苷酸合成过程中的反馈调节

由于 PRPP 合成酶是嘧啶与嘌呤两类核苷酸合成过程中共同需要的酶，可同时接受嘧啶核苷酸及嘌呤核苷酸的反馈抑制。

三、脱氧核糖核苷酸的合成

合成 DNA 需要脱氧核糖核苷酸为原料，生物体内的脱氧核糖核苷酸是通过相应的核糖核苷酸直接还原，以氢取代其核糖分子中 C-2 上的羟基而生成的。这种还原作用基本上在二磷酸核苷（NDP）水平上进行，由核糖核苷酸还原酶催化（图 13-11）。经过激酶的作用，生成的 dNDP 再磷酸化为三磷酸脱氧核苷。

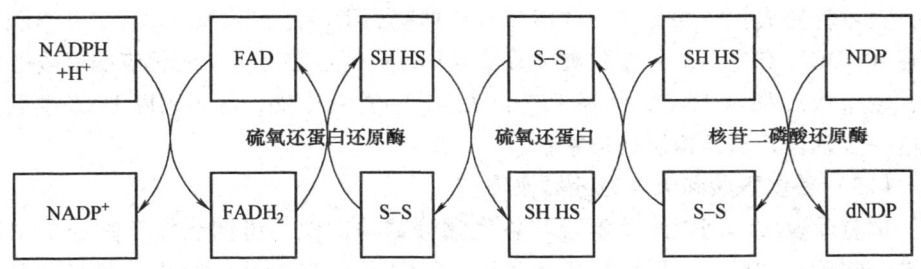

图 13-11　脱氧核苷酸的合成

四、核苷酸生物合成的抗代谢物

核苷酸的抗代谢物是指一些人工合成的嘌呤、嘧啶及其核苷或核苷酸的结构类似物，或参与核苷酸合成过程的某些氨基酸或叶酸的结构类似物。它们可竞争性地抑制核苷酸合成代谢的某些酶，或者干扰或阻断核苷酸的合成，进而抑制核酸与蛋白质的生物合成。肿瘤细胞和病毒的核苷合成十分旺盛，因此，可以利用核苷酸的抗代谢物作为抗肿瘤、抗病毒药物用于临床。

（一）嘌呤类似物

嘌呤类似物有 6-巯基嘌呤（6MP）、6-巯基鸟嘌呤、8-氮杂鸟嘌呤等，其中 6MP 在临床的应用最多，它的化学结构与次黄嘌呤相似，唯一不同的是分子中 C-6 由巯基取代了羟基。6MP 可在体内经磷酸核糖化生成 6MP 核苷酸，并以这种形式抑制 IMP 转变为 AMP 及 GMP 的反应。6MP 还能直接通过竞争性抑制，影响次黄嘌呤-鸟嘌呤磷酸核糖转移酶，阻止补救合成途径。此外，6MP 由于结构与 IMP 相似，还可以反馈抑制 PRPP 酰胺转移酶而干扰磷酸核糖胺的形成，从而阻断嘌呤核苷酸的从头合成。

（二）嘧啶类似物

嘧啶的类似物有 5-氟尿嘧啶（5-FU）、5-氟胞嘧啶和 5-氟乳清酸等。5-FU 的结构与胸腺嘧啶相似，本身并无活性，需要在体内转变为一磷酸脱氧核糖氟尿嘧啶核苷（FdUMP）及三磷酸氟尿嘧啶核苷（FUTP）后，才能发挥作用。UdUMP 与 dUMP 的结构相似，是胸苷酸合酶的抑制剂，使 dTMP 合成受到阻断。FUTP 可以以 FUMP 的形式掺入 RNA 分子，异常分子的掺入破坏了 RNA 的结构和功能。

（三）核苷类似物

有一些改变了核糖结构的核苷类似物，例如，阿糖胞苷（ARAC）、环胞苷等，也是重要的抗癌药物。ARAC 抑制 CDP 还原成 dCDP，也能影响 DNA 的合成。

3′-重氮-2′,3′-双脱氧胸苷（AZT）是美国第一个用于治疗艾滋病的药物，它可转变成相应的 5′-三磷酸核苷，抑制病毒的逆转录酶。2′,3′-双脱氧胞苷（DDC）和 2′,3′-双脱氧次黄苷（DDI）也是首先转变成相应的三磷酸核苷，然后掺入 DNA 分子，但由于它们缺乏 3′-羟基末端，故可阻断 DNA 复制链的进一步延长，从而抑制病毒繁殖。

（四）谷氨酰胺和天冬氨酸类似物

重氮丝氨酸、阿雪维菌素等与谷氨酰胺结构类似，可抑制核苷酸合成中有谷氨酰胺参与的反应，因而可干扰 IMP、GMP 及 CTP 的从头合成，对某些肿瘤的生长有抑制作用。同样，羽田杀菌素等天冬氨酸类似物可强烈抑制腺苷酸合成酶的活性，阻止琥珀酸天冬氨酸掺入。但是，这类药物的副作用较大，临床使用不多。

（五）叶酸类似物

叶酸类似物有氨基蝶呤、氨甲基蝶呤等，它们能竞争性抑制二氢叶酸还原酶，使叶酸不能还原为 FH_2 及 FH_4。因此，嘌呤合成时来自一碳单位的 C-8 和 C-2 得不到供应，从而抑制嘌呤核苷酸的合成。另外，嘧啶核苷酸合成时，胸苷酸合酶催化 dUMP 转变为 UMP，FH_4 被氧化为 FH_2。若抑制 FH_2 还原酶活性，便会阻碍 FH_2 再生成 FH_4，抑制胸苷酸的合成。

抗代谢物均有较强的副作用，某些增值速度较快的正常细胞，如肠黏膜上皮细胞、造血细胞、免疫细胞等，DNA 合成也很活跃，对这些核苷酸抗代谢物也比较敏感。所以，上述药物共同的局限性是对肠胃系统、造血系统和免疫系统有严重的毒副作用。因此，用开代谢物治疗某些疾病需要根据病情合理地选择和使用药物，并着力开发药效好、毒副作用小的抗代谢物。

思考与练习

一、名词解释

嘌呤核苷酸的从头合成、核苷酸的补救合成途径、核苷酸的抗代谢物

二、简答题
1. 核苷酸在体内有哪些主要功能?
2. 核糖核苷酸如何转变为脱氧核糖核苷酸?
3. UMP 如何转变为 dTMP?
4. 机体是如何对嘌呤核苷酸的从头合成途径进行调节的?

第十四章
遗传信息的传递与表达——中心法则

1. 掌握 DNA 的半保留复制的定义、特点及过程；掌握原核生物 DNA 复制与真核生物 DNA 复制的异同点；掌握 RNA 的生物合成的过程；掌握三种 RNA 在蛋白质合成过程中的作用。
2. 熟悉中心法则的定义、DNA 的复制过程。
3. 了解引起 DNA 损伤的因素及修复的相关机制，了解基因工程的相关知识。

生物体的遗传信息以密码的形式编码在 DNA 分子上，为特定的核苷酸排列顺序。在细胞分裂过程中，DNA 通过复制把遗传信息由亲代传递给子代，在子代的个体发育过程中遗传信息由 DNA 传递给 RNA，最后翻译成特异的蛋白质，最终表现出与亲代相似的遗传性状。

在某些情况下 RNA 也是重要的遗传物质，如 RNA 病毒中 RNA 具有自我复制的能力，并同时作为 mRNA，指导病毒蛋白质的生物合成。在致癌 RNA 病毒中，RNA 还以逆转录的方式将遗传信息传递给 DNA 分子，这种遗传信息的流向称为中心法则，它最早是在 1958 年由 F. Crick 提出的，其后又得到不断的补充和完善。

图 14-1 中复制就是指以原来分子中 DNA 链为模板，合成出相同分子的过程；转录（或逆转录）是在 DNA（或 RNA）分子上合成出与其核苷酸顺序相对应的 RNA（或 DNA）的过程；翻译是在 rRNA 和蛋白质组成的核糖核蛋白体（简称核糖体）上，以 mRNA 为模板，根据每三个相邻核苷酸决定一种氨基酸的三联体密码规则，由 tRNA 运送氨基酸，合成出具有特定氨基酸顺序的蛋白质肽链的过程。

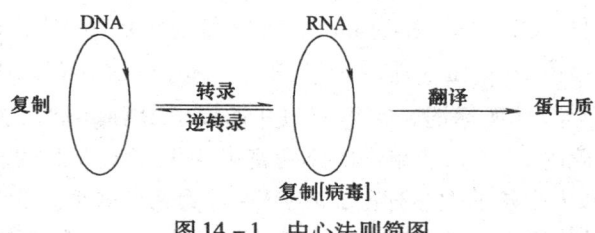

图 14-1　中心法则简图

第一节
DNA 的复制

一、DNA 的半保留复制

DNA 呈双螺旋结构，这样的结构对于维持遗传物质的稳定性和复制的准确性都是极为重要的。双螺旋结构的两条链是互补的，并严格以 A-T 和 G-C 碱基配对所形成的氢键连接在一起。在 DNA 复制过程中，亲代 DNA 的双螺旋先行解旋和分开，然后以每条链为模板，按照碱基配对原则，在这两条链上各形成一条互补链。这样，由亲代 DNA 的分子可以精确地复制出 2 个子代 DNA 分子。每个子代 DNA 分子中有一条链是从亲代 DNA 来的，另一条则是新形成的，这种复制方式称做半保留复制（图 14-2）。

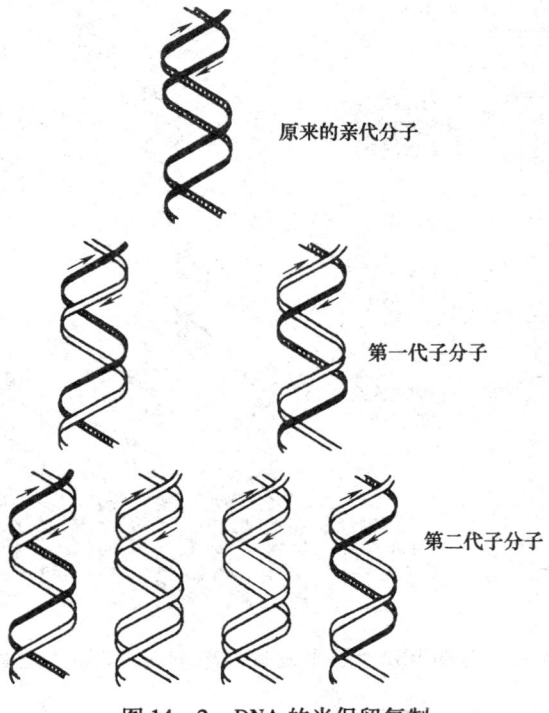

图 14-2　DNA 的半保留复制

半保留复制是1958年由Meselson与Stahl首次用同位素^{15}N实验得以证明。将大肠杆菌培养在以^{15}NH$_4$Cl为唯一氮源的培养基中,经多代培养之后,细胞内所形成的DNA都为^{15}N所标记。收集细胞并抽提出DNA,然后进行氯化铯平衡密度梯度离心。此时DNA形成单一的浮力密度为1.724g/mL的条带,而对照是在普通^{14}N培养基中生长的大肠杆菌,其DNA浮力密度较低,为1.710g/mL。再将^{15}N氮源培养的大肠杆菌转移到含^{14}N的培养基中生长,每隔一段时间取样测定DNA的浮力密度。经一代培养后,DNA只出现一条区带,浮力密度为1.717g/mL,位于^{15}N–DNA和^{14}N–DNA之间,这条区带的DNA是由^{14}N/^{15}N–DNA组成的。经二代后,出现两条区带,其浮力密度分别为1.710g/mL和1.717g/mL,即一条区带为^{14}N/^{14}N–DNA,另一条区带为^{14}N/^{15}N–DNA。再继续培养,^{14}N/^{14}N–DNA分子逐渐增多,而^{14}N/^{15}N–DNA分子所占的比例逐渐减少(图14–3)。

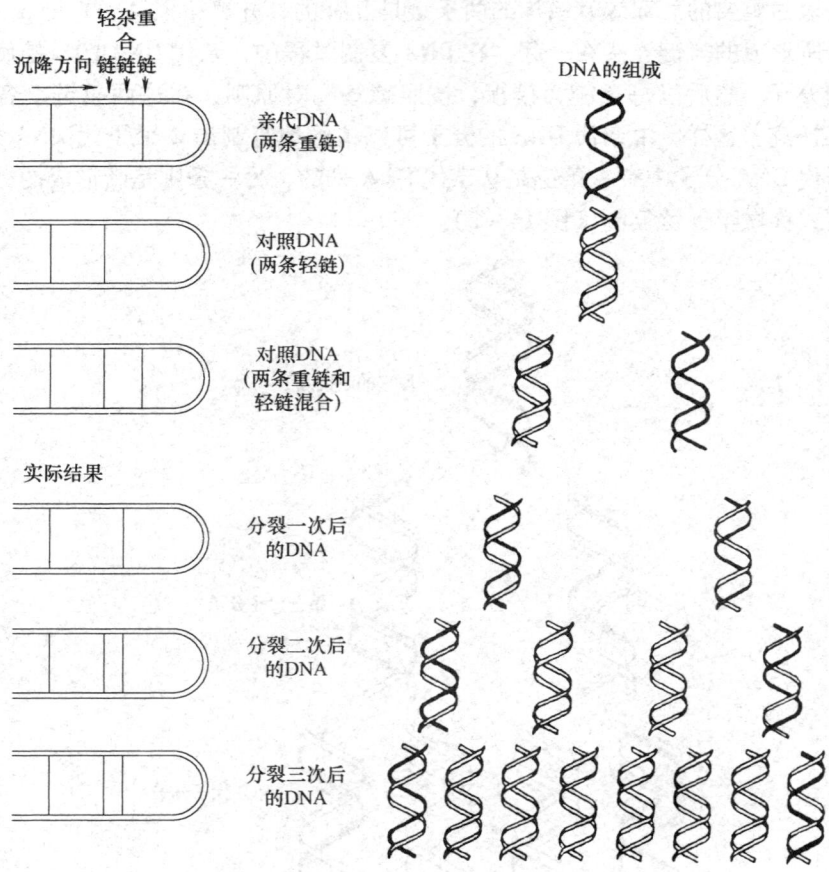

图14–3 证明DNA半保留复制的Meselsen–Stahl实验图解

这些结果及其解释可用图 14-3 表示。这个试验结果证明 DNA 是以半保留方式进行复制的。以后用其它细菌、动物、植物、噬菌体、动物病毒等也证明了 DNA 的半保留复制。DNA 的半保留复制可以使遗传信息的传递保持相对的稳定性，这和它的遗传功能是相吻合的，说明半保留复制具有重要的生物学意义。但是这种稳定性是相对的，在一定条件下，DNA 会发生损伤，需要修复；在复制和转录中 DNA 会有损耗，必须进行更新；在发育和分化过程中，DNA 特定序列可能修饰、删除、扩增和重排。

二、DNA 的复制起点和复制方式

（一）DNA 的复制起点

DNA 复制开始于染色体上固定的起始点。起始点通常是含有 100~200 个碱基对的 DNA。复制时，双链 DNA 要解开成两股链分别进行，所以，这个复制起点呈现叉子的形式，被称为复制叉。实验证明，DNA 的复制是从固定的起始点开始的。一般把生物体的复制单位称为复制子。一个复制子只含有一个复制起点。通常原核生物的 DNA 分子都是作为单个复制子完成复制的，而真核生物基因组可以同时在多个复制起点上进行双向复制，也就是说它们的基因组包含有多个复制子。

（二）复制的几种方式

实验结果表明，无论是原核生物还是真核生物，DNA 的复制主要是从固定的起始点以双向等速的复制方式进行的。复制叉以 DNA 分子上某一特定顺序为起点，向两个方向等速前进。

DNA 的复制方式有以下几种。

1. 环状 DNA 双链的复制

环状双链 DNA 的复制可分为 θ 型、滚环型和 D-环型几种类型。

（1）θ 型　复制的起始点涉及 DNA 双链的解旋和松开，形成两个方向相反的复制叉。前导链 DNA 开始复制前，复制原点的核酸序列被转录生成短 RNA 链，作为起始 DNA 复制的引物。

（2）滚环型　单向复制的特殊方式。如 $\phi \times 174$ 的双链环状 DNA 复制型（RF）就是以这种方式复制的。DNA 的合成由对正链原点的专一性切割开始，所形成的自由 5′端被从双链环中置换出来并为单链 DNA 结合蛋白所覆盖，使其 3′-OH 端在 DNA 聚合酶的作用下不断延伸。在这个过程中，单链尾巴的延伸与双链 DNA 的绕轴旋转同步。

（3）D-环型　首先在动物线粒体 DNA 的复制中被发现，是一种单向复制的特殊方式。双链环在固定点解开进行复制。但两条链的合成是高度不对称的，一条链上迅速合成出互补链，另一条链则成为游离的单链环（即 D-环）。

2. 线性 DNA 双链的复制

线性 DNA 复制中 RNA 引物被切除后，留下 5′端部分单链 DNA，不能为 DNA 聚合酶所作用，使子链短于母链。T4 和 T7 噬菌体 DNA 通过其末端的简并性使不同链的 3′端因互补而结合，其缺口被聚合酶作用填满，再经 DNA 连接酶作用生成二联体。这个过程可重复进行直到生成原长 20 多倍的多联体，并由噬菌体 DNA 编码的核酸酶特异切割形成单位长度的 DNA 分子。

三、原核生物 DNA 的复制

DNA 的合成是以四种三磷酸脱氧核糖核苷为底物的聚合反应，该过程除了酶的催化之外，还需要以适量的 DNA 为模板，以 RNA（或 DNA）为引物和镁离子的参与，DNA 链的生长方向为 5′→3′。

$$\left.\begin{array}{l} n_1\,dATP \\ n_2\,dGTP \\ n_3\,dCTP \\ n_4\,dTTP \end{array}\right\} \xrightarrow[\text{DNA, Mg}^{2+}]{\text{DNA 聚合酶}} \text{DNA} + (n_1+n_2+n_3+n_4)\,\text{PPi}$$

（一）DNA 聚合酶

目前已知的 DNA 聚合酶有多种，其性状和在 DNA 合成中的功能都不相同。在大肠杆菌中发现有 3 种 DNA 聚合酶，分别称为 DNA 聚合酶Ⅰ、Ⅱ、Ⅲ。其特性见表 14-1。

表 14-1　　　　　大肠杆菌三种 DNA 聚合酶的性质比较

内容	DNA 聚合酶Ⅰ	DNA 聚合酶Ⅱ	DNA 聚合酶Ⅲ（复合物）
分子结构	单链分子	单链分子	全酶 22 个亚基
相对分子质量	109000	120000	400000
每个细胞所含分子数	400	100	10~20
5′→3′聚合作用	+	+	+
3′→5′核酸外切酶	+	+	+
5′→3′核酸外切酶	+	-	-
模板和引物	+	+	+
完整的双链 DNA	-	-	-
具有引物的长单链 DNA	+		全酶 +
具有缺口（<100bp）的双链 DNA	+	+	核心酶 +
聚合速度（核苷酸/min，37℃）	1000	100~300	15000 以上
结构基因	polA	polB	polC, holE, dnaN, dnaX, dnaZ, dnaQ, holA

注：+表示有此功能；-表示无此功能。

1. DNA 聚合酶Ⅰ

最初是在 1955 年由 Kornberg 在大肠杆菌内发现的。Kornberg 将其进行了高度纯化，纯化的酶是一条单链多肽，呈球状，直径约为 6.5nm，是 DNA 直径的 3 倍左右。相对分子质量为 109000。每个分子含一个锌原子。这个锌原子与酶的催化作用有关。

DNA 聚合酶Ⅰ是多功能酶，它具有 5′→3′聚合酶、5′→3′外切酶及 3′→5′外切酶的活性。它的主要功能是对 DNA 损伤的修复，以及在 DNA 复制时，填补 RNA 引物切除后留下的空隙。

当有底物和模板存在时，DNA 聚合酶Ⅰ可将脱氧核糖核苷酸逐个地加到具有 3′–OH 末端的多核苷酸（RNA 引物或 DNA）链上形成 3′,5′–磷酸二酯键（图 14–4）。目前所发现的 DNA 聚合酶都不能从无到有开始合成 DNA 链，只能在已有引物的 3′端游离 –OH 上合成延伸 DNA，合成延伸方向为 5′→3′。该酶具有 3′→5′核酸外切酶的活性，能在 3′–OH 端将 DNA 链水解。在正常聚合条件下，3′→5′外切酶活性很低。一旦出现碱基错配，则聚合反应停止，由 3′→5′外切酶将错配的核苷酸切除，然后继续进行正常的聚合反应。3′→5′核酸外切酶被认为具有校对的功能。5′→3′核酸外切酶的功能是由 5′端水解双链 DNA，切下单核苷酸或一段寡核苷酸。它可能起着切除 DNA 损伤部分或将 5′端 RNA 引物切除的作用。DNA 聚合酶Ⅰ在细胞中担负着多种功能，如双链缺口的填补，单股链的置换合成，具有引物的环形、线形单股链的合成。

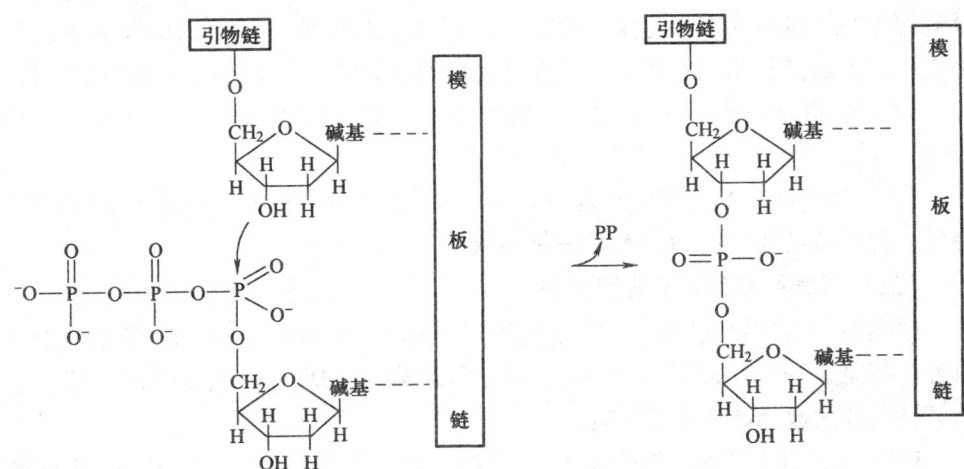

图 14–4 DNA 聚合酶催化的 DNA 链延伸反应

2. DNA 聚合酶Ⅱ

催化 DNA 的聚合反应，具有 3′→5′核酸外切酶作用，无 5′→3′外切酶作用。DNA 聚合酶Ⅱ是由一条相对分子质量为 120000 的多肽链组成，它的活力很低，其生理功能尚不清楚，可能在修复紫外光引起的 DNA 损伤中起某种作用。

3. DNA 聚合酶Ⅲ

它是完整大肠杆菌中主要负责 DNA 链延伸的酶，真正具有合成新链的复制作用。目前已知它的全酶含有 10 种共 22 个亚基组分和锌原子，其组成是 $\alpha2\varepsilon2\theta2\tau2\gamma2\delta2\delta2'\chi2\psi2\beta4$。$\alpha$ 亚基的相对分子质量为 132000，具有 $5'\to 3'$ DNA 聚合酶活性。α、ε 和 θ 三种亚基组成全酶的核心酶（称为 polⅢ）。其中 ε 亚基具有 $3'$ 外切酶的校对功能，可以提高 DNA 复制的保真性。核心酶本身活力较低，只作用于带缺口的双链 DNA，加上 τ 亚基后成为二聚体，称 polⅢ′，polⅢ′就可以利用带有引物的长单链 DNA。γ 和 δ 亚基则与酶功能的持续性有关，它们与 δ'、χ 和 ψ 亚基组装成 γ 复合体，进一步与核心酶结合，成为 polⅢ*，即"天然的"聚合酶Ⅲ，它与 β 亚基结合就形成全酶。在复制起始中 β 亚基对引物的识别和结合有关，一旦全酶结合到 DNA 复制的起始部位，β 亚基就被释放出来。现在一般认为，DNA 聚合酶Ⅲ是原核生物 DNA 复制的主要聚合酶Ⅲ。

（二）DNA 复制的其它参与蛋白

（1）解螺旋酶（解链酶） 使复制叉前方的 DNA 双链解开一短段，能量来自 ATP，这是因为作为模板的 DNA 总是要处于单链状态。

（2）单链结合蛋白（SSB） 与解链的 DNA 结合，保护单链 DNA 不受核酸内切酶的作用并防止它们再接触并重新结成碱基对。

（3）DNA 拓扑异构酶（旋转酶） 复制中的 DNA 分子会遇到正、负超螺旋及局部松弛等过渡状态，此酶可改变 DNA 分子拓扑构象，理顺 DNA 链来配合复制进程。通过其作用消除复制叉前进时带来的扭曲张力，从而促进双链的解开。

（4）引物合成酶 DNA 的合成需要引物，它是由引物合成酶合成的一段 RNA 序列。

（5）DNA 连接酶 催化双链 DNA 切口处的 $5'$ 磷酸基与 $3'$ – OH 生成磷酸二酯键。此反应需要 ATP 或 NAD^+ 提供能量。

（三）冈崎片段和半不连续复制

根据 DNA 双螺旋模型，其两条链的方向相反，而所有已知 DNA 聚合酶的合成方向都是 $5'\to 3'$，而不是 $3'\to 5'$，这就很难说明，DNA 在复制时两条链如何能够同时作为模板合成其互补链。

1968 年，日本学者冈崎提出了 DNA 的不连续复制模型，认为 $3'\to 5'$ 走向的 DNA 实际上是由许多 $5'\to 3'$ 方向合成的 DNA 片段连接起来的。新 DNA 的一条链顺着解链方向而生成，复制连续进行，称先导链。另一股链复制的方向与解链方向相反，它必须等待模板链解开至足够长度，才能从 $5'\to 3'$ 方向生成引物然后复制。先按 $5'\to 3'$ 方向合成若干短片段（冈崎片段），再通过酶的作用将这些短片段连在一起构成第二条子链，称为随后链。

后人证实了不连接片段只存在于同一复制叉上其中一股链，不连续复制的片段称为冈崎片段，其大小在 1000~2000 核苷酸。真核生物冈崎片段只有数百个核苷酸。

（四）复制过程

DNA 的复制按一定的程序进行，双螺旋的 DNA 是边解开边合成新链的。复制从特定位点开始，可以单向或双向进行，但是以双向复制为主。由于 DNA 双链的合成延伸均为 5′→3′的方向，因此复制是以半不连续的方式进行的，即其中一条链相对地连续合成，称之为领头链，另一条链的合成则是不连续的，称为随后链。在 DNA 复制叉上进行的基本活动包括双链的解开；RNA 引物的合成；DNA 链的延长；切除 RNA 引物，填补缺口，连接相邻的 DNA 片段。

1. 双链的解开

很多实验都证明了复制是从 DNA 分子的特定位置开始的，这一位置称复制原点，常用 ori（或 o）表示。许多生物的复制原点都是富含 A、T 的区段。这一区段产生的瞬时单链与单链结合蛋白结合，对复制的起始十分重要。原核生物基因组一般只有一个复制原点。所有 DNA 的复制原点都处于双螺旋结构内部，就是线状 DNA 也不是从末端开始复制的。DNA 复制速率的调节主要在于起始频率，而 DNA 延长的速度则大体上是恒定的。在迅速生长的细菌中，当第一次复制起始后，在复制未完成之前，复制原点可以起始第二次复制，这可加快复制的速度。真核细胞可以在 DNA 链上的多个不同位点同时起始进行复制，所以原核细胞的复制速度尽管比真核细胞快，但由于真核细胞可以在多个位点同时进行，其总速度反而比原核细胞快。

在 DNA 的复制原点，双股螺旋解开，成单链状态，分别作为模板，各自合成其互补链。在起点处形成一个"眼"状结构。在"眼"的两端，则出现两个叉子状的生长点，称为复制叉。在复制叉上结合着各种各样与复制有关的酶和辅助因子，如 DNA 解旋酶、引发体和 DNA 聚合酶，它们在 DNA 链上构成与核糖体相似大小的复合体称为复制体。彼此配合，进行高度精确的复制（图 14-5）。

2. RNA 引物的合成

在 DNA 复制的起始处双链解开，先导链先引发开始合成，与其模板形成双链结构，而另一条亲代链则被置换出来。只有在领头链将另一条亲本链的特别序列置换出来，才能产生随后链的前体片段的前引发作用。需要引发酶与引发前体结合形成引发体。引发体在复制叉上移动，识别合成的起始点，引发 RNA 引物的合成。移动和引发均需要由 ATP 提供能量。以 DNA 为模板，按 5′→3′的方向，合成一段引物 RNA 链。引物长度约为几个至 10 个核苷酸。在引物的 5′端含 3 个磷酸残基，3′端为游离的羟基。

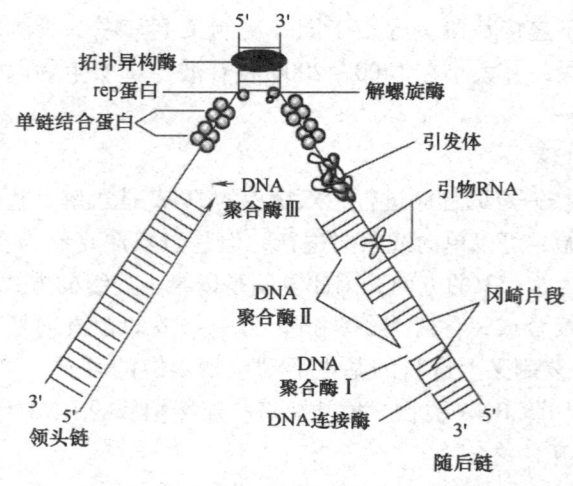

图 14-5 大肠杆菌的复制叉结构示意图

3. DNA 链的延长

当 RNA 引物合成之后,在 DNA 聚合酶Ⅲ的催化下,以四种脱氧核糖核苷 5′-三磷酸为底物,在 RNA 引物的 3′端以磷酸二酯键连接上脱氧核糖核苷酸并释放出 PPi。DNA 链的合成是以两条亲代 DNA 链为模板,按碱基配对原则进行复制的,亲代 DNA 的双股链呈反向平行,一条链是 5′→3′方向,另一条链是 3′→5′方向。在一个复制叉内两条链的复制方向不同(图 14-6),所以新合成的两条子链极性也正好相反。由于迄今为止还没有发现一种 DNA 聚合酶能按 3′→5′方向延伸,因此子链中有一条链沿着亲代 DNA 单链的 3′→5′方向(亦即新合成的 DNA 沿 5′→3′方向)不断延长,这条新链称为先导链。而另一条链的合成方向与复制叉的前进方向相反,只能断续地合成 5′→3′的多个短片段。1968 年冈崎发现了这些片段故又称为冈崎片段。它们随后连接成大片段,这条新链称为随后链。这种先导链是连续合成的,随后链断续合成的方式称为半不连续复制。原核细胞的冈崎片段长度为 1000~2000 个核苷酸。真核细胞的较短,长度为 100~200 个核苷酸。

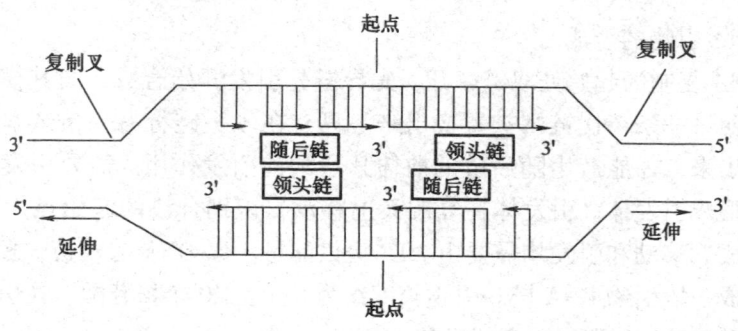

图 14-6 DNA 的双向复制

尽管先导链的合成总是领先一段，但是从来没有发现先导链跑得太远，而总是与随后链保持相对稳定的一段距离。1988年Kornberg等人从大肠杆菌中分离出800ku的polⅢ*和900ku的polⅢ全酶，其中各个亚基均有两个，并证明是具有双活性部位的非对称结构，这表明同一个polⅢ全酶可能同时负责先导链和随后链的复制。

4. 切除引物，填补缺口，连接修复

当新形成的冈崎片段延长至一定长度，其3′–OH端与前面一条老片段的5′端接近时，即发生下列变化：在DNA聚合酶Ⅰ的作用下，在引物RNA与DNA片段的连接处切断；切去RNA引物后留下的空隙，由DNA聚合酶Ⅰ催化合成一段DNA填补上；在DNA连接酶的作用下，连接相邻的DNA链；修复掺入DNA链的错配碱基。这样以两条亲代DNA链为模板，各自形成一条新的DNA互补链，结果是形成了两个DNA双股螺旋分子。每个分子中一条链来自亲代DNA，另一条链则是新合成的，故称为半保留复制。

四、DNA的损伤修复

引起DNA损伤的因素很多，如紫外线、电离辐射和化学诱变剂等，都能引起生物突变和致死，因为它们均能作用于DNA，造成其结构和功能的破坏。例如X射线可以在DNA链上形成缺口；高剂量的紫外辐射则使DNA链上嘧啶碱基，特别是胸腺嘧啶的环乙烯键活化，使同股相邻或不同股的胸腺嘧啶环乙烯键之间形成新的共价键，连结成一个环丁烷，产生二聚体，在双螺旋区产生变形。

胸腺嘧啶二聚体

目前已知有四种DNA的损伤修复途径：光复活、切除修复、复组修复和诱导修复。

（1）光复活 高度专一的修复形式，其机制是：利用光能（最有效波长为400nm左右）激活光复活酶（高等哺乳动物缺乏该系统），切除嘧啶二聚体之间的C—C键，恢复原来的状态。光修复机制只作用于紫外线照射所形成的产物。

（2）切除修复 如果DNA损伤较为严重，则必须进行切除修复，即在一系列酶的作用下，DNA分子中受损伤部分被切除掉，并以完整的一条链为模板，合成出切去的部分，使DNA恢复正常。这是一种较普遍的修复机制（图14-7）。参与的酶主要有对DNA损伤专一的DNA内切酶、DNA聚合酶Ⅰ（或DNA聚合酶Ⅱ）和DNA连接酶。此外还可以由糖苷化酶切除受损伤的碱基造成无碱基的AP位点，此位点可被AP核酸内切酶识别并将损伤的DNA链切开。

（3）重组修复 重组修复的关键酶是重组修复酶，如大肠杆菌中的ReeA蛋白。含有损伤的DNA仍可进行复制，但在子代DNA链与损伤链相对应部位出现缺

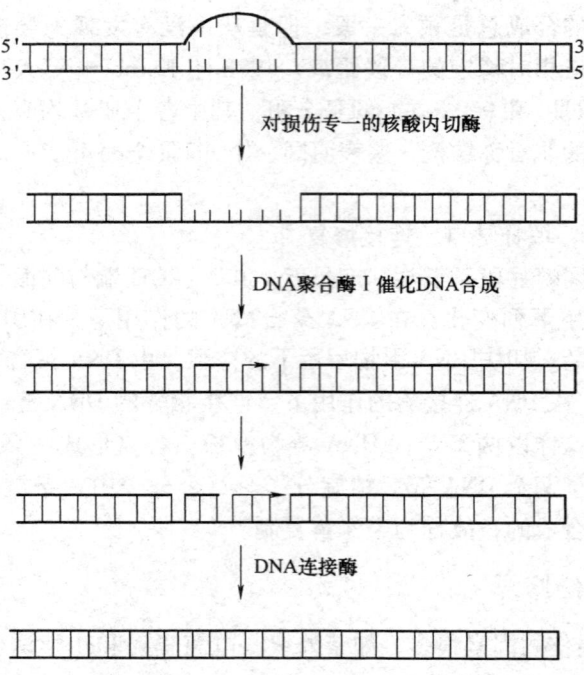

图 14-7 DNA 损伤的切除修复过程

口。通过分子间重组，从完整的亲代或子代链上将相应的碱基顺序片段移至缺口处，然后用再合成的多核苷酸链补上提供缺口片段所造成的空缺（图 14-8）。

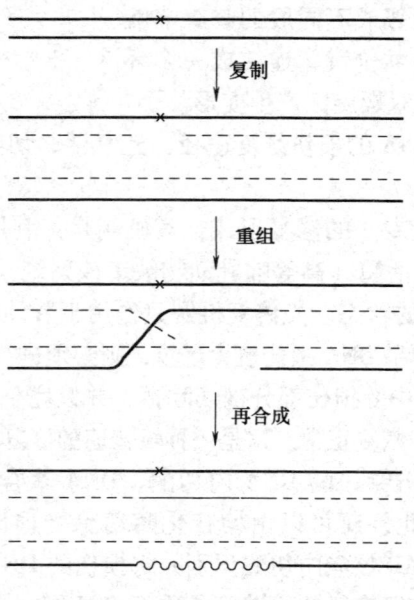

图 14-8 DNA 损伤的重组修复过程

(4) 应急修复　许多能造成 DNA 损伤或抑制复制的处理均能引起一系列复杂的诱导效应，称为应急反应（SOS 反应），它包括 DNA 修复和导致变异两个方面。应急反应能诱导切除修复和重组修复中某些关键酶和蛋白质的产生，加强修复能力。此外应急反应还将诱导产生缺乏校对功能的 DNA 聚合酶，此酶能在 DNA 损伤部位进行复制而避免了死亡，却带来了高的变异率。

以上几种修复系统只有光复活是利用光能，其余均利用 ATP 水解所释放的能量。光复活、切除修复和糖苷化酶修复都是修复模板链，重组修复是形成一条新的正常模板链，而 SOS 修复是唯一倾向突变的修复。

第二节
RNA 的生物合成

在 DNA 指导下的 RNA 合成称为转录。在转录过程中，以 DNA 的一条链为模板，按照碱基配对原则，合成一条与 DNA 链的一定区段互补的 RNA 链。细胞的各类 RNA（包括 mRNA、rRNA 和 tRNA）都是通过转录合成的，最初转录的 RNA 产物通常需要经过一系列断裂、拼接、修饰等加工过程才能成为成熟的 RNA 分子。

一、RNA 的合成反应

在 DNA 指导下 RNA 的合成反应可用下式表示：

$$\left.\begin{array}{l} n_1\,ATP \\ n_2\,GTP \\ n_3\,CTP \\ n_4\,UTP \end{array}\right\} \xrightarrow[\text{DNA、Mg}^{2+}\text{ 或 Mn}^{2+}]{\text{DNA 指导的 RNA 聚合酶}} RNA + (n_1 + n_2 + n_3 + n_4)\,PPi$$

上式表明，DNA 指导下的 RNA 合成反应是一酶促反应，以四种核糖核苷三磷酸（ATP、GTP、CTP、UTP）作为底物，需要适当的 DNA 为模板，不需要引物，在 DNA 指导的 RNA 聚合酶的催化下进行。反应产物 RNA 的组成决定于加入的作为模板的 DNA 的性质。例如，曾用各种不同碱基组的 DNA 作为模板，其所产生的 RNA 的碱基比例与加入的 DNA 碱基比例基本上相一致，只是以尿嘧啶代替了 DNA 中的胸腺嘧啶（表 14-2）。在体外，RNA 聚合酶能使 DNA 的两条链同时进行转录，而在体内 DNA 的两条链中仅有一条链可用于转录，或者某些区域以这条链转录，另一些区域以另一条链转录，对应的链只能进行复制，而无转录功能，这称为不对称转录。用作模板的链称为反义链，另一条链称为有义链。

表 14-2　　　　　　　不同 DNA 模板对产物 RNA 组成的影响

DNA 来源	DNA 模板				RNA 产物			
	腺嘌呤	胸腺嘧啶	鸟嘌呤	胞嘧啶	腺嘌呤	尿嘧啶	鸟嘌呤	胞嘧啶
多聚 dT	0	1	0	0	0.98	0.02	0	0
多聚（dA-T）	0.5	0.48	0.01	0.01	0.52	0.48	0	0
大肠杆菌	0.25	0.24	0.25	0.26	0.23	0.26	0.21	0.27
小牛胸腺	0.29	0.26	0.23	0.21	0.28	0.26	0.24	0.22
噬菌体 T_2	0.33	0.33	0.17	0.33	0.33	0.30	0.18	0.18
噬菌体 $\phi \times 174$（单链）	0.25	0.33	0.23	0.19	0.32	0.25	0.20	0.23
噬菌体 $\phi \times 174$（双链）	0.29	0.29	0.21	0.21	0.29	0.28	0.22	0.22

　　DNA 在体外转录时失去链的选择作用，而使两条链同样进行转录，此种不正常情况可能是由 RNA 聚合酶在分离时丢失亚基引起的。在 RNA 聚合酶反应中，天然的（双链）DNA 作为模板比变性的（单链）DNA 更为有效。这表明 RNA 聚合酶的作用方式与 DNA 聚合酶有某些不同。DNA 在复制时，首先需要将两条链解开，通过半保留的方式形成两个子代 DNA 分子；而 RNA 聚合酶以完整双链 DNA 为模板，DNA 碱基顺序的转录是通过全保留的方式，转录后 DNA 仍然保持双链的结构。当然，这并不排除在转录时 DNA 的双链结构部分地被解开。事实上，有许多实验说明，DNA 进行转录的部分结构是不稳定的，很可能发生局部的解开。两条链中的一条可作为有效的模板，在其上合成出互补的 RNA 链。当被解开的两条 DNA 链重新形成双螺旋结构时，已合成的 RNA 链即离开 DNA 链。

二、RNA 聚合酶

　　已从大肠杆菌和其它细菌中高度提纯了 DNA 指导的 RNA 聚合酶。大肠杆菌的 RNA 聚合酶全酶相对分子质量约 50 万，由五个亚基（$\alpha 2\beta\beta'\sigma$）组成。没有 σ 亚基的酶（$\alpha 2\beta\beta'$）称核心酶。核心酶只能使已开始合成的 RNA 链延长，但不具有起始合成 RNA 的能力，必须加入 σ 亚基才表现出全部聚合酶的活性。这就是说，在开始合成 RNA 链时必须有 σ 亚基参与作用，因此 σ 亚基为起始因子。各亚基的大小和功能列于表 14-3。

　　在不同的细菌中，α、β 和 β' 亚基的大小相对恒定，σ 亚基有较大变动，其分子质量为 44000~92000u。σ 亚基的功能在于使 RNA 聚合酶稳定地结合到 DNA 的启动子上。单独的核心酶也能与 DNA 结合，这主要是由碱性蛋白质与酸性核酸之间的静电引力造成的，因此与其特殊序列无关，DNA 仍然保持双螺旋形式。σ亚基能够改变 RNA 聚合酶与 DNA 之间的亲和力，它极大减少了酶与 DNA 一般序列的结合常数和停留时间，同时又大大增加了酶与 DNA 启动子的结合常数和停留时间，这样就使得全酶能迅速找到启动子并与之结合。

表 14-3　大肠杆菌 RNA 聚合酶各亚基的大小和功能

亚基	相对分子质量	比例	功能
β′	165000	1	和模板 DNA 结合
β	155000	1	起始和催化作用
σ	95000	1	起始作用
α	39000	2	未知

真核细胞的 RNA 聚合酶种类较多，相对分子质量都在 50 万左右，通常由 4~6 种亚基组成。利用 α-鹅膏蕈碱的抑制作用可将它们分为三类：RNA 聚合酶 A（或Ⅰ）、RNA 聚合酶 B（或Ⅱ）和 RNA 聚合酶 C（或Ⅲ）。它们可以分别对不同种类的 RNA 进行转录（表 14-4）。

表 14-4　真核细胞 RNA 聚合酶的种类和性质

酶的种类	不同名称	分布	合成的 RNA 类型
A（对 α-鹅膏蕈碱不敏感）	AⅠ（a+b）、Ⅰ、ⅠA、RC-ⅡAⅡ、Ⅰ、ⅠB	核仁	45SrRNA 前体
B（对低浓度 α-鹅膏蕈碱敏感）	BⅠ、Ⅱ、ⅡA、RC-Ⅰ、BⅡ、Ⅱ、ⅡB	核质	核内不均一的 RNA（mRNA 的前体）
C（对高浓度 α-鹅膏蕈碱敏感）	AⅢ、Ⅲ、RC-Ⅲ	核质	5SrRNA 和 tRNA

三、RNA 的转录过程

由 RNA 聚合酶催化的转录过程可分为三个反应步骤：转录的起始；链的延长；转录的终止。

（一）转录的起始

RNA 聚合酶与 DNA 双链的特定部位相结合，并局部解开双螺旋，以使模板链可与核糖核苷酸进行碱基配对。解链仅发生在与 RNA 聚合酶结合的部位。起始阶段通常包括对双链 DNA 特定部位的识别、局部解开双链和在最初两个核苷酸之间形成磷酸二酯键。在此过程中所要求的全部 DNA 序列称为启动子。启动子部位必定具有某种特殊结构，这种特殊结构可能表现为 DNA 片段的特定核苷酸排列顺序，也可能表现为 DNA 片段局部的特异高级结构。一般地说，启动子部位常是 AT 含量高的区域，因为该区域的熔点（T_m）较低，双链容易打开。第一个核苷酸掺入的位置称为转录起点，在新合成的 RNA 链的 5′末端通常为带有三个磷酸基团的鸟苷或腺苷（pppG 或 pppA）。这就是说，合成的第一个底物通常是 GTP 或 ATP。

σ 因子（σ 亚基）的功能在于引导 RNA 聚合酶稳定地结合到 DNA 启动子上。单独核心酶也能与 DNA 结合。σ 因子的存在对核心酶的构象有较大影响，它导致 RNA 聚合酶与 DNA 一般序列和启动子序列的亲和力有很大不同，极大降低了酶与 DNA 一般序列的结合常数和停留时间，同时又大大增加了酶与启动子的结合常数和停留时间。

（二）链的延长

一旦 RNA 开始合成，σ 亚基就被释放而离开核心酶。核心酶在模板上移动并按模板序列选择核糖核苷酸。在模板链上合成的 RNA 链可暂时形成 RNA – DNA 杂交双链。在延长阶段，随着 RNA 聚合酶向前移动，DNA 解链区也随之推进，RNA 链得以不断延长。但随后 DNA 的互补链即取代 RNA – DNA 杂交双链中的 RNA 链，从而恢复原来的 DNA 双螺旋结构。RNA 聚合酶沿着模板链 $3'\rightarrow 5'$ 方向移动，RNA 链的合成方向是 $5'\rightarrow 3'$。当以大肠杆菌 RNA 聚合酶合成 RNA 时，合成速度为每秒钟 40~100 个核苷酸。

（三）链的终止

DNA 分子具有终止转录的核苷酸序列信号。在这些信号中，有些能被 RNA 聚合酶本身所识别，转录进行到该处即告终止，RNA 链和 RNA 聚合酶便会从 DNA 模板上脱离下来。另一些信号则被 ρ 因子所识别。ρ 因子是一种参与转录终止过程的蛋白质因子，它能辨别 DNA 上特殊的终止位点（ρ 位点），使 RNA 链从 DNA 上脱离，停止转录（图 14 – 9）。

四、RNA 的转录后加工

在细胞内，由 RNA 聚合酶合成的原初转录物往往需要经过一系列的变化，包括链的裂解、$5'$ 端与 $3'$ 端的切除和特殊结构的形成、碱基的修饰和糖苷键的改变以及拼接等过程，才能转变为成熟的 RNA 分子。此过程总称为 RNA 的成熟或转录后加工。

原核生物的 mRNA 一经转录通常立即进行翻译，除少数外，一般不进行转录后加工。

但稳定的 RNA（tRNA、rRNA）都要经过一系列加工才能成为有活性的分子。真核生物由于存在细胞核结构，转录和翻译在时间上和空间上都被分隔开来，其 mRNA 前体的加工需通过拼接使编码区成为连续序列。在真核生物中，还能通过不同的加工方式，表达出不同的信息。因此，对于真核生物来讲，RNA 的加工尤为重要。

（一）mRNA 前体的加工

mRNA 的原初转录物是相对分子质量极大的前体，即核内含不均 – RNA

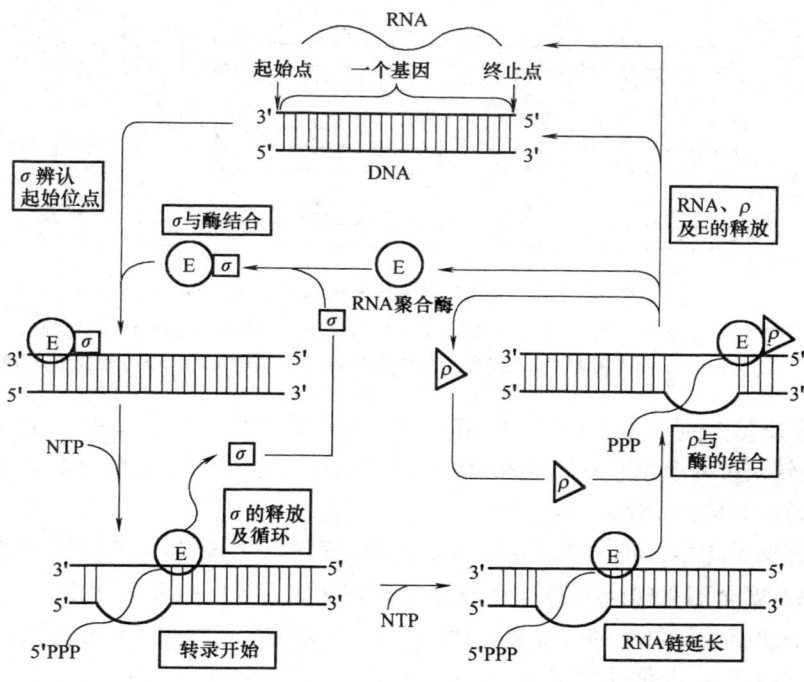

图 14-9 在大肠杆菌中由 RNA 聚合酶合成 RNA 的过程

（缩写为 hnRNA）。hnRNA 的碱基组成与总的 DNA 组成类似，因此又称为类似 DNA 的 RNA（D-RNA）。它们在核内迅速合成和降解，其半寿期很短，只有几分钟，比细胞质 mRNA 更不稳定。hnRNA 分子中含有大量的插入部分即内含子，将在转录后的加工过程中被降解掉。据估算，hnRNA 分子中大约只有 25% 的部分经加工转变成 mRNA。当然，插入部分绝不会是无意义的，推测它们可能与转录和转录后代谢的调控作用有关。由 hnRNA 转变成 mRNA 的加工过程如下：①5′端形成特殊的帽子结构（m7GpppmNp）；②在链的 3′端切断并加上多聚腺苷酸（PolyA）尾巴；③通过拼接除去由内含子转录来的序列；④链内部核苷被甲基化。

（二）rRNA 前体的加工

在原核细胞内含有三种 rRNA，即 5S、16S、23S rRNA。在各类细菌细胞中，编码核糖体 RNA 的基因排列在一起，它们包含有 16S、23S、5S rRNA 以及一个或几个 tRNA 基因，成为一个转录单位，其沉降系数为 30S。在核糖核酸酶Ⅲ和核糖核酸酶 E 的作用下，形成这三种成熟 rRNA 的前体，分别以 P16S、P23S 和 P5S 表示，它们经断裂和甲基化后即转变为成熟的 rRNA（图 14-10）。

真核生物细胞的核仁是 rRNA 合成、加工和装配成核糖体的场所。哺乳类动物细胞的核糖体含有四种不同的 RNA，即 28S、18S、5.8S 和 5S rRNA（它们的

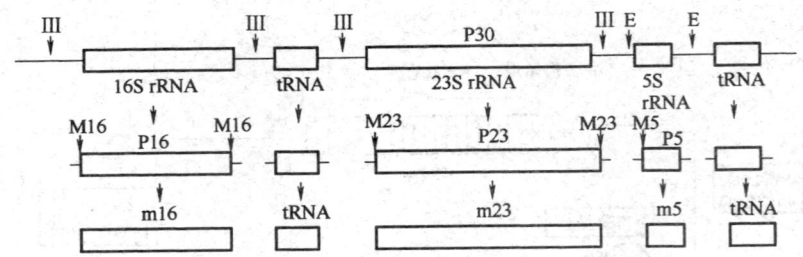

图 14-10 大肠杆菌 rRNA 前体的加工过程

P30 代表 30S rRNA 前体；Ⅲ代表 RNaseⅢ；E 代表 Rnase；M5 代表 5S rRNA 成熟酶；
M16 代表 16S rRNA 成熟酶；M23 代表 23S rRNA 成熟酶；m16、m23、m5 代表成熟 rRNA

相对分子质量分别为 $1.7×10^6$、$0.65×10^6$、$5×10^4$ 和 $4×10^4$）。28S、18S 和 5.8S rRNA 在转录过程中先形成共同的 45S 大分子前体（相对分子质量为 $4×10^6$），然后再断裂成相应的 rRNA。

在真核生物中，5S rRNA 基因也是成簇排列的，中间隔以不被转录的区域。它由 RNA 聚合酶Ⅲ转录，经过适当加工即与 28S rRNA 和 5.8S rRNA 以及有关蛋白质一起组成核糖体的大亚基。18S rRNA 与有关蛋白质则组成小亚基。

（三）tRNA 前体的加工

大肠杆菌染色体基因组共有 tRNA 基因约 60 个。tRNA 基因大多成簇存在，或与 tRNA 基因或与编码蛋白质的基因组成混合转录单位。tRNA 前体的加工包括：①由核酸内切酶在 tRNA 两端切断；②由核酸外切酶从 3′端逐个切去附加的顺序，进行修剪；③在 tRNA 的 3′端加上胞苷酸 - 胞苷酸 - 腺苷酸（-CCAOH）；④核苷的修饰。

真核生物 tRNA 基因的数目比原核生物 tRNA 基因的数目要大得多，啤酒酵母有 250 个 tRNA 基因，而人体细胞则有 1300 个。真核生物 tRNA 基因也成簇排列，并且被间隔区所分开。tRNA 基因由 RNA 聚合酶Ⅲ转录，转录产物为稍大的 tRNA 前体。在 tRNA 前体分子的 5′端和 3′端都有附加的序列，需由核酸内切酶和外切酶加以切除。真核生物 tRNA 前体的 3′端不含 CCA 序列，成熟 tRNA3′端的 CCA 也是后加上去的，tRNA 的修饰成分由特异的修饰酶催化。真核生物的 tRNA 除含有修饰碱基外，还有 $2'-O-$ 甲基核糖，具有居间序列的 tRNA 前体还需将居间序列切掉。

五、转录与复制的比较

RNA 转录与 DNA 复制，相似却又不完全相同，二者之间的异同点如下。

1. DNA 复制与 RNA 转录的相同点

（1）都是以 DNA 为模板，DNA 和 RNA 延伸的方向都是 5′→3′。

（2）复制和转录过程都需要酶、ATP、Mg^{2+} 的参与。

（3）复制和转录过程中，DNA-DNA、DNA-RNA 都遵循碱基互补配对原则进行链的延伸。

（4）真核生物的 DNA 复制和 RNA 转录过程都是在细胞核、线粒体、叶绿体内完成的。

2. DNA 复制与 RNA 转录的不同点

（1）DNA 复制是保留亲代的全部遗传信息，而转录则是遗传信息的选择性表达。

（2）DNA 复制是以原 DNA 的两条链为模板，复制方式为半保留式，新形成的双螺旋中有一条链来自亲代，另一条链是新合成的互补链。RNA 转录是以双链 DNA 的一条链为模板，合成一条新 RNA 链，转录方式为全保留式。

（3）DNA 复制以 4 种 dNTP 为原料合成新链，RNA 转录则是以 4 种 NTP 为原料。

（4）原核生物有 3 种 DNA 聚合酶，在复制过程中分别起不同的催化作用；而 RNA 聚合酶只有一种，可以催化各种 RNA 的转录。

（5）DNA 复制的起始必须先合成一小段与亲本链互补的 RNA 引物；RNA 转录的起始不需要引物，但需要识别并结合模板链上启动子序列。

（6）复制中 A 与 T 配对，转录中，由于 RNA 不含有 T，所以 A 与 U 配对。

（7）DNA 复制是一边解开旧的双链，一边形成两条新的 DNA 双链，有复制泡或复制叉结构。RNA 转录时，DNA 双链只是局部解链形成转录泡，新生的 RNA 与模板 DNA 形成暂时的杂合双链，而已转录的 DNA 区段恢复为原本的双链。

（8）复制形成的 DNA 可直接具有生理功能，而真核生物转录出来的 RNA 要经过复杂的转录后加工才能进行正常的功能活动。

第三节
蛋白质的生物合成

一、三种 RNA 在蛋白质合成过程中的作用

蛋白质的生物合成过程，就是将 DNA 传递给 mRNA 的遗传信息，再具体地解译为蛋白质中氨基酸排列顺序的过程，这一过程也被称为翻译。

DNA 基因中的遗传信息，通过转录成为携带遗传信息的 mRNA，作为合成各种多肽链的模板，指导合成特定氨基酸排列顺序（即一级结构）的蛋白质；tRNA 是运载各种氨基酸的工具；rRNA 和多种蛋白质构成核蛋白体，作为氨基酸次序缩合成多肽链的装配场所。以细菌为代表的原核生物蛋白质合成和哺乳动物为代表的真核生物蛋白质合成有共同点，但也有很多差别。真核生物蛋白

质合成机制比原核生物更复杂。

生物体内的各种蛋白质都是生物体内利用约 20 种氨基酸为原料自行合成的。参与蛋白质生物合成的各种因素构成了蛋白质合成体系，该体系包括：①mRNA：作为蛋白质生物合成的模板，决定多肽链中氨基酸的排列顺序；②tRNA：搬运氨基酸的工具；③核蛋白体：蛋白体生物合成的场所；④酶及其它蛋白质因子；⑤供能物质及无机离子。

（一）信使 RNA（mRNA）

在真核细胞中，由于蛋白质是在胞浆中而不是在核内合成，而编码蛋白质的信息载体 DNA 则在细胞核内，因此显然要求有一个中间物将 DNA 上的遗传信息传递至胞浆中。这种中间物应当具有以下性质：

（1）它是一种多核苷酸，它很不稳定，合成速度与降解速度都很快。

（2）它的碱基组成应与相应的 DNA 的碱基组成相一致。

（3）它的长度应是不同的，因为由它们所编码的多肽链的长度是不同的。

（4）在多肽合成时它应该与核糖体作短暂的结合。

后来的研究证实，这种中间物即信使 RNA。mRNA 的核苷酸序列与 DNA 序列相应，决定着合成蛋白质的氨基酸序列。

（二）转运 RNA（tRNA）

1962 年 Chapeville 和 Lipmann 进行了一个巧妙的实验，从而证明了 tRNA 的转运作用。他们将放射性同位素标记的半胱氨酸在半胱氨酰 – tRNA 合成酶的催化作用下与 tRNA^{Cys} 形成 Cys – tRNA^{Cys}。然后，用活性镍作催化剂，使半胱氨酸转变为丙氨酸，形成 Ala – tRNA^{Cys}。再将它放在网织红细胞非细胞体系中进行蛋白质合成。最后分离合成的蛋白质，发现丙氨酸插入了原本应该是半胱氨酸所占的位置，从而证明 tRNA 在蛋白质翻译过程中具有转运氨基酸的作用。

tRNA 要完成转运氨基酸的作用至少要具有 4 个关键位点：氨基酸结合部位、mRNA 的结合位点、核糖体结合位点及氨酰 – tRNA 酶识别位点。目前通过研究已经发现：tRNA 上的 3′端的 CCA – OH 是氨基酸的携带位点，并借由反密码子环上的反密码与 mRNA 上的密码子配对结合；氨酰 – tRNA 酶对 tRNA 的专一性识别，并不一定通过对反密码子的识别完成的，因此被称为第二套遗传密码系统，其中的一些是比较简单的，如赖氨酰 tRNA 分子氨基臂上存在 G3·G70 碱基对，如果该对碱基被 G3·U70 所取代，则赖氨酰 tRNA 还可以携带丙氨酸和甘氨酸，若丙氨酰 tRNA 上的 G3·U70 被取代则该 tRNA 就不能携带丙氨酸了（图 14 – 11），类似的还有，G5·G69 决定着异亮氨酸的专一性，精氨酰 tRNA 的第二密码为 A20；谷氨酰胺酰 tRNA 为 U35；甲硫氨酰 tRNA 为反密码子；苯丙氨酰 tRNA 为 G20，G34，A35，A36；丝氨酰 tRNA 为 G1·G72，G2·C71，A3·U70 等。

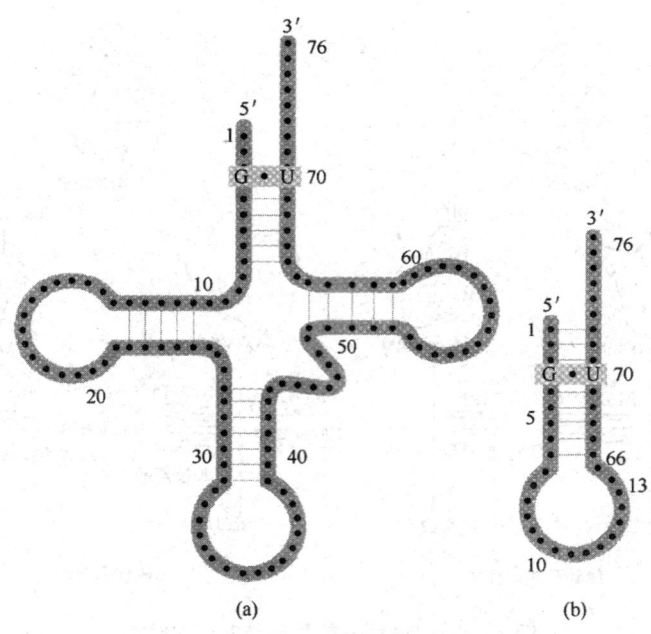

图 14-11 丙氨酰 tRNA 和能携带丙氨酸的人工小 RNA 螺旋
（表示丙氨酰 tRNA 第二套密码系统）

（三）核糖体 RNA（rRNA）

1. 核糖体的结构与功能

核糖体又称为核蛋白体，是由核糖体 RNA（rRNA）和几十种蛋白质组成的亚细胞颗粒，位于胞浆内，可分为两类：一类附着于粗面内质网，主要参与白蛋白、胰岛素等分泌性蛋白质的合成，另一类游离于胞浆，主要参与细胞固有蛋白质的合成。

原核生物中的核蛋白体大小为 70S，可分为 30S 小亚基和 50S 大亚基。小亚基由 16S rRNA 和 21 种蛋白质构成，大亚基由 5S rRNA，23S rRNA 和 35 种蛋白质构成（图 14-12）。

真核生物中的核蛋白体大小为 80S，也分为 40S 小亚基和 60S 大亚基。小亚基由 18S rRNA 和 30 多种蛋白质构成，大亚基则由 5S rRNA，28S rRNA 和 50 多种蛋白质构成，在哺乳动物中还含有 5.8S rRNA（图 14-12）。

大肠杆菌核蛋白体的空间结构为一椭圆球体，其 30S 亚基呈哑铃状，50S 亚基带有三角，中间凹陷形成空穴，将 30S 小亚基包住，两亚基的结合面为蛋白质生物合成的场所。

2. 核蛋白体的大、小亚基分别有不同的功能

小亚基：可与 mRNA、GTP 和启动 tRNA 结合。

大亚基：

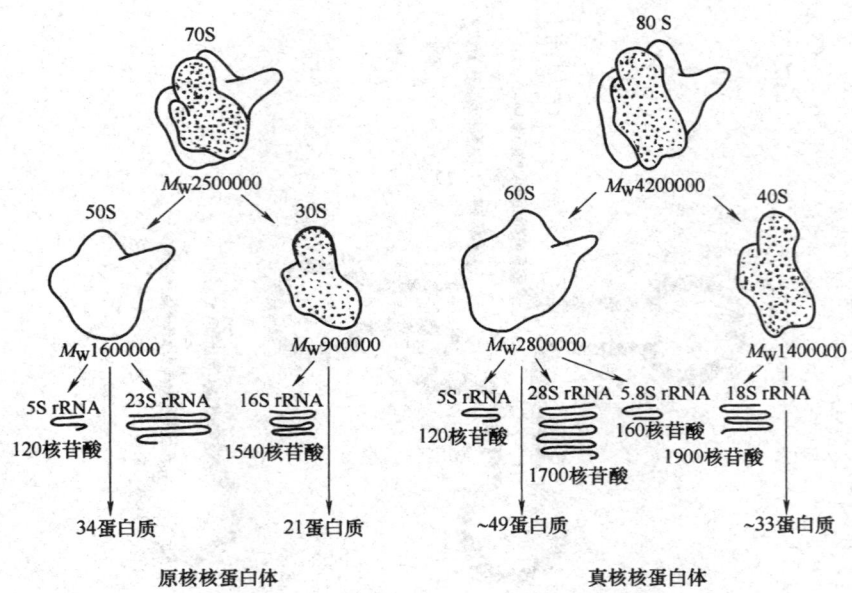

图 14-12　原核生物与真核生物蛋白体

（1）具有两个不同的 tRNA 结合点。A 位（右）——受位或氨酰基位，可与新进入的氨基酰 tRNA 结合；P 位（左）——给位或肽酰基位，可与延伸中的肽酰基 tRNA 结合。

（2）具有转肽酶活性：将给位上的肽酰基转移给受位上的氨基酰 tRNA，形成肽键。

（3）具有 GTPase 活性，水解 GTP，获得能量。

（4）具有启动因子、延长因子及释放因子的结合部位。

多核糖体在蛋白质生物合成过程中，常由若干核蛋白体结合在同一 mRNA 分子上，同时进行翻译，但每两个相邻核蛋白之间存在一定的间隔，形成念球状结构。

由若干核蛋白体结合在一条 mRNA 上同时进行多肽链的翻译所形成的念球状结构称为多核蛋白体。

细胞通过多核糖体的方式合成蛋白质，大大提高了 mRNA 的效率。原核生物中转录和翻译是紧密偶联的。在转录完成之前，核糖体就从 mRNA5′末端开始翻译。真核生物转录的 mRNA 加工为成熟 mRNA，从核转运到细胞质开始翻译。

二、遗传密码

mRNA 如何指导氨基酸以正确的顺序连接起来呢？不同的 mRNA 碱基组成和排列顺序都不同，但都只有 A，G，C，U 4 种碱基。如果一个碱基就可以决定一个氨基酸，则只有四种变化方式，如果两个碱基决定一个氨基酸，则只有 16

种变化方式，都不能满足 20 种氨基酸的需要。1961 年 Crick 和 Brenner 的实验得出了三个核苷酸编码一个氨基酸的结论，并将这种三位一体的核苷酸编码称做遗传密码或三联体密码，这样就可以有 64 种不同的密码，但此情况下必须假定有一些氨基酸使用两个以上的密码。

1964 年 Nirenberg 用一种 RNA 聚合酶体外合成了多聚尿苷酸、多聚腺苷酸等多聚核苷酸，将这些多聚核苷酸分别用于蛋白质的体外合成，发现当所用的多聚核苷酸为多聚尿苷酸时，只有多聚苯丙氨酸合成，这意味着 UUU 为苯丙氨酸编码；用其它多聚核苷酸进行相应的实验后发现，CCC 为脯氨酸编码，而 AAA 为赖氨酸编码；其后，有人又用核苷酸比例为已知，但是核苷酸序列随机的多聚核苷酸，以及用已知序列的含两种或两种以上核苷酸的多聚核苷酸进行相应的实验，将结果加以数理统计处理，又解读出了一批密码子，其中包括三个终止密码，最后，还有一些密码子是通过合成已知序列的三聚核苷酸与核蛋白体和载有放射性同位素标记的氨基酸的 tRNA 共沉淀原理予以解读的。在所有密码子中，AUG 不仅为蛋氨酸编码，而且是翻译（以 mRNA 上的遗传信息指导核蛋白体上多肽链合成的过程）的起始信号。有些密码子仅作为翻译的终止信号，而不为任何氨基酸编码统称为终止码（也称无效密码），终止码有 UAA、UAG 和 UGA。遗传密码见表 14－5。

表 14－5　　　　　　　　　　　　　遗传密码表

第一个核苷酸（5'）	第二个核苷酸				第三个核苷酸（3'）
	U	C	A	G	
U	苯丙氨酸	丝氨酸	酪氨酸	半胱氨酸	U
	苯丙氨酸	丝氨酸	酪氨酸	半胱氨酸	C
	亮氨酸	丝氨酸	终止密码	终止密码	A
	亮氨酸	丝氨酸	终止密码	色氨酸	G
C	亮氨酸	脯氨酸	组氨酸	精氨酸	U
	亮氨酸	脯氨酸	组氨酸	精氨酸	C
	亮氨酸	脯氨酸	谷氨酰胺	精氨酸	A
	亮氨酸	脯氨酸	谷氨酰胺	精氨酸	G
A	异亮氨酸	苏氨酸	天冬酰胺	丝氨酸	U
	异亮氨酸	苏氨酸	天冬酰胺	丝氨酸	C
	异亮氨酸	苏氨酸	赖氨酸	精氨酸	A
	甲硫氨酸	苏氨酸	赖氨酸	精氨酸	G
G	缬氨酸	丙氨酸	天冬氨酸	甘氨酸	U
	缬氨酸	丙氨酸	天冬氨酸	甘氨酸	C
	缬氨酸	丙氨酸	谷氨酸	甘氨酸	A
	缬氨酸	丙氨酸	谷氨酸	甘氨酸	G

遗传密码具有以下特点：

（1）连续性　即从起始密码开始，各三联体密码子连续阅读而无间断，如果阅读框架中有碱基插入或缺失，就会造成框移突变，改变下游氨基酸序列。

（2）简并性　除色氨酸和甲硫氨酸只有一个密码子外，其余氨基酸有多个密码子，以 2~4 个居多，多的可有 6 个。这种由多种密码编码一种氨基酸的现象称为简并性，代表一种氨基酸的密码子称为同义密码子。从遗传密码表可看到，决定同一种氨基酸密码子的头两个核苷酸往往是相同的，只是第三个核苷酸不同，表明密码子的特异性由第一、第二个核苷酸决定，第三位碱基发生点突变时仍可翻译出正常的氨基酸。

（3）摆动性　mRNA 密码子与 tRNA 分子上的反密码子间通过碱基配对正确识别，是遗传信息准确传递的保证。虽然每个 tRNA 只有一个特定的反密码子，但有时可能读一个以上的密码，这是因为密码的前两位碱基和反密码严格配对，而密码第三位碱基与反密码第一位碱基不严格遵守 A–T、G–C 的配对规则，而只形成松散的氢键，称为遗传密码配对的摆动性。

（4）普遍性　实验证明，所有生物体在蛋白质生物合成中使用的遗传密码相同，称遗传密码使用的普遍性，表明密码子可能在生命进化的早期就已建立。但发现少数线粒体密码子与标准密码子不同。如线粒体中 AUA 与 AUG 含义相同，代表 Met 和起始密码子；UGA 为 Trp 密码子而不是终止密码子；而 AGA 和 AGG 是终止密码子等。

（5）方向　即密码子的解读方向为 $5'\rightarrow 3'$，决定翻译的方向性。

（6）起始密码　位于 mRNA 起始部位的 AUG 称为起始密码，同时编码甲硫氨酸；终止密码 UAA、UAG、UGA，不代表任何氨基酸，仅作为肽链合成的终止信号。

大多数氨基酸是由一个以上的密码子所编码。这个事实提出了一个问题：编码同一种氨基酸的一组密码子的使用频率是否都相同？分析表明，无论是原核生物，还是高等真核生物，密码子的使用频率都不是平均的，有些密码子的使用率很高，有些则几乎不使用，其使用频率主要与细胞内 tRNA 含量呈正相关。

三、蛋白质合成的分子机制

蛋白质的生物合成要比 DNA 复制和转录复杂的多，有约 300 种生物大分子协同作用，全过程大致有 5 个阶段：氨基酸的活化、翻译起始、肽链延长、肽链合成的终止和释放、翻译后加工。真核生物与原核生物蛋白质合成非常相似，但有差异。

(一) 氨基酸的激活

（1）每一种氨基酸由专一的氨酰 – tRNA 合成酶激活。

氨酰 – tRNA 合成酶能识别并使氨基酸的羧基与 tRNA3′端腺苷酸核糖基上 3′– OH 缩水形成酯键。反应分两步进行。

$$氨基酸 + tRNA + ATP \rightarrow 氨酰 – tRNA + AMP + PPi$$

tRNA 与相应的氨基酸结合是蛋白质合成的关键，tRNA 携带正确的氨基酸，多肽合成准确性才有保障。氨酰 – tRNA 合成酶有氨基酰化部位和水解活性部位，能纠正酰化的错误（如异亮氨酸与缬氨酸只有一个甲基的差异，Ile – tRNA 合成酶能在酰化部位区分它们，即使 Val 取代 Ile 错误掺入生成的 Val – tRNA^{Ile}，也会通过 Ile – tRNA 合成酶将其水解。经过酰化部位和校正部位的共同作用，可使翻译的错误频率小于万分之一）。

（2）原核生物起始氨基酸是甲酰甲硫氨酸（fMet），起始 tRNA 是 tRNA^{fMet}。甲酰基转移酶催化 fMet – tRNA^{fMet} 的形成。

$$Met + tRNA^{fMet} \rightarrow Met – tRNA^{fMet}$$

$$Met – tRNA^{fMet} + N_{10} – CHOFH_4 \rightarrow fMet – tRNA^{fMet} + FH_4$$

真核生物起始氨基酸是甲硫氨酸，有两种 tRNA^{Met}，只有 tRNA^{iMet} 才能与小亚基结合，起始肽链的合成，普通 tRNA^{Met} 携带 Met 只能被掺入正在延伸的肽链中。

(二) 在核糖体上合成多肽

这一过程可分为翻译起始、肽链延长、肽链的终止三个阶段。

1. 翻译起始

原核细胞肽链合成的起始需要 7 种成分：30S 小亚基、mRNA、fMet – tRNA^{fMet}、起始因子（IF）、GTP、50S 大亚基、Mg^{2+}。起始分成 3 步。

（1）30S 小亚基和起始因子结合，通过 16S rRNA3′末端序列与起始密码子上游富含嘌呤的 SD 序列识别与 mRNA 结合。

原核 mRNA 是多顺反子，有多个起始密码 AUG 位点，核糖体是如何识别合适位置的 AUG。1970 年 Shine 和 Dalgarno 发现细菌的 mRNA 通常含有一段富含嘌呤碱基的序列（SD 序列），它们在起始 AUG 上游 10 个碱基左右的位置，能与 16S rRNA3′端的 7 个嘧啶碱基互补识别，以帮助从起始 AUG 处开始翻译。图 14 – 13 为大肠杆菌中的 SD 序列及 16S rRNA 与 SD 序列的识别。

（2）fMet – tRNA^{fMet} 进入小亚基 P 位，tRNA 上的反密码子与 mRNA 上的起始密码配对。

（3）带有 tRNA、mRNA 和 IF 的小亚基复合物与 50S 大亚基结合，形成起始复合物。GTP 水解，释放 IF。

IF3 的功能是协助 30S 小亚基选择 mRNA 起始位点；IF2 具有 GTP 酶的活

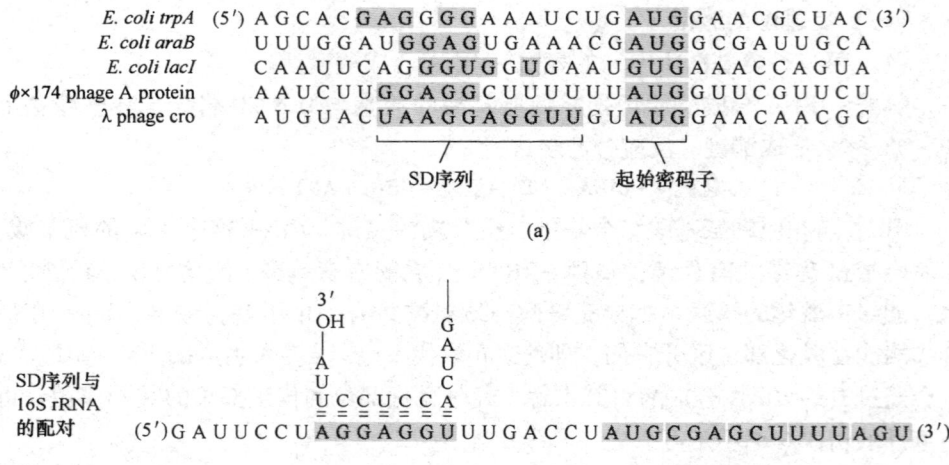

图 14-13 大肠杆菌中的 SD 序列及 16S rRNA 与 SD 序列的识别

性，起始过程需要一分子 GTP 水解成 GDP 及磷酸以提供能量，它对 30S 起始复合物与 50S 亚基的结合是必需的；IF1 则在 70S 起始复合物生成后促进 IF2 释放，从而完成起始过程。

2. 肽链的延长

当与起始密码子紧邻的密码子被相应氨酰-tRNA 上的反密码子识别并结合后，延长反应也就开始了。一个氨基酸的掺入是由进位-转肽-移位 3 个重复的反应完成的。其中肽键的形成靠核糖体自身催化，其它两个反应需要延伸因子（EF）的参与。

（1）第二个 aa-tRNA 在延伸因子 EF-Tu 及 GTP 作用下，生成复合物，并结合到核糖体的 A 位。EF-Tu 结合 GDP 离开核糖体。EF-Ts 使 EF-Tu-GDP 重新生成，EF-Tu-GTP 则参与下一轮反应。

（2）肽酰转移酶（转肽酶）催化 P 位 fMet-tRNA 携带的 fMet 转向 A 位与进入的 aa-tRNA 形成第一个肽键，催化的实质是使一个酯键转变成肽键。

（3）移位，由移位因子 EF-G 催化，GTP 水解释放能量，使 P 位的空载 tRNA 脱落，核糖体沿 mRNA 移动，原 A 位带有肽链的 tRNA 转到 P 位，空出 A 位，以待下一个密码子进入 A 位，继续翻译。

3. 翻译的终止

终止反应由释放因子（RF）识别进入核糖体 A 位的终止密码 UAA、UAG、UGA 开始，大亚基上肽酰转移酶变构，表现水解酶的活性，使 P 位上 tRNA 所携带的多肽链与 tRNA 之间的酯键水解。核糖体释放因子（RRF）使 tRNA 从 P 位脱落，70S 核糖体随即也从 mRNA 上脱落，解离为 30S 和 50S 亚基，投入下一轮核糖体循环，合成另一新的蛋白质分子。蛋白质合成过程如图 14-14 所示。

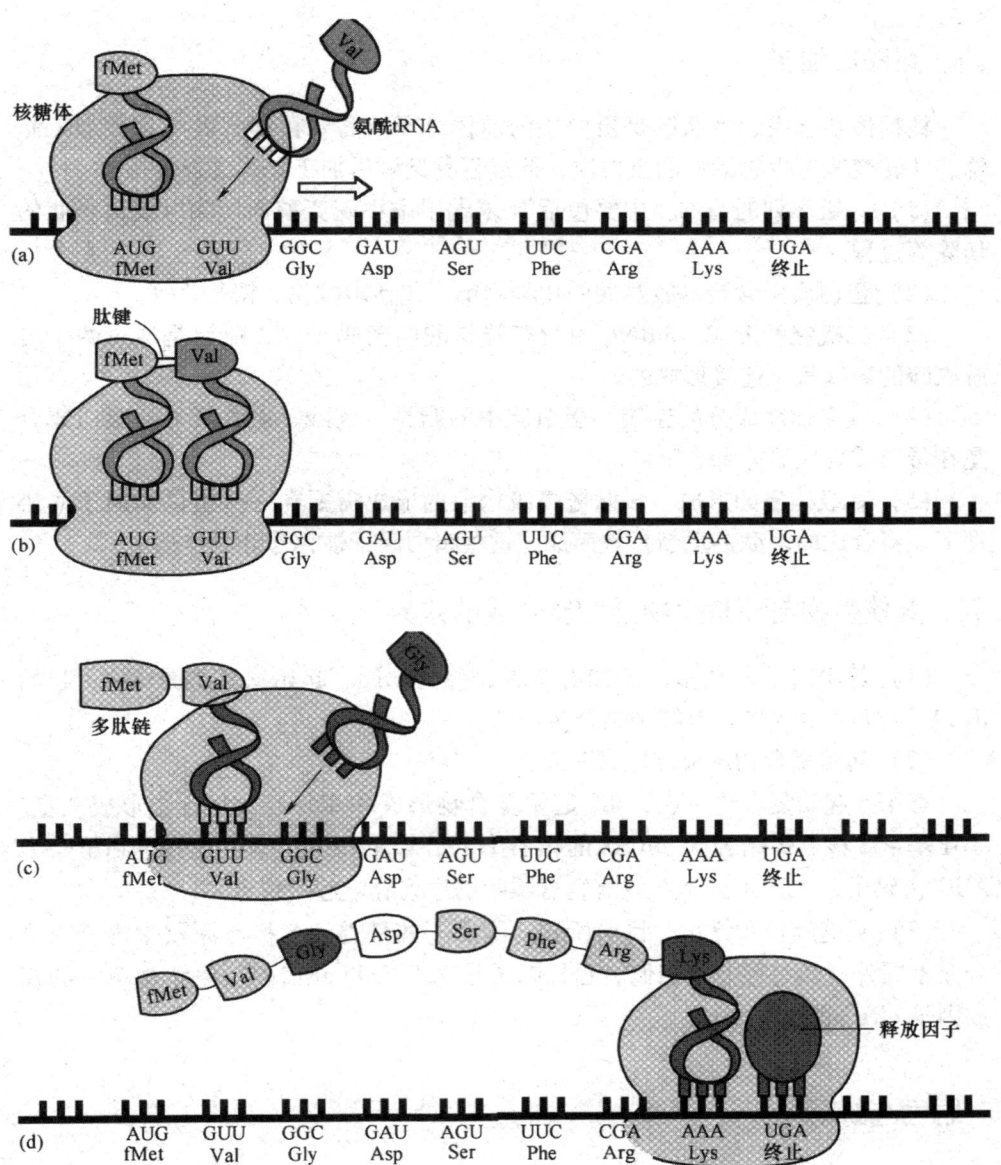

图 14-14　蛋白质合成过程示意图

蛋白质合成消耗的大量能量用于保证 mRNA 的遗传信息翻译成蛋白质氨基酸序列的准确性。每一个氨酰-tRNA 形成需要 1 分子 ATP（2 个高能键），延长一个氨基酸消耗 2 分子 GTP。因此每形成 1 个肽键消耗能量 $7.3 \times 4 = 29.2 kcal/mol$（122kJ/mol）。

四、翻译后加工

核糖体新合成的多肽链是蛋白质的前体分子，需要在细胞内经各种加工修饰，才转变成有生物活性的蛋白质，此过程称翻译后加工。其过程包括：

（1）一级序列的修饰　主要包括 N 末端甲酰甲硫氨酸的切除以及信号肽的切除等过程。

（2）蛋白质中含羟基氨基酸的化学修饰　包括磷酸化、糖基化等。

（3）二硫键的形成　mRNA 中没有胱氨酸的密码子，二硫键是通过两个半胱氨酸的巯基氧化连接形成的。

（4）其它辅助成分的连接　蛋白质中的脂类、核酸、血红素等非蛋白成分是在蛋白质合成后才缔合上的。

（5）高级构象的形成　多肽链高级构象的形成需要在一些蛋白质因子的协助下，新合成的多肽链重新折叠而成，这些蛋白因子被称作分子伴侣。

五、真核生物与原核生物蛋白质合成的差异

（1）起始因子种类多。已知有 9 种，称为 eIFs。起始氨基酸是 Met，起始 tRNA 称 Met–tRNA1。有帽子结合蛋白。

（2）起始复合物形成的次序有差异。

有 43S 起始复合物形成、48S 起始复合物形成和 80S 起始复合物形成三步。小亚基 40S 核糖体结合到 mRNA 的帽子上，沿着 mRNA 运动，直到遇到第一个 AUG 密码子，才开始翻译（没有富含嘌呤的序列确定起始位点）。

（3）肽链延长和终止。目前所知，除因子的种类和名称与原核生物蛋白质合成不同外，其过程非常相似。延长因子是 eEF1α 和 eEF1$\beta\gamma$。终止由单一的释放因子 eRF 催化。

思考与练习

一、名词解释

中心法则　半保留复制　前导链　转录　遗传密码

二、简答题

1. 原核生物和真核生物 mRNA 的比较，有哪些异同点？
2. 遗传密码有何特点？
3. 简答核糖体的结构与功能。
4. 简答 tRNA 在蛋白质合成过程中的功能。

实验二十二　质粒 DNA 的提取

实验目的

（1）了解质粒的特性及其在分子生物学研究中的作用。

（2）掌握碱裂解法分离、纯化质粒 DNA 的方法。

实验原理

质粒是一种双链的共价闭环状的 DNA 分子，它是独立于染色体外而能够稳定遗传的因子。质粒具有复制和控制机构，能够在细胞质中独立自主的进行自身复制，并使子代细胞保持它们恒定的拷贝数。目前，质粒已广泛地用作基因工程中目的基因的运载工具——载体。从大肠杆菌中提取质粒 DNA，是分子生物学最基本的实验技术。

质粒 DNA 分离纯化方法有多种，但其原理和步骤都大同小异。本实验着重介绍碱裂解法制备微量 DNA。

在 EDTA 存在的条件下，用溶菌酶破坏细菌细胞壁，同时经过 NaOH 和阴离子去污剂 SDS 处理，使细胞膜崩解，从而达到菌体充分的裂解。此时，细菌染色体 DNA 缠绕附着在细胞膜碎片上，离心时易被沉淀出来。而质粒 DNA 则留在上清液内，其中还含有可溶性蛋白质、核糖核蛋白和少量染色体 DNA，实验中加入蛋白质水解酶和核糖核酸酶，可以使它们分解，通过碱性酚（pH 8.0）和氯仿－异戊醇混合液的抽提可以除去蛋白质。异戊醇的作用是降低表面张力，可以减少抽提过程中产生的泡沫，并能使离心后水层、变性蛋白层和有机层维持稳定。含有质粒 DNA 的上清液用乙醇或异丙醇沉淀，获得质粒 DNA。

在实验过程中，由于细菌裂解后受到剪切力或核酸降解酶的作用，染色体 DNA 容易被切断成为各种大小不同的碎片而与质粒 DNA 共同存在，因此，采用乙醇沉淀法得到的 DNA 除含有质粒 DNA 外，还可能有少部分染色体 DNA 和 RNA，必要时可进一步纯化。

试剂和器材

1. 试剂

（1）LB 液体培养基　胰蛋白胨 10g/L，酵母浸膏 5g/L，NaCl 10g/L，用

NaOH 调节至 pH 7.5，高压灭菌。

（2）缓冲液（溶液 I）（pH 8.0，25mmol/L Tris‐HCl，10mmol/L EDTA，50mmol/L 葡萄糖，4mg/mL 溶菌酶） 称取 0.3g Tris 加入 0.1mol/L HCl 溶液 14.6mL，先配制成 pH 8.0 Tris‐HCl 缓冲液 100mL，再加入 0.37g EDTA·Na_2·$2H_2O$ 和 0.99g 葡萄糖，临用前加入 400mg 溶菌酶。

（3）碱裂解液（溶液 II）（0.2mmol/L NaOH，1% SDS） 称取 0.8g NaOH 和 1g SDS 定容至 100mL。

（4）乙酸钾溶液（溶液 III）（pH 8.0，$[K^+]$ = 3mol/L，$[Ac^-]$ = 5mol/L） 取 60mL 5mol/L KAc 加入 11.5mL 冰乙酸和 28.5mL 蒸馏水。

（5）1mol/L pH 8.0 Tris‐HCl 缓冲液 Tris 121.14g/L，用盐酸调至 pH 8.0。

（6）酚/氯仿（1:1）溶液配制

①将商品苯酚置 65℃ 水浴上缓缓加热融化，取 200mL 融化酚加入等体积的 1mol/L Tris‐HCl pH 8.0 缓冲液和 0.2g 8‐羟基喹啉（终浓度为 0.1%），于分液漏斗内剧烈振荡，避光静置使其分层。

②弃去上层水相，再用 0.1mol/L Tris‐HCl 缓冲液 pH 8.0 与有机相等体积混匀，充分振荡，静置分相，留取有机相。

③配制氯仿/异戊醇混合液：将 24 份氯仿与 1 份异戊醇混合均匀。

④等体积的酚和氯仿/异戊醇溶液混合，放置后，上层若出现水相，可吸出弃去。有机相置棕色瓶内低温保存。

（7）TE 缓冲液（10mmol/L，pH 8.0 Tris‐HCl，1mmol/L EDTA） 称取 0.12g Tris，加适量蒸馏水溶解，用 1mol/L 盐酸调至 pH 8.0 并定容至 100mL，加入 0.037g EDTA·Na_2·$2H_2O$。临用前加入核糖核酸酶，为了使 RNase 制剂中混杂的 DNase 失活，临用前 80℃ 处理 10min。

（8）无水乙醇及 70% 乙醇。

（9）氨苄青霉素 100mg/mL 母液，抽滤灭菌后，-20℃ 保存。用时于冰上解冻（待培养基低于 50℃ 后加入）。

2. 材料

携带 pGm‐T 或 pUC18‐T 质粒的大肠杆菌。

3. 器材

试管，离心管，移液器，恒温振荡器，高速台式离心机，冰块，接种环，旋涡混合器。

操作方法

1. 培养细菌扩增质粒

将携带 pGm‐T 或 pUC18‐T 质粒的大肠杆菌接种于含 50~60μg/mL 氨苄

青霉素的 LB 液体培养基中，37℃摇床培养 16h 左右。

2. 收集菌体和裂解细菌

（1）取 1.5mL 培养液置离心管（印管）内，离心，10000r/min，5min，弃去上清，保留菌体沉淀。如菌量不足可再加入培养液，重复离心，收集菌体。

（2）将菌体沉淀悬浮于预冷的 100μL 溶液Ⅰ中，剧烈振荡、混匀，室温放置 10min。

（3）加入 200μL 新鲜配制的碱裂解液（溶液Ⅱ），加盖，颠倒数次轻轻混匀，冰上放置 5min。

3. 分离纯化质粒 DNA

（1）加入 150μL 冷却的溶液Ⅲ。加盖后，温和颠倒数次混匀，冰浴放置 15min。

（2）4℃下，12000r/min 离心 5min，乙酸钾能沉淀 SDS 与蛋白质的复合物，并使过量的 SDS 转化为溶解度很低的 PDS（十二烷基磺酸钾）一起沉淀下来。离心后，上清液若仍混浊，应混匀后再冷至 0℃，重复离心。上清液转移至另一干净的离心管内。

（3）加入等体积的酚/氯仿饱和溶液，反复振荡，离心，12000r/min，2min，小心吸取上层水相溶液，转移到另一个离心管中。

（4）上述溶液中加入两倍体积的预冷无水乙醇，混合摇匀，于冰上放置 10min。4℃下，12000r/min 离心 5min，弃去上清液，并将离心管倒置在干滤纸上，控干管壁黏附的溶液。

（5）加入 1mL 70% 冷乙醇，洗涤沉淀物，离心，弃去上清液，尽可能除净管壁上的液珠，放置干燥或真空干燥，即得质粒 DNA 制品。

（6）将 DNA 沉淀溶于 20μ LTE 缓冲液（临用前加入 20μg/mL RNaseA），置 -20℃ 保存，备用。

注意事项

（1）细菌培养过程要求无菌操作。细菌培养液、配试剂用的蒸馏水、试管和离心管等有关用具和某些试剂经高压灭菌处理。

（2）制备质粒的过程中，所有操作必须缓和，不要剧烈振荡，以避免机械剪切力对 DNA 的断裂作用。

（3）加入乙酸钾溶液后，可用小玻璃棒轻轻搅开团状沉淀物，防止质粒 DNA 可能被包埋在沉淀物内，不易释放出来。

（4）用酚/氯仿混合液除去蛋白效果比单独使用更好，为充分除去残余的蛋白质，可以进行多次抽提，直至两相间无絮状蛋白沉淀。

（5）提取的各步操作尽量在低温条件下进行（冰浴上）。

思考题

(1) 碱法提取质粒的过程中,EDTA、溶菌酶、NaOH、SDS、乙酸钾、酚/氯仿等试剂的作用是什么?

(2) 质粒提取过程中,应注意哪些操作?为什么?

第十五章
物质代谢的联系与代谢调节

学习目标

1. 掌握原核生物基因表达调控的原理和意义。
2. 熟悉物质代谢间的相互联系，重要的枢纽物质；熟悉代谢调节的类型，酶水平调节的基本原理。
3. 了解激素作用特点。

在自然界中，生物体是由糖类、脂类、蛋白质、核酸四大类基本物质和有限的其它小分子物质构成的，它们在生物体内的代谢过程并不是彼此孤立、互不影响的，而是互相联系、互相制约、彼此交织在一起的。

第一节
代谢途径的相互联系

生物体内各类物质代谢途径是相互影响、相互转化的。糖、脂类和蛋白质之间可以互相转化，当糖代谢失调时会立即影响到蛋白质代谢和脂类代谢。本节着重讨论生物体内糖、脂类、蛋白质和核酸四类主要有机物质的代谢途径之间的相互关系。

一、糖代谢与脂类代谢的相互联系

糖类和脂类都是以碳氢元素为主的化合物，它们在代谢关系上十分密切。一般来说，在糖供给充足时，糖可大量转变为脂肪贮存起来，导致发胖。例如北京填鸭就是用含糖量过多的谷类食物喂养，所以鸭子变得肥胖。

糖转变为脂肪：糖经酵解产生磷酸二羟丙酮，磷酸二羟丙酮可以还原为甘油；磷酸二羟丙酮也能继续通过糖酵解途径形成丙酮酸，丙酮酸氧化脱羧后转变成乙酰-CoA，乙酰-CoA可用来合成脂肪酸，最后由甘油和脂肪酸合成脂肪。可见甘油三酯的每个碳原子都可以从糖转变而来。如果用含糖类很多的饲料喂养家畜，就可以获得肥畜的效果；另外许多微生物可在含糖的培养基中生长，在细胞内合成各种脂类物质，如某些酵母合成的脂肪可达干重的40%。

脂肪分解产生的甘油和脂肪酸，可沿不同的途径转变成糖。甘油经磷酸化生成 α - 磷酸甘油，再转变为磷酸二羟丙酮，后者经糖异生作用转化成糖。脂肪酸经 β - 氧化作用，生成乙酰 - CoA。在植物或微生物体内形成的乙酰 - CoA 经乙醛酸循环生成琥珀酸，琥珀酸再经三羧酸循环形成草酰乙酸，草酰乙酸可脱羧形成丙酮酸，然后通过糖异生作用即可形成糖。例如油料作物在成熟期，叶片光合作用生成糖，合成种子的脂类物质；种子萌发期，种子贮藏的脂肪通过乙醛酸循环转变成糖，用于根、茎生长。但是在人和动物体内不存在乙醛酸循环，通常乙酰 - CoA 都是经三羧酸循环氧化成 CO_2 和 H_2O，而不能转化成糖。因此对动物来说，只是脂肪中的甘油部分可转化为糖，而甘油占脂肪的量相对很少，所以生成的糖量也相对很少。

脂肪酸的氧化利用可以减少对糖的需求，这样，在糖供应不足时，脂肪可以代替糖提供能量，使血糖浓度不至于下降过多。可见，糖和脂肪不仅可以相互转化，在相互替代供能上关系也是非常密切的。

二、糖代谢与蛋白质代谢的相互联系

糖是生物机体的重要碳源和能源。糖经酵解途径产生的磷酸烯醇式丙酮酸和丙酮酸，以及丙酮酸脱羧后经三羧酸循环形成的 α - 酮戊二酸、草酰乙酸，它们都可用于合成各种氨基酸的碳链结构，通过氨基化或转氨基作用形成相应的氨基酸，进而合成蛋白质。此外，由糖分解产生的能量，也可供氨基酸和蛋白质合成之用。

蛋白质可以降解形成氨基酸，氨基酸在体内可以转变为糖。许多氨基酸经脱氨后形成丙酮酸、草酰乙酸、α - 酮戊二酸等，这些酮酸可通过三羧酸循环经由草酰乙酸转化为磷酸烯醇式丙酮酸，然后再经糖的异生作用生成糖。

三、脂类代谢与蛋白质代谢的相互联系

生物体中的脂类除构成生物膜外，大多以脂肪的形式贮存起来。脂肪分解产生甘油和脂肪酸，甘油可转变为丙酮酸，再转变为草酰乙酸及 α - 酮戊二酸，然后接受氨基而转变为丙氨酸、天冬氨酸及谷氨酸。脂肪酸可以通过 β - 氧化生成乙酰 - CoA，乙酰 - CoA 与草酰乙酸缩合进入三羧酸循环，可产生 α - 酮戊二酸和草酰乙酸，进而通过转氨作用生成相应的谷氨酸和天冬氨酸，从而与氨基酸代谢相联系。

脂肪转变成氨基酸是很有限的。实际上，当乙酰-CoA进入三羧酸循环，形成氨基酸时，需要消耗三羧酸循环中的有机酸，如无其它来源补充，反应将不能进行下去。在植物和微生物中存在乙醛酸循环，可以由两分子乙酰-CoA合成一分子琥珀酸，用于回补三羧酸循环中的有机酸，从而促进脂肪酸合成氨基酸。例如，含有大量油脂的植物种子，在萌发时，由脂肪酸和铵盐形成氨基酸的过程进行得极为强烈。微生物利用醋酸或石油烃类物质发酵生产氨基酸，可能也是通过这条途径。但在动物体内不存在乙醛酸循环。一般来说，动物细胞不易利用脂肪酸合成氨基酸。

蛋白质转变为脂肪，在动物体内也能进行。生糖氨基酸，通过丙酮酸可以转变为甘油，也可以在氧化脱羧后转变为乙酰-CoA，再经丙二酰途径合成脂肪酸。至于生酮氨基酸如亮氨酸、异亮氨酸、苯丙氨酸、酪氨酸等，在代谢过程中能生成乙酰乙酸，由乙酰乙酸再缩合成脂肪酸，最后合成脂肪。另外，丝氨酸在脱去羧基后形成胆胺，胆胺在接受甲硫氨酸给出的甲基后，即形成胆碱，胆碱是合成磷脂的成分。

四、核酸代谢与糖、脂类和蛋白质代谢的相互联系

核酸不是重要的碳源、氮源和能源，但通过蛋白质合成来影响细胞的组成

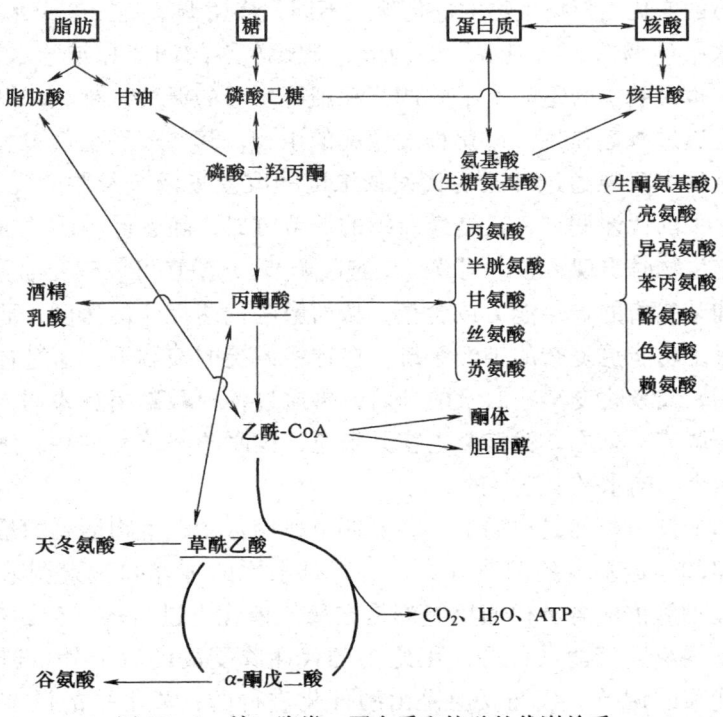

图15-1 糖、脂类、蛋白质和核酸的代谢关系

和代谢类型，在机体的遗传和变异及蛋白质合成中，起着决定性的作用。例如ATP是生物体内通用的高能化合物；UTP活化单糖参与二糖和多糖合成，CTP参与卵磷脂合成，GTP参与PRO合成；许多辅酶成分含核苷酸成分，许多重要辅酶，例如辅酶A、烟酰胺核苷酸和异咯嗪核苷酸等，都是腺嘌呤核苷酸的衍生物，腺嘌呤核苷酸还可以作为合成组氨酸的原料。

另一方面，核酸的合成受到蛋白质的作用和控制。例如，甘氨酸、天冬氨酸、谷氨酰胺是核苷酸合成的原料，参与嘌呤和嘧啶环的合成；核苷酸合成需要酶和多种蛋白因子的参与等。但酶和蛋白因子的合成本身又是由基因所控制的，可见核酸起着决定性的作用。

由此可见，四大物质在代谢中不是孤立的，而是彼此影响、相互转化和密切相关的。TCA是最终代谢的共同途径，也是联系它们之间的桥梁。各类物质的主要代谢关系如图15-1所示。

第二节
代谢的调节

代谢调节是生物体不断进行的一种基本活动。生物通过各种代谢调节来适应内外环境的变化。根据生物的进化程度不同，代谢调节是在4个水平上进行，分别为酶水平的调节、细胞水平的调节、激素水平的调节和神经水平的调节，而最原始、也最基本的是酶水平的调节和细胞水平的调节，神经和激素水平的调节最终也通过酶起作用。进化程度愈高的生物，其调节系统就愈复杂。在单细胞的微生物中只能通过细胞内代谢物浓度的改变来调节某些酶促反应速度，称为细胞水平的代谢调节，这是最原始的调节方式；随着低等的单细胞生物进化到多细胞生物时出现了激素调节（细胞间调节），激素可以改变细胞内代谢物质的浓度和某些酶的催化能力或含量，从而影响代谢反应的速度；而高等生物和人类则有了功能更复杂的神经系统，在神经系统的控制下，通过神经递质直接发生作用，或者改变某些激素的分泌，再通过各种激素相互协调，对整体代谢进行综合调节。总之，就整个生物界来说，代谢的调节是在酶、细胞、激素和神经这四个不同水平上进行的。

细胞内的调节虽然是原始的，各类调节作用点均在生物活动的最基本单位细胞中，但却是最基本的调节方式，是高级水平的神经和激素调节方式的基础。而且在细胞内的各类代谢反应都是在酶的催化下进行的，代谢反应性质、方式、速度均决定于酶的性质。细胞内的代谢除受酶的调节外，还包括细胞区域化及能荷的调节。代谢反应是由酶催化进行的，酶水平的调节是最灵敏和最有效的调节。酶水平的调节也是目前研究得比较多、了解得比较详细的代谢调节方式。通过改变关键酶的结构或含量以影响酶的活性，进而对代谢进行调节，是生物最基本的调节方式。关键酶催化的反应特点：在整条代谢通路中催化的反应速度最慢，又称限速酶；催化单向反应或非平衡反应；受多种效应物的调节。

一、酶结构的调节

通过改变酶结构快速调节酶的活性，有酶的变构调节和共价修饰调节两种方式。

（一）变构调节

酶的变构调节是指变构剂与酶的调节亚基或调节部位非共价结合，引起酶分子构象改变，从而改变酶活性。受调节的酶称为变构酶或别构酶。调节代谢的变构酶多为寡聚酶，含有两个或多个亚基。其分子中包括两个中心：一个是与底物结合、催化底物反应的活性中心；另一个是与调节物结合、调节反应速度的变构中心。两个中心可能位于同一亚基上，也可能位于不同亚基上。在后一种情况中，存在变构中心的亚基称为调节亚基。变构酶是通过酶分子本身构象变化来改变酶的活性的。

天冬氨酸转氨甲酰酶（ATCase）是了解最清楚的一个别构酶。它催化嘧啶核苷酸合成途径中的第一个中间物 N - 氨甲酰天冬氨酸的合成，ATCase 受其代谢途径的终产物 CTP 的别构抑制。ATCase 由两个三聚体构成的催化亚基（C3）和三个二聚体构成的调节亚基（r2）组成。当催化亚基和调节亚基混合时能迅速结合。

变构剂有底物、产物、代谢途径终产物及小分子核苷酸类物质。变构效应有变构激活和变构抑制。变构调节主要以反馈方式控制酶的活性，反馈抑制（负反馈）普遍存在。

反馈现象是普遍存在的，通常区分为"正反馈"和"负反馈"，凡是一种运动的效果对于这种原始运动的影响是促进性的，称为正反馈；反之，发生抑制性的影响称为负反馈。在细胞内，当一个酶促反应产物积累过多时，由于质量作用定律的关系，能抑制其本身的合成，这种抑制属简单的抑制，它不牵涉到酶结构的改变。如 α - 淀粉酶催化淀粉水解成麦芽糖，过多的麦芽糖能够抑制 α - 淀粉酶的活性，使淀粉水解的速度下降。又如，己糖激酶催化葡萄糖转变为 6 - 磷酸葡萄糖的反应中，当后者积累过多时，反应便减慢。但是，在多个酶促系列反应中，终产物可对反应序列前头的酶发生抑制作用，这称为反馈抑制。这种反馈抑制作用是改变酶蛋白构象的结果。通常受控制的酶是代谢通路中开头的酶，是一种调节酶或变构酶，有时也称"标兵酶"，因为整个反应序列是受这个酶调节的。如糖酵解中的磷酸果糖激酶是控制糖酵解的标兵酶。又如，在大肠杆菌中，由于天冬氨酸和氨基甲酰磷酸合成胞苷三磷酸（CTP）的反应是受CTP反馈调节的（图15-2），当CTP的代谢利用较低时，CTP便在细胞内积累，这时CTP便对这个反应序列的开头的酶即天冬氨酸转氨基甲酰酶起反馈抑制作用，结果抑制CTP本身的生成；反之，如果CTP被高度利用，这时CTP在细胞内不积累，也就不起反馈抑制调节，反应继续进行以生成所需要的CTP。

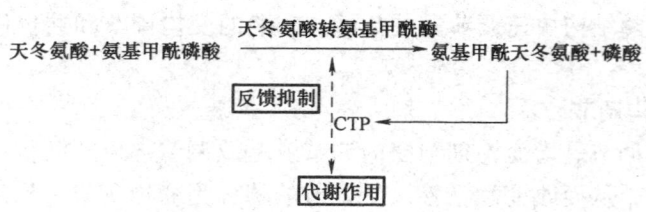

图15-2　胞苷三磷酸（CTP）生物合成的反馈调节

又如在葡萄糖的磷酸化反应中，当6-磷酸葡萄糖累积过多时，己糖激酶就会受到磷酸葡萄糖的反馈抑制作用，使反应慢下来。这里除质量作用效应外，还存在酶的变构调节作用。这种反馈抑制调节，在代谢调节中有重要意义，它可按生物代谢的需要而保证代谢物的供应，又不致发生代谢物积累过多而造成浪费，是很经济的调控方式。

（二）共价修饰调节

酶分子的某些基团可在另一种酶催化下发生化学共价修饰（如磷酸化/脱磷酸，乙酰化/脱乙酰，甲基化/脱甲基等），使酶的构象改变，从而改变酶活性，具有放大效应。表15-1列出了一些可被化学修饰调节的酶。

表15-1　酶促化学修饰对酶活性的调节

酶名称	修饰机理	变化
糖原磷酸化酶	磷酸化/脱磷酸化	增加/降低
磷酸化酶b激酶	磷酸化/脱磷酸化	增加/降低
糖原合成酶	磷酸化/脱磷酸化	降低/增加
丙酮酸脱氢酶	磷酸化/脱磷酸化	增加/降低
谷氨酰胺合成酶	腺苷酰化/脱腺苷酰化	降低/增加

糖原磷酸化酶是酶促化学修饰的典型例子。糖原作为贮藏性碳水化合物，广泛存在于人和动物体内。糖原在糖原磷酸化酶作用下发生磷酸解产生1-磷酸葡萄糖。此酶有两种形式，即有活性的磷酸化酶a和无活性的磷酸化酶b，二者

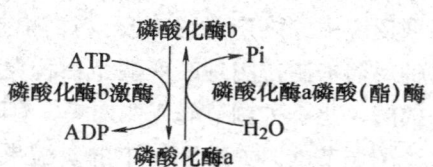

可以互相转变。磷酸化酶 b 在磷酸化酶 b 激酶催化下，接受 ATP 上的磷酸基团转变为磷酸化酶 a 而活化；磷酸化酶 a 也可在磷酸化酶 a 磷酸（酯）酶催化下转变为磷酸化酶 b 而失活。酶被修饰的基团是丝氨酸的羟基。

  酶促化学修饰反应往往是多个反应配合进行的。在生物体内，有些反应是连锁进行的。在这些连锁反应中，一个酶被修饰后，连续地发生其它酶被激活，导致原始调节因素的效率逐级放大，这样的连锁代谢反应系统叫做级联放大反应或级联系统。如肾上腺素或胰高血糖素对磷酸化酶 b 激酶的激活就属这种类型。激素把改变细胞生理活动的信息传递给细胞膜上的受体，激素与受体结合后使腺苷酸环化酶活化，由腺苷酸环化酶催化 ATP 生成 cAMP；再把这一信息传递给细胞内的某些蛋白质或酶系统，在这里是依赖于 cAMP 的蛋白激酶 A（PKA）。因此将激素称为第一信使，而将 cAMP 称为第二信使。活化的蛋白激酶使磷酸化酶 b 激酶激活；磷酸化酶 b 激酶又使磷酸化酶 b 转变为激活态磷酸化酶 a；磷酸化酶 a 使糖原分解为 1-磷酸葡萄糖。这样，由激素的作用开始，最后导致糖原的分解。上述一系列变化便构成一个"级联系统"，可用图 15-3 表示。

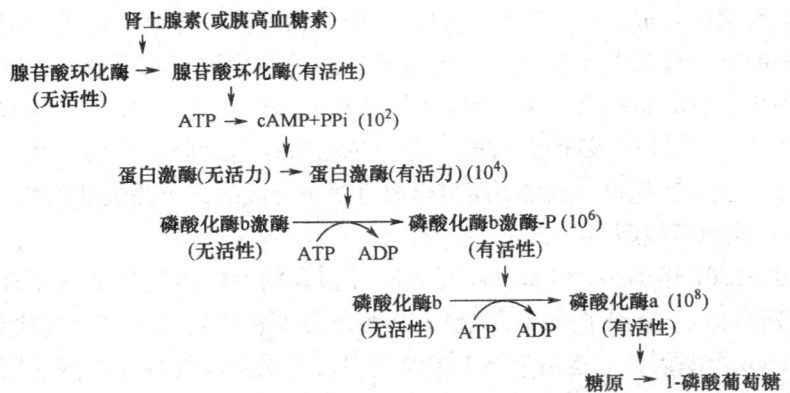

图 15-3 磷酸化酶激活的级联放大反应

  在这些连锁的酶促反应过程中，前一反应的产物是后一反应的催化剂，每进行一次共价修饰反应，就产生一次放大，如果假设每一级反应放大 100 倍，即 1 个酶分子引起 100 个分子发生反应（实际上，酶的转换数比这大得多），那么从激素促进 cAMP 生成的反应开始，到磷酸化酶 a 生成为止，经过四次放大后，调节效应就放大了 10^8 倍了。由此可见，极微量的激素对酶活性控制是十分灵敏的。

二、酶含量的调节

  酶数量的调节是指通过改变酶的合成或降解以调节细胞内酶的含量，从而调节代谢的速度和强度,属迟缓调节。酶合成是受基因表达调节的,可在转录和翻译水平进行。

(一) 酶合成的诱导(诱导作用)

酶是蛋白质,而蛋白质合成是由 mRNA 编码的,DNA 经转录产生 mRNA,再翻译成蛋白质,可见酶合成首先在转录水平上进行调节。生物体每个细胞都含有该生物整个生长发育过程所必需的遗传信息,但这些遗传信息不是一下子全部表达出来,而是按其生长发育的需要或受外界条件的影响只表达出一部分遗传信息,合成相应的酶。特别是当某种酶的底物存在时,便会发生诱导作用,导致作用于该底物酶的合成。这个底物称为诱导物,由诱导物促进而合成的酶称为诱导酶。如:将 E. coli 培养在加有乳糖的培养基上,β-半乳糖苷酶 LacZ、半乳糖苷透性酶 LacY、转乙酰基酶 LacA 合成,含量增加,用以分解乳糖;当从培养基中除去乳糖,以上几种酶合成停止。说明编码这三种酶的基因平时关闭,当有乳糖存在时,三种基因被打开。

(二) 酶合成的阻遏(阻遏作用)

与酶合成诱导情形相反的是酶的阻遏,即由于某些代谢产物的存在而阻止细胞内某种酶的合成。由于某种代谢途径的产物过多,导致该途径中与该产物合成有关的某个或某些酶停止合成的现象。这种产物称辅阻遏物,由辅阻遏物作用而停止合成的酶称阻遏酶。如:E. coli 在有 NH_4^+ 和单一 C 源(如 G)的培养基中培养,可测出色氨酸合成酶,合成色氨酸;当培养基中加入色氨酸,细胞不再需要合成色氨酸,当然不用再合成色氨酸合成酶,于是该基因关闭。

(三) 操纵子模型

1960—1961 年 Jacob 和 Monod 对大肠杆菌乳糖发酵过程酶的诱导合成及各种突变型研究后,提出了操纵子模型。操纵子是原核生物基因表达的协调单位,一般含 2~6 个基因,它是染色体上控制蛋白质合成的功能单位,或基因表达的协调单位。由启动子 P、操纵基因 O、若干结构基因 S 组成(图 15-4)。结构基因是作为转录成 mRNA 的模板,以后由 mRNA 翻译成相应的酶蛋白;控制基因是由操纵基因和启动基因组成的,操纵基因在结构基因旁边,是被激活阻遏物的结合位点,由它来开动和关闭合成相应酶的结构基因,启动基因在操纵基因旁边,是 RNA 聚合酶结合的位点。在操纵子的前边是产生阻遏蛋白的调节基因。当操纵基因"开动"时,它管辖的结构基因能通过转录和翻译而合成某种酶蛋白;当操纵基因"关闭"时,结构基因不能合成这种酶蛋白。而操纵基因的"开"与"关"受调节基因产生的阻遏蛋白的控制,阻遏蛋白可以感受来自外界环境的变化,即受一些小分子诱导物或辅阻遏物的控制。通常酶合成的诱导物就是酶作用的底物,而辅阻遏物是酶作用的最终产物。这些小分子能以某种方式与阻遏蛋白分子结合,使阻遏蛋白产生构象变化,从而决定它是否处于活性状态。

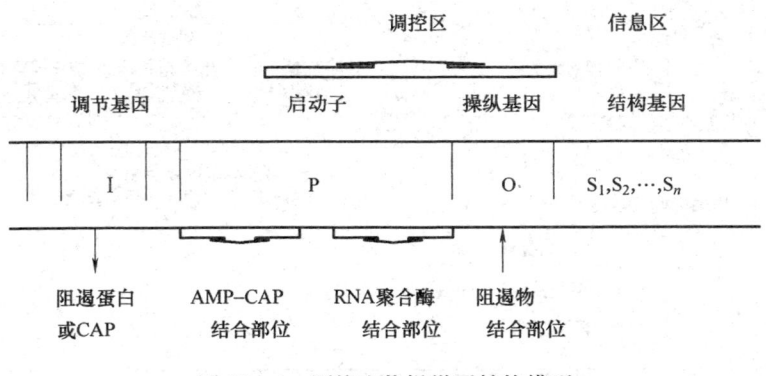

图 15-4 原核生物操纵子结构模型

乳糖操纵子由一组功能相关的结构基因（Z、Y、A）、操纵基因（O）、启动基因（P）、调节基因（I）组成。三个结构基因"开放"可转录同一条 mRNA，再翻译出 3 种利用乳糖的酶（β-半乳糖苷酶、β-半乳糖苷透性酶、β-半乳糖苷转乙酰酶）。

大肠杆菌能够利用乳糖作为它的唯一碳源，这就要求乳糖进入大肠杆菌细胞内，并将乳糖水解为半乳糖和葡萄糖。大肠杆菌 DNA 上乳糖操纵子有三个结构基因，分别决定一种与乳糖降解相关的酶：Z 为半乳糖苷酶，水解乳糖为半乳糖和葡萄糖；Y 为 β-半乳糖苷透性酶，使培养基中的 β-半乳糖苷（乳糖）能透过 *E. coli* 细胞壁和原生质膜而进入细胞内；这两种酶在乳糖利用中是必需的。A 为硫代半乳糖苷转乙酰酶，把乙酰-CoA 上的乙酰基转到 β-半乳糖苷上，形成乙酰半乳糖，在乳糖的利用中并非必需。研究乳糖操纵子突变体已了解到操纵子的一些工作细节。在没有乳糖时，调节基因通过转录、翻译而形成阻遏蛋白，这种有活性的阻遏蛋白与操纵基因结合，则操纵基因便"关闭"，三个分解乳糖的结构基因就不能进行转录，更谈不上翻译合成相应的酶（图 15-5）。

但是，当大肠杆菌培养基中有乳糖时，乳糖就成为诱导物与阻遏蛋白结合，使其空间结构改变，阻遏蛋白处于失活的构象，不能与操纵基因结合，于是操纵基因便"开放"了，这样结合在启动基因上的 RNA 聚合酶就可以向前滑动，对三个乳糖结构基因进行转录，并翻译出三种相应的酶蛋白分子 [图 15-5 (b)]。

（四）酶降解的调节

酶合成的诱导和阻遏作用可以调节酶的数量，相反酶的降解速度也能调节细胞内酶的含量。酶的降解是由特异的蛋白质水解酶催化的。在细胞内常含有各种水解酶，其水解蛋白质的种类和速度随细胞的生长状态和环境条件而不断

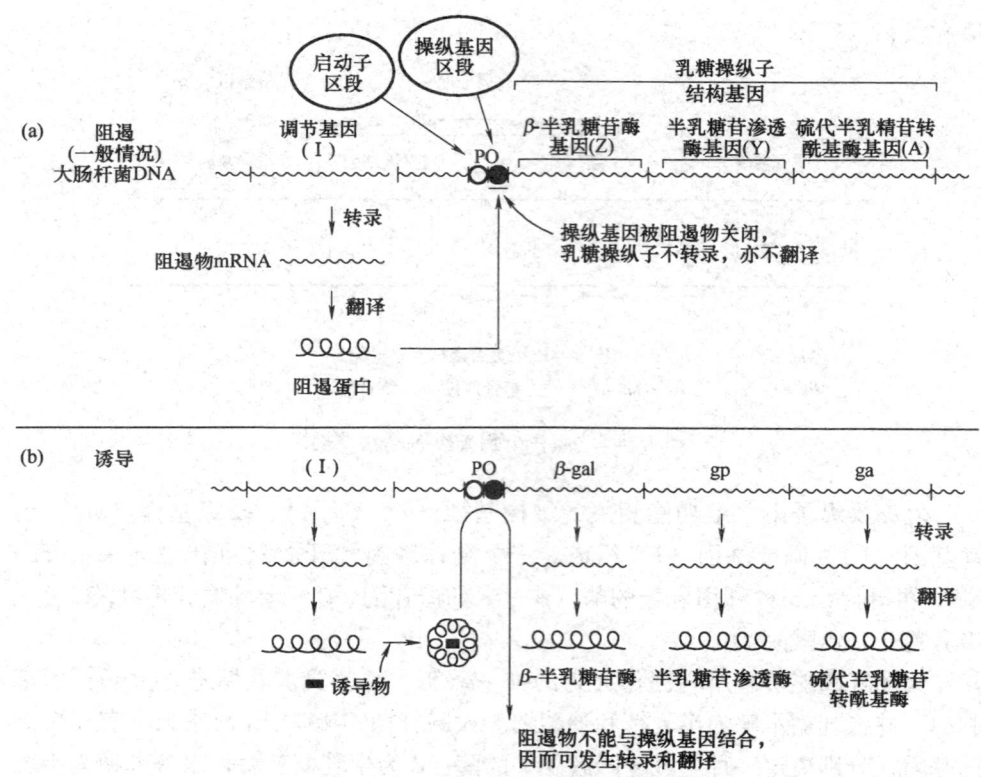

图 15-5 酶合成的阻遏、诱导及组成酶的合成模型

变化。如大肠杆菌在指数生长期，蛋白酶的总活性较低，但当大肠杆菌由于营养缺乏而处于静止期时，便诱导合成蛋白水解酶，分解细胞内不需要的蛋白质；植物种子在萌发时蛋白酶的合成速度也明显增加，用于分解种子中的贮藏蛋白质供幼苗生长之用。

三、细胞间的激素调节

激素是体内的化学信息传递物质，由一类特定的细胞所分泌，通过血液运输到远隔的特定靶组织以发挥调节作用。这是组织与器官间的代谢调控，通称内分泌调控。邻近细胞间的信息互相沟通和调控，则系通过某些特定细胞分泌一定的化学物质（或因子）为邻近的细胞上的受体所识别而引起生物学效应，此称旁分泌调控。更有细胞内的自身调节，细胞本身分泌特定的因子，为本细胞内的相应受体所结合，而启动某些代谢调控，称自分泌调控，总的可称为化学调节因子。

激素是高等动物体内调节代谢的重要物质。不同的激素作用于不同的组织，产生不同的生理效应，具有较高的组织特异性和效应特异性。这是激素作用的一个重要特点。

激素的作用需有其受体介导。激素的受体是靶细胞中与激素（作为配体）特异结合的蛋白质类物质，常是糖蛋白或脂蛋白。受体对其配体具有高度特异性及亲和力。所以唯有含相应受体的细胞或组织，才是该激素的靶细胞、靶组织。例如，垂体促肾上腺皮质激素（ACTH）可作用于肾上腺皮质，性激素可作用于性器官等。

按受体位置的不同，激素分为两大类，即膜受体激素与非膜受体激素，后者又称为胞内受体激素。膜受体激素的受体在细胞表面的质膜上，这类激素多是水溶性物质，而非膜受体激素的受体在细胞内，这类激素多是脂溶性物质。

激素调节有以下特点：

（1）微量和高效　激素在血液中含量很低，但却能产生显著生理效应，这是激素的作用被逐级放大的结果。

（2）通过体液运输　内分泌腺没有导管，所以激素扩散到体液中，由血液来运输。

（3）作用于靶器官、靶细胞　激素的作用具有特异性，它有选择性地作用于靶器官、靶腺体或靶细胞。

思考与练习

一、名词解释

变构调节　化学修饰调节　操纵子　反馈抑制　激素

二、简答题

1. 简述糖、脂类、蛋白质和核酸代谢的相互关系。
2. 什么是酶水平调节？什么是变构酶和变构调节？
3. 试述变构调节和化学修饰调节的特点及生理意义。
4. 用操纵子学说阐述酶合成的诱导。

参考文献

1. 王镜岩，朱圣庚，徐长法. 生物化学. 第3版. 北京：高等教育出版社，2002.
2. 董晓燕. 生物化学. 北京：高等教育出版社，2010.
3. 吴梧桐. 生物化学. 第6版. 北京：人民卫生出版社，2008.
4. 王冬梅，吕淑霞. 生物化学. 北京：科学出版社，2010.
5. 张丽萍，杨建雄. 生物化学简明教程. 第4版. 北京：高等教育出版社，2009.
6. 朱玉贤，李毅. 现代分子生物学. 第2版. 北京：高等教育出版社，2002.
7. 丁耐克. 食品风味化学. 北京：中国轻工业出版社，2007.
8. 黄熙泰，于自然. 现代生物化学. 第2版. 北京：化学工业出版社，2005.
9. 王秀奇等. 基础生物化学实验. 第2版. 北京：高等教育出版社，2006.
10. 余瑞元. 生物化学. 北京：北京大学出版社，2007.
11. 唐咏. 基础生物化学. 长春：吉林科学技术出版社，1995.
12. Nelson D L, Cox M M, Lehninger Principles of Biochemistry. Fourth Edition. New York：W H Freeman and Company, 2004.
13. Voet D J, Voet J G, Biochemistry. Third Edition. New York：John Wiley & Sons, Inc. 2004.